武村政春
Takemura Masaharu
レプリカ
replica & replication
文化と進化の複製博物館
工作舎

レプリカ――文化と進化の複製博物館　目次

第11展示室

第12展示室

＊クレジットのないイラストレーションはすべて川村 易による

プロローグ——複製。そして変容。

DNAは複製する。

細胞も、複製する。

人間も、ことによったら複製する。いや、生物学的にはすでに、人間は複製産物の一つにすぎない。一昔前なら近未来的なSFの世界に入り込んでいたクローン人間たちは、いまや現実の存在となりつつある。

世の中は様々な商品であふれている。工場で生産される商品は、どれもこれも複製品だ。ベンヤミンが「複製芸術」と呼んだものたちは、いまやほとんどすべての家庭で、そこに住まう者たちの生活時間を占有している。

と思うと、DVDの最後、エンドロールの後に現れる、もしくはDVDの最初に現れる無味乾燥な画面では、「このDVDは複製禁止」という言葉が、まるで示し合わせたかのように私たちの目の前に現れては消える。

これをコピーしてくれ、と言う。

これをコピーしなくちゃ、と思う。

この図、コピーして持っていきますか？　と来客に問いかける日常が、私たちのまわりには常にある。

学生へのレポートを課す用紙を、コピー機で何百枚も複製《コピー》し、教室に何百と居並ぶ「学生」という名の「複製産物」に配布する日常。

「モナ・リザ」という名がつけられた微笑《ほほえみ》の美女は、本当はルーヴル美術館にしかいないはずである。ところが、実はそこらへんの雑貨屋をのぞけば普通に会えるのが不思議。ただし、そこで会えるのは、葉書大に縮こまった、しかし変わったのは大きさとその拠って立つ素材だけで、その他の点では全く申し分のない、屈託のない彼女の笑顔だ。

同様に、戦争の悲劇を柔和に、かつ滑稽にさえ思えるほどの造形によって描ききった、あのピカソの「ゲルニカ」も、やはりどこにでも出没する。

コピーをすれば、同じ文書をたくさん作れる。ことによったら、コピーしすぎた文書が部屋の中に充満し、一夜にして「ゴミ屋敷」が出現するかもしれない。

しかし、コピーそのもの、つまりオリジナルの文書に対してコピーを作ることは、その瞬間には一枚しかできない。ただ、それが何回もシャンカシャンカと繰り返されて、多くのコピーが生産されていくのである。コピーに、繰り返しはつきものだ。

毎日、同じことを繰り返す日常がある。起床し、顔を洗い、朝ご飯を食べ、出勤し、はたらき、帰宅し、晩ご飯を食べ、風呂に入って、寝るという日常。日々、その繰り返しのみで生きている、という人は世の中にざらにいる。

そうした繰り返しの中で、人々は何かを感じ、何かを創り、そして成長するのである。毎日の生活を無意識に複製する、その繰り返し。それで人々は生きている。

写真は不思議だ。

かつて見た光景を、脳裏に刻み込まれた光景を、そして感動の涙のあまり肉眼を通しては正確な形や表情をも見ることができなくなったその光景を、写真は一瞬にして、フィルムの中に「複製」する。デジタルカメラという複製装置は、その光景を自宅のコンピューターのみならず、写真紙、CD、職場のPC、携帯へと複製し、なおかつ友人の携帯へのメール添付によって、さらに不必要なまでに複製し、散布する。

雑貨屋の「モナ・リザ」と同じく、写された父親の写真は、そのままに父親の複製産物である。

絵も不思議だ。

全く同じものを写生しても、誰が写生したかによってその絵は全く異なる様相を呈してくる。我が子が描くものを指さし、「これだーれ?」と聞く。「パパ!」

画用紙の上に描かれた、その愛らしく、どうやら人間らしい様子に彩られたものは、我が子が父親をその目で見、認識し、自ら表現したものだ。

世界に二つとない貴重な絵。しかしながらこれもまた、我が子という複製装置によって作られた、父親の複製産物である。

伝言ゲームというものがある。一番前の人がささやいた文章を、最後の人にまで順に耳元で伝えていく。最後には全く意味が異なる、別の文章へと変容する。

口承文芸の伝承にも、これと似たところがあるのかもしれない。ただ、そのレベル、時間的スパンは伝言ゲームとは大きく異なった、生物の進化をも彷彿とさせる悠久の変化だ。

伝承者は、自分が聞いたことを無意識的に「複製」し、次の世代へと伝えていく。これは、複製の連鎖であり、また繰り返しでもある。

DNAは複製する。そして細胞も、複製する。

世界で最初の細胞が誕生して以来三八億年もの間、DNAは複製を繰り返してきた。何回も何回も、飽くことなく、複製を繰り返してきた。そのDNAが入っている袋、細胞もまたしかり。その結果として、いま、私たちがここにいる。

複製は繰り返すものである。いや、繰り返されてこそ複製であるとも言える。その繰り返しの中で、わずかな変化が蓄積していき、多様性が生まれていく。

DNAは複製する。DNAポリメラーゼという複製装置によって、複製する。

DNAポリメラーゼは、いつもは正確に、DNAを複製するが、どんなものにも完璧はないというのは分子の世界にも当てはまる。すなわち、ときどきミスをする。ただし、ほんのときどきである。

一〇回に一回？　一〇〇回に一回？

いや、頻度はもっと低い。考えている以上に、彼らは優秀なのだ。でも、やっぱりミスをするのである。ミスをすると、DNAの「形」が変わる。

DNAの形とは何か？　それが二重らせんを呈しているのは有名であり、これを発見したワトソン、クリックという名前もまたしかり。だが、ここではそうではない。

DNAのはたらきは、塩基配列と呼ばれるデジタルな一次元的情報に還元される。すなわち「形」とは塩基配列のことである。A、T、G、Cという四種類の塩基がどういう順番で並んでいるか、その法則のことである。それが、DNAポリメラーゼのミスによって変わるのだ。

人から人へ、口から口へと伝わっていく間に、話は変貌していく。

噂話の広がりは、ウイルスのパンデミック（爆発的感染）のそれとよく似ている。ただ、パンデミックの場合、ウイルスはほぼ不変。一方噂話のそれは、複製されていくごとに少しずつ尾鰭がつく。そこが違う。ウイルスは恐ろしいが、噂話も恐ろしい。違った意味で。

真似しいという言い方がある。「真似し」とも言う。「あいつは真似しいだ」などというふうに使う。真似ばかりする奴、という意味だ。

より積極的な意味を持つ言葉に「模倣」がある。人間の文化は遺伝子のような単位が、人から人へと「模倣」されながら広まり、定着していくという考え方がある。そのような単位を、遺伝子（gene）と模倣（mimic）という言葉から「ミーム（meme）」と表現した人がいる。

遺伝子。生物学用語ながら、巷間でもよく用いられる言葉だ。親から子へと伝わる、生命の設計図。

そうした説明の仕方で用いられる。すなわち遺伝子の本体はＤＮＡである。だから、遺伝子も複製する。複製した遺伝子は、複製した細胞のそれぞれに受け継がれる。受け継がれた遺伝子は、その細胞で、遺伝子としてのはたらき（タンパク質を作り出すこと）をなし遂げていく。

ミームも、そうした振る舞いをするらしい。

ミームとは、ある著名な生物学者によって作られた言葉であり、概念だ。模倣によって伝わるが、そのとき、ちょっとだけ変化する。考え方によっては、変化しない場合もある。サルまねという言葉もあるように、真似るというのは、昔からあまりいい意味で捉えられた試しはないが、逆に、オリジナルであることに、言ってみればその反対の概念をボロクソに言うほどの価値があるのか。少し、頭を冷やして考えた方がいいかもしれない。

生物多様性という言葉も、かつては生物学のみにおいて用いられた言葉だったが、いまや多くの人が知っている。とりわけ環境問題との関係で。

平たく言えば、世の中に非常に様々な種類の生物がいる、そのバラエティー豊かな様を、こう言う。なぜ、そうなのか。なぜ生物の世界はかくもバラエティー豊かであるのか。それを考える学問の一つが、進化生物学である。

進化の過程は、まさに複製と、複製に伴って生じる変容の繰り返しだ。

連続的な細胞の複製が、長い年月の間にその拠って立つＤＮＡの塩基配列を、事あるごとに変化させてきた、その結果として生物は形を変え、はたらきを変え、仕組みを変えてきた。

その変化の様相は細胞によって異なり、生物種によって異なる。

それが、生物の多様性を生んだのだ。私たち人間も、その先にいま、こうして居る。

ある本がベストセラーになる。その本のタイトルが非常にキャッチーなものだった。と、そのタイトルに非常によく似たタイトルを持つ本が出る。そしてその類似タイトル本もベストセラーになる。

これは、果たして複製か、それとも複製でないか。

答えは一つ。複製である。ただしそれは、大きな変容を伴った複製の一形態である。

百万部のベストセラーは、百万もの複製産物の集合であるとも言える。その集合を「模倣」して、もう一つ別の集合ができただけの話。

フォークの先がなぜ割れているか、その真意を追い求めようとする人はまずいないだろう。

フォークとは「枝分かれ」の意味だ。真意はともかく、フォークの先端が枝分かれしていることを、まさか知らないという人もいまい。

先が枝分かれしていることで、食べ物に突き刺したときのダメージを分散することができる。枝分かれしていないヘラのようなもので突き刺したら、食べ物は二つに分解され、持ち上げることすらできなくなる。

すなわち、突き刺す部分を「複製」している。ただし、そこには大いなる変容が伴った。一個一個の部分が細かくなった。でも、それでいいのである。

複製には変容がつきものだ。フォークでそれを実感することなど、まず本書以外にはあり得まい。

椅子に座っていると、右側の椅子に、もう一人の自分が座っている。

ふと気がつくと、そのもう一人と自我が入れ替わる。そうして、左側の椅子に、もう一人の自分が座っているという状況がある。

次の瞬間にはまた元に戻った。右側に、ぼくが居る。次の瞬間には、左側に。

意識の複製。

人間に残された、最後の宿題である。私たちのこの意識が複製されるなどということが、あり得るのか。果たして変容していく意識があるとすれば、もしかしたら可能なのか。

大銀行の金庫の扉をも思わせる、「複製の博物館」の重たい扉がいま、開かれようとしている。

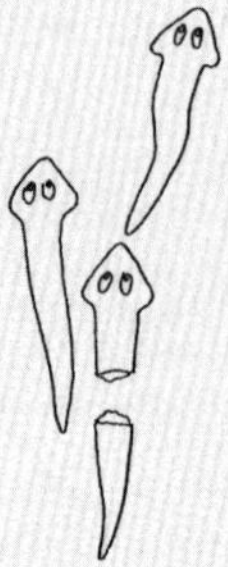

Exhibition————I

第Ⅰ期
「身のまわりの複製」展

第1展示室 複製とは何か

The first cabinet

かつて筆者は、「複製主義」という言葉を使って複製というものの重要さを説いたことがある。[*001]

筆者が定義した複製主義とは、「生物学を源流とした、複製という経時的変化を伴う行為あるいは現象そのものを拠り所として、人間の社会的、文化的諸現象を統一的に研究しようという流れ」であり、かつ「ある未解明の事象を研究する場合の主要な手段に、生物学的複製を擬似的に再現する方法を用いる研究従事者の科学的態度」でもあった。[*002] だが、そのようなことを言う前にまず、「複製」というものの様相とその意味について、改めて定義し直しておく必要がある。

そもそも、複製とは何か。それはある「事物」に対する名称なのか、それともそうした事物を作り出すための「行為」に対する名称なのか。

名詞なのか、動詞なのか、それともサ変名詞なのか。

まずはお決まりの行為から始めよう。

すなわち、我が国最高の辞書の一つ『広辞苑』(岩波書店)をひくのである。『広辞苑』によると、「複製」の項には次のような説明がある。

001● 武村政春『DNAの複製と変容』(新思索社、2006)。
002● 武村政春『同』p.274。

【**複製**〈ふくせい〉】

①書籍・書画などを原形のままに模して再製すること。また、そのもの。覆製。

②[生]遺伝物質である核酸が、自らを原型とし、これと全く同じ塩基配列を持つ核酸分子を生合成する過程。

目をすぐ脇にやると、ほぼ同じ意味で漢字の異なる「複成」という言葉の項もあり、それには次のような説明がある。

【**複成**〈ふくせい〉】

重複して出来ること。また、かさねて作ること。複製。

『広辞苑』によると、「複製」という言葉にはいくつか異なった場面、局面を表す意味が存在することがわかる。しかしここでは、本書特有のルールによって、この言葉を用いていく。そのように決めたいと思う。

まず第一に、本書においては「複製」という言葉を次のようにとり扱う。それは「複製されたもの」に代表される「産物《プロダクツ》」の意味を持つ言葉としてではなく、「複製する物質」などの言い方に代表される、いわゆる「行為」を表す言葉としてである。

もちろん、日常生活の様々な場面、局面あるいは場合によって、複製とは「レプリカ」、すなわち「複製された絵画」や「複製された彫刻」などの用例に代表される、複製されたモノそのもの、「産物」を指す場合が多く、言わば、『広辞苑』でいう「また、そのもの。」の部分に該当するものが多いということは理解している。

ここではあえてそれに反逆するのである。

本書においては、そうしたモノ――すなわち複製された「産物」――に対しては「複製」という言葉は使わず、別の新たな言葉として「複製産物」という言葉を用いることにしたい。[*003]

筆者は言語学者ではない。言葉の持つ様々な意味に関する混同は筆者にとっても、また本書を手におとりいただいた読者諸賢にとっても、必ずしもプラスにはなるまい。

それを防ぐには、とりわけ「行為」に対しても「産物」に対しても用いられる「複製」という言葉のあり方に関し、こうした束縛を用意しなければならない。あらかじめ言葉の定義をきちんと示した上で、整理して用いるためのルールを作っておく。それが肝要であろう。

ゆえに、本書においては「複製」を次のように定義する。

複製（ふくせい）――ある一つのものから、それと同じもう一つの、あるいは同じ複数のものを作り出す行為。あるいは、ある一つのものから、それとよく似た別のものを複数、作り出す行為。

たとえば、名画を模写し、複製画を制作するという行為は「複製」である。

文書をコピー機にかけて大量のコピーを作成するという行為もまた、「複製」である（図001）。

細胞が分裂する行為――行為というより本書では「方法」と位置づける――も、細胞の「複製」である。[*004]

そして、大量の商品が工場で生産されるその工程もまた、「複製」である。

さらに、誰かが誰かの真似をする行為、すなわち模倣もまた、模倣されるものの「複製」ということ

003●生物学においては、DNA複製に関する事項の中で、すでにこの「複製産物」という用語が定着しているというのも理由の一つである。

004●「行為」と言った場合、そこには人間の知的意志をベースとした意図的なものが含まれるように思われるが、本書では、人間以外の動物や、細胞、そして小さな分子などが起こす生物学的、生化学的行動も含め、「行為」とみなすことにしたい。

005●デオキシリボ核酸（deoxyribonucleic acid）の略。細胞の核（nucleus）の中に存在する紐状の生体物質。核がないバクテリアなどでは、細胞の一部の領域に分散するように存在する。詳細は第Ⅱ期で述べる。

になる。
生物の設計図、すなわち遺伝子の本体であるＤＮＡ*005の「複製」は当然のこと（図002）。
また本書では、複製にかかわる次の二つの言葉も、極めて高頻度に登場することになる。

複製産物――複製によって生じるもの。複製画、コピーされた文書、分裂後の細胞、商品など。

オリジナル――複製の対象となる、複製産物の元となるもの。鋳型。原像。世界でただ一つのオリジナル画、オリジナル文書、分裂前の細胞など。

さらに、お化け屋敷というプレイゾーンがそうであるように、複製という行為には、実は大きな「仕掛け」がある。その仕掛けがあるがゆえに、様々な意味において多様性に富む生物の世界、そして人間の社会が成り立っている。
その「仕掛け」において重要なもう一つの要素。それは「複製装置」である。

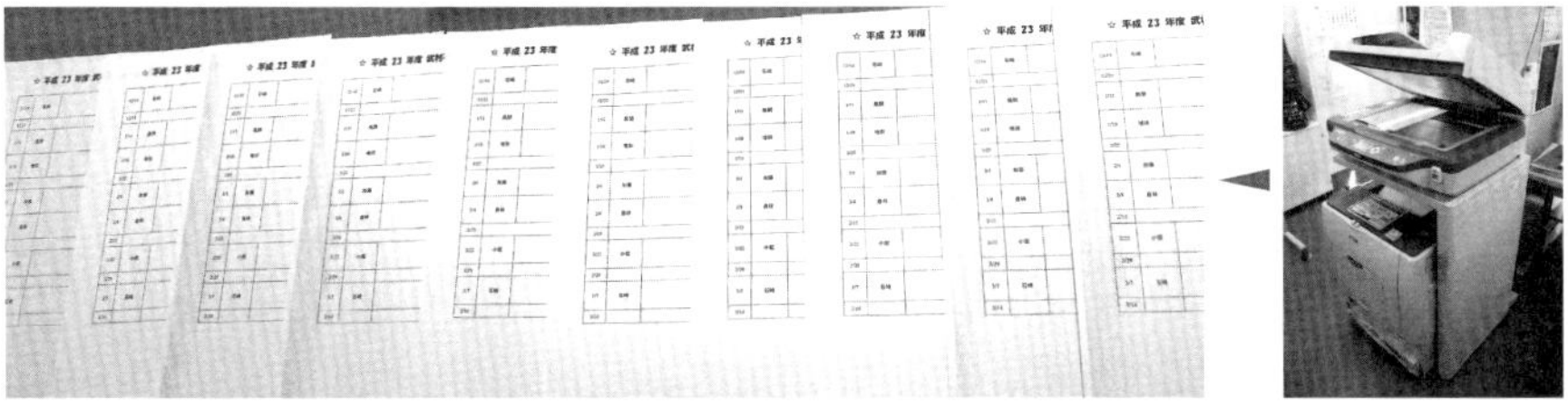

図001●［上］コピー機で「複製（copy）」中のオリジナル文書（右）と、コピーされてできた複数の文書（左）。コピーされた文書は、複数の学生に配布される。これをもって、文書の内容もまた、学生たちへと「複製」されていく。

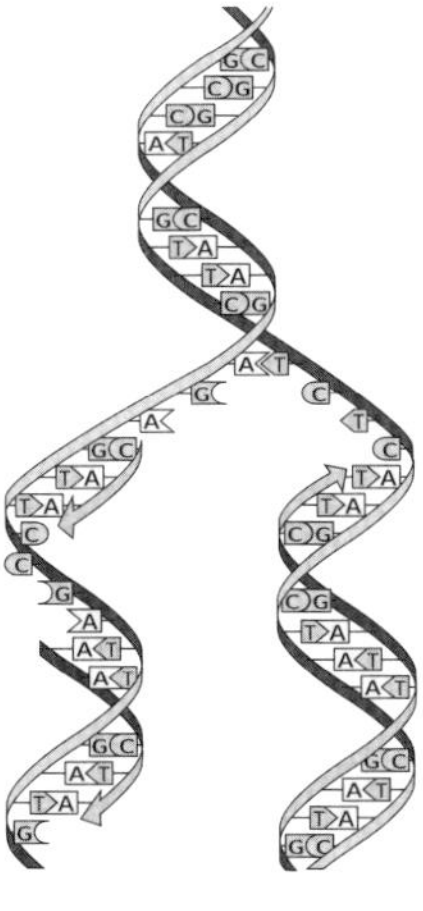

図002●［左］ＤＮＡの複製（replication）。ＤＮＡは二本の鎖がらせん状にくっつき合っている。この二本の鎖がほどけ、それぞれを鋳型にして新たなＤＮＡが合成されるのだ。図では下方から複製が始まっている。

複製装置——複製のための触媒としてはたらくもの。複製という行為をする主体。オリジナルを複製し、複製産物を作る役割を持つ。

複製における「仕掛け」とは何か。そしてそれが、どのようにして多様な複製産物を生み出し、生命にあふれたこの世界を作り、人間社会を構築してきたのか。

それを知りたいがため、本書ではまず、古今東西のありとあらゆる「複製」を、すなわち社会科学、人文科学から自然科学に至るまで様々な場面に顔を出す「複製」を、片っ端から蒐集した。本書は、「複製」と、それによって生まれた「複製産物」たちが集う、言わば「複製の博物館」である。

その「展示物」を通し、複製におけるその「仕掛け」に、少しでも肉薄することができればよいと思っている。

第2展示室 | The second cabinet

身のまわりの複製産物

私たちの生活は、複製と複製産物にとり囲まれている。周囲を見渡してみると、複製産物でないものを見つけることの方が難しいということに、すぐにでも気づくはずだ。

本書を始めるにあたって、まずは私たちの身のまわりに存在する様々な「複製産物」を、じっくりと見つめてみよう。私たちが住んでいるこの社会が、いかに複製産物に依存した社会であるかを再確認してみるのである。

複製の仕組みを紐解く作業は、まずそこから始められるべきだろう。

複製と複製産物にとり囲まれた生活

オフィスに必ずと言っていいほど置かれている「コピー機」。この機械を使用することで、毎日、毎時、毎分、大量の文書の複製が行われている。例外はなく、いやそもそも例外という言葉すら意味を持たないほど、コピー機は人間社会に不可欠だ。

疲れた体を引きずって一歩外に出てみると、またもやそこに、一つの実例が右から左へと泳いでいる。一見して「複製産物」であることがわかる均一化した自動車の一群。それらが道路を占拠し、ひっきりなしに移動している（図003）。あたかもその複製産物で私たちの網膜を焼きつくし、脳の中に詰め込もうとするかのように。

一時の清涼を求めて近くの書店に入ると、そこにはまたもや、目の回るような瞬間がある。書籍の大群が全く同じ背表紙をこちらに向け、静かではあるが心持ち大胆に、書棚をずらりと占拠している様は圧巻だ。ひとたびベストセラーともなると、たいていの書店の店先、すなわち客から見て最も目立つところに、同一タイトルの「複製産物」が、高層ビルか何かのように平積みにされる。

ハンバーガーショップに入ると、次々に注文を繰り出す客たちの目の前に、これまた次々に、同じ包装紙に包まれた、同じ大きさの物体が作り出され、提供されていく。

私たちをとり囲む複製産物は、何も人工物だけに限ったことではない。

公園に舞い降りるハトの群れたちが探すのは、主に人間たちが落とした食べ物のかすだ。愛くるしい仕草で、盛んに何かをついばんでいる。東京都では、「ハトに餌をやらないことがハトへの愛情です」といったキャンペーンがある。もちろん、その意図は明白なのだけれども、ただうっかりこぼしてしまった食べ物まで、そうした〝標語〟に束縛されることはない。こぼさなくてもハトはやってくる。彼らは彼らで、人間が及ぶべくもないサバイバルを生き抜いているはずだ。

公園という人工的環境に生息するこうした動物たちの生活環は、果たしてどうなっているのか？

たとえばあの多くのハトたちはどこで誕生し、どこで生殖をし、そしてどこで卵を孵すのか？

筆者は生態学者でも動物行動学者でもないわけだが、これだけは言える。必ずどこかで世代交代が行われているということだ。世代交代は、人間が作り上げたこの巨大な、しかし自然のそれよりははるかに小さな「生態系」のどこかでさえ行われている。そうでなければ、あれほど多くのハトたちが集ってくるわけはない。分子生物学という、肉眼で見えず、生物の一部であるとは到底思えないような、DNAだのタンパク質だのを専門にしていても、それくらいはわかる。

街を歩いていると、踏みつぶされたゴキブリに出会う。あまり出会いたくはない相手だが、家の中でも外でも否応なく出会ってしまうというのは仕方がない。ゴキブリは、私たちの目の届かないところで増える。まさに「増殖する」という言葉にふさわしい子作りを、彼らはどこかで行っているはずだ。そうでなければ、あれほど毎日のように、黒光りするその見事な体を現わすことはあるまい。

子どもと一緒に動物園に出かける。動物園、水族館、自然園、野鳥の森……。こうした場所は、実のところ人間によって複製された自然の「複製産物」の宝庫だ。

大きな金属の檻の中で、数頭の「複製」されたクモザルたちが、ひっきりなしに動き回る、ここは上野の動物園。その長く器用な手足と尻尾を駆使して、地面も金網も樹枝も関係なく、ただ黙々と体を動か

図003●[右]夜の街を行き交う自動車の群れ。わが国の基幹産業たる自動車産業は、もしかしたら世界最大の複製装置かもしれない。
（写真：岩田えり）
図004●[左]上野動物園のクモザル。彼らは、お互いを「複製産物」だとは露ほども思ってはいまい。しかし、傍目から見れば彼らはお互いに「複製産物」である。

している（図004）。それはまるで、「複製産物」たちのクローナルな舞踏《ダンス》のようではないか。

自然であれハトの群集であれ動物園であれ、生物たちが様々な場所で「群れている」状況はまさにそのまま、彼ら自身が「複製産物」であることを、私たちに訴えかけているように思えてならない。

身の内。私たちの体。そして細胞たち。こうしたミクロな世界に目を向けてみよう。

ＤＮＡは複製し、細胞は分裂する。皆、「複製」である。

私たちの体の成り立ちや、体の維持されるメカニズムも実はそうだ。皮膚の表面を覆う表皮細胞（ケラチノサイト）は、表皮の最も深いところ、すなわちコラーゲン線維に富む結合組織である真皮と接する部分に、その母体がある。そこに存在する基底層と呼ばれる細胞の層が、彼らの故郷《ふるさと》だ。

この基底層において、ケラチノサイトを作り出すもとの細胞「幹細胞[*006]」が、盛んに分裂を繰り返している。これこそが私たちの皮膚の奥で日々行われる複製の様相である。

幹細胞が分裂すると、二つの子細胞のうちの一つは基底層から抜け出し、その上、すなわちより体表に近い側に存在する有棘層と呼ばれる細胞層へと移動してゆき、やがて角化[*007]への道を辿っていく。その一方で、いま一つの子細胞は、角化への道は辿らず、幹細胞のまま基底層にそのまま残り、次の「複製」の準備を始める。

小腸の内部、すなわち食物の消化産物が通り抜ける管の内部にも、それはある。すなわち無数の小腸上皮細胞（吸収上皮細胞）がぎっしりと存在し、消化産物から最終的に分解された栄養分を吸収する、生物にとってこの重要な一瞬にさえ、細胞という「複製産物」は、その存在感を誇示するかのように、きちんとそこにある。小腸上皮細胞も、皮膚表面のケラチノサイトと同様に生まれ、同様に死ぬのである。

006●ある組織において、その構成細胞を作り出すために「複製」を繰り返す細胞を幹細胞（stem cell）という。

007●細胞が水分を失い、扁平な硬めの細胞に変化して、皮膚の一番外側（角層）を形成する細胞になっていくこと。

008●吉田光邦。科学技術史家。京都大学名誉教授。1921-1991。著書に『日本科学史』『日本技術史研究』など。

009●吉田光邦「複製技術のあゆみ―言語系と物質系のはざまに―」『グラフィケーション別冊・複製時代の思想』（富士ゼロックス、1971）pp. 7-52。

表皮も小腸も……いやそれだけではない。体のほとんどすべての組織は、同様な細胞の分裂、すなわち分裂という方法による細胞の「複製」によって維持され、機能している（図005）。

複製と、それがもたらす複製産物から成り立つ世界。

私たちは、そうした世界に生きているのである。決してそこから抜け出すことはできない。

かつて、吉田光邦[*008]はこう言った。

> コピーはそれ自体が価値であり、それ自体が人間の生命の連続性と対応しつつ、文化そのものを連続させてゆく役割を持つものとしてあった。従ってコピーをつくりだしそれを伝承することは、そのままコピーに対応する実体そのものを再生産し復活することだった。……（中略）……人間が食料を採集し収集していた時代から、栽培し収穫する時代に移行することができたのは、まさしく言語と同じように、物質すらコピーすることによって、次代への連続と復活再生が可能であることを知ったためなのである。[*009]

私たちは、コピー、すなわち複製産物の世界に生き、複製産物を作り出して生きているのであり、そして自らも生まれながらにして複製産物であるという三重《さんじゅう》に張り巡らされた複製の糸のはざまで生きている。

言い換えれば、吉田が言うように、コピー（複製産物）には価値があり、その価値を認識しつつ、自らもその価値の中に身を委ねることによって私たちは複製の流れを実感し、そして自らもまた、複製によって複製産物として作られ続けてきた、とも言うことができよう。さらに、次代への連続と復活再

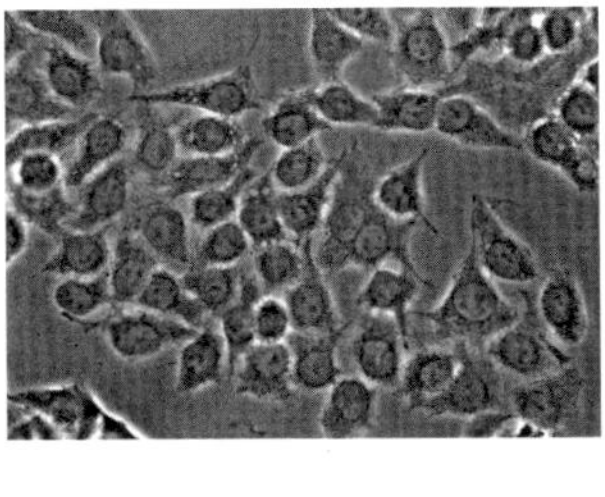

図005●筆者の研究室で培養されているHeLa（ヒーラ）細胞。二〇世紀半ばに、あるアメリカ人女性の子宮頸部がんからとられた細胞が、六〇年を経た今でも、世界中の研究室で「複製」し続けている。それぞれの細胞の中にある球形のものは細胞の「核」だ。

生の可能性という点からは、後に言及する鈴木司郎（註183参照）が「なぜ繰り返しがおめでたいのか」という趣旨の考察をしていることからも推察されるが（第6展示室参照）、基本的には私たち人間の生物としての生き様が、意図しようと意図しまいと生活の上に反映されるという事実を私たち人間は自然に受け止めつつ、生命を繋いできたことが示唆されるのである。

いやむしろ、そうでなくては生きていけなかったのだ。食料、言語、遊び、商品、その他もろもろの複製産物の存在が、それを見事に表している。

並ぶ・並ぶ・並ぶ

時期は覚えていないが、ある平日の夕方のことだった。

ふと乗ったタクシーが東京・谷中のあたりを通りかかったとき、その車窓から、ビール瓶に占拠されたかのような門構えの酒屋が見えた。その店が卸業者なのか、それとも小売業者なのかはわからない。見えたのは、複製された商品、すなわちそれ自身「複製産物」であるビール瓶で埋め尽くされた店先であり、その内部はよく見えなかった。しかも赤信号で停止したタクシーの車窓からだ。ほんの一瞬、視野をかすめ通っただけ。とはいえ妙に、その残像が網膜にへばりついて離れなかった。

言い換えればへばりついたのは、残像として筆者の中に「複製」された網膜上の店先ということになる。

やがてその複製された残像は、網膜から視神経を経由して、閉じた瞼の内側へと投影されたかと見紛うように、そう認識する主体としての脳へと移行するのである。店の内部に至るまでびっしりと、数えきれないくらいのビール瓶が立ち並んでいる様が、閉じた瞼の内側に浮かんでは消え、消えては浮かんだ。

すなわち、商売物である複製産物によって、そのほとんどの空間を占拠された店内のイメージだ。

010●ヴァルター・ベンヤミン Walter Benjamin。二〇世紀前半のドイツを代表する思想家・批評家。1892-1940。『複製技術の時代における芸術作品（Das Kunstwerk im Zeitalter Seiner Technischen Reproduzierbarkeit）』は彼の代表的な著作の一つ。ユダヤ人であったためナチスドイツの迫害を受け、スイスへの亡命途上で病死した。

これは一種の「複製的空間」である。そうした空間は、私たちの身のまわりに、案外多く存在しているものである。

この、立ち並ぶビール瓶とは性質は異なるにもかかわらず、その様子がそっくりなものがある。

客席だ。

映画館の客席。コーヒーショップの客席。コンサートホールの客席。レストランの客席。新幹線の客席。

客席は、多くの客を迎え入れるために用意された「複製産物」であると言ってよい（図006）。

客席だって商品だ。客席を作るメーカーは、それを商品として作っている。だから複製産物であるのは当たり前である。オートメーション化されているならば、ある一つの「鋳型」と、それを作るための設計図があり（あるいは、「鋳型」となるべきものは、いまの時代には最早ないのかもしれないが）、自動機械はその設計図に沿って商品を作るための、緻密なプログラミングがなされている。

もしかしたら、ところどころに人の手が入るかもしれないが、これもまた流れ作業という、一貫した統制のもとで行われるプログラム化された動きで賄《まかな》われるがゆえに、自動化した複製の一過程であるとみなせることから、とりたてて騒ぎ立てるものでもない。

ドイツの高名な批評家ベンヤミン*010は、映画を「複製芸術」とみなしたが、彼がそうみなした根底には、一九世紀あたりから発達した複製技術があった。

映画のフィルムを複製、あるいはデジタル化するための、それ自身がすでにデジタル化したメディアによって大量に生産され得る形態の、誰でもどこでも見たいときに鑑賞できる芸術、それこそが複製芸術である。かつては映画館でのみ見ることができた映画も、ＤＶＤやブルーレイディスクの普及によって、誰でもどこでも見ることができるようになった。もちろん、映画館で上映されている期間

図006●
東京・神楽坂のとあるハンバーガーショップの客席。複製産物である客席は、さらに複製産物である「ハンバーガーを食べる客」を生み出す。

は、映画館でないと鑑賞できないという制限はあるが、それを除けば、まさにボーダーレスである。さらに言えば、こうしたデジタルメディア自体が複製産物なのであって、その複製産物上に記録された映画がさらに、自ら複製産物となって見る人の脳裏に焼きついていくのである。

映画館は、限られた期間内になるべく多くの客に見てもらうために、客席を用意する。映画は、その人数分だけ、明らかに客の脳の中に記憶として残る。映画館という「複製的空間」の中で、映画が脳の中に「複製」されるのである。そのために映画館は客席をたくさん用意する。せっかく二〇〇席用意しても客が五十人くらいしか入らないこともあるだろうが、そんなことは問題ではない。

ビールは商品であり、そのビールを入れておくビール瓶もまた商品だ。そしてそれらの商品を作るのは、これまた多様なメーカーである。

メーカーは、ある雛型（あるいは設計図）をもとに、商品を大量に複製して生産する。谷中の酒屋の店先で見たのは、その結果としての複製産物の集合体であった。

同様に、客席も商品であるが、複製論的な実情はやや複雑である。まず、客席は客席メーカーにとっては商品だが、映画館にとっては、商品を売るために必要な道具にすぎない。もちろん複製芸術としての映画は、メーカーが作る実体的な商品のように、直接客に売るようなものではないが、そのかわりに映画館は間接的に、客に実体験ならびに記憶としてそれを「複製」し、売っていることになる。映画の複製の場としての複製的空間をより充実したものとするために、客席をたくさん用意しているということもできよう。

メーカーが客席の「複製装置」であり、客席が「複製産物」であるのならば、その客席は、映画館という複製的空間の中で今度は自らが「複製装置」となって、客の脳内に映画を複製するのである。

ここで、面白いことがある。

客席が完全に埋まって「満員御礼」となっているよりも、ある程度は客席に余裕がある方が、「脳内に映画を複製される」側である私たち客としては落ち着くということである。

自らが、複製産物に価値を見出し、そうした社会を形成してきたことからもわかる通り、人間は、何かを複製するのが大好きな生き物だ。何でも複製したがる。複製して喜ぶ。複製して楽しむ。複製産物を買い、複製産物に囲まれて生きる。

しかし、自分自身もまた生物で、複製産物であるにもかかわらず、自分自身が複製の対象になるのはどうも虫が好かないらしい。クローン人間に対する倫理的拒否感が、これを如実に物語っている。複製産物に囲まれて生き、自らも複製産物であるはずなのに、人間たちは自分自身でそう感じているところがないからこそ、複製とかクローンとか、そうした言葉を自らの経験に含めたいとは思わないのかもしれない。

誰だって、一列に並ばされ、品定めされる自分を想像するとイヤになる。そうした心の動きとおそらく根は同じなのであろう。

このことは、人間という存在が、「複製」という生物本来の生き様、「複製産物」という生物本来の姿に何とか対抗し、そこから抜け出そうとしてもがきながら生きている存在なのだということを強く示唆していると、筆者はそう思うのである。

爪楊枝のお尻——滑稽さと複製

こうした「複製」に対する人間たちの拒否感、嫌悪感は、日常感覚とセットになり、少し脇にずれて

「滑稽さ」という感情にもつながっていく場合がある。複製にはそうした〝魔力〟もあるのだ。たとえば次のような例はどうだろう。

爪楊枝《つまようじ》がびっしりと、プラスチックの半切りの筒の中に並んでいる様は実に圧巻である（図007）。あれほど見事な「複製技《ふくせいわざ》」はない。あたかも城の石垣のように隙間なく並んだその様に、興味を持つなと言う方がおかしかろう。

この爪楊枝の一団を逆様から見ると、あたかも木でできた剣山のようである。そうして、丸っこいお尻をくっつけあって並んでいる状態は、何とも形容のしようがなく「滑稽」だ。

この、それぞれが複製産物である爪楊枝の「集合」においては、それぞれの「顔」を見ることはできない。ただただ「たくさんの同じもの」たちが、漫然と並んでいる様を、尻を向けた状態で私たちの前にさらけ出しているのである。

この場合、谷中の酒屋の店先に並んでいたビール瓶と、複製産物であるという意味では同じだが、その存在状態は違うし、そしてサイズも違う。平たく言えば、私たちの目に入ってくるその様子が、まるで違う。ただそれだけの違いであるにもかかわらず、ビール瓶のときには感じなかった滑稽さをなぜ、爪楊枝に対しては感じてしまうのであろう。

爪楊枝たちは、お互いに何の関係もないというような顔をして（お尻をして、という表現の方が適切か）、じっと並んでいる。ピックアップする私たちの側からすれば、太い指でどの爪楊枝をピンポイントにとれるかどうかは問題ではない。最初に指と相性のあった一本が、自然にピックアップされるに任せるのが、爪楊枝たちの生き様なのである。

要するに、「下手な鉄砲も数打ちゃ当たる」と同じ論理だ。「たくさんある中でどれかがヒットすればいい」という考え方をそのまま体現したものが、そこにある爪楊枝の、沢山並んだお尻なのである。

011● これが先入観であるということは百も承知している。力士の中にも折り紙が好きな力士はいるだろう。あくまでも「力士」という存在に対する客観的な「イメージ」として語っているにすぎない。

そうした複製の具現化こそ、ときとして私たちの目に滑稽に映るのだ。

そもそも、人が何かに対して「滑稽」であると感じるとは、一体どういうことなのだろうか。日常慣れ親しんだ身のまわりの現象に関して、事物間の相互作用に何らかの違和感を持ってしまう「変化」が生じること。そしてその「変化」が自分に対して不利益にならないものであった場合。かつその「変化」が、何かの複製によりもたらされた場合。

こうした場合に私たちは、それを「滑稽」と感じるのだと思う。

体重が二〇〇キログラムはあると思われる大相撲の巨漢力士が、向こうを向き、うつむいて何かを一生懸命やっているところを想像してみよう。何をやっているんだろうと前へ回ってよくみると、太い指先を実に神経質に動かしながら、一生懸命折り紙を折っている。

この力士の行為を滑稽と感じるか、それとも感じないか。もちろん個人差というものもあるだろう。筆者などは、力士諸氏には申し訳ないけれどもどちらかと言えば滑稽に思う類だろうが、中には全く違和感を感じない人もいるだろう。

おそらく筆者の場合はこうだ。

折り紙を折るという行為自体は、日常慣れ親しんだ身のまわりの現象のうちであり、誰がそれをやろうとも、とりたてて奇異には思わないはずなのだが、力士は相撲をとることを生業《なりわい》とする者である。その日常生活としては、ちゃんこ料理や稽古といったものがイメージされ、折り紙という手先の器用さがものを言う行為が、なかなかその生活の中に入り込んでくるイメージはない[*011]。

ではなぜ、その行為が滑稽に感じるのかと言えば、その答えは簡単である。体の大きなものが、その体の大きさとは何の関係もない、指先だけの仕事をしていることに関して、私たちが、力士最大の

図007● 複製された爪楊枝の配列。複製産物たちはじっと黙って、指でつまみ上げられるのを待っているかのように整然と並んでいる。

特徴の一つである「体の大きさ」の意味を、その行為のどこにも見つけられないがためである。力士の体の大きさは、相撲をとるためにもたらされたものであって、折り紙を折るためのものではない。しかも、力士が折り紙を折っていても、別段私たち（大相撲をただ趣味の範囲で見て楽しむ一般庶民）の日常生活には何の関係もないし、ましてや不利益になるようなこともない。

だから、両者が関係するのは「滑稽だ」という論理である。言ってみれば、「体の大きさ」の意味を、折り紙を折る行為を行う主体に対して無理矢理「複製＝転移」し、押しつけたことによって、おかしさ、すなわち「滑稽だ」と思う心が生じるのである（図008）。

さきほど、爪楊枝が「お尻を並べて」いると表現した。

この表現が何を意味するか。すなわちこれも、無理矢理の複製と、それによりもたらされる滑稽さを生む事例である。なぜなら、爪楊枝のその部分を無理矢理「お尻」と思う必要はない。むしろ、お尻だと思うことが、それを滑稽とみなす一大要因になっている。イメージとしてのお尻丸出しの人間が、まるで土嚢か何かのように積み重なった状態を、そのまま爪楊枝の特徴を捉える方法論の中に無理矢理「複製」したがために、滑稽に思えただけなのである。酒屋の店先のビールびんの場合も、それを「お尻」と見立てれば、やはり滑稽に思えるだろう。

同様の事例は、昨今の動物番組にも見ることができる。動物の仕草を愛でるのは結構だが、その一挙手一投足に余計な効果音を付与することで、愛くるしさをわざと増幅したり、滑稽さを強調して視聴者――もしくはスタジオの観客――の笑いを誘ったりという演出は、それこそ人間的価値観を人間以外の動物たちの行動の中に「複製する」――通常は「押しつける」という言い方をする――行為そのものであろう。その当然の帰結として、私たち視聴者は動物の仕草を「滑稽に」（あるいは愛くるしく）感じるのだ。

無論、そのような効果音がなくても、たとえばエリマキトカゲ*012の疾走を真正面から観察すれば、私たちはそれを滑稽に感じてしまう。それはとりもなおさず、そこに「もしこれが人間だったら」という仮定的要素を付与することで、イメージとしての人間のガニマタ走りを、エリマキトカゲの上に「複製する」からである。

一方において、「滑稽」という感じ方には、もう一つ別の複製的要素が含まれる。それは、「滑稽」であるということは、非日常的であるということだ。

日常とは、私たちが日々の生活の中で毎日のように繰り返す行為であり、そして身のまわりの現象

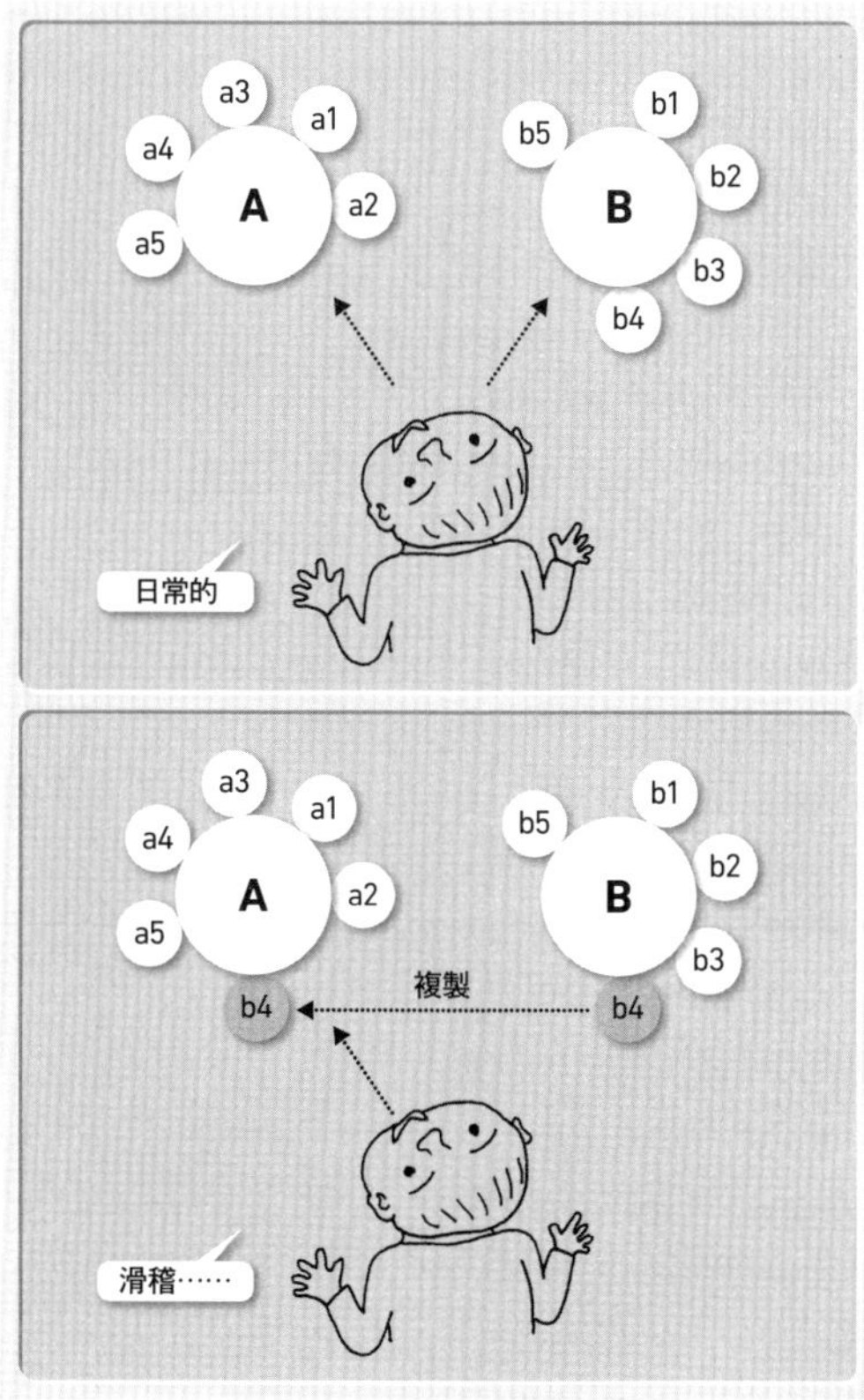

図008● 滑稽であることの基盤にあるもの。
まったく異なる「A」と「B」という存在と、それぞれに付帯する性質である「a」と「b」。
「b」の一つが「A」へと転移(複製)するとき、私たちはそこに「滑稽さ」を感じる場合がある。

012● エリマキトカゲ *Chlamydosaurus kingii* は、その名の通り、大きなエリマキを首まわりに発達させたトカゲである。オーストラリアなどに生息する。二足歩行を行うときの滑稽な走り方が、一九八〇年代に日本で爆発的な人気をもたらした。

である。すなわち、同じこと、あるいは同じものが、毎日繰り返し私たちの身のまわりに訪れるということであり、それは日々の行為あるいは現象の「複製」であり、その結果としての「日常」は「複製産物」なのである（図009）。

ただ、それを私たちは通常「複製だ」などとは思っていない。なぜ複製だと思っていないのかと言えば、先ほども述べた人間の認識的特徴の故でもあるが、もう一つ重要な理由として、日常には、少しずつ「変化」がもたらされているからであろう。

どんなに規則正しい生活をしていても、その刹那に繰り出される言葉の一言一句が同じであるとか、寝室から台所、便所、居間、そして玄関へ歩んだその歩数さえも全く同じということはまずないだろう。どんなに厳密に暮らしていても、何かが少しずつ違うのだ。

これは、「複製には必ず変化が伴う」ことの一例でもある。

そうした「変化を伴う複製」がさらに大きくなり、もはや日常とは思えないほどの変化となって、その結果不利益はもたらされず、かえって何らかの利益（面白い、楽しいといった感情も含め）がもたらされた場合に、「笑い」や「滑稽さ」が生まれるのである。

そして、逆に何らかの不利益がもたらされた場合は、「怒り」や「不愉快」といった感情が生まれる。その過程において、少しずつ変化が起きる。それが「複製」の大きな特徴なのである。そう考えることで、私たちのこの世界に潜む、ある法則性が明らかとなる。それは生物の世界では当たり前のように起こっていることであり、本書でおいおい、明らかにしていくことになるだろう。

複製芸術と半複製芸術

ベンヤミンの代表的論文の一つ「複製技術の時代における芸術作品（Das Kunstwerk im Zeitalter Seiner Tech-

013●この論文には三つの稿があるが、現在広く知られているのは、ベンヤミンがドイツ語で原文を執筆し、ピエル・クロソフスキーがフランス語に訳し、一九三六年に『社会研究時報』に掲載された第二稿である。本書で引用している日本語訳は、この第二稿を原文とした翻訳である。

nischen Reproduzierbarkeit)[*013]」では、「いま」「ここに」しかない芸術作品特有の「一回性」に対し、「アウラ」という表現が用いられた。

アウラとは、すなわち「オーラ」である。

その人がその人ならではの雰囲気を醸し出す、その背後に浮かびあがる物質とも、感覚とも言えない何か特別なもの。映画に代表される複製芸術（複製技術によって大量に生産され得る形態の、全世界的に、どこでも、いつでも鑑賞することができる芸術）では、完全に失われたと主張されるもの。それがアウラである。

ベンヤミンは言う。

ここで失われてゆくものをアウラという概念でとらえ、複製技術のすすんだ時代のなかでほろびてゆくものは作品のもつアウラである、といいかえてもよい。このプロセスこそ、まさしく現代の特徴なのだ。このプロセスの重要性は、単なる芸術の分野をはるかにこえている。一般的にいいあらわせば、複製技術は、複製の対象を伝統の領域からひきはなしてしまうのである。複製技術は、これまでの一回かぎりの作品のかわりに、同一の作品を大量に出現させるし、こうしてつくられた複製品をそれぞれ特殊な状況のもとにある受け手のほうに近づけることによって、一種の

図009●日常とは、生活のある定型が「複製」されること。
起床・朝食・仕事・昼食・仕事・帰宅・夕食・就寝とは、
一般的サラリーマンの定型であり、
これが毎日のように繰り返されていく。
繰り返しとはすなわち「複製」なのである。

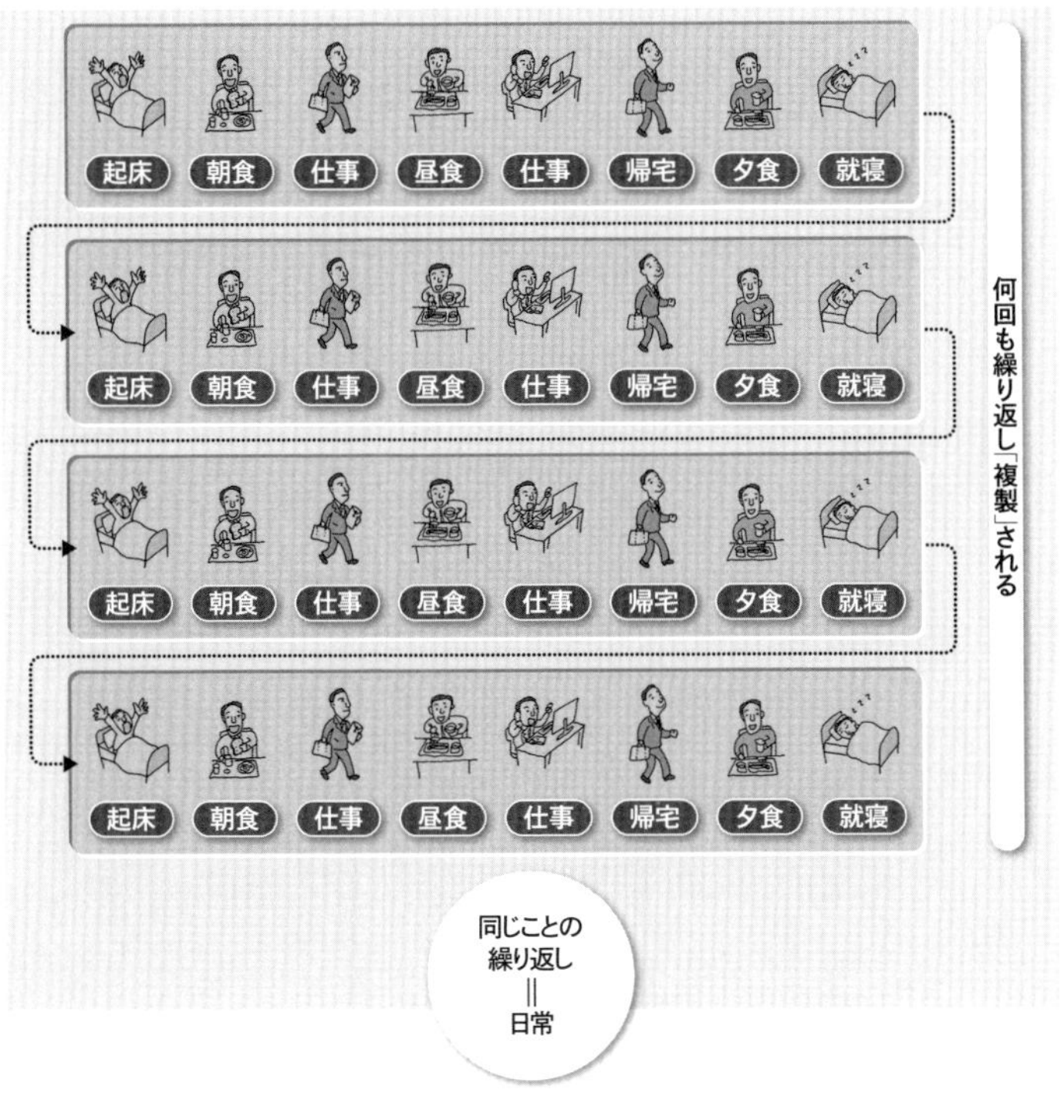

アクチュアリティを生みだしている。このふたつのプロセスは、これまでに伝承されてきた芸術の性格そのものをはげしくゆさぶらずにはおかない。[*014]

ほぼ同じ箇所の、別の訳者により訳された文章も引用しておく。

> 複製技術は——一般論としてこう定式化できよう——複製される対象を伝統の領域から引き離す。複製技術は複製を数多く作り出すことによって、複製の対象となるものをこれまでとは違って一回限り出現させるのではなく、大量に出現させる。そして複製技術は複製に、それぞれの状況のなかにいる受け手のほうへ近づいてゆく可能性を与え、それによって、複製される対象をアクチュアルなものにする。[*015]

そしてベンヤミンによると、アウラは次のようであると言う。

> （アウラとは）どんなに近距離にあっても近づくことのできないユニークな現象、ということである。ある夏の日の午後、ねそべったまま、地平線をかぎる山なみや、影を投げかける樹の枝を眼で追う——これが山なみの、あるいは樹の枝のアウラを呼吸することである。[*016]

「いま、ここ」にしかないという一回性に特徴づけられるアウラは、言わば「複製」と対極に存在する概念であるとも言える。

そして、アウラの「凋落」こそが、現代の複製芸術のありようであるとベンヤミンは言う。[*017]

014●ベンヤミン『複製技術時代の芸術』高木久雄・高原宏平訳（晶文社、1999）p.15。

015●ベンヤミン『ベンヤミン・コレクションI』浅井健二郎編訳・久保哲司訳（ちくま学芸文庫、1995）p.590。

016●ベンヤミン『複製技術時代の芸術』高木久雄・高原宏平訳（晶文社、1999）p.17。

017●ベンヤミンの主張は、複製芸術というオリジナルに対置される芸術概念の形成、ならびにアウラの凋落と複製芸術の支配的存在性への変化が、プロレタリアートや広汎な大衆層の形成と、芸術の政治的利用性というものに根差しているというものでもある。

言い換えると、観光旅行とは本来、こうした「そこでしか味わうことのできない」アウラを呼吸し、肌で感じ、視覚的に楽しむことが目的だったはずだが、ここに、カメラという便利な器械が登場することによって、大きな変化が生じた。この器械のせいで、呼吸すべきアウラは、その生気を失った抜け殻のような「型」のみがフィルムあるいはコンピューターやCD、DVDディスクなど、それ自身がすでにして複製産物であるところのデジタルメディア上へ「コピー」、すなわち「複製」されることにより、本来あるべき一回性を失ってしまうのである。

こうした傾向は、デジタルカメラと呼ばれる強力な複製装置の登場により、近年ではさらに強まることになった。

俗に「デジカメ」と呼ばれるこのメディアは、撮影した写真、つまり風景の「複製産物」を、いつでもどこでもさらに複製し、そしてどうとでもすることができる器械である。旧式のカメラにセットするフィルムと比べ、デジカメにセットするピクチャーカードなどは、そのとり扱いがそれほど難しくない。これを使うことで、手軽にコンピューターからコンピューターへ、携帯電話（電話というよりもむしろ、無線がさらに複雑化したデジタル通信機械。通称「ケータイ」）からケータイへと、観光旅行で本来味わうべき一回性の風景はまさに自動的に、そして無表情に「複製」されていく。[*018]

すなわちデジカメやケータイの発明と進歩は、アウラをさらに激しく、まさに奈落の底へと落ち込ませると感じられるほど、凋落させていくのである。[*019] その先に待ち受けるのは、複製産物にとり囲まれた私たちの複製社会に沿った形で構築される、複製社会に最もふさわしい形を呈した複製芸術の姿である。そしてそれは、複製産物である私たちが「複製に抗う」ために作り出す、個性の一つの要素としての姿でもある。

こうしたことは単なる芸術にとどまらない。たとえば、我が子の運動会の様子、剣道の試合の様子

018● 詳しくは紹介しないが、社会情報学者で学習院大学教授遠藤薫は、複製技術としての古来のカメラとデジタルカメラの意味につき、その違いに言及している。遠藤薫『メタ複製技術時代の文化と政治』（勁草書房、2009）を参照のこと。

019● しかしながら、アウラという概念は、かえって複製の理解をやや難しくしているという点もなくはない。その意味で、安永寿延が「人間と複製」（註036）の中で、写真や映画のプリントを「生まれついた時からの複製」と表現したのは的を射ていると感じる。

などをDVDカメラで撮影するという行為もまたしかりである。現代の多くの親――すべての、ではないところがまだ救いようがある――は、カメラで我が子のがんばる姿を撮影することにのみ気をとられ、ロクに拍手すらしようとしない。ハンディタイプのものなら拍手をすると画面がブレるからまだわかるが、三脚に固定して撮影しているため手は塞がっていないにもかかわらず、拍手をしない親が昨今は多い。現実に「いま、ここ」でしか存在しない子どもたちの汗を、彼らはロクに感じとろうともしないで、後になってデジタル情報として複製された「複製産物」でのみ心を満たそうとしているかのようだ。とても、複製に抗っているようには見えない彼らの姿は、もはや人間としての態すらなしていないとさえ言える。

また最近は、書籍の電子化の流れを受け、手持ちの本を電子化するいわゆる「自炊」と呼ばれる行為が広く行われるようになった。いまやデジタル情報なしには本に触れることもないような人間が多くなってきたことの証しだろう。

一方において、オリジナル芸術が複製芸術へと変貌を遂げていく過程において、移行的な状態が見られる場合もある。言うなれば、オリジナル芸術と複製芸術のちょうど中間に位置する――あるいはややオリジナル芸術の方に近い――芸術形態も存在するのである。

これについて、山本明が興味深い考察をしている。

すなわち、オリジナルにのみ高い価値があり、複製産物にはないという考え方が、より複製技術社会の発展に寄り添うような形で変化させるように自らの態度を軟化させ、その結果として、「ある程度の複製が可能で、かつ物神性を失わぬ形式を生み出したのであった」と山本は述べている。[*020] 山本は、そうした形式を「半複製芸術」と呼び、その具体的な実例として版画やブロンズ彫刻などを挙げている。

020● 山本明「大衆文化とコピー」『グラフィケーション別冊・複製時代の思想』(富士ゼロックス、1971) pp. 83-112。

ブロンズ彫刻と言えば、日本人の馴染みが深いところで言えば、まずフランスの彫刻家ロダン*021が思い浮かぶ。ここで、そのロダンの大作「地獄の門」をとり上げよう。

ブロンズ彫刻を作り上げるのは、木材を彫刻刀で刻み、一つの形を彫り上げていく方法とは異なり、かなりの手間を要する。作家はまず、粘土を用いて作品を作り、さらに保存性のよい石膏像を、粘土から型どりすることによって作る。そしてこの石膏像を用いて、ブロンズ、すなわち〝溶けた銅〟を流し込むための「鋳型」を作るのである。そうしてこの鋳型にブロンズを流し込み、固めてできるのがブロンズ彫刻だ。

この工程が何を意味するのかと言うと、作家は、自ら作った鋳型に次々とブロンズを流し込み、たくさんの同一の作品を作り出すことができるということである。ブロンズ芸術として作家が作り出し、彼自身が鋳造したか否かにかかわらず、そのブロンズ作品が存在し、完成品としての「オリジナル」とみなされるのであれば、たとえば現在世界に七体存在する「地獄の門」は、そのいずれもが「オリジナル」であるということになる*022(図010)。

果たして、ここでオリジナルが複数あるということで完結してしまってよいものか。あるいは、ロダンが制作した時点で、やはりオリジナルはロダンが制作した石膏による原型であって、ロダンの没後に鋳造された七体のブロンズ製「地獄の門」は、複数の「複製産物」であると考えてよいものか。

この問いかけ可能性の存在自体が、半複製芸術の、映画や写真に代表される「複製芸術」とは一線を画す状態であると言える。ロダン自らが制作企画し、その帰結としての完成品であるということがその作品の価値を高めるとするならば、七体のどの「地獄の門」をとってみても、そのアウラが凋落しているとは思えないが、ここで次のように仮定してみよう。現在までに「地獄の門」が一〇〇体制作されたとする。そうした場合、現在までに七体しか制作しなかった場合に比べ、「希少性」というものに価値を見出す

021●フランソワ・オーギュスト・ロダン François Auguste René Rodin 。フランスの芸術家。1840-1917。数多くの彫刻をてがけ、特に「考える人」や「地獄の門」は有名である。なお、ブロンズとして残されている「地獄の門」は、現時点で世界に七体のオリジナルが存在する。

022●ただし、ブロンズ彫刻では、作家による上記の制作過程における石膏像が、「オリジナル原型」としての位置づけを持つ。ロダンの「地獄の門」のオリジナル原型は、パリのオルセー美術館に保存されている。すなわち、このオリジナル原型をもとに、これまで七回ブロンズによる鋳造が行われたことになる。うち日本には二体があり、東京・上野の国立西洋美術館と静岡県美術館に所蔵されている。

とするならば、ほぼ確実に、「地獄の門」一つひとつのオリジナルとしての価値は下がるであろう。

果たして、ブロンズ彫刻「地獄の門」は、オリジナルなのか、それとも「複製産物」なのか。右記のように、複数の同等のものが作り出される可能性と、その数の多少によって価値が異なってくる人間社会の芸術的特性を鑑みると、これは「複製産物」であると考えた方が妥当であるように思われるが、一方において、現在の状況で世界に七体ある「地獄の門」がロダンのオリジナル作品であるということもまた、一種の社会通念であると言える。

もし「地獄の門」が「複製産物」であるとするならば、本書では冒頭、複製を「ある一つのものから、それと同じもう一つの、あるいは同じ複数のものを作り出す行為。あるいは、ある一つのものから、それとよく似た別のものを複数、作り出す行為」という具合に定義したが、この定義は作り直されねばなるまい。

すなわち、複製とは次のように定義される行為であると言える。

> ある一つのものから、それと同じもう一つの、あるいは同じ複数のものを作り出す行為。あるいは、ある一つのものから、それとよく似た別のものを複数、作り出す行為。あるいは、単に同じ複数のものを作り出す行為。

ここでは、半複製芸術としてのロダンの彫刻は、オリジナル性の部分においてすでにして複製の要素が入り込み、複数の「複製産物」が高いオリジナル性を有していると考えるのが妥当だろう。そうして、この高いオリジナル性を持つ「複製産物」が、さらにまた、数多くのお土産品として大量に複製され、オリジナル性の低い「複製産物」、すなわちアウラの観点においては論じる価値などほとんどないとさえ言える複製産物として、世界中で売られている。

そうしたオリジナル性の高さと低さとの間に存在する垣根――これこそが「一線」なのだが――を極限にまで低くして、誰でもどこでも、いつでもオリジナルと同じものを鑑賞できるようになったものが、映画や写真に代表される複製芸術であると言える。

オリジナル芸術と工芸品

これまで述べてきたように、複製芸術とは言えない、たとえば絵画や彫刻（ロダンなどのブロンズ彫刻は除く）に代表されるオリジナル芸術においては、オリジナルではない「複製産物」がオリジナルと同等

図010●オーギュスト・ロダン「地獄の門」（松方コレクション国立西洋美術館蔵）。オリジナルか、それとも「複製産物」か。他を圧倒する威圧感は、まさにオリジナルのそれである。（写真：岩田えり）

の価値を持つことはない。ただときおり、オリジナルという仮の服を着て、複製産物がそうした価値を表面上、手に入れてしまう場合がある。

贋作である。

贋作は、その仮の服が脱がされなければ、常にオリジナルと同等の価値を保持しながらオリジナルのように振る舞うことが可能である。優秀な複製装置の手にかかれば、顕微鏡ですら違いを発見することができないほどの同一さを達成することすら可能ときたモンだ。*023

オリジナル芸術の場合、その複製産物には、せいぜい「お土産」として販売される程度の価値しか存在しない。だからこそ、贋作が作られる余地が存在する。

それでは、「お土産」として売られる場合が多い、店先などに並んでいる工芸品はどうであろうか。*024

まずもって言えることは、観光客を対象にした「お土産」として制作されるそれは、そもそもオリジナル芸術とは無縁のものだということであろう。たった一個のオリジナルだけが価値を持ち、その複製産物には価値がないという概念は、工芸品にはないと言っていい。

むしろ全く同じものを、機械ではなく人間の手で多数作り出すというその職人技にこそ価値があるという点で、オリジナル芸術とはその「複製」における構図が大きく異なっているというのが面白い。

もちろん、工芸品を制作する作家本人が作ったものにこそ価値があるとするなら、本人が作った「多数のもの」こそオリジナルで、それを「模倣」して作られた他人のものが複製産物だ、と考えることもできる。

寸分たがわぬものをたくさん作り出すために、複製装置としての職人には、「複製エラー」を決して起こさない精確さが求められているのかもしれない。

その精確さこそ職人の職人たるゆえんであるという場合においては、複製行為そのものが、真の芸術

023● 鈴木均は、絵画の模写について次のように述べた。すなわち「模写が模写を自称しなければ、模写はにせものであって、原画こそがほんものということになる」と。そして、「模写を自称することにおいて、オリジナルとコピーの従属関係が成立する」とし、「模写を自称しなければ、手仕事が本質的にアウラたらざるをえないという意味で、模写もまたオリジナルたらざるをえない」という。筆者がここで「仮の服」と言ったのは、まさにこの「自称するかしないか」にかかわる、複製産物の自律性にほかならない。鈴木均「現代色彩論」『グラフィケーション別冊・続・複製時代の思想』(富士ゼロックス、1973)pp. 70-81。

024●『広辞苑』によると、工芸品とは「美的価値を備えた実用品。おもに金工・漆工・陶磁・染織などの伝統的な工芸技法で制作されたものをいう」とある。

を生み出しているということにもなるのである。これは、オリジナル芸術には決してない見方であろう。

どのような複製が、どのような複製装置によって行われるか。そしてその目的は何か。複製されてできた複製産物は、その後どのような運命を辿るのか(図011)。

これらを総合することで見えてくるものが、もしかすると人間が希求する「価値」の本質なのではないかとさえ思えてくる。

美的価値という意味においては、オリジナル芸術も工芸品も同じ土俵に存在すると言えるが、果たしてそれが実用的であるかそうでないかにおいて、両者は明確に区別される。人々は、実用的でないものに対しては、オリジナル芸術として、ただ一つのオリジナルにのみアウラが満ちあふれることを許容し、オリジナルとしての価値をより高いものに維持する。これに対して実用的なものに対して人々は、複製そのものに高い価値を付与し、その結果として多数の複製産物そのものを、オリジナルと寸分違わぬ位置づけにおいて愛でるのである。

こうしたことから工芸品も、複製芸術の典型の一つであるとみなすことができるだろう。

複製的社会

ベンヤミンや多田道太郎[*025]を始め、現代社会の諸現象を「複製」の観点から紐解こうとする試みは、すでに何人かの先学たちによってなされてきた。[*026]

ベンヤミンとは独立に、日本語の「複製芸術」という語を最初に用いて論じたのが、長谷川如是閑[*027]であると考えられる。

如是閑は、その論文「原形芸術と複製芸術」[*028]の中で、「原形芸術とは、此の直接的の表現形式の芸術を、そのまゝ直接に鑑賞する形式をいふのであるが、複製芸術とは、当然直接的の表現形式であらね

025●多田道太郎。フランス文学者、京都大学名誉教授。1924-2007。近代日本の風俗・文化研究でも知られる。著書に『ルソー研究』『複製芸術論』『食の文化』など。

026●多田道太郎「複製芸術とは何か」『グラフィケーション別冊・複製時代の思想』(富士ゼロックス、1971)pp.113-144。この論文はまた、多田道太郎『多田道太郎著作集II 複製のある社会』(筑摩書房、1994)に「アウラの追放」と改題されて所収。

ばならぬ芸術を間接的に鑑賞する形式に作りかへたものをいふのであつて」と述べ、オリジナル芸術と複製芸術を「直接」と「間接」という対比されるべき明快な図式にあてはめて定義した。[*029]

そして長谷川の論において、その対比は「音楽がレコードに、劇や舞踊がトーキー[*030]に、建築物が写真に作りかへられるといつたやうな」[*031]ものとして表現された。

長谷川は、こうした複製芸術が普及すると、オリジナル芸術はその素材としての地位しか得られなくなり、独自の存在理由を失うのではないかと危惧するのであるが、しかしながらオリジナル芸術の本質と、人間の社会的性質を理解し、オリジナル芸術の本質の一はその一時性と直接性であって、生きた肉体的感覚をそのまま与えてくれるものこそオリジナル芸術の特徴であるということを考えると、決してそうはなるまいというところに落ち着く。

ただ、やはり長谷川も、やがて来るべき複製社会の到来を予測し、「然し音や形や運動の感覚の人間的鋭敏性は、最早数千年前からの道具の発達によつて、動物が本能的に持つてゐるそれから見ると、遥かに後退してゐるのであるから、今後も一層機械の発達によつて、人間同士の直接的感覚の退歩を免れないであらう」と述べている。[*032]この点に関して、長谷川の予測は当たったと見るべきであろう。

私たちが複製産物にとり囲まれ、複製の営みに終始しているがゆえに、そして私たち自身が複製産物であるがゆえに、現代社会は言ってみれば「複製社会」とみなされるべき様相を呈している。複製社会という言葉は直截的で誤解を生む可能性を包含しているので、ここではむしろ「複製的社会」と言うべきかもしれない。

この「複製的社会」に与えるという意味において、マス・メディアを始めとするそれ自身が複製産物であるところの「複製装置」の影響の大きさを否定することはできない。

027●長谷川如是閑。大正、昭和初期〜中期の我が国を代表するジャーナリスト、思想家。1875-1969。自由民主主義的思想により、『大阪朝日新聞』において大正デモクラシーを先導した。文化勲章受章者。

028●長谷川如是閑「原形芸術と複製芸術」は、一九三五年八月一日の『文芸』三巻八号に掲載された。長谷川如是閑『長谷川如是閑集 第六巻』（岩波書店、1990）に所収。

029●長谷川如是閑『長谷川如是閑集 第六巻』（岩波書店、1990）p.350。

鈴木均が言うように、[033] 視覚にそのほとんどを頼る色彩の美学には、複製装置たる「見る人」の数だけ、様々な複製がある。テレビや書籍、雑誌などのマス・メディアを介して伝わるものであればなおさらであろう。なぜならば、そうして人々の目に入るオリジナルたる視覚情報そのものが、マス・メディアという、それ自身が複製産物であるところの複製装置によって、すでにして複製された複製産物だからである。

テレビ、ラジオ、映画、演劇、出版文化の爛熟。そして森秀人が「複製としての性」の中でとり上げた、「猥褻な猥談の複製化」としての性愛文学。[034] 国家権力を内包しつつ、コピーとして市場に出回り、使用価値としての「物」に交換価値を与えるた

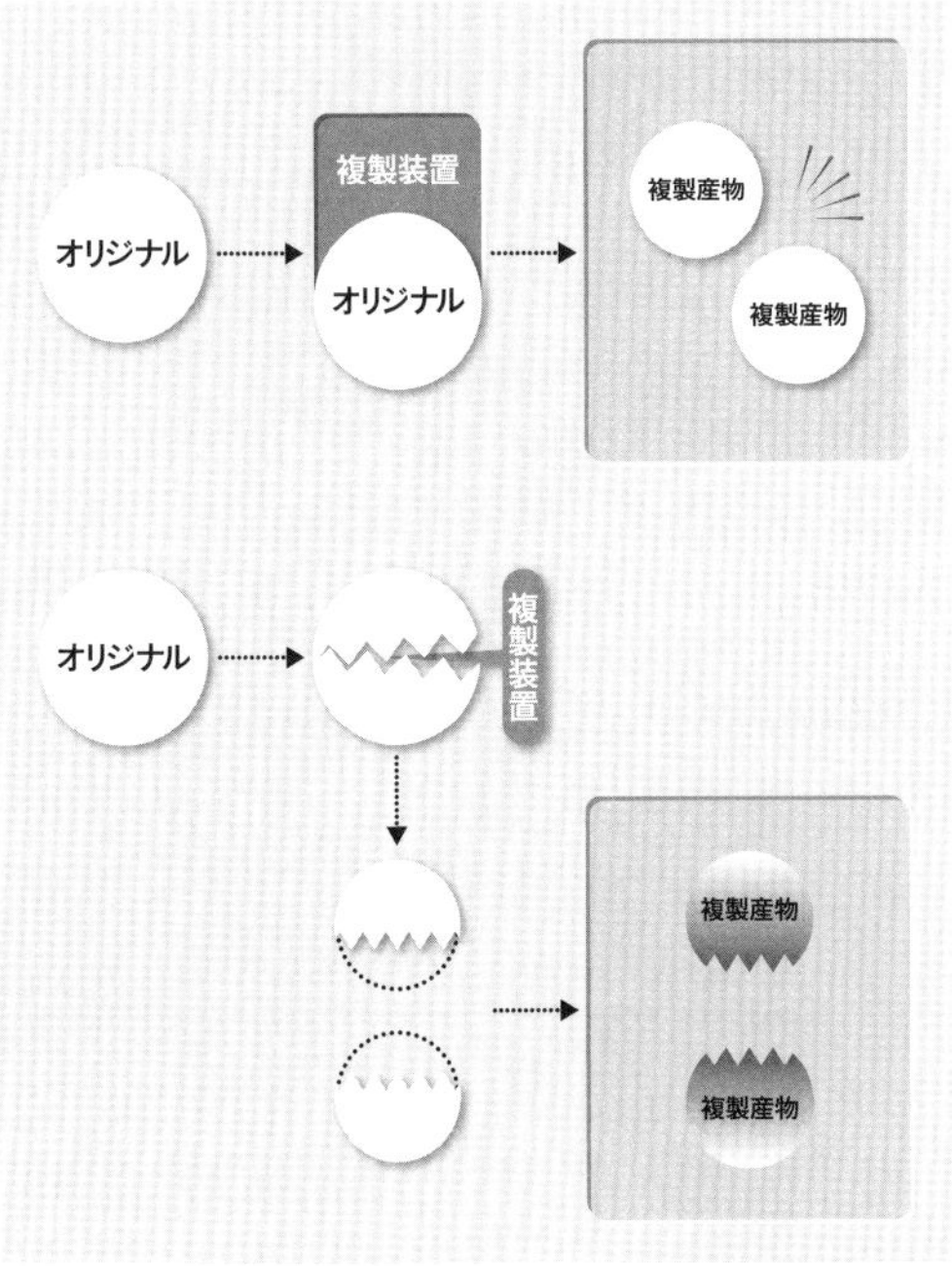

図011● 複製による複製産物の運命。そのすべては、複製装置となるもの如何にかかっている。同じオリジナルを複製する場合でも、複製装置が異なれば、複製産物も異なるのである。

030● 初期の映画は日本では活動写真と呼ばれ、音声は入らず、役者のセリフは字幕として入るとともに、「弁士」と呼ばれる人間がかわりにしゃべっていた。トーキーとは、現在の一般的な映画のスタイルで、映画の中の人物の実際のセリフが入っているもの。

031● 註029と同じ。

032● 長谷川如是閑『長谷川如是閑集 第六巻』p.359。

033● 鈴木均「現代色彩論」『グラフィケーション別冊・続・複製時代の思想』(富士ゼロックス、1973)pp.70-81。

034● 森秀人「複製としての性」『グラフィケーション別冊・続・複製時代の思想』(富士ゼロックス、1973)pp. 82-91。

めの「手段」となっている紙幣や貨幣も[*035]また、「価値の複製産物」そのものであると言えよう。そして、その複製産物を利用して、さらにまた別の意味での複製産物である商品を、自らの生活の中にとり入れ、複製し、多様化させる複製産物たる私たち人間がいる。してみると、私たちの生活のための所為のすべてが複製であり、その所為がもたらす結果はすべて複製産物であるとみなすことができる。

こうした、複製と複製産物の社会への浸透があり、それをもって現代は複製社会（ここでは複製的社会）であるとみなす見方に対し、安永寿延は次のように考える。

現代社会は単に複製が氾濫しているから複製社会であるというより、むしろ複製的商品を複製的に生産することによって人間を複製的存在に転化するようなメカニズムこそが現代を複製社会たらしめているのである。[*036]

前後の議論は重要で、この引用文だけでは安永の意図は明確にはならない。安永は、現代の労働の観点から、労働の単純化によって人間も「単純化」し、言ってみれば没個性的な仮面をつけたような存在になっているのであって、人間は現代社会においては一様に、何か見えない烙印を押されたかのような「商品的」な存在になってしまっていると主張するのである。

人間は生物だから、生物学的には複製産物であることに議論の余地はないが、先ほど来述べているように、従来の複製的存在から脱却し、それを否定する方向へとベクトルが向いている人間の精神的構造すら、いまや数ある複製産物、すなわち外的要因としての複製産物の濁流に飲まれ、飲み込まれ、沈没しつつあると見てよい。

035●山本明「コピーの辺境―紙幣と郵便切手―」『グラフィケーション別冊・続・複製時代の思想』（富士ゼロックス、1973）pp.92-104。

036●安永寿延「人間と複製」『グラフィケーション別冊・複製時代の思想』（富士ゼロックス、1971）pp.53-82。

山本明は、現代社会を諷して、オリジナルがコピーを作るのではなく、コピーがオリジナルを作り出すのが現代であるとする。[*037] その実例として山本は、「女の服のぬぎ方」という美容学校における授業風景についてとり上げている。

テレビショーで放映されたその授業風景は「でっちあげ」、すなわちいまでいう「ヤラセ」だったわけで、言ってみればオリジナルのない「コピー」だけの状態がまずあったというのである。ところが、これを真に受けたいくつかの美容学校で、実際にこの架空の授業を模した授業が行われたという。この授業は、教師がどのように考えたにせよ、またテレビショーを教師が模したつもりであったにせよ、そもそも現実的にテレビで放映された授業そのものは真の意味では「存在しなかった」わけだから、それを模したつもりのこの授業が「オリジナル」であるとみなすことは可能である。すなわち、テレビを通じて配信された架空の「複製産物」から「オリジナル」が作られたのである。

実際の授業を「オリジナル」、テレビでの紹介映像を「複製産物」とするなら、まさにこれは「逆複製」反応であるように見えるが、[*038] しかしオリジナルに必ずしも依存しない複製というものが世の様々な場面で行われているのを見ると、必ずしも「逆」とは言えないような気もしてくるものだ。

さらに、でっちあげられた授業風景を、果たしてオリジナルの存在しないままの複製産物とみなしてよいものかといった問題も出てくる。そもそもこうした場合、どれをオリジナルと見るか、どれも複製産物と見るかは、何を主体に考えるかによって大きく変わってくるし、生物の世界によく見られるように、むしろ互いが互いの複製産物になっていると考えることもできるのである(図012)。

様相が様々であるのと同様、意味解釈もまた様々である。

ただ言えることは、オリジナルとコピーの関係が極めて曖昧になってきているということが、現代社会が表現する一つの相なのではないかということだ。

037● 山本明「大衆文化とコピー」『グラフィケーション別冊・複製時代の思想』(富士ゼロックス、1971)pp.83-112。

038● 同じような反応が、生命の世界にもある。通常、遺伝子の本体であるDNAを「オリジナル」として、タンパク質を作るのに重要な役割を果たすRNAという「複製産物」が作られるが、その複製産物がオリジナルとなって、逆にDNAが作られる「逆転写反応」というものもある。

たとえば仲正昌樹[039]は、ベンヤミンの言う「アウラ」について、ベンヤミンは複製によってアウラは崩壊すると見るが、逆に、複製を通してアウラも複製されるという見方をすることもできると言う。その例として、テレビやネットでのカリスマやスター、新興宗教の宣伝媒体としてのアニメなどを挙げている。[040]この示唆は、筆者が関与する次の事例を見れば、より実感的なものとなるだろう。

学生実習に見る複製の功罪

「授業」というのは教育活動の一つであり、筆者自身もそれに携わっているので他人ごとではない。筆者は現在、大学で教職課程の学生のための生物学実験を担当しているが、そこに非常に興味深い複製現象とその「複製産物」を見出しているので、ここに紹介しておこう。

　カリキュラムの中に、食用ガエルの解剖という項目がある。筆者が担当する学生にとって、その生涯でカエルの解剖などはおそらく二度と行うことはあるまい。[041]彼らにとってはまさに実験のそのときこそ、「アウラ」を感じる唯一の機会であると言えるだろう。

　学生は、解剖されたカエルの様子、とり出した臓器の様子をケント紙にスケッチする。ところが、近年はそのスケッチの様子も様変わりした。

　毎年のように、すぐ目の前にオリジナルたる「モデル」がいるにもかかわらず、その様子をケータイで撮影し、デジタル画像としてその小さな器械の中にそれを複製した後、オリジナルである「モデル」本体を見ることなく、その「複製産物」を見ながらスケッチをしようとする学生がいる。

　筆者のカリキュラムでは、数人で一匹を解剖するので、生ものを扱っているため順番待ちするわけにもいかないから、仕方がないといえば仕方がない。もっと金を使って一人一匹あてがえばいいのだとも思うが、それも予算的には厳しい。

039●仲正昌樹。金沢大学法学類教授。1963-。著書に『今こそルソーを読み直す』『「分かりやすさ」の罠』など。

040●仲正昌樹『ヴァルター・ベンヤミン』（作品社、2011）p.273。

041●受講生たちが、たとえ理科の教員になったとしても、小学校や中学校でカエルの解剖実習を行うのは年々難しくなっている。動物の愛護の観点というのもあるし（註042も参照）、食用ガエルが特定外来生物に指定されたため、入手に伴う法的手続きが煩雑になった、というのもある。ただし、大学の生物の教員になれば、まだそうした機会はあるかもしれない、たとえば筆者のように。

指導教員としては仕方がないから一応、スケッチは「オリジナル」すなわち「生のモデル」を見て、それをスケッチするよう指導する。学生は「わかりました」とおとなしく従うが、見ていないところでどうしているかは定かではないし、解剖そのものに気分が悪くなって顔色を真っ青にし、肩で息をしている学生に対して、「生のモデル」を見てスケッチするよう強制することはできない。

すなわちここで、教員としての立場と、複製的観察者としての立場との間に、ある種の葛藤が生じるのである。

スケッチというものそれ自体が、解剖されて解剖皿の上に横たわった「臓器丸出し」のカエルの「複製」行為である以上、そこに新たにケータイによる複製が加わったところで、そもそも何か問題があるだろうか?

オリジナルにこそ価値があるとするアウラの観点から見ると、ケータイで撮影したその時点で、学生にとって「生のモデル」の持つアウラは凋落する(図013)。すなわち、実験台の上でのみ可能であるはずのカエルの解剖のスケッチが、自宅の机の上でも、公園のベンチでも、いやまさにいまこうして

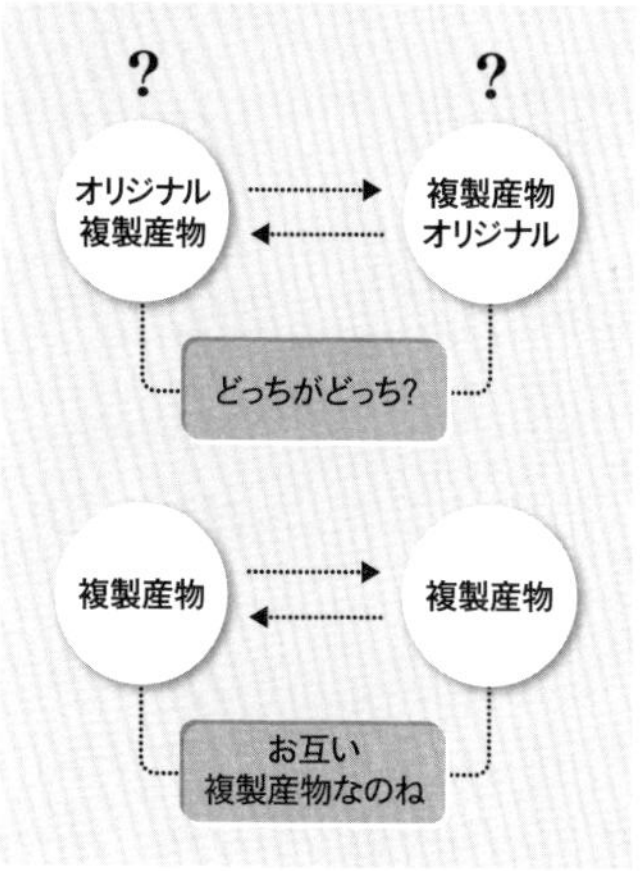

図012●オリジナルと複製産物の微妙な関係。
世の中には、オリジナルなのか複製産物なのかが判別できない事例が散見される。
生き物の世界では、生物の一個体一個体はオリジナルであるが、種全体を通して見ると、あたかもお互いが「複製産物」であるかのようにも見える。

原稿を書いているように喫茶店のテーブルの上でも、ケータイの画面上に複製されたそれを見ながら可能になるということである。

アウラを感じながら生のカエルをスケッチする場合と、〝アウラ〟を感じることなくケータイ画面上のそれをスケッチする場合とで、果たして何が違うのか。両者を比較することでその答えはおそらく出てくるだろうが、いまのところ十分な統計がとれるだけのデータをとってもいないし、またとる努力もしていないから何とも言えない。

唯一言えることは、三次元的に厳然とそこにあるオリジナルと、それを二次元画像として「複製」したケータイの画面上の複製産物とでは、自ずから見るべきものの細かさ、鮮やかさが異なるということである。ただそうなると、リアルな3D立体画像が普及し、等身大のカエルの、立体感も鮮やかさも全くそのままの複製産物が気軽にケータイ――そうなると、もはやケータイとは言わないかもしれないが――で複製できるようになったときに、教員として「オリジナルを見なさい」と指導する理論的根拠が果たして維持され得るかどうか、全く定かではない。[*042] これこそ、仲正の言う「アウラの複製」に該当する事例であろう。

このカエルの解剖実験とは異なり、〝アウラ〟の凋落がそれほど問題視されず、むしろ真の意味で「アウラの複製」を体現する学生実習もある。

芝浦工業大学柏中学高等学校の奥田宏志教諭は、情報教育との融合による新しい生物教育として、高校の生物の実験実習にインターネットを利用したウェブ授業をとり入れている。

この事例では、生徒は事前学習として専用のウェブサイトにアクセスし、ウェブ授業を自分の好きな時間に受講し、実験手順を自分の好きな時間に学習する。

042●米国カリフォルニア州の一部の高校では、動物愛護の観点から、生物の授業における生きた生物の解剖を止め、デジタル映像による疑似解剖実験に置き換えたという。二〇一一年六月六日付朝日新聞ニュース(asahi.com)より。

また実験中は、実験台の傍らに用意したノートパソコン画面上に現れる教員による演示実験手順を、自分の、あるいはその班のペースに合わせて随時確認することができるようになっている。[*043]

こうして、本来は教員が教卓上で行っていた演示実験を、生徒は自らの一番近いところに「複製」し、それをもとに、自らの実験をじっくり学びながら行うことができるのである。

教員による「生番組」である演示実験が持つアウラ（ただし、そこに本当にアウラが存在しているかどうかは定かではない）は凋落するが、それがかえって、生徒にとっては理解の助けとなる。すなわちこの場合、アウラの〝凋落〟が、むしろ良い方向へと生徒を導いていることになり、アウラの複製が効果的にはたらいている事例であると言えよう。

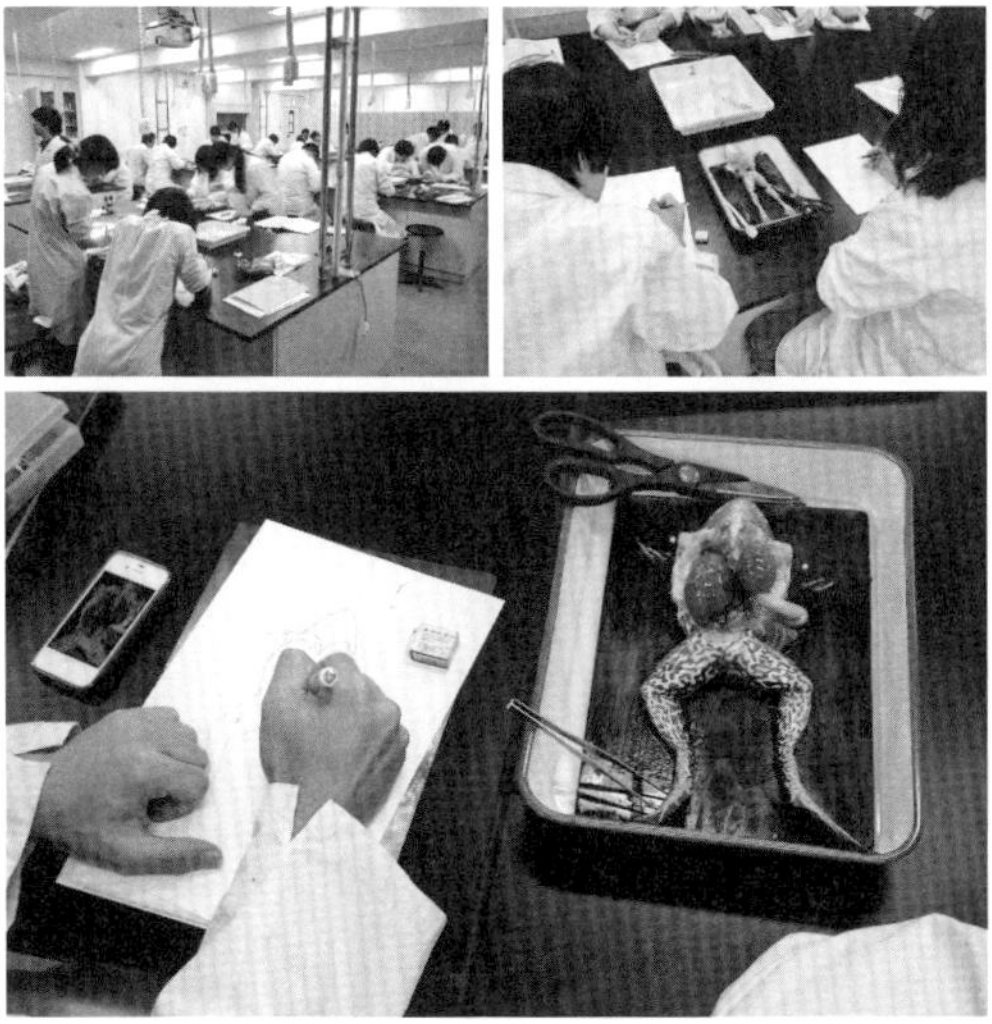

図013●カエルの解剖実習のアウラ。
将来理科の教師になっていく学生であれば、生きている生物の生の律動に触れ、感じる経験は必要だ。とはいえ、生のカエルのスケッチと、その複製産物であるケータイ画面上のカエルのスケッチとで何か違うのかと言えば、はっきりした答えは出てこない。もし学生の先端機器慣れした目が、三次元と二次元を区別し得るのであれば、さほど問題ないようにも思える。
［**左上**］実習風景。
［**右上**］生のカエルをスケッチする学生。
［**下**］ケータイ画面上のカエルをスケッチする学生。ただし右側には生のカエルがいる。

043●奥田宏志「理科教育と情報教育の融合による新しい生物教育：実験手順をHPで確認―安全な実験のために―」『生物の科学　遺伝 62』(2008) pp.89-93。

この二つの教育現場における事例から言えることは、複製技術の発展が、学校教育にも劇的な変化をもたらすだろうということであり、現にそうなりつつあるということである（図014）。それはときには改善であり、改革という名にふさわしいものとなるであろうが、別のところでは、負の側面をも見せつけることもあるだろう。

現代ほど「バーチャル・リアリティ」が発達した時代にあっては、必ずしもカエルの解剖におけるケータイ上でのスケッチの事例が「悪い方向」なのかどうかはわからないわけだが、もしも本当に教育効果等の側面において悪い方向へ向かってしまうようであれば、教育者には何らかの対策を考えていく必要が生じる。

とはいえ、現代社会が、紛うことなく「複製的社会」であるということを、こんなところでも納得させられてしまうわけで、その意味ではカエルにも感謝しなければなるまい。

大学という複製装置

こうした教育上の様々な「複製」をかいくぐり、学生はやがて大学を卒業する。

我が国では、大学を卒業すると、すべての人に「学士」の称号が与えられる。

かつて（だいぶ昔の話）、大学というものがまだ珍しく、そこに入学する人数も現在ほど多くなかった時分には、「学士」と言えばきちんとした「学位」として人々の尊敬の対象となったものであるが、多くの若者が大学に進学する現代においては、「学士」という称号はもはや有名無実化していると言ってよろしかろう。いや「無名無実化」と表現する方が実態に即しているかもしれない。多くの人生にとって、「学士」という学位を目にするのも、手にとるのも、卒業式において「学位記」（中学や高校において〈卒

044● ただし、学位論文を提出し、それが学位授与相当と認められた場合である。学位論文を提出せずに大学院を修了した場合は「単位取得退学」などと呼ばれる。

045● ただし、学位として認められることと、社会がその存在を敬意を持って認めることとは、我が国では全くの別問題である。詳しくは水月昭道『高学歴ワーキングプア』（光文社新書、2007）を参照のこと。

業証書〉に該当するもの〉を手にするときぐらいであろう。自分が学士の学位を持っていることすら、気づかないことも多いと思われる。学位記にきちんと明記してあるにもかかわらず、誰も「私は○○学士です」と名乗ろうとしないのを見てもわかる。

大学院を卒業（修了という言い方が正しい）すると、修士課程であれば「修士」、博士課程であれば「博士」の学位が与えられる。[*044] もちろん「博士」ともなれば、ある程度は我が国でも学位として認められている。[*045]

すでに別の表現で指摘されているはずであるが、こうして見てみると、大学というところは「学士号」を持つ人間を大量に生産するところであり、大学院というところは「修士号」もしくは「博士号」を所持する人間を大量に生産するところ、すなわちそうした人間を「複製」する「複製装置」であると言える。したがって学位所持者は、大学あるいは大学院という複製装置により複製された「複製産物」である。大学による「学位所持者の複製」の特徴は、若い学生に対する教育を目的とした「知識の伝達」と、最近になってより強調されるようになった「社会に役立つ」学位所持者の大量生産という面が、より際立っているということだ。

大量生産、すなわち同じものをたくさん作るのである。そうして、複製産物たる学位所持者、すなわち「卒業生」が多く生み出され、社会へと投入されていく。極端な場合を挙げれば、その大学の教育方針に明確な指針——たとえば卒業生に求められる人間性、社会性、技術性などの習得——が示され、いわゆる「大学のカラー」にある程度、場合によってはどっぷりと浸かった卒業生が量産されることになる。伝統的な私立大学の中にはそのような傾向が見られる場合がある。

筆者にとって挙げやすい例として、伝統的な私立大学の一つである、我が東京理科大学の場合を見てみる。

理系、文系の意識的な差異化は意味がないばかりでなく、社会に有益なものはあまりもたらさない

図014●複製技術の発展としての授業。コンピューター室での授業は、学生が使うパソコンの横に演示用パソコンが置いてあり、教員の操作が各演示用パソコンにリアルタイムで映し出される。教員によるカーソルの動きが、一瞬のうちに各パソコンへと「複製」されるのだ。

と考えるが、しかし東京「理科」大学を標榜するからには、その卒業生はほぼ例外なく「理系」であると言わなければなるまい。すなわち、東京理科大学の卒業生は科学リテラシー[*046]を身につけた人間である（はず）であり、東京理科大学はそれ自身が「複製装置」として、そうした人間を複製していると自負すべきである（現実には、本当にそうなのかはわからない）。

そうして大量に複製された「複製産物」たちは、別段脅かしているわけではないが、「東京理科大学の卒業生」という看板を、意識的であれ無意識的であれ、一生背負っていくことになる。成文化したその証拠の一つとして、おそらくほとんどの卒業生は、東京理科大学の同窓生組織（理窓会という）に入り、その構成員となるのである。同窓会というのは、複製論的に言うならば、「その大学の卒業生、もしくは修了生」という複製産物の「集合」であると言える。

大量に複製された卒業生たちが、同窓会という「集合」の一員となる。もちろんこうした現象は、大学という巨大組織に限らず、それよりも低位のレベルにおいても多々見られることでもある。

たとえば研究室単位で、その卒業生が「同門会」のような組織を作っている場合が多々見受けられる。同門、すなわち同じ恩師から薫陶を受けた卒業生たちの、年度をまたいだ交流の関係を一つの組織として形成しておくことで、たとえばその恩師が大学を退職するというようなとき、彼ら――すなわち「同門会」という集合を形成する複製産物たち――は、それまであまり見せることがなかった団結力を見せつけるのである。

こうした「緩やかな組織」は、歴史のある大学の研究室（講座）では、教授が代替わりしても存続していくことが多い。得てして、旧帝大を中心に、〇〇学講座とか〇〇学研究室などのように、学問分野を冠した講座、研究室の場合はそうした傾向が強いと思うが、筆者がいまいるところは「武村研究室」という具合に、主宰する教員の名前を冠した研究室であるから、筆者が大学を辞めた時点で、おそら

046●リテラシー（literacy）とは、本来は「読み書き能力」とか「教養」などの意味を持つから、科学リテラシーも本来は「科学に関する教養」という意味を持つ。しかしながら、現代のように科学・技術が発展した社会においては、社会で自立して人間らしい生活を続けていく上で身につけておくべき科学的知識、特にその国民が持つ科学知識レベルの向上を念頭において論ずる際の科学的知識のことを「科学リテラシー」と呼ぶことが多い。

047●もちろん、筆者の退職と同時に、筆者の研究室が爆薬で爆破されるなどということはあるまい。後任の教員のもとで、その教員の名を冠した研究室として、物理的には存続するのである。したがって、筆者と同姓の人間が後任の場合は、表向きは「武村研究室」は存続するワケだ。

くこの研究室は消滅するのである[*047]。

とはいえ、「武村研究室の卒業生、もしくは修了生」というしがらみは、その学生の肩に一生重くのしかかるわけで、たとえそうした「複製産物」の数が多いにせよ少ないにせよ、複製に抗って生きていくべき人間という視点からは、何とも気の毒だと言わざるを得ないのである。ただ筆者としては、「武村研の卒業生」というレッテル——複製産物に貼られる、「お互いが複製産物である」ことを示す目印のようなもの——を一生隠して生活しても一向に構わないことを、この場を借りて申し上げておきたい(図015)。

以上のように、この第2展示室では、身のまわりに存在する様々な複製産物について、滑稽さ、複製芸術、複製的社会、大学における実習といった「少し変わった」テーマを設定しながら、かいつまんで——ただし偏りは大きかったが——見てきたわけだが、こう改めて見てくると、いきなり複雑な複製のオンパレードがこの世界に誕生したわけはなく、もっと単純な形の複製が最初はあったのではないかと考えずにはおられなくなる。そしてその時点で、その「複製の原形」とは果たして何だったのかといった疑問が、ふっと頭の中に湧いてくるのである。

ブロンズ彫刻のくだりで、複製を「ある一つのものから、それと同じもう一つの、あるいは同じ複数のものを作り出す行為。あるいは、ある一つのものから、それとよく似た別のものを複数、作り出す行為。あるいは、単に同じ複数のものを作り出す行為」と定義したが、そもそもある一つのものから、もう一つ以上の——同じもしくは似たようなものであっても、存在としては独立した——ものを作る行為とは、どういう行為なのだろうか。

第3展示室では、そうした「複製の原形」について、意味するところを探ってみたいと思う。

図015● 筆者の研究室の同門生となるであろう面々。神楽坂での研究室の歓迎会での一シーンであるが、彼らもまた複製の“犠牲者”である。(出演:武村研究室メンバー)

第3展示室｜The third cabinet

複製の原形――二つに分ける・二つに分かれる

複製の原形とは、端的にいえば「一つのものが二つになる――二つに分かれる」現象であり、また「一つのものを二つにする――二つに分ける」という行為であると言える。本展示室の目的は、いくつかの例示をもとに、その成り立ちを探っていくことである。

パンを分けて食べる

一つのものを二つに分ける。

具体的な例で言えば、一個しかないパンを二人の兄弟で分けるとき、両手でパンを二つにちぎるという行為がそれにあたる。三人兄弟の場合は言わずもがな、何とか工夫して、パンを三つに分けて食べるであろう。

一個のパンが、一枚のお皿の上に置いてあるところを想像してみていただこう。

パンが一個で、それ以上は「決して」分けられない場合、それを食べることのできる人間は一人に限られる。ただし、一個のパンをそのまま、恋人同士が両端から食べ始めるなどという状況は除く。

そこにあるパンを二つにちぎる。または、パン切り包丁でパンを二つに切り分ける。こうすることで、そのパンを食べることのできる人間は、その時点で二人になる。

この状況が意味するのは、パンを二つにちぎった時点で、パンが二つに複製されたということよりもむしろ、「パンを食べることのできる人間」が二人に増えた——複製された——ということであると言える（図016）。

では、このような想定は、果たしてどの段階まで有効だろうか。

おそらく、パンを二個から四個、四個から八個、八個から一六個という具合に、人間一人が「食べたという満足感」を得ることのできる、ぎりぎりの大きさにまでパンが分けられていくまでは、少なくとも有効だと思われる。通常のメロンパンならせいぜい四個かそこら程度であると言えようが、長いバケットの場合なら、一〇個、二〇個くらいまで分けることができるだろう。

その結果、「パンを食べることのできる人間」も、二人から四人、四人から八人、八人から一六人、という具合に次々に「複製」されていく。

一方、パンの方はと言えば、こちらももちろん「分裂」によって数が増えていくわけだから、「ある一人に食べられるパン」はその数を

図016● 複製される「パンを食べることのできる人間」。パンのサイズは小さくなるが、その分、食べることのできる人間は増えていく。意外なところに、複製の原形が見てとれるのである。
（出演：武村研究室メンバー）

増し、「複製」されていく。しかし、元の大きさは決まっているから、一個一個のサイズは徐々に小さくなる。

この過程は、受精卵から始まる分裂が繰り返され、細胞の大きさが小さくなっていく過程と、現象としてはほぼ同じであると言える。

一個の受精卵が分裂を繰り返し、結果として何十、何百個もの細胞が生じるということはすなわち、細胞が繰り返し複製されていくことを意味し、さらにその一つひとつの細胞の中でDNAの複製が繰り返されているということを意味する。受精卵からはじまる細胞の複製と、一個のパンからはじまる「パン切れ」の複製の、一体どこが違うというのだろう(図017)。

まとめると、パンをみんなで分けて食べるという行為もまた「複製」なのである。その結果、「ある一人に食べられるパン」は複製され、「パンを食べることのできる人間」もまた、複製される。

要するに、「複製の原形」というものは、それだけを見るとあまり複製らしくはないが、「複製」という言葉をそれまで考えていたような狭いものと考えず、もっと広い意味で考えてみれば、「~を分ける」という行為はすべからく、複製そのものであるとみなせるのである。

店の「分裂」

あるビルの一つの階をまるまる使って、ある一つのコーヒーショップがあったとする。このコーヒーショップは昔からそこにあり、店主の入れる水出しコーヒーがつとに人気であって、駅前という立地条件も加わって結構繁盛している。出勤前や営業中のサラリーマンがふらりと立ち寄り、淹れ立てのコーヒーを買っていくその流れが、朝から夜まで、日がな一日尽きることがない。

ところがあるとき、大きな転機が訪れた。

そのコーヒーショップが、跡を継ぐ子どももおらず、老齢となって体力的な限界を感じた店主自らの手で、何十年と続いてきた暖簾をついに閉めたのである。そしてその閉店は、毎日のようにコーヒーショップに通っていた多くのサラリーマンたちの生活リズムをも狂わせた。

さらに、それまでのコーヒーショップのスペースがあまりにも広かったため、これをどうするかという問題が持ち上がった。そのまま使うには広すぎるし、なかなかその広いスペースを維持するだけの金策も思いつかない。そこで、二つに区切って別々の会社に売却するという話になった。その結果、二つに区切ったうち一つはファミリーレストランとなり、いま一つはケータイ関係のショップになった(あくまでも仮定上の話だから、非現実的だという批判はあたらない)。

すなわち、もともとコーヒーショップがあった一つの階は、ファミリーレストランとケータイショップという、二つの異なるものに分かれたのである。

これは果たして「複製」であろうか。もとあったコーヒーショップが、果たしてどのような目的でもってそこにあったのかということ、そして大切なのはコーヒーショップという業種なのではなく、そのショップがあった「スペース」であり、さらに「来店する客」そのもの、あるいは「来店する客の嗜好性」であるということに気がつけ

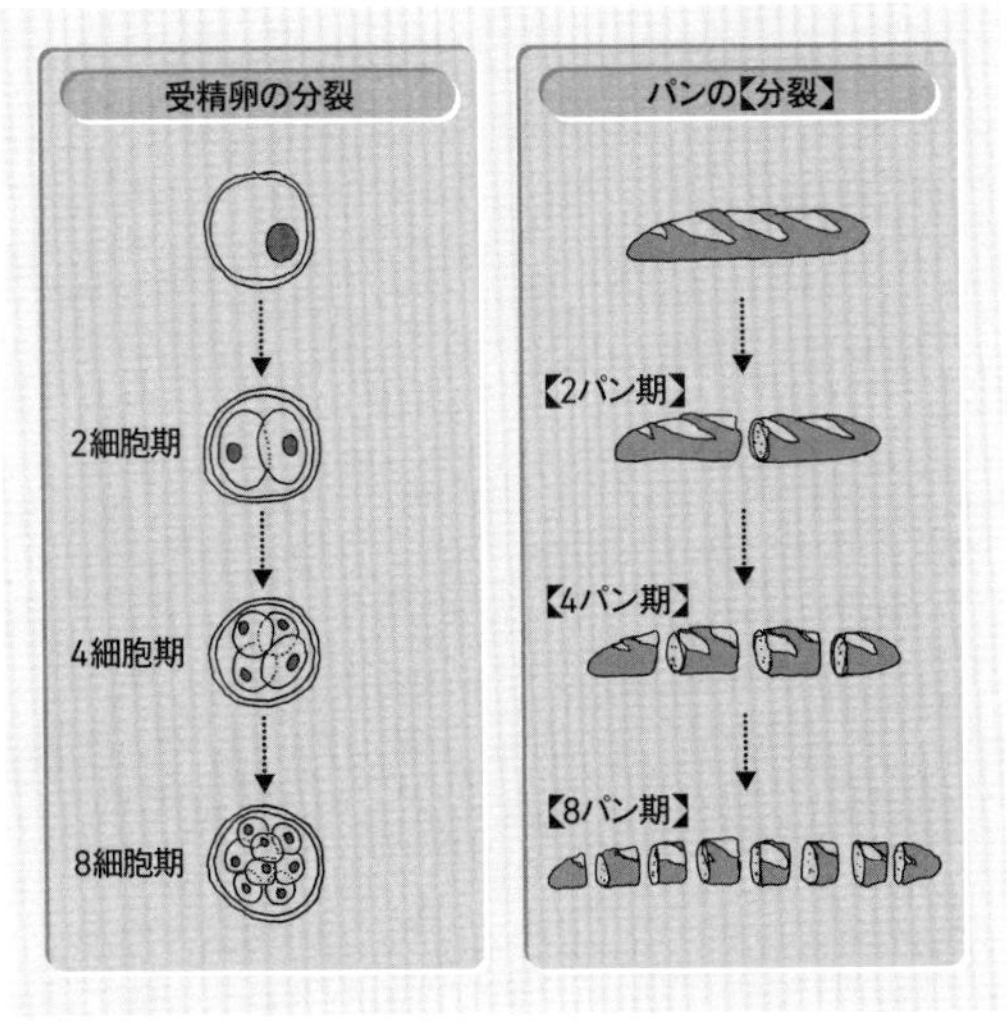

図017● パンの「複製」と卵割。
受精卵からはじまる細胞分裂「卵割」では、細胞は分裂ごとにどんどん小さくなっていく。これはもはや、パンを切り分けていくのとほぼ同じスタイルと化している。

ば、疑問は簡単に氷解する。

コーヒーショップの目的とはとりあえず、来る客〳〵にコーヒーを販売することである。それに伴って利益が得られるかどうかは、現実的には重要ではあるが、ここではさほど重要ではない。

さらに、コーヒーショップの目的はコーヒーを客に販売することであり、来る客にコーヒーというサービスを提供し、満足してもらうことであったと考えることができる。その意味からすると、この状況において何が複製されるのかと言えば、それは「満足して帰る客」であるということになる（図018）。「複製産物」とは何かに関するこの考え方は、先ほどの「パン」の場合と同じであろう。


要するに、コーヒーショップにとってはコーヒーを売ることが、そのコーヒーショップを訪れる客にとってはそこでコーヒーを満喫すること（あるいは数少ない余暇、静かな仕事の時間を香ばしい焙煎の香りとともに楽しむこと）が、それぞれ大きな目的であったと言える。そのために、その広い一階のスペースが使われていた。すなわち客に対するサービスの提供と、客によるその享受である。

そういうスペースがあるとき二つに分かれ、別のサービスを提供する二つの店、ファミリーレストランとケータイショップが現れた。

ファミリーレストランの目的とは、来る客〳〵に様々な食事と飲み物、そして家族団欒の暖かいひとときを提供することであり、客はそれを求めて来店する。

一方、ケータイショップの目的とは、これもまた、客に対して携帯への加入というサービスを提供したり、その修理を請け負うことにあり、客はそれを求めて来店する。

重要なのは、新しい店ができたとしても、サービスの提供とその享受という相互関係が、その場所で継続して維持されることには変わりないということである。

最初にあったコーヒーショップが、「スターバックスコーヒー」と「ドトールコーヒー」になった方が、もっとわかりやすかっただろう。なにしろサービスの主目的は、どちらも同じ「コーヒーの提供」である。ただそのサービスの内容（あるいは提供の仕方）が異なるだけだ。

こうした場合のメリットはと言えば、最初にあったコーヒーショップがそのように二つに「複製」したことで、スターバックス好きの人もドトール好きの人も、ともにそのスペースを訪れるようになるということだろう。もちろん、最初のコーヒーショップの、古めかしくも伝統を感じさせる懐古的雰囲気が好きだった人は、新しく「複製」されたその場所へはもう訪れないという「副作用」もあるだろうが。

コーヒーショップがファミレスとケータイショップに「複製」されるのと、コーヒーショップが「スタバ」と「ドトール」に「複製」されるのとではおよそ状況が異なるが、サービスの提供と享受という点から考えれば、行われたことは同じであることがわかる。

ある店が閉まり、かわりに新しい二つに店ができる。

ここにもまた、複製の原形を見つけることができるのである。

同一性と連続性

一つの店が新しい二つの店になるというのもまた「複製」の原形の一つであって、その結果として、客数も「倍化」したとするならば、「そこに来る客」を複製し続ける複製装置としての店それ自身もまた、複製されたということになろう。

一方、構造的な側面においては、ある一つのサービスを行っていたスペースが、別の二つのサービスを行うことのできるスペースへと「複製」したとみなすことができる。

二つのサービスが、いきなり最初からウジがわくように突然生じたわけではなく、最初のスペース

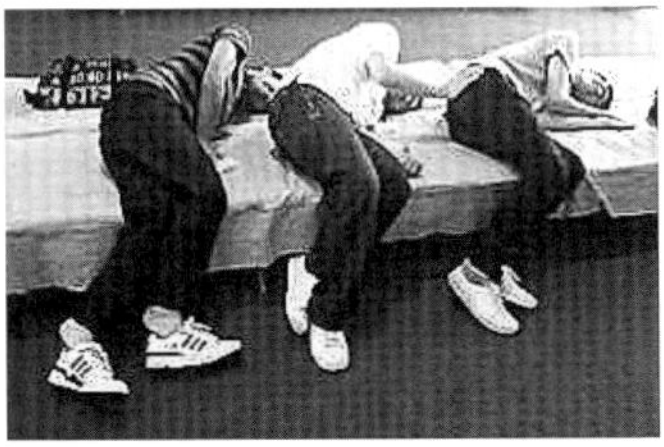

図018● 複製された「満足した客」。ミシュランの三つ星レストランであれば、このような客を複製することは朝飯前であろう。（出演：武村研究室メンバー）

がすでにそこにあったからこそ、それを基盤にして、二つのサービスが行えるようになったのである。すなわち、複製における重要な性質である「連続性」――「オリジナル」と「複製産物」との間のつながり――が、そこには存在するのである。

複製において、その前後が「連続」していることは極めて大切な条件である。存在としての連続性が途切れると、複製も、その瞬間に魂が抜け出たように虚ろなものとなり果て、それはもはや複製と呼ぶことさえできなくなる。

たとえば生命が連綿と存続している系譜において、世代交代を繰り返し行ってきたある生物の種《しゅ》が、あるとき集団としてその子を残せなくなって絶滅するといった場合、その種の〝複製の歴史〟は、終焉を迎える。

より身近な例として、たとえば筆者が両生類を飼っているとする。便宜上、アカハライモリ*048ということにしておく。鑑賞用に飼い始めたが、いまでは趣味が昂じて繁殖も行っているとする。何代か続けて繁殖に成功し、家族のように可愛がっていたが、あるときすべての個体が死んでしまい、もはや繁殖させることができなくなった。新たな個体を買ってくるしかない。世代を通じて飼い続けてきた「我が家の」アカハライモリの連続的な複製の系譜が、ここに断絶するという憂き目にあったのだ。このとき、それまでのアカハライモリの〝イモちゃん〟と、新たに買ってきた〝イモリ〟との間には、種としての「同一性」は存在していたとしても、複製という観点からは何の連続性もないのである。

複製に連続性がなぜ重要なのかと言えば、複製という行為には、同一性――常に同じものであり続けるという性質（たとえば昨日の「私」と今日の「私」は同じものである、といった場合のその性質）――と連続性に関する特殊なありようが含まれるからである。すなわち、複製前の「オリジナル」と複製後の「複製産物」との間には、連続性が存在しつつも、必ずしも同一性が成り立たないという興味深い特徴が存

048● アカハライモリ *Cynops pyrrhogaster* はその名の通り、腹側に赤～橙色の模様を有するイモリで、鑑賞用としても広く知られるが、近年は野生のそれを見ることができる環境は少なくなっている。飼うためには、ペットショップから買って来るのが普通であろう。ではなぜここで例示したのかと言うと、それは筆者の家で実際に飼っているからであった。

在するのだ（図019）。哲学において「存在する」ということの基本的な性質を「持続性」と考えるのと同様に、複製という行為においても、その行為が「存在する」ということの根底には「連続性」がなければならないのである。

「もの」の存在の基本的性質が持続性にあり、しかもその持続性とは、ある瞬間と、その瞬間からある一定時間経過した後のある瞬間におけるその「もの」が全く同じであるという「同一性」を常に保持しているのとは異なり、複製という行為においては、明らかに複製の前後で、同一性における劇的な変化――一つのものが二つになる――が起こるのである。言い換えれば、あるオリジナルの同一性は、ある場合には保持されるが、ある場合には保持されずに「分裂」――仮にここではそう表現しておく――するという、二つの相反する性質を含むということこそが、複製の大きな特徴なのである。

複製と同一性の関係についてはこの後も議論するが、いずれにせよオリジナルと、その複製産物との間には、複製装置を介した連続性がなければならない。このことは、アカハライモリであってもコーヒーショップであっても同じことである。アカハライモリでは親と子の連続性、コーヒーショップではサービスの供給と享受の連続性が、それぞれが生物としての生殖希求性と客のニーズを複製装置として介在させることで、初めてそこに「複製」という行為を存在

図019●複製における同一性と連続性。
イモリの世代交代と、通常の細胞の分裂（複製）には連続性がある。
しかしながら、複製前後の細胞と細胞の関係の中に、「同一性」はない。
なぜなら、複製された後の細胞は、
複製される前の細胞とは明らかに「異なる」からである。
一方、分裂という方法を介さない複製方法（異なるものが外部からやってきて、
単にいっしょになるだけ等）では、もとからあったものでは
同一性が維持されるが、前後における、
もしくは新たな二つの細胞間には連続性はない。

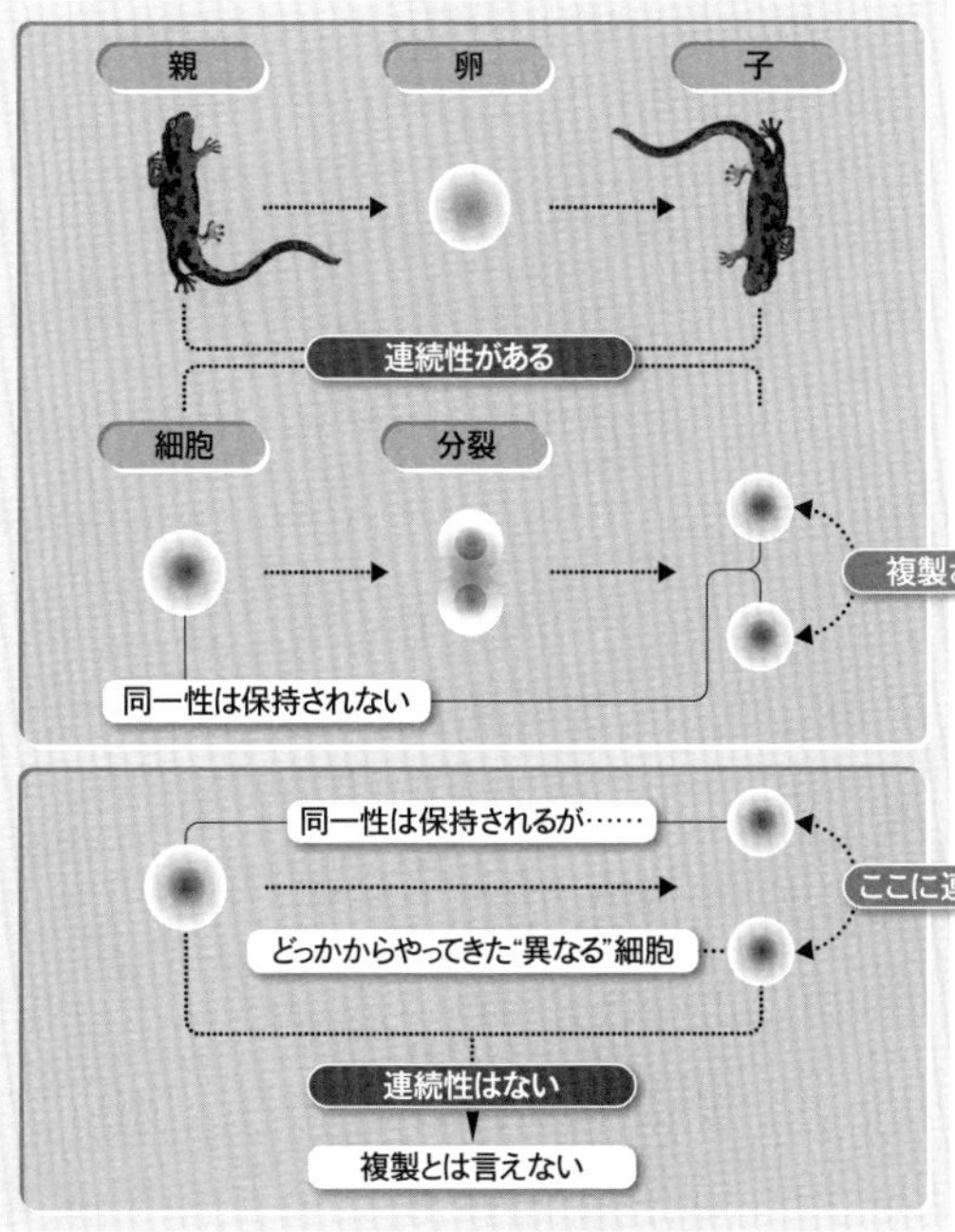

させることを可能にするのである。

もしそこに連続性がなければ、それを複製とみなすことはできない。たまたま偶然、という言葉で表現される、ただそれだけのこととして説明されるのみだろう。

連続性は、当たり前のことであるがゆえに、いやそうであればこそかえって、常に複製にとって重要な概念であり続けると言えるが、同一性はそうではない。そこに、複製の永遠のテーマがあると言っても過言ではないわけだが、これについては第4展示室においても議論したい。

本店と支店

これまで述べてきたような原形をもとに確立された複製の基本は、ある一つのオリジナルから、「オリジナルと同じ」二つの、あるいは「オリジナルと同じようで異なる」二つの複製産物を作る行為であると言えるが、そうしてできた二つの複製産物がたとえ同じであろうとも、それをもたらした複製が、二つの複製産物のその後の運命までをも縛ることはない。

またしても店の例で恐縮だが、ある一つの店から、まるで芽が出るように新しい店ができるとする。ただし今回は、先ほどのコーヒーショップとは様相を異にする。すなわちもともとの母体が「本店」となり、新しい店が「支店」となるということであって、コーヒーショップがつぶれて別の二つの店になる先ほどの例とは異なる。

この例では、同じサービスを提供する店が単純に「増える」のである。同じ屋号の会社の設立を許可する「のれん分け」というシステムもあるが、それもまた、基本的には同じ「複製」の部類に入る。

ある非常に繁盛しているラーメン店があるとする。この店が、全国に多くの支店を展開してますます繁盛するといった場合の本店と支店との関係は、社会的に見ればよく保存されたシステムとして維

049●ある種の酵母(パン酵母 *Saccharomyces cerevisiae* など)は、細胞の一部から芽が出るようにして新しい細胞が生じる。あたかも芽が出るように見えることから出芽(budding)と言うが、それは結局のところ、分裂の特殊形態にすぎないのであって、複製であることに変わりはない。

050●進化という言葉の使用には気をつけなければならない。ピカチュウの「進化」やイチローの「進化」という言い方が、生物学的には極めて不適当である(生物学でいう「進化」は、世代を経た上で生物の集団全体に生じる変化だから)ことを筆頭に、現代社会はこの言葉のらん用が目に余る。ただ、ここで用いる支店の「進化」は、生物学的進化の対比として用いているにすぎないため、使用は許されるであろう。

持されていくであろう。しかし、一転して「複製」という観点から見ると、酵母における出芽[049]のように、変則的な複製方法をとってはいるものの、部外者から見れば明らかに「複製」だとみなせるわけである。オリジナルとしての本店から飛び出したもの（人材、ノウハウ、店のコンセプトなど）が基になり、別のもの（支店という、営業的にはある程度、本店からは独立性を持ったもの）ができるということは、社会的信頼性、会社内でのシステムの諸問題を一切無視することができるとすると、支店は明らかに物理的には独立した店であり、できた時点で、それはオリジナルである本店とは別個の「進化」を起こしていく可能性を手に入れる[050]（図020）。事実、支店ではあっても、それなりの個性を出して繁盛している場合も見受けられる[051]。

研究室の学生たちがいまからお昼を買いに行くと言う。どこに行くのかと訊ねると、「ほっともっと」に行くと言う。

世間知らずな筆者のことで、それは何？と訊ねると、「ほっかほっか亭」という持ち帰り弁当のチェーン店が「分裂」してできた新しい弁当屋さんであるという。

もちろん、「ほっかほっか亭」の建物が東西に真っ二つに分裂してできたわけではない。運営する会社組織として二つに「分裂」したのである。

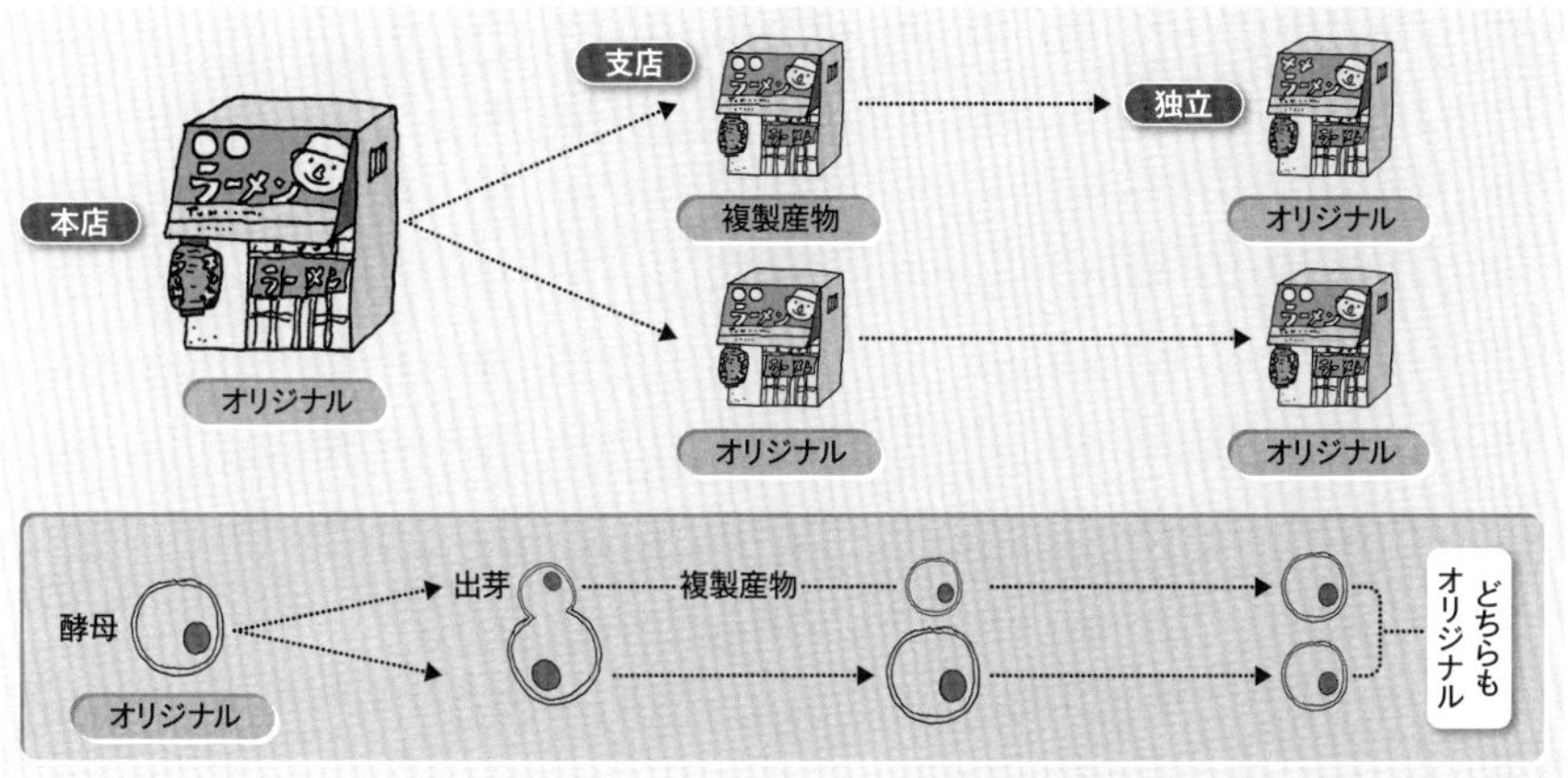

図020● あるラーメン店の支店の運命。"支店"と呼ばれている限りは、あくまでも本店の「複製産物」としての呪縛からは完全には逃れられまい。しかし、やがて独立し、それ自身がオリジナルとなる「可能性」は開けるのである。それは、あたかも酵母の分裂（下）のごとき様相を呈している。

この例などは、一つの「オリジナル」から「お互いに異なる」二つの複製産物が生じるというパターンに属するものだが、生じる二つの複製産物のうちの一つは、オリジナルと同一である。「ほっかほっか亭」と「ほっともっと」との関係についてはいざ知らず、一般論として、ある会社から、ほぼ同じスタンスであるにもかかわらず異なる別会社ができるというパターンは、本店を母体として、その支店が各地に「複製」されていくパターンと、基本的にはつながっている。たとえば次のように考えることができよう。

基本はオリジナルと「同じ」ものができる路線だった。ところが、何らかの事情——おそらくその事情こそが、この「複製」における「複製装置」であろう——によってその路線が変更され、別のものができてしまうことになった。あるいは、支店のつもりで「複製」されたものが、オリジナルである本店に「反旗を翻して」別の店になったという場合もあるだろう。

結局のところ、本店と支店の並び立ちものれん分けも、分裂等による新たな会社の設立も、どれも「複製」の一形態であるということに落ち着くのであるが、「変化」があるかないか、あるとすればどの程度の「変化」なのかといった部分が、それぞれの事情によって大きく異なってくる。そしてその変化の大きさは、果たして何が「複製装置」となって複製が行われるかで違ってくる(図021)。さらにその変化の大きさの違いによって、複製産物がオリジナルとどのような関係を持つか、複製産物は果たして、その後も複製産物として存在し続けるのか否か、ということもまた決まってくるのである。

国鉄の分割民営化

これまでの「複製」のイメージにとりつかれていると、複製について考えていることについて忘れてしまいがちになるし、うかうかしていると、書いている筆者でさえ、本当に複製について書いているの

051●たとえば、東京理科大学近くの神楽坂には、大手洋菓子メーカー「不二家」の飯田橋神楽坂支店があり、日本全国でここでしか販売されていない「ペコちゃん焼き」が有名である。

図021● 様々な複製パターン。
［**上**］本店の特徴をそのまま受け継いだ「支店」が、別の土地にできる場合。
［**中**］客のニーズに合わせて、本店のよさを引き継ぐが、オリジナル性を前面に出した「別の店」ができる場合。
［**下**］トップ同士の喧嘩別れが原因で、全く別の店ができる場合。

かどうか、頭が混乱してくるようである。

会社の「分裂」などという表現は、その字面から推測されるイメージから、何となく不穏当な印象を受ける。かつて、結果的にそうなったかどうかは別にして、不穏当ではない方法で、ある巨大組織が複数の組織に「分裂」するという事例があった。

国鉄の分割民営化がそれである。

巨大組織が行政改革の一環として分裂したことにより、JR北海道、JR東北、JR東日本、JR東海、JR西日本、JR九州という、六つの鉄道会社が誕生したのは、一九八七年のことだった。日本全国に広がっていた膨大な国鉄の鉄道網は、経営上、六つの会社に「分裂」したのであるが[*052]、線路そのものが分断されたわけではなかったから、物理的な輸送環境そのもの——すなわち客にとっての利便性——には格段の変化はなかったと考えられる。

国鉄という一つの組織が六つの組織に「分裂」し、経営上、これらはお互いに独立して存在するようになった。もし日本の国土という「環境収容力[*053]」の垣根をとり払ってしまうことができるなら、「分裂」したこれらの組織には、どのような運命が待ちうけることになるだろう。

国鉄の分割民営化は、生物にたとえるなら、最初にあった大きな細胞が、六つの均等な細胞に分裂した場合と同じ複製論的意味を持つ。

細胞は——単細胞生物の場合に顕著だが——、もしこれが分裂してしまえば、あとはもうそれぞれの細胞は全くお互い独立して——すなわち相互作用に依存することなく、そして往々にして、相互に気を使うこともなく——生き始める。そして独立に生き、独立に子孫を残していく。

これらの細胞たちは、最初の大きな細胞だったときの「記憶」はもはや失っている。ここで失われてしまうものは、いま「記憶」と言ったけれども、より正確にいえば最初の「大きな細胞」という性質（形

052●実際にはこの他に「JR貨物」「JRシステム」など、旅客を運ぶという業務以外の業務を行う組織も誕生したが、ここでは旅客を運ぶ鉄道会社に限定して話を進めている。

053●有限の環境中では、ある生物種の個体数には自ずから上限がある。物理的な生息範囲、天敵の存在等が、それを明確に制限する。そのような環境の〝包容力〟のことを環境収容力という。

やはたらき、つまりそのすべてを含む）そのものである。それが分裂した後は、当然のことながら六つに分割されるわけだから、「大きな細胞」という性質そのものは失われてしまう。言い換えれば、この複製により、最初の大きな細胞における同一性（二三六ページ参照）は失われるのである。先ほどは、複製においては同一性は維持されない、成り立たないということを述べたが、実を言うと同一性とは、複製の「種類」によって、維持されたりされなかったりする性質である。幹細胞のように、連続する複製の連鎖において常に同一性を保つ必要のある細胞は別としても、これら分裂後の細胞たちは、その後どう生きようが、どう死のうが、乱暴な言い方だが細胞たちの勝手なのであって、お互いが、お互いの運命に対して干渉し合うようなことも（あまり）ないのである。

分割民営化されたあとのＪＲ各社は、現段階ではお互いの領域をおかさないようになっているようだが、もし日本の国土が永久無限にその領域を広げていくような状況——すなわち環境収容力の持続的な増大が可能な状況——に置かれた場合はどうだろうか。それまでのしがらみを捨て去り、それぞれ独自の鉄道網を敷設していくことにならないとも限らない。ひょっと仲違いして、お互いのなわばりをおかし、やがては互いに競争的関係になっていく。そうならないとも限らないのである。

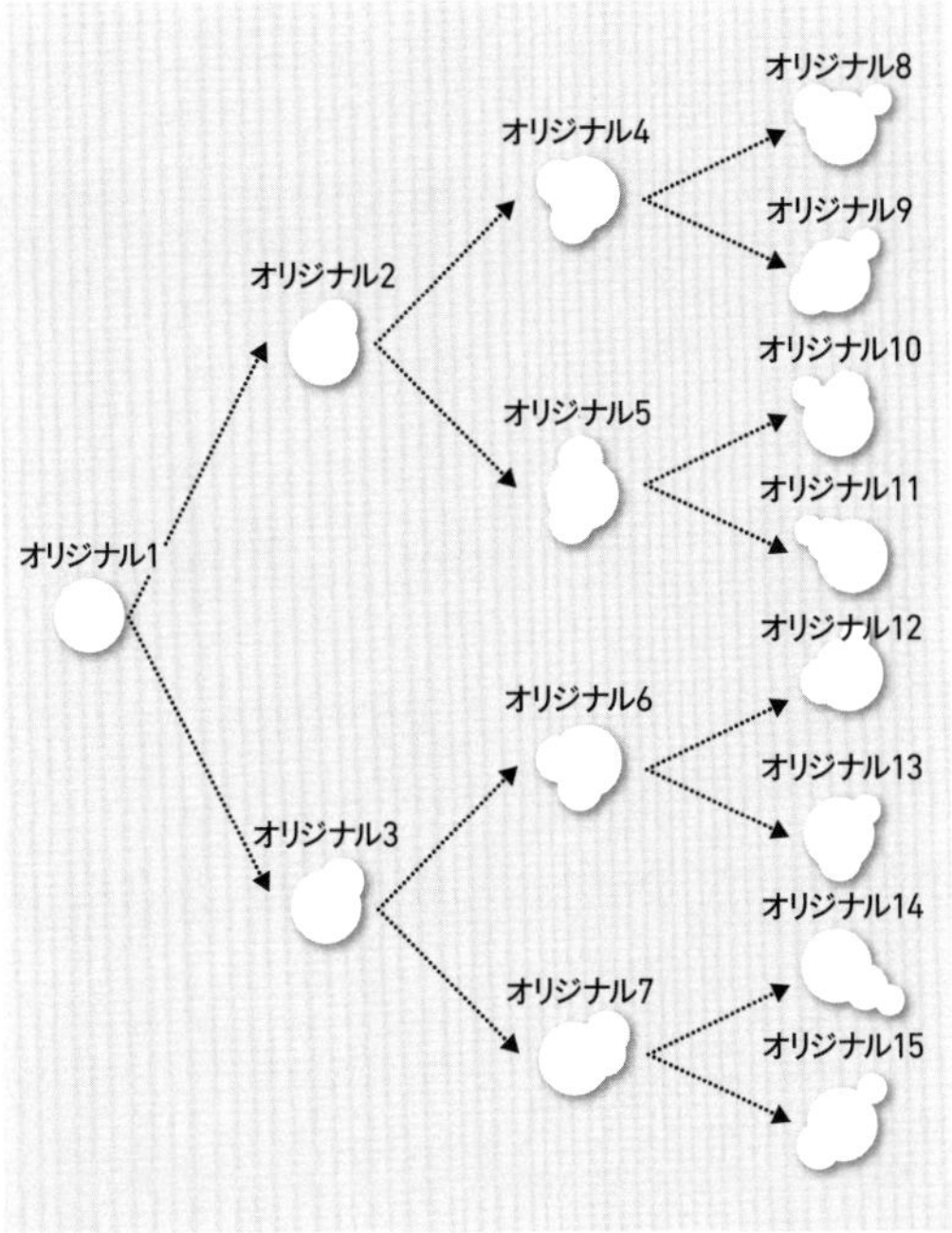

図022●オリジナル非依存的な複製。
複製産物が、新たなオリジナルとなるような複製であり、
最初のオリジナルが途中で消滅しても、
その後の複製には影響がないような複製である。
最初のオリジナルが連綿と存続している場合もあるが、
新たな二つのオリジナルは複製された段階で消滅し、
この図は後者の模式図である。

実に複製とは、そうした可能性を言下に肯定する——否定ではない——行為なのだ。

複製されてできた「複製産物」は、単にお互い不可侵の状態にあるのではなく、お互いに「独立した」状態になっていく。複製産物同士で「不可侵条約」を結ぶのは自由だが、一方においてこれら「複製産物」同士が、それぞれ独立したものとして、お互いに競争的関係になったり、敵対関係になったりすることもまた、自由なのである。

JRの場合、もともと一つだったもの——すなわち国鉄——が、二つではなく複数の民間会社として分割されたわけだが、「複製産物」たるJR各社が二つではなく三つ以上だったことが、より「複製」的な側面を強調することになったという面も、少なからず存在するだろう。なぜなら、オリジナルと複製産物との間の距離が、二つに複製する場合に比べより広くなると考えられるからである。

その意味で、本店と支店との関係、あるいは支店が本店とは独立して徐々にライバル化していく、そんな関係と、国鉄の分割民営化という「複製」とは、本質的に異なる。

国鉄の分割民営化の場合、その複製産物たるJR各社にとって、オリジナルとの距離が広がるだけでなく、明らかにそのオリジナルであったはずの国鉄そのものが消滅してしまったからである。

筆者は、本書においてこのような複製を「オリジナル非依存的な複製」と表現する(図022)。複製後には、オリジナルはすでに存在していないがゆえに、複製産物は「オリジナルに非依存的」に、その後の「人生」を過ごすことになるということである。または複製の前後において、オリジナルの同一性が保持されない複製であるとも言える。

これに対して、本店はそのまま同一性を保ちながら存在しつつ、新たに支店ができるという「複製」はどうかと言えば、それは「オリジナル依存的な複製」ということになる。この場合の支店はあくまでも、オリジナルとしての「本店」に対する複製産物としての「支店」にすぎない。[*054] このとき、オリジナル

054●たとえ、その支店が完全に本店から独立した別組織になったとしても、その歴史的「経緯」は消滅することはない。したがって、経営上は全く非依存的であっても、オリジナルと複製産物との関係から紐解くと、その様相はオリジナル依存的な状況であると言える。ということは、見方が変われば「オリジナル非依存的」にもなり得るわけで、その点いささかややこしい。

の同一性は、複製後も少なくともどれか一つの複製産物において保持される。

この、オリジナル非依存的、オリジナル依存的という二つの性質は、この後も本書において、ちょいちょい顔を出すことになる。

内と外

ここで、本来ならば第II期において展示されるべき話題について、少しだけ、プロローグとして触れておくことにしたい。

細胞の誕生についての話題である。

細胞の誕生とは、外部環境から隔てられた、ある一定の秩序を保ちつつ一定期間の「生命」を保つ「閉じたシステム」の誕生ということでもある。言い換えれば、「外」から隔てられた「内」の誕生だ。細胞の場合、内と外を分け隔てるものは、「細胞膜」と呼ばれる脂質でできた薄い膜である[*055]。膜で包まれていることで、細胞はその「中身」を外界へ散逸させることなく、内側に濃く濃縮させておくことができる。

地球上で最初に誕生した細胞が、現在の細胞が持つ細胞膜と同じ成分からできたものを持っていたとは考えにくいが、よく似た物質であったことは確かであろう。

細胞の「中身」とは、とりもなおさず様々な化学物質（生体物質）であり、その複雑な集合体である。これらが相互作用し、化学反応を連続的に、秩序然として起こすことが生命活動の基本であり、そのためこれら生体物質は、ある程度濃い濃度をキープしておく必要がある。東京に一匹のオス、大阪に一匹のメスのカブトムシがいたとしても、その二匹がその生涯でうまく出会い、生殖に成功することはまずないと言ってよかろう。濃度が高くなければ、物質同士が出会う頻度も少なくなり、相互作用

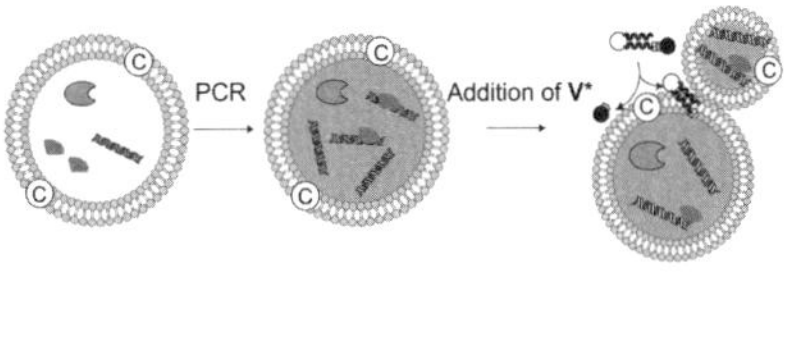

図023● 人工細胞の条件。東京大学菅原正名誉教授の研究グループが、DNAを合成し、自ら分裂する最小の「人工細胞」を作ることに成功した。この細胞は当然のことながら、脂質二重膜でできている。（出典：Kurihara K et al. (2011) Self-reproduction of supramolecular giant vesicles combined with the amplification of encapsulated DNA. Nature Chemistry 3, 775-781.）

は効率よく行われないのである。
「膜で包まれる」という状態は、細胞がその機能を十分に果たすためには必要不可欠な状態なのである。いやむしろ、その状態こそ細胞が細胞たるゆえんなのだ（図023）。細胞は、外に向かって閉じた系になっていなければならず、もしどこかに一つでも穴が開いていれば、そこから閉じた系内の物質系が一気に散逸してしまう。*056

こうした「内」と「外」の必然性は、細胞レベルの話だけではなく、私たちの体、多細胞生物の個体レベルでも当てはまる。

口や肛門や鼻の穴が「開いている」じゃないかっておっしゃる？　いや、さにあらず。

私たちの口から肛門までを貫く消化管は、言わば「チクワの穴」である。その穴を、食べ物ならびにその消化産物が通り、穴の内腔に存在する細胞が、そこから栄養分をチクワの実質側に向かって吸いとる。チクワの実質の部分こそが私たちの体なのであって、消化管の「内部」と通常われわれが呼ぶ「管の中」の部分は、実は体の「外」である。

たとえ口や肛門が外に向かって「開いていた」としても、消化管そのものが「外」なのだから、やはり人体は「閉じた系」なのだ。

しかし、細胞膜の場合でもそうであったように、完全に閉じていては私たちは生きていくことはできない。生物は、閉じた系を作りながらも、物質レベルでのやりとりが「外」とできるよう、細かなシステムを作り上げてきた。その意味で、生物の体は「閉鎖系」であり、かつ「開放系」であるとも言える。「内」と「外」との間で行われる物質の循環は、閉じた系としての生物のアイデンティティを、開いた系を用いて維持するための、巧妙なシステムなのである。

055●細胞膜（cell membrane）は脂質二重膜（lipid bilayer）と呼ばれる、リン脂質分子が疎水性部分を内側に向け、親水性部分を外側に向けるように並んで二層になった膜でできている。

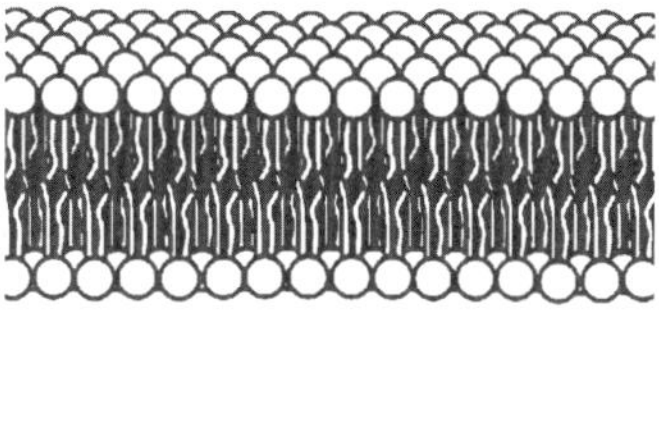

056●閉じていると言っても、実際の細胞膜は「半透性」と言う性質を持ち、水分子などの小さな分子はツーカーで通り抜けていくので、完全に「閉じている」わけではない。

昨今の日本の政権交代劇を見ればわかるように、与党と野党の立場はやがては逆転するのだが、生物の場合、内と外が完全に逆転するような「手袋の裏返し」は起こらない。ただし、「内」を形作っていた物質はいずれはエネルギーとして利用され、あるものは「外」へと出ていく。また「外」にあって体内にとり入れられた物質の一部はやがて「内」を形成する物質——生体構成物質——へと代謝されていく。

その意味で個々の物質の立場においては、与党と野党のような立場の逆転は、生物体における内と外の世界でも交換的に行われていると言えるだろう。

さらに重要なことは、この立場の逆転の「繰り返し」が日々行われること、すなわちある同じ反応が「繰り返し」生体内で起こることである。化学反応の繰り返しが存在しなければ、生物はその生命活動を維持することができないからであるが、「複製」における「繰り返し」の重要性については、本書でも随時、とり上げていく。

原始の地球で最初の生物、すなわち細胞が誕生したとき、生物をめぐって世界は二つに分かれ、「内」と「外」が生じた。これはあくまでも「細胞にとって」の話であって、立場が異なれば何でもない。ただ当の細胞にとっては、世界は「内」と「外」の二つに分かれたのと同じことだった。

これも「複製」の一つの様相を示している。ある一つのものが、別の「二つ」のものになる。すなわち混沌というオリジナル的状況から生じた「内」と「外」という複製産物。化学物質の一見ランダムな相互作用の集合体の中に、突如として生まれた「内」と「外」。

これが、細胞の原初の姿であり、その誕生だったのである。このことは、混沌《カオス》から「天」と「地」が生じたという神話における世界創生と、実は強く結びついているとさえ言える。*057


057●たとえば、「旧約聖書」における創世記では、最初、世界は一面の水であり、その水の面に神の霊がいた。神は、天地創造第一日目に世界を光と闇、昼と夜に分け、第二日目に空を作り、水を空の上と空の下に分けた。そして第三日目に、空の下の水(すなわち下界)を一か所に集めることで陸地を作った。

二項対立と繰り返し

何かを理解することができることを「分かる」と言うが、これは対象となる事象を「分けることができる」という意味でもある。人間の体の仕組みを理解するために、医学生は解剖（江戸時代は「腑分け」と呼ばれた）を行う。対象となる事象がどのような「部品」によってどのように「構成」されているか、つまり対象となる事象をいろいろなものに「分ける」ことがすなわち、その事象の中身を理解することにつながるからである。

したがって、何もない「ドロドロ」の状態としての混沌《カオス》も、まずは何か二つ以上のものに「分ける」ことがなければ、混沌のままで終わると見てよい。

「天と地」、「男と女」、「昼と夜」、「明と暗」、「急と緩」、「白と黒」、「上と下」、「左と右」、「内と外」、そして「老と若」。

こうした二つの対立する概念があり、それがかかわる世界を二つに「分けて」いるような場合、一方の概念のみが存在することは決してない。両方揃って初めて意味をなすのであって、二項対立とは、そういう性質を持つ二つの概念がペアとなり、世界を構成しているものである。

「男」という概念がなければ「女」という概念は存在しない。「上」という概念が存在しないのであれば、当然のことながら「下」という考え方もない。「内」がなければ、「外」もない。ただし、「白」がなければ「黒」がないかと言うと、これはやや心もとない。

米国は、共和党と民主党という二つの政党が競い合い、せめぎ合い、大統領を輩出し合い、議会の多数を交代して獲得してきた歴史を持つ。英国もまた、保守党と労働党という二つの政党が、これも競い合いながら政権を維持し、失い、そして獲得するという歴史を繰り返してきた。

これに対して、我が国の政党はどうであろう。二〇〇九年夏の衆議院総選挙では自由民主党が大敗し、民主党が圧倒的な勝利をおさめ、政権交代が起こった。もっとも、二〇一〇年夏の参議院選挙では、今度は民主党の方が「敗北」したことも記憶に新しい。

民主党が政権をとる以前は、我が国は自由民主党のほぼ「一党独裁体制的」であったことは衆目の一致するところである。政治学的にそれが正しい認識か否かはわからないが、仮にそうだと仮定しよう。一党独裁体制が二大政党制に移りゆくというのは、素人目からすると、いやむしろ複製的立場からすると、民主的な国家としては「望ましい」ものであるように思われる。

なぜならその最大の理由を、二大政党制そのものというよりも、「与党」と「野党」という、二項対立的な政治家集団の存在に求めることができるからである。

与党がなければ野党もない。野党がなければ与党もない。このふたつの立場の党が定期的に入れ替わることによって政策議論が進み、様々な試行錯誤が効果的に連関し合うことで、よりよい政治が行われていく。複数の党が単にそこにあるだけで、どれかが常に与党であり、その他が常に野党であるという立場が永続的に続くという保守的な状況がよくない（だろう）というのは、つまりはこういうことである。

与党と野党の立場が逆転し、また逆転し、さらにまた逆転し、というその「繰り返し」が存在することこそが重要なのだ。

「繰り返し」がいかに重要であるかは、前項で述べたごとく、私たち生物が何らかの行為を「繰り返す」ことで生きていることからもわかる。毎日、毎時、毎分、毎秒、私たちの体は常に、繰り返し繰り返し、炭水化物を分解し、エネルギーをとり出し、タンパク質を合成し、脂肪を蓄え、不要なものを排泄している。その様は、あたかも「繰り返す」ことを目的にしているかのようである。その繰り返しの中で、新しいものが生まれてきたり、新しい可能性が生じたりする。

そして、こうした相反する二つの概念（もしくは状況）の繰り返しは、私たちが拠って立つ、この地球のありようにも大きく関係しているのである（図024）。

明と暗

二項対立*058の中で、極めて明確にその二つの立場が逆転、再逆転を定期的に繰り返すものが「明」と「暗」であり、その中でもとりわけ「昼」と「夜」は最たるものだろう。なぜなら昼と夜は、定期的に繰り返されることにより、私たちに概日リズム*059をもたらす重要な存在であるからだ。このことは世界中の、太陽の下で暮らすすべての生物にとっての「常識」であり、繰り返される日常の一部でもある。

天照大神《あまてらすおおみかみ》が天の岩戸に閉じこもったとき、世界は夜の闇に閉ざされた。しかし、永久に続くと思われたこの闇も、やがてその出御とともに、再び陽の光があふれる世界にとって代わられた。

暗闇が永久に続くことによって草木は枯れ、動物たちは死に絶える。生物たちにとって、暗闇の持続は非日常的であり、殺人的であり、地獄的となる。地球という星は、明と暗の持続的繰り返しという大前提のもとで動くからである。

このことは、社会的な生物である人間でも言えることである。人間にとって何かが永久に、変化なく、まったりと続くことほど苦痛なことはないと言われる。誰かの言葉で、「最も残酷な刑罰とは、単純な作業を一生の間、変化なく繰り返させることである」というのがあるが、まさにそれである。

誕生した当初から、地球には自転というものがあった——できた当初の地球の「自転」は、現在よりもずっと速かったと言われているが、しかし「明」と「暗」の繰り返しという現象そのものはおそらく、太陽系の一部としての地球生成当初からあった——。それが地球上のある半分の領域を「昼」と

058●安永寿延は「人間と複製」（註036）において、「オリジナルと複製の間には、宗教的世界における、あの聖と俗という二元的関係にも似た論理が介入する」と述べた。世界がもし対比で成り立つとするならば、二項対立の成立過程が複製であるというよりもむしろ、その結果が複製であるとした方が合点がいくであろう。これは、「オリジナル＝価値が高いもの」、「複製産物＝価値がそれほど高くはないもの」という図式で両者を理解する場合にも見られる、一種の価値観で複製を捉えるよい方法ではある。しかし本書ではあくまでも、その成立過程を「複製」と見たい。

し、「昼」となったその領域とは、太陽からの位置においては正反対のところにあるもう半分の領域を「夜」とした。

時間の経過とともに、地球の自転はやがて前者を「夜」に、後者を「昼」に変えていく。この昼と夜の染め分けが、毎日のように——もちろん、この「毎日」という言葉そのものに、昼と夜の永続的な繰り返しの意味が隠されている——繰り返されてきたのである。

宇宙へと飛び出せば、そこは「夜」だという。たとえ遥か彼方に太陽が輝いていたとしても、その光はほぼ直線的に私たちのもとに到達するだけで、決して大気による散逸はない。

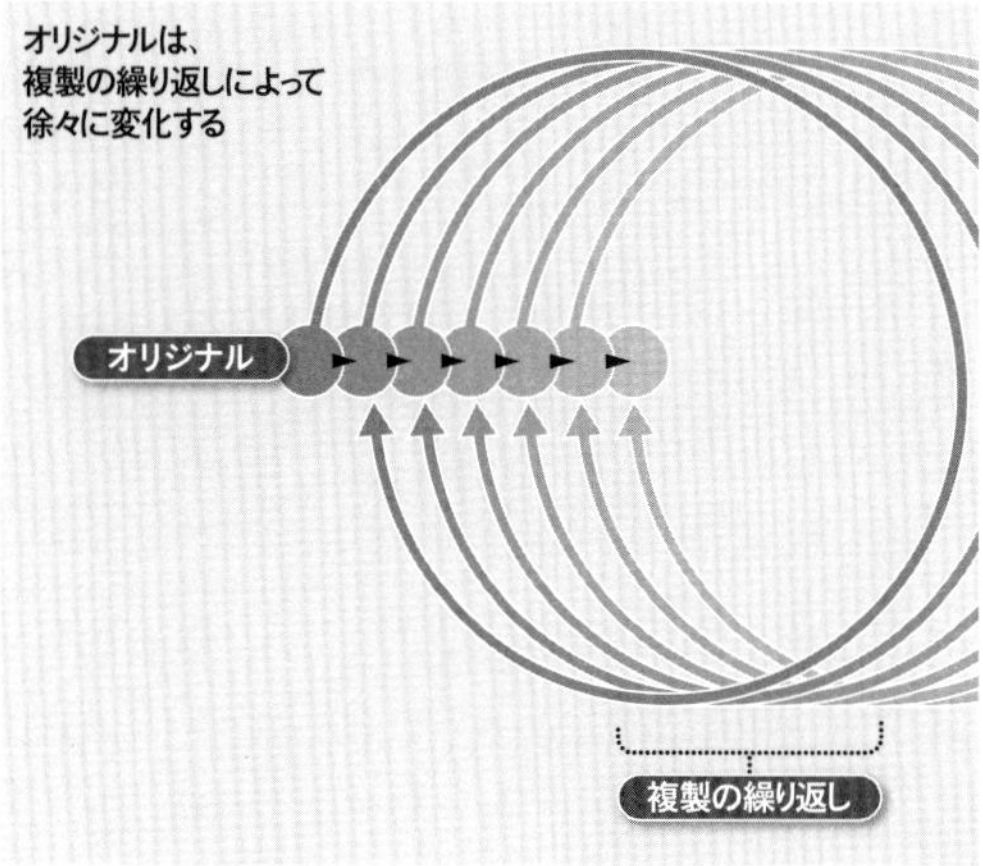

オリジナルは、
複製の繰り返しによって
徐々に変化する
オリジナル
複製の繰り返し

図024●複製と繰り返しの関係。
オリジナルは、複製を繰り返すたびに徐々に変化していく。

059●概日リズム（Circadian rhythm）とは、ほぼすべての生物が持つ、およそ二四時間周期でもたらされる生理的な現象のことである。地球の自転周期が基本となり、昼と夜のリズムが基本となっていることは、生物の進化が地球とともにあったことを考えれば、明白だろう。

私たちが常にこの地球上で味わっている「昼」の明るさは、大気があるがゆえにもたらされる恵みである。大気のない宇宙では、光輝く太陽が見えるという感覚的世界においては「昼」であっても、実際には「夜」なのだ。そもそも「昼」と「夜」は、太陽の光が地球自身によって遮られていないか、遮られているかの違いがもたらすものであり、宇宙そのものには「昼」も「夜」もない。

そこにいきなり、「昼」と「夜」が現れた。しかも宇宙のごく一部に。地球という惑星の、ほんの薄皮のような表面において。[*060]

言ってみれば、ある何にもない場所に、二つのものが生じたのだと言える。すなわち何かが「複製」され、一方は「昼」に、そしてもう一方は「夜」に分かれたのだ。あの「天」と「地」の創造のように。そしてあの、細胞膜を介した「内」と「外」の創造のように！

この複製に関与した「複製装置」は、誰あろう我が愛すべき地球そのものだった。

地球の存在そのものが複製装置となり、「太陽の光を受けるもの、あるいはその状態」が複製され、二つの相反する複製産物が生じたのである。一方は、「光を一定期間、常に受け続けるもの、あるいはその状態」であり、これが「昼」となった。そしてもう一方は、「光を一定期間受けないもの、あるいはその状態」であり、これが「夜」となった。

そうして、「複製された」結果として立ち現れた「昼」と「夜」という二つの「複製産物」と、その日常的な繰り返しの中で生じるわずかな「変化」が、かえってその「繰り返し」の寿命を延ばすこと[*061]からも明らかなように、物質の循環を生み、多様な環境変化を生み、そして私たち生物を生んだのであった。

この第3展示室では、「複製の原形」とは、地球創成にまで遡ることのできる「何かを分ける」行為であるということを見てきたが、もちろんこうした複製の原形を、現在の私たちの身のまわりで観察する

060●ただし、それを「昼」、「夜」と認識する主体がなければ、それは「昼」でも「夜」でもないということは考慮の内に入れておくとよい。もちろん物理的には、どのような惑星の表面にも、「明」と「暗」、而して「昼」と「夜」は訪れよう。

061●何らかの変化を求めて、人は日常生活を送っているし、その変化がなければ日常生活を「楽しく」送れない、というのもまた、「変化がかえって繰り返しの寿命を延ばす」という一つの適切な例であるかもしれない。

ことができる事例というのは少ない。この原形から様々な姿をした様々な複製産物たちが生じ、その複製産物同士が様々な仕方で相互作用し合い、混じり合い、そうしていまのこの世界を作り上げてきたからである。*062

次の第4展示室では、そうした複製産物たちの様々なドラマを視聴してみよう。それによって、現在の「複製」がいかに様々な場面〱に登場するかを感じとることができるだろう。

062●かつて筆者は、「男」と「女」に関連して、「男は複製された女である」という表現を用いたことがある（武村政春『おへそはなぜ一生消えないか』新潮新書、2010）。性がどのように進化してきたかについては議論が続いているが、少なくとも私たち哺乳類に関して言えば、女という原形があって、そこに「男性化遺伝子」がはたらくことで男が生じることはほぼ明らかである。そうして生じる二つの概念を「複製産物」とみなし、その生じ方から「女をオリジナルとして複製されたのが男」というやや過激な表現を用いたわけだが、本書でも随所で述べているように、だからといってオリジナルである女がエラく、男は複製産物なんだから「おとなしくしていなさい」といった結論には到達しない。男という複製産物ができた時点で女もまた、それと同等の複製産物とみなされるからである。

第4展示室｜The fourth cabinet

複製される者たち

ウイルスなどの全国的流行を「パンデミック」という。[*063] これは、ウイルスの持つ爆発的増殖力に裏打ちされた複製的特徴がそのまま、社会的現象として表に現れた形であるとも言えるが、ここ数年の「新型」インフルエンザウイルス騒動が、さらに興味深い「複製」現象を人間社会にもたらしたことについては、不思議なことに誰も指摘しない。

それは、マスコミという「複製装置」による流行という名の複製により生じた、インフルエンザという言葉をこれみよがしに縮めた「インフル」、あるいは「新型インフル」という言葉であり、そして街を行き交う人々の「マスク姿」である（図025）。

筆者などは、そもそもインフルエンザが流行するしないに関係なく、電車の中ではマスクをするのが何となく習慣になっていたし、最近は年とともにだんだん喉が弱くなってきて、冬に外出するときは大抵マスクをするようになっていた。こうまで「マスク姿」が大量に「複製」されてしまった後では、何となくマスクするのが気恥ずかしいというか嫌というか、そんな気分になってしまったものである。

なぜそんな気持ちになるのか。その答えはやはり、複製的社会におけるアイデンティティ、言い換

063●パンデミック（pandemic）という単語は、伝染病が全国的、あるいは世界的に広がる感染の広がりを意味するが、もともと「一般的な、普遍的な」という意味もある。すなわちこの言葉には、あまりにも流行しすぎて、非日常であったはずのものが日常化してしまうことを意味するかのような、ある種の恐ろしさすら感じられる。

えれば「自分とは何か、何者かをしっかりと持つこと」[*064]を考えると出てくるはずで、結局のところ「オリジナル」を希求するという人間の本能的な欲求に還元されるからだろう。なにしろ私たち人間は、複製に抗うことを目的として生きているのだから。

そうした存在であるにもかかわらずここ数年、私たち人間は「新型インフル」という言葉と、それにかかわる「マスク姿」だけは平気で複製し、自ら複製産物であることを認め、自身の上で表現する行動をとったのである。人間は、欲求としては複製に抗いたい、個性的でありたいと願っているにもかかわらず、複製的行動が何らかの利益を生む（この場合、マスクをかけると新型インフルにかからずに済むのではないかということで安心をする）とわかれば、ためらうことなくそうした行動に走る。

大衆心理とか集団ヒステリーとかいったものも、実はそうした複製的心理状態、複製的行動の表れである。寄生者が、寄生される者、すなわち宿主の神経を支配して思う通りの行動をとらせるような事例[*065]と同様、生物学的にはナンセンスな言いようであるが、インフルエンザウイルスがヒトという宿主に対して一種の複製的行動をとらせていると言うことも、あながち廃すべき考えではないのかもしれない。

本展示室では、そんな人間たちの様々な欲求や行動が生み出す「複製」のありようについて、いくつかの視点からその成り立ちを探ってみたいと思う。

4―1　複製と恐怖

まずは、何か恐ろしいもの、恐ろしいことに相対したときに生じる「恐怖」と、複製との関係を紐解いていく。果たしてどのような状況で、私たちはそこに恐怖を感じるのだろうか。

図025●複製される
マスク姿の人たち。
ひとたびインフルエンザが流行すれば、マスク姿の人たちも、街中で次々に複製されていくように見える。
（写真：岩田えり）

鏡像段階と三面鏡

鏡に写った像、すなわち鏡像といえば、有機化学の徒であれば「鏡像異性体」を思い浮かべるだろうし、哲学や精神医学の徒であればラカン[066]の「鏡像段階論」を思い描くだろう。

鏡像段階とは、幼児の発達段階において、自分自身の鏡像を見ることによって、自己が一つの統一した存在であることを認識できるようになる、その段階のことを指す。すなわち幼児は、手、足、口、頭がもたらす主観的感覚を統合し、すべてを自分自身の統一体であることを理解することはできないが、鏡を見てそれぞれの部位が鏡像として対応し、かつ統合されているのを見ることで、自己の統一的存在に納得していくのである。

鏡像段階にあるのかどうかは定かではないが——おそらくフィンクが言うところの「再定式化」[067]の動きであると思われる——、原稿を書いているこの時点でちょうど生後半年になる三男に、鏡に写った自分の姿——すなわち鏡像——に関心を示す兆候が見てとれる。彼を抱っこして鏡の前に立つと、彼はまず、鏡の中の自分の顔と、父親である筆者の鏡の中の顔を交互に見つめる。そうしたとき、彼のおでこに軽くキスをすると、鏡の中のその様子をじっと見ていた彼の目が驚いたように振り返って、父親の生の顔を見つめてくる。そうして再び鏡の中の父親の顔を見つめなおして、ニコっと笑うのである。

このときおそらくこの乳児は、鏡の中の筆者を父親であると認識し、それに抱っこされているのが自分であることを認識しているのであろう。そして、そこに——鏡の中に——存在する人間が、自分と父親の「写し」であることも、「写し」という概念の意味すらわからないままに、朧げながら理解しているのであろう。

子どもは、その成長段階において鏡の中に「複製」された自らの姿を観察することを通じて、自己の

064●アイデンティティとは「自己同一性」と訳すことができるが、本書においてすでに出てきた言葉である「同一性」(〇六四ページ)とこの「アイデンティティ」とは分けて考えたい。すなわち本書においては、同一性とは「ある瞬間と、別のある瞬間において、そのものが同じものであるということ、もしくは複製の前後で同じ性質を持った同じものであるということ、もしくはその性質」のことであり、アイデンティティとは「自分とは何か、何者であるかをしっかりと認識し、保持すること、あるいはそうして保持された性質」のことである。このようなアイデンティティの用法については、武村泰男(註131)も以下の論文の中で紹介している。武村泰男「魂と〝自我の同一性〟」『魂の探究—東西の〈魂〉をたずねて』(松井良和編、三重学術出版会、1996)pp. 77-95。

統一性に気づきつつ、自己のアイデンティティに目覚めていく。そうして目覚めていくのと同時に、子どもたちは、そこに写し出されている自己があくまでも鏡の中に写された「複製産物」であって、オリジナルである自己とは異なるものであることも認識するようになっていくのである。

さらに子どもたちは、鏡の中のそれはあくまでも複製産物であって、オリジナルである自己の動きを——たとえ左右対称ではあっても——そのまま追随する存在であり、決して〝コピー〟がオリジナルとは別の動きをすることはないということを、当たり前のこととして認識するようになっていく。

その、自らの原体験としての「鏡」の位置づけは、成長段階において人間社会の諸相を経験し、「よもやそのようなことはあるまい」と思っている「コピー」が「コピー」でなくなることに恐怖を感じるようになったとき、その恐怖をお膳立てする道具へと変貌を遂げるのである。

なにしろ、公衆トイレや学校のトイレの壁面にとりつけられた一枚の鏡さえ怪談の対象になるくらいであるから、それが三枚つながって作られた「三面鏡」は、さらに恐ろしい道具となる。

鏡は、こちら側の世界をそのままに、しかしながらあくまで鏡像として「複製」する道具である。鏡はこの世界の「複製装置」であると言ってよい。

したがって、鏡によるこの世界の「複製」は、「複製」であって「複製」でないとも言える。複製されたのは、内容は同じでも、完全に鏡像反転した世界だからである。現実のようでいて、現実ではない。そこに、怪談が生まれる余地がある。

扉を左右に開くと、三枚の鏡が角度を微妙に変え、こちらを凝視している。この不思議な鏡は、それを覗くだけで、ただでさえ「複製された」鏡面の向こうに、自分自身の「複製産物」を少なくとも三つ以上、作り出すことができる(図026)。

065● 有名な例が、ある種の陸生巻貝(Succinea)に寄生する吸虫(*Leucochloridium macrostomum*)である。この寄生虫は本来、鳥類の消化管内に寄生するが、その卵は糞と一緒にばらまかれ、やがて巻貝に食べられる。やがて巻貝内部で孵った幼生は、巻貝の触角の中に入り込み、その目立つ環状模様を外からでもわかるように浮き上がらせるのだ。触角がこの幼い寄生者によってぱんぱんに膨れ上がった気の毒な巻貝は、ふだんは光を避けるように生息しているにもかかわらず、その行動をコントロールされ、光を避けずに明るいところに出て来させられるのだ。その結果、鳥に幼生もろとも喰われるのである。

つくづく恐ろしい道具だと思う。鏡面の向こうに一瞬にして生じる複数の「クローン化した」世界を、視覚的に確かにそこに存在していると感じるとき、いつも何者にも変えがたい恐怖と嫌悪、そして世界のどこよりも虚ろで冷たい静寂に、体全体が包まれるように思えてくるからだ。

普段は閉じている三面鏡を開くときに感じるどことなく不安な感じは、それを開いた途端、この目に飛び込んでくる「異質な」世界に怯えるからでもあろう。

繰り返すが、三面鏡を覗いたときに見えるのは、少なくとも三つの、いや自分自身がいるこの世界を入れると四つの、文字通り鏡面を通じて複製された複製産物の世界である。オリジナルはあくまでもこちら側の世界であり、鏡面の中に、オリジナルは一切存在しないはずである。

そしてそのすべてが同じように見える「複製された」世界は、鏡の位置を微妙に変化させることでさらに無限大にまで「複製」される。

かつて少年だった頃に感じていた、母が使用していた三面鏡を覗くことに対する微妙にしてデリケートな罪悪感と、自らの肢体をそこに「複製」することへのナルシズム的快感。これらがないまぜになった複雑な感情は、複製に対する原始的な欲求と恐怖の統合だったのかもしれないと、いまとなっては思えてくる。

そうして、これこそが混沌とした原始宇宙の様態なのではないかと思ってしまう自分を見つけては、自分自身が立っているこの世界の、蜃気楼のように淡く、不確かな状態に不安を募らせるのである。

一〇〇パーセント完全な「複製産物」というものは、新しい動きの全くない、言ってみればつまらない世界である。単なるコピーであるがゆえに、その存在感は、何となく気になるということ以外は、ほぼ皆無であると言ってよいだろう。

恐怖におののきつつ三面鏡を覗くのは、完全なるコピーであるはずの鏡面世界に、もしかしたらわ

066●ジャック・ラカンJacques Lacan。フランスの精神科医、哲学者。1901-1981。「セミネール」と呼ばれる、つまりは「セミナー」を永年にわたって開催し、独自の理論を発表し続けた。代表的な著書に難解で知られる『エクリ』がある。

067●フィンク『ラカン派精神分析入門 理論と技法』(誠信書房、2008)p.129。フィンクによれば、「鏡像段階は、両親の承認、認証、是認の結果として重要なのである。両親の承認は、すでに象徴的な意味を持つうなずきの仕草で表されたり、両親が夢中になったり、感嘆したり、ただじっとみつめながら、よく口にする『はーい、坊や、これ、あなたよ』のような表現で表される」。

ずかな「変化」が生じるかもしれないという期待があるからかもしれない。しかし期待は不安に変わり、不安は恐怖を生む。

ネット上で、三面鏡に関する恐ろしい動画を見たことがある。

幼い少女が三面鏡の前に座っている。その姿を、父親か母親かはわからない第三者が斜め上からビデオカメラを回して撮っている。

鏡の中の「二人の幼女」（すなわち三面鏡のうち一枚は、カメラに対して垂直に位置しているため見えないから、鏡に映っている少女は二人である）は、オリジナルである少女の顔の動き、体の動きをそのまま「複製《コピー》」して、鏡面に対して対称的に動くのだが、最後のその瞬間に、ある変化が起こる。

鏡に映っている二人の少女のうち、端の鏡に映った少女《コピー》だけが、オリジナルである少女とは明らかに違う動きをするのである。

この恐ろしげな動画がホンモノか、それとも贋作《フェイク》かはここでは問題ではない。重要なことはただ一つである。その動画において、「オリジナルと三つの複製産物」から成り立つ四つの世界の間に、一つ

図026●三面鏡の向こうの複製空間。
ケータイのカメラで撮影した三面鏡の向こうには、
連続的な複製産物が、無限に広がっている。
（写真提供：山本裕之・山本玲子）

の新たな、オリジナルとは異なる別の世界が生み出されたということだ。

動きのない世界に生じる異質なもの。完全なコピーの世界に存在する、やや変化した一つ。あくまでも複製産物ではあるが、変化の度合いの強弱によってそれはオリジナルとは全く別の存在にもなり得る。

そこにあるのは、「複製」と、それに伴う「変化」が、ある方法による組み立てによって話の筋に仕立てられた、一つの「形」なのである。これが日常と非日常のあわいに存在する世界であって、複製と繰り返しに満ちた世界の、ある一つの局面であるとするならば、そこにこそ「恐怖」の源泉があると言えるのではないだろうか。

増殖する眼の恐怖

かつて、「増殖する眼」という小論を書いたことがある。[*068]
この小論において筆者は、「目目連」という妖怪を例にとり、その目が増殖する様について、一体人々はなぜそれを恐れるのか、「複製」の観点から考えてみた（完結していないので、まさに考えてみたという表現がふさわしい）。
目目連は、古家の破れ障子に生じる怪異である（図027）。障子のマス目の一つひとつに、一対の人の目が浮き出るもので、鳥山石燕[*069]が『今昔百鬼拾遺』の中で描いたことでも知られるが、より広く知られるようになったのは、やはり水木しげるの『ゲゲゲの鬼太郎』において鬼太郎に退治される妖怪としてであろう。
この怪異は、「碁打ちの念」が破れ障子に写しとられたものであるといい、囲碁における「目」と、人の「目」が掛けてある。そうした妖怪である。

068●武村政春「眼・三態の生命観」『ユリイカ 9』（青土社、2005）pp. 108-118。
069●鳥山石燕。江戸時代の浮世絵師。本名・佐野豊房。1712-1788。幕府御用の狩野派の流れをくみ、石燕自身も幕府の御坊主を務めていたという。

碁打ちの念が障子に写しとられる。ここにも、複製の原型があるようにも思えるが、これについては深くは言及しないことにしよう。要するに「複製する眼」という意味における「複製」に対する恐怖が、本節の主題なのである。

「ジャパニーズ・ホラー」[*070]などにおいて「恐怖は増殖する」などのキャッチフレーズがよく使われるが、果たして人が何かを恐れる感情、もしくはその対象となる事象は、どのようにして増殖、いや、「複製」するのだろうか。

先の小論では、次のように考察した。

ものが増えていく――複製する――という現象は、生物にとっては三十数億年の昔から続けてきた当たり前の現象のはずだが、多細胞生物の中でもとりわけ、生物が生きるべき道からはずれた人間にとって、「複製」は恐怖の対象に偏りつつある。細菌やカビといったような、人間

図027●鳥山石燕が描く「目目連」。
複製された目はそれだけで、もともと二個しか目をもたない人間にとっては恐怖の対象となる。
（出典：鳥山石燕『画図百鬼夜行』高田衛監修、稲田篤信・田中直日編、国書刊行会、1992）

070●日本的ホラーとでも訳すか。映画「リング」に登場する貞子のような、白い服に長い髪の女の幽霊に代表される、じわりとした怖さを前面に出すホラー映画を指すことが多いようだ。日本の映画の欧米でのリメイク作品のことを指す場合もある。Jホラーとも呼ばれる。

生活にとって時には害悪となる生物が、たった一日で思いも寄らぬ増殖を行うのを目の当たりにすることを想像していただければよい。それが「気持ち悪い」と思うのは、個々人の生活が生物本来の「複製」現象から全く乖離してしまっているからに他ならない[*071]。

私たち自身は、単細胞生物やDNAのように、指数関数的な複製を日常的に経験することが少ない。指数関数的な複製と言われて、一体どれだけのものを心に思い描き、口からその言葉を押し出すことができよう。

繰り返しになるが、身のまわりの「商品」は、そのほとんどすべてが複製産物だ。まわりで遊びまわっている子どもたちも、そして私たち自身もそうである。メディアによって広がる流行語、ファッションの流行、グルメ情報、口コミ（最近ではネット上の様々な「ミーム」）などの情報的な存在もまたしかり。こうした身のまわりの複製産物は、指数関数的な複製ではなく、その多くは工場などで「比例的な複製」によって大量生産されるものである。そういうものに囲まれて生きている私たち人間が、単細胞生物の指数関数的な「増殖」を、顕微鏡ではなく、もし生身のままで目の前で見せられたとしたらどう思うだろうか。

目目連に対する恐怖は、日常的ではない増殖、すなわち指数関数的に、わかりやすい言葉で言えばネズミ算式にどんどん「複製」するバクテリア的なものへの恐怖である（図028）。バクテリアの複製とは、夏の暑さの中で異様な腐臭を放つ味噌汁に代表されるように、言わば非日常的な出来事だ。日常というものを、毎日の「繰り返し」ととるならば、非日常とは、繰り返しの中で突如として沸き起こる、ある意味で劇的な変化であるとも言える。

このように見てくると、三面鏡に対する恐怖も、目目連に対する恐怖も、その根源は同じということ

071● 註068と同じ。

とになる。
第3展示室において、複製の二つの様式に対して「オリジナル非依存的」、「オリジナル依存的」という用語を充てた。目目連の増殖もバクテリアの増殖も、どちらもオリジナル非依存的である。増殖した後、もともとのオリジナルがどれだったかを判別することが不可能だからである。

一方において、三面鏡におけるこちら側の世界の鏡面への「複製」は、オリジナル依存的である。オリジナルである「こちら側の世界」があればこそ、複製産物である鏡面の向こうの世界が成立する。そしてオリジナルに依存し、それと常に同一であるはずの複製産物世界の一つが、オリジナルとは異なる動きをすることによって自らがオリジナルになろうとするところに、恐怖を感じる原因を求めることができるのである。いわば、オリジナル依存的な複製であったものが、オリジナル非依存的な複製へと変貌を遂げるとき、私たちはそこに恐怖を見出すのではないだろうか。

これに対して、目目連の眼の増殖は、初めからオリジナル非依存的である。オリジナル非依存的で、指数関数的な複製の仕方が、私たち人間にとっては非日常的であるがゆえに、そこに恐怖を感じる素地があると言える。

この、オリジナル依存的、オリジナル非依存的な二つの複製の間にまたがる変化と、あちらからこちらへ、そしてこちらからあちらへと移ろいゆく日常と非日常のあわいにこそ、その変化をまざまざと目の前で見せつけられることに対する人々の慄《おのの》きが適応的に存在できるのであって、それゆえに、私たちは恐怖を感じるのである(図029)。

その「移行」のメカニズムを解き明かすことで、人はなぜ恐怖するのか、その秘密が明らかになるかもしれない。

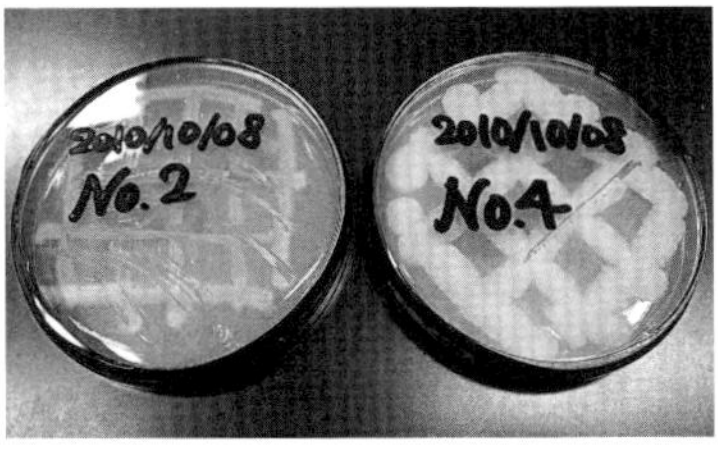

図028●
「複製」するバクテリア。寒天中で培養されたバクテリアは、外界で何が行われていようとも、黙って指数関数的に増殖する。格子状に塗られたバクテリアの様子から、左のシャーレよりも、右のシャーレの方が複製度合いが大きいことがわかる。

人形――この恐ろしげな複製品

恐怖という感情に潜む「複製」のありようについて考えるのであれば、人間をその形のまま写しとった「複製産物」の代表格として、キュートな側面とダークな側面の両方を併せ持つ不思議な存在、「人形」について言及しないわけにはいかないだろう。

ほとんどの人間が、小さな頃からなじみ深く、かつ身近な「複製産物」であると感じてきた人形(図030)。にんぎょう、と読むのならまだよい。ときとして「ひとがた」と読まれる場合もある。「にんぎょう」は、幼子の愛くるしい遊び友達であるが、「ひとがた」は一転して、大人たちによる歪んだ「呪詛」の道具ともなる。

複製産物としての人形にとってオリジナルとは、言うまでもなく私たち「人」である。最も有名な人形の一つ「リカちゃん人形」は、人の形にほぼ忠実に作られた、文字通り人の「複製産物」である。これと遊ぶ子どもたちは、明らかに母親――あるいは父親――としての役割を自らの中に「複製」し、自らが母親の――あるいは父親の――複製産物としてふるまう。そうして、リカちゃん人形の中に幼児であった頃の、いやときには現在進行形の自らを「複製」すると同時に、将来生まれてくるであろう自らの子どもの、先走った「複製産物」をその中に発見するのである。

息子たちがウルトラマンに夢中だった頃、ウルトラマンならびにその兄弟たち、そして劇中でウルトラマンにやっつけられる怪獣たちの安いプラスチック製の人形――怪獣の「人」形という言い方が適切なのかどうかはわからない――を使って遊ぶ彼らの姿を見るにつけ、人形の不思議な力を認めずにはおられなかったものである。なぜなら、子どもたちはウルトラマンの「複製」をまさにそこに発見し、自らの存在をその過程の中に作り上げていたからであろう。

実のところ、彼らはウルトラマンの精神と肉体を別々に分けた上で、怪獣をやっつける正義の味方としての精神を自らの中に、そしてパワーそのものの具現化である肉体をその人形の中に「複製」するのである。

幼い子どもたちの、自らにまだ備わっていない肉体的パワーへの憧れが、人形の小さな姿を借りて立ち現れた姿。それを子どもたちは目の当たりにしながら、日々「複製遊び」を繰り返すのだ。

精神科医北山修[*072]は言う。

> 人形とは、ヒトのカタチを持つモノである。そして、人の形とは、人間からとられた型や表面の一切を含む。人間から型にして切りとられるものには、姿や表情だけではなく、動作や声そして表面的な思想までが含まれる。現実の人間が型となり石膏で形をうつしとれば文字どおり人形の鋳型であるが、歌手の声を磁気テープで写しとってそれを鋳型にして再生と複製を行えばこれは「声」の人形である。テレビの画面は、俳優や歌手の「動き」や「表情」までを切りとっ

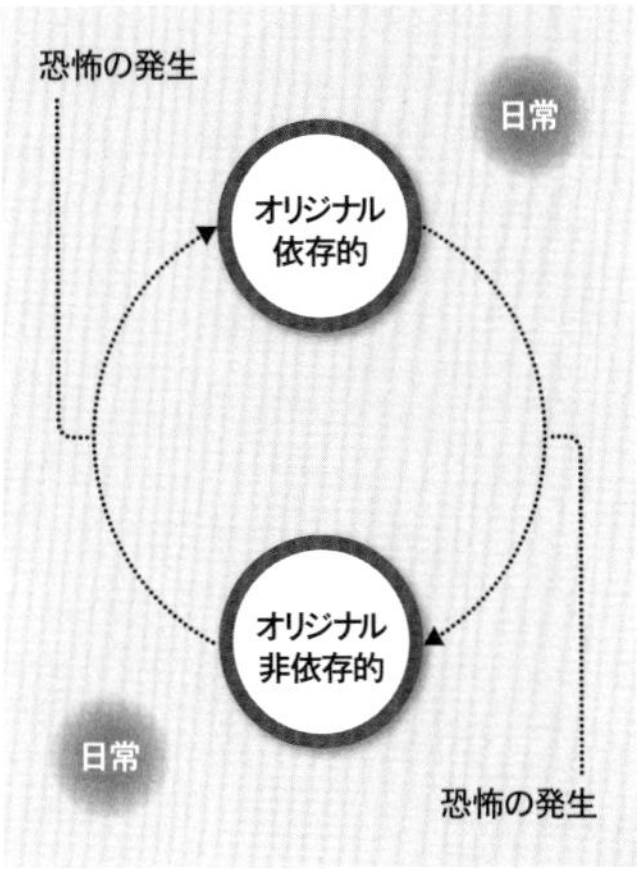

図029●恐怖の基盤にあるもの。オリジナル依存的か非依存的か、日常の中で変化する複製の様相は恐怖の発生要因ともなるのではなかろうか。

072●北山修。フォーク歌手、精神科医。1946-。京都府立医科大学入学後、フォーク・クルセダーズを結成し、一九六七年に「帰ってきたヨッパライ」をヒットさせる。同大学卒業後は精神科医として活動。著書に『戦争を知らない子供たち』『サングラスの少女』など。

て再生産してくれる。だからこそ、私と複製の〈ビートルズ〉との関係は、私と人形との関係であるという、視点を変えるための翻訳が可能になると思えるのである。[*073]

フォーク歌手としての異色の経歴を持つ北山らしく、レコードの盤上[*074]に筋として刻印されたビートルズの歌、ジャケットに印刷された「抱きしめることのできるサイズ」にまで縮小されたビートルズメンバーを、彼は「複製の〈ビートルズ〉」と呼んだ。

キューピー人形であれ「ダッコちゃん」人形[*075]であれ、そして右にとり上げた「リカちゃん人形」であれウルトラマンであれ、そしてレコード盤であれテレビに映る歌手たちであれ、どれも自ら「愛する対象」としてすぐそこに抱きしめることのできる存在へと、人はこれらを複製しているのだと北山は言う。

そして北山は、当時のテレビ事情を勘案しつつ、「前方にのばされた両腕の内側にきれいにはまりこむ」サイズであるテレビと――現在は大型液晶テレビなどが開発されているので例外は多いかもしれないが――、そこに映し出される複製産物としての歌手たちなどを、抱きしめる対象として自らの手の内に引き寄せる「抱擁空間」であるとみなす。

人は、自らが愛するものを、何らかの形で「複製」してそばに置き、ときには抱擁し、口づけをする。たとえば海外に単身留学するとき、人は往々にして愛する家族や恋人、そしてときにはペットなどの肖像、写真やビデオレターを傍に置く。この、愛する者の写真を部屋に飾っておくという、誰でも行う一般的な風習は、愛するものを「写真」という複製産物として複製し、そばに置く行為であるとみなすことができる。

愛する者の「複製産物」を手元に置くことで、人はあたかも自分の「家」にいるかのように彼らに「話しかけ」、彼らを「抱き」、彼らとともに「生活」することができるのである。

073●北山修『人形遊び 複製人形論序説』(中公文庫、1981) pp.64-65。

074●いまの若い人たちはレコード盤を見たことなどあるまいが、その世代の人間にとって、レコード盤のあの黒い独特の手触りは、ある意味で神がかり的な誘因力を持っていた。

075●ダッコちゃん人形は、ある世代以上の日本人にとってはなじみ深いものがあるが、黒人差別との指摘を受けたため、現在では見かけることはない。

一方においてこの、親愛感の象徴、愛するものの「複製産物」としての人形が、ときには、全く正反対の感情の表象となる場合もある。

他人を呪い殺したいと願ったり、殺さないまでも不幸にみまわせたいと呪ったりする呪術においてもまた、憎い相手をそのまま写しとったものとしての人形が道具として用いられる。ただし、先ほども述べたようにこの場合は「にんぎょう」ではなく、「ひとがた」と呼ばれる。もっとも、呪詛に用いられる「藁人形」などは、そのまま「わらにんぎょう」と読む。文字通り、相手をその人形に見立て、数々の呪いを施すわけで、ここでもまた、相手の「写し」としての人形あるいは藁人形が、これもやはり相手の「複製産物」としての役割を果たしている。

愛する者と、呪う者。全く相反する二つの感情が、どちらも同じ「複製」を介して表現されるという現象は興味深い。ただ前者の場合はほぼ間違いなくオリジナルとしての相手を、そっくりそのまま写しとった複製産物——写真など——に価値があるのに対し、後者の場合は、第三者の目からは一体誰の複製産物なのかはわからない、ただ呪詛を行う者のみが、その人形が誰の複製産物としての意味を持つのかを知っていればよいということに価値があるという点で両者は異なる。

複製産物ならば、ただ単にオリジナルと、少なくともその外見がそっくり同じであることがすべての場合において価値がある、と考えるのは間違いなのである。

同様のことは、次の事例においても明らかとなる。

アンドロイド（人造人間）

人間の「複製産物」たる人形は、工学的技術の発達に伴い、やがてその姿を変えてゆく。ここでとり上げる事例は、人形とよく似てはいるが、子どもたちの遊び道具としての人形とはやや時代が異なると

図030● 人形。
身近なアイドルとしての人形を、私たちは慈しむ。愛する者の「複製産物」としての価値を、そこに見出しているのである。

ころにある。とはいえ、その存在意義はよく似た事例であると言える。アンドロイド、すなわち「人造人間」（何となく古めかしい表現だが）である。あるいは、「人型ロボット」という具合に表現してもよいだろう。

筆者が勤めている東京理科大学にも、アンドロイドがいる（図031）。

JR飯田橋駅の西口を出て右に折れると、坂を下ったところに神楽坂下交差点がある。その向こうは有名な歓楽街神楽坂であるが、この神楽坂下交差点から、神楽坂の方へは行かずに、外堀通りを市ヶ谷方面に向かって歩いていくと、右側に東京理科大学の建物群が建ち並んでいる。そのうち最初の建物の一階が東京理科大学の入試センターになっていて、そこで募集要項などを手に入れることができる。実はそこに一時期、東京理科大学のアンドロイド「SAYA」がいたのである（いまはそこにはいない）。「彼女」が受付嬢のようにちんまりと座っているのを、おそらく外堀通りからガラス越しに覗くことでも確認することができたはずだ。日本橋の高島屋で受付を担当したこともあり、現在は小学校の「教員」として、遠隔授業に貢献している。

近年の科学技術の進歩はすさまじい。ロボット工学においてもそれは例外ではないから、受付を担当できる人型ロボットができていても不思議ではない。なにしろ近年は、外科手術においてさえ、ロボットが活躍する時代なのである。

しかし、いくらロボット工学が進歩したとはいえ、外見、性質、行動、そのすべてが人間そっくりで、誰がみてもアンドロイドだとは思わず——これが重要——、誰が見ても生身の人間であるとしか思えない、近未来のSF映画に登場するがごときロボットの開発は、まだまだ先の話であろう。でも科学者たちは、それを目指して日々研究を繰り広げていく。

なぜ人間は、こうした「人間そっくりの」アンドロイドを作りたがるのだろうか。

076●不気味の谷は、ロボット工学者森政弘（1927-）が一九七〇年に提唱した概念である。

「不気味の谷」と呼ばれる現象がある。*076

江戸川乱歩や横溝正史のおどろおどろしい推理小説にでも登場しそうな名前だが、別段、かつて殺人事件が起こり、その後も訪れる人〳〵が謎の死を遂げていくといった類《たぐい》の、渓谷の名前などではない。技術の進歩に伴い、アンドロイドが人間の外見に非常に近くなってくると、ある時点でいきなり、人がそれに対して大きな「不気味さ」を感じるようになるのだという。

そして面白いことに、さらにそれが人間の外見や仕草により近づくと、今度は逆に、人はそれに対して一転して、「親近感」を抱くようになるのだという。

これを、横軸に人間との外見上、機能上の類似性(近さ)をとり、縦軸に相対的な親近感をとってグラフ化することで、右端——つまり人間により近い部分——に、大きなグラフ上の谷間ができることになる。この谷間を「不気味の谷」と呼ぶのである(図032)。

では、そもそも人間らしさに近づくとは一体どういうことなのか。

人間らしさのポイントとして最も重要なものとしては、手足や目などが常に動いていたり、またその動き方においてある程度のでたらめさ(ゆらぎ)が存在していたりといったことが挙げられる。手の動きをそのまま真似たアーム型ロボットや、目の動きだけを再現したロボットなどはあるが、それぞれの個別の動きがほぼ完璧に、人間のそれと同じように再現——すなわち「複製」——されたとしても、「全体」の動きとこれら「部分」の動きのバランスがとれていないと、「不気味の谷」に陥るのである。

このバランスがとれていることこそ「人間らしさ」の基本であり、このバランスを無理にとらせようとするところに、不気味の谷が生じる原因があるようである。

オリジナルである人間は生物であるから、タンパク質や脂質、核酸などの生体高分子や水を主成分

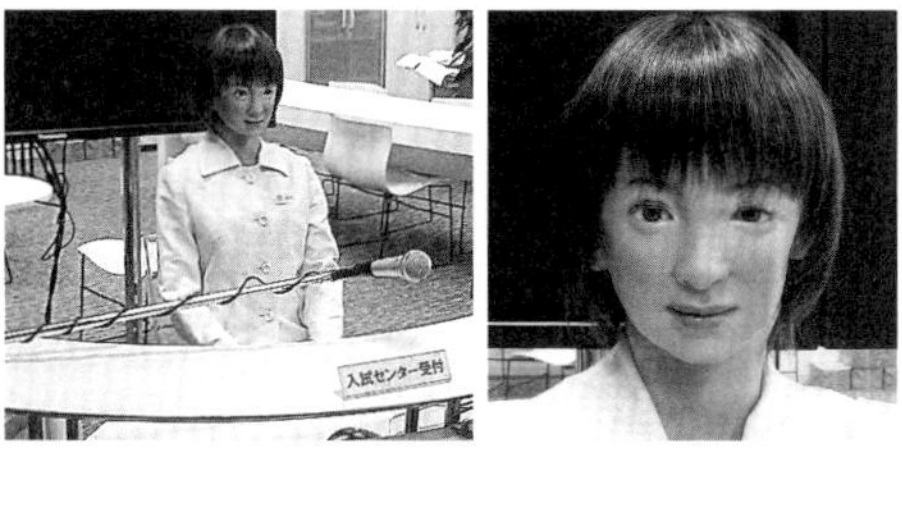

図031●アンドロイド「SAYA」。東京理科大学工学部小林宏教授によって開発された人型ロボットである。受付嬢、遠隔授業の教師として活躍している。(写真提供：小林宏)

として成り立っているのに対し、複製産物である「アンドロイド」はあくまでも、機械的な素材からできている。そもそも出発物質が異なるオリジナルと複製産物との関係は、誰が見ても一目瞭然で、さらにまたその目的も、あえて人間と全くそっくりに「写しとる」必要はなく、機能さえ人間のかわりをしてくれればよいのだから、少なくとも、愛する者の姿をそのままの形で「写しとった」写真やビデオフレームなどとは、全く性質を異にする。

それを、無理矢理外見までオリジナルにそっくりに複製しようとするのだから、ある一定の乗り越えるべき壁ができるのは必然であろう。それが「不気味の谷」として表に現れてくるのではないだろうか。[077]

その谷を苦労して乗り越えてまで、科学者たちがアンドロイドを作り出そうとするその理由は、おそらくはそうしたものを作ることで、そのオリジナルたる人間を理解することにつながるからではないかと、筆者が開講する東京理科大学の一般科目「教養ゼミC1」（平成二一年度）の受講生O君は考察した。

オリジナルを理解するために複製産物を利用するという、本末転倒とも思える方法の存在は、たとえば絵画においても、オリジナルを普段目にすることのできない異国の研究者が、複製産物である「写し」を通して研究するなどの事例もあり、それほど驚くべきことではない。

とはいえ、あるオリジナルを複製するためには、そのオリジナルの詳細な分析が不可欠であり、分析が不十分では複製産物を作ることなどはできないというのも一つの道理である（図033）。

九〇％まではわかった。しかし残りの一〇％がどうしてもわからない。どうすればいい。もう手立てがない。いや、待てよ。ちょいとこの九〇％で複製産物を作ってみよう。その様子を分析することで、フィードバックしてオリジナルのことがわかるかもしれない。残りの一〇％の謎が、案外そうしたところから氷解していくのではないか？

こうした思考回路を経て、アンドロイドは作られていくのかもしれない。もちろん人間の仕組みそ

077●不気味の谷の「存在」をめぐっては賛否両論があるようで、たとえば親近感という極めて主観的な感情が、果たしてパラメーターとして適切かどうかわからないし、そもそも、不気味の谷に人々の感情が落ち込むような精巧な人間型ロボットが、これまでにまだほとんど作られておらず、根拠となるデータに乏しいからである。いずれにしても、人間の真の「複製産物」としての精巧なロボットを作るためには、ある壁なり谷なりを乗り越えなければいけない、というのは確かなことだろう。不気味の谷については、石黒浩『アンドロイドサイエンス』（毎日コミュニケーションズ、2007）にも詳しく紹介されている。

のものすら、九〇%どころか、その半分以上はまだ理解され尽くされていないことも確かであるが。
私たちがいま生きているのは、かつてはSFの世界でしか存在しなかったアンドロイドが、現実になりつつある現代社会である。

この社会は、そもそも自らが複製産物である人間が、「自らの複製を自らの手で行う」ことに対する好奇心を大いに沸き立たせてきた社会であると言っていい。自らの手で行う複製とはすなわち、原初より連綿と続いてきた自然的、生物的生殖による複製ではなく、自らの持つ技術によって、人工的にわざと起こさせる複製を意味している。

しかしながら、これまで述べてきたように、私たち自身の手で私たち自身を完璧に複製するのは、技術的にも現段階ではまだ無理である。いくばくかの不安と、未知の要素は残されたままだ。したがって、見切り発車をも厭わない科学者の姿勢には、第三者の立場からすれば一抹の不安はあるだろう。よしんば科学者が「複製産物」を精巧に作り上げたとしても、それが本当にオリジナルである私たち人間の、真の複製産物であるのかどうかさえわからないからである。

もし「不気味の谷」が本当に存在するのなら、その現象は私たち人間が、「複製産物」の持つ「オリジナル」とはどうしても同じにはならない宿命を、本質的に感じとっていることの表れなのかもしれない。

本節の冒頭で、人形と「意味するところは同じ」という言い方をしたが、アンドロイドといえども所詮は「複製産物」なのであって、SFのストーリーなどによくあるように、「複製産物」それ自身がオリジナルの地位を奪いとることは（さしあたっては）ないように思う。アンドロイドは、それがいかに精巧に作られていたとしても、あくまでも「人形」の延長線上にあるものにすぎない。

ただしそれは、これからの社会を生きぬくためにはすべての国民が科学リテラシー（註046参照）を持つことを要求される時代となってきたが、その一部として、複製産物はあくまでも複製産物であると

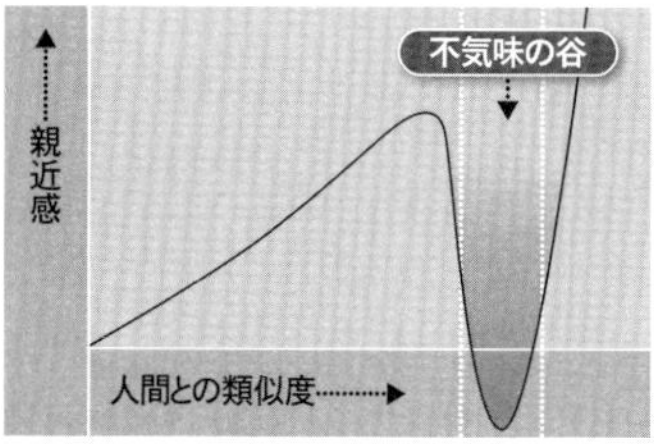

図032● 不気味の谷。この谷を乗り越えることができたロボットは、まだほとんどいない。（参考：石黒浩『アンドロイドサイエンス』毎日コミュニケーションズ、2007）

の認識を持つことと、その認識を持続させていくことこそが重要であり、その前提があって初めて成り立つ論理である。もしもその認識が忘れ去られたとき、「複製産物」は複製産物でなくなり、オリジナルである私たちに対して、何の従属的な関係もない独立した「新たなオリジナル」として振る舞い始めるようになるだろう。

そうした態度もまた、オリジナル依存的だった複製——あくまでも人間の複製産物としてのアンドロイドの作成——が、ある時点からオリジナル非依存的な複製——人間の複製産物としてではなく、アンドロイド自らが自らのアイデンティティを確立してオリジナルとして生き始めるような複製——に移り変わっていくことに対する人々の恐れ、恐怖を生み出す源となるに違いない。

したがってその恐怖は、複製という観点からすると、基本的には三面鏡に対する恐怖や目目連に対する恐怖と、何ら変わることはないのである。

4―2 距離を保った複製

次に、オリジナルと複製産物の「微妙な関係」に焦点を当ててみよう。オリジナルそのもの、複製産物そのものというよりも、両者の関係に価値が見出される、そんな複製のありようである。

剽窃か、そうでないか

よく「パクリ」などと呼ばれるものがある。難しい言葉では「剽窃《ひょうせつ》」という。

たとえば、我が国で非常によく売れているあるチョコレート菓子があるとする。そしてそのチョコレート菓子と、パッケージデザインも、菓子本体のデザインや原材料も、そして味も非常によく似たチョコレート菓子が、別の国で売られていたとする。

そもそも「剽窃」とは、岩波書店の『広辞苑』によれば「他人の詩歌・文章などの文句または説をぬすみとって、自分のものとして発表すること」である。そのままの意味をこのチョコレート菓子の例においても適用すると、件《くだん》のチョコレート菓子は、我が国の製菓企業のアイディアを、その国の製菓企業がそのままぬすみとって、自分のものとしたとみなされた場合にのみ、「剽窃」とみなされるということになる。

だが、そうした前提を構築したとしてもなお、立ち入ることのできない壁が立ちはだかる。ある商品が別の商品の剽窃であるのか、そうでないのかを判断するとき、判断する側の人間や社会によって大きく結論が分かれるという事実こそ、その壁である。

よく歌詞を盗んだの盗んでないのと、作詞家やシンガーソングライターの間で問題になることがある。それぞれの事例が具体的にどういう決着を見たかはともかくとして、一般論としては、結果的に「よく似ている」というのは確率的には起こり得る範囲内であって、本当にそれを「盗んだ」かどうか

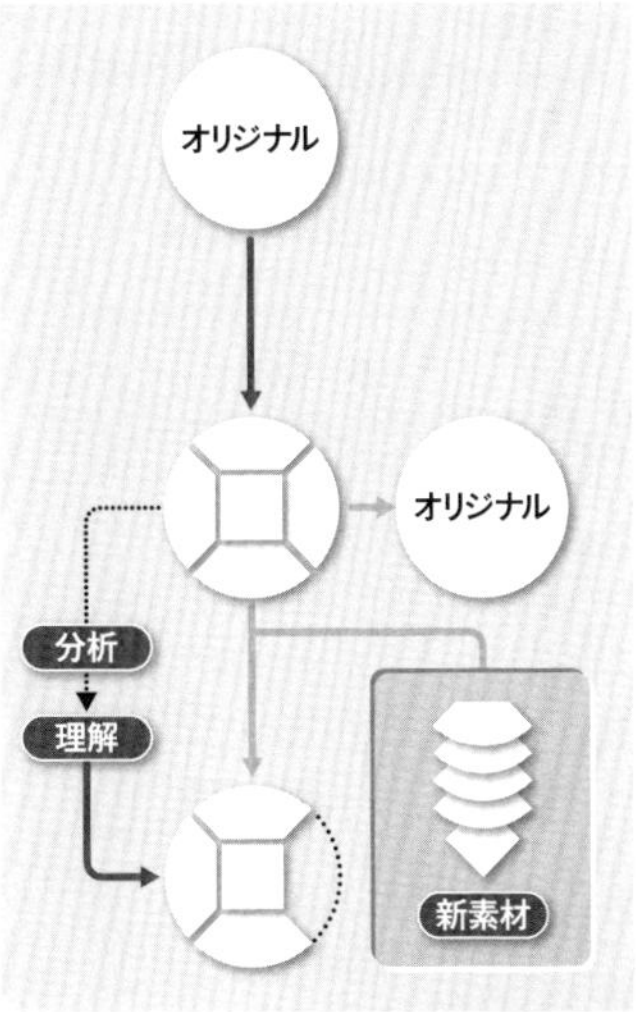

図033● 複製するためには分析が必要。
意図的であろうとなかろうと、
複製装置はオリジナルを「分析」し、
それとほぼ同じ複製産物を作るのである。
分析は、瞬時である場合も、
時間をかけてやる場合もあるだろう。

は、当の本人でないとなかなかわからないものであろう。

個人同士でもそうなのだから、ましてや社会・国家が違えば、おのずから文化的、思想的背景が異なるから、ますますそれらの区別は難しくなる。何をもってオリジナルとみなし、何をもって複製産物、すなわち剽窃であるとみなすかは、国民性にも大きく依存するはずだ。また、その国における知的財産権など法律のあり方にも影響される。

さらに言えば、チョコレートなどはいまや非常に多くの国で食されている(図034)。それこそ様々な種類のチョコレート菓子が世界中で売られている現状であるから、果たして本当にソレが剽窃なのかどうか、確実に断定できる証拠というと、たとえばの話だが、その国の製菓企業の会議の議事録において、「日本の〇〇〇が人気があるから、あれとそっくりなのをうちでも作ろうぜ!」といった記述が残されていない限り、厳密に言えば存在しないのである。

ありていに言えば、法律的に合法か非合法か、いいか悪いかはこの際、問題ではない。複製の観点からすれば、こうした複製を行った当事者たる「複製装置」たちがどう考えたか、どのような経緯でその商品を開発するに至ったかが重要なのである。

むしろ、そうしたものを目の当たりにしたときに、それらを「よく似ている」と感じる私たちの心の動きこそが「複製装置」としての役割を持っていて、本来は剽窃ではないにもかかわらず、それを「剽窃だ」と思ってしまうということも考えられる。すなわち本書ではそうした可能性をこそ指摘して、「真実はわからないヨ」ということを主張したいのである――もちろん、相手が剽窃をすんなりと認めてしまった場合は、その限りではない――。

剽窃ではないが、次のような例も似たような事例として挙げておこう。

078●五世紀中国の絵画には、「謝赫の六法」という方針があり、そのうちの一つに「伝移模写」というものがある。すなわち中国では、オリジナルとコピーは等価であり、コピーにもそれなりの価値があるとする思想があった。吉田光邦「複製技術のあゆみ—言語系と物質系のはざまに—」(註009)より。

ある本がベストセラーになった。
すると、それに類似したタイトルや体裁の本が、これまた便乗的にベストセラーになるという事例である。

こうした「複製」では、果たして何が「複製装置」となっているのだろうか。出版社だろうか、それともこれらを嗜好し、実際に購入する行為に走る消費者だろうか。

消費者の意思とは関係なく、出版社が複製装置となり、複製が行われる場合というのは、出版社の意図やその本の内容が、うまく消費者の求めるものと合致すれば、売れるだろうという目論見が、出版社の側にあるという場合であろう。

一方、消費者が複製装置となる場合、何らかの手段で「こんな本を消費者は読みたがっている」等のデータを出版社が得て、そのデータをもとに出版社が出版の計画を立て、本を「複製」するという場合である。データ通りなら、おそらくその本は売れるだろう。しかしながら出版社のみが複製装置としてはたらくよりも、消費者（と出版社）が複製装置となった方が効率的となり、より売れる確率が高くなるかもしれない。

とはいえ、ベストセラーというのは、あくまでも消費者の動向に左右される一過的な現象である。消費者がその本を買おうと思わなければ話にならないわけだから、何百万部も「複製」されるベストセラー本の複製装置は、出版社というよりも、やはり消費者なのではないだろうか。

ベストセラーが、複製装置によってその複製の社会的価値が決まってくる典型例であるとすれば、現代社会はまさに「複製的社会」であることが痛感できる。

要するに、その複製産物を剽窃とみるかみないか、それが剽窃とみなされるかみなされないか、そしてある本がベストセラーとなるかならないかは、やはり「複製装置」次第なのである。*078

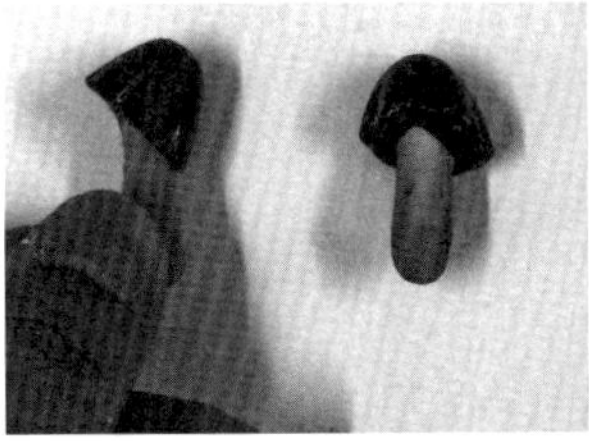

図034●二つの国でそれぞれ売られているチョコレート菓子。右がA国で、左がB国で売られているもの。形、材料、ほぼ同じである。

パロディ

オマージュ（hommage）は、本来は敬意、すなわち「リスペクト」の意味であるが、転じて芸術作品や文学作品において、尊敬する先達の作家、芸術家の作風に影響を受け、これを模倣して発表される作品のことをそう呼ぶことがある。「オマージュ作品」などの言葉で表現されるものがそうだ。

これに対して、パロディ（parody）とは、オマージュとは大きく異なり、芸術作品や文学作品において、すでにある作品を批判、諷刺することを目的として、これを模倣して発表される作品のこと、あるいはそうした行為のことをいう。模倣されるのは別段「作品」だけに限ったことではなく、たとえば政治家の言動のパロディが、映画の中で語られるような場合もある。*079

模倣する行為と、そうして発表される作品。これらもまた、先ほどの剽窃と同様、一種の「複製」であり、その結果作られる「複製産物」である。

そしてこれもまた、複製装置の「考え方」次第によって、オマージュにも、そしてパロディにもなり得るという、多面的な複製の様相を呈する。

模倣を複製だとする論拠は、第11展示室などで詳述するように、生物学的実例に基づくものであるが、それがなくとも、模倣という行為がオリジナルを手本として、それと「極めて似ているもの」を作る行為である以上、本書においては複製の範疇に入るのである。

さて、ここでは主にパロディについて考えてみる。

パロディ（parody）という語は、歌を意味するオドス（odos）に、接頭語のパラ（para-）がつけられた格好になっている。

ギリシャ語の「パラ」には、「～の傍に」、あるいは「反対、逆」という意味がある。

079●映画における最も有名なパロディの一つが、チャールズ・チャップリン監督、主演の「チャップリンの独裁者」(1940)であろう。ナチス・ドイツを率いたヒトラーを「ヒンケル」という名の独裁者として映画の中に「複製」し、そのパロディ世界を構築して反戦を訴えた作品である。映画では、イタリアのムッソリーニのパロディである「ナパロニ」も登場する。個人的な感想で恐縮だが、ヒンケルとナパロニとのスパゲティをめぐる掛け合いのシーンが筆者は一番好きである。

080●リンダ・ハッチオン Linda Hutcheon。カナダの英文学者。1947-。

ハッチオン[*080]は、パロディという語は対照だけでなく、協調や親和を暗示しているとした上で、「だからパロディとは、皮肉な「文脈横断」と転倒を用いた、差異を持った反復なのである」とした。[*081]パロディとは「差異」、すなわちオリジナルとなったものから「ある程度の距離」を持っていなければならず、かつ、オリジナルをもとにして複製された「複製産物」としての〝プライド〟も保ち続けなければならない。

吉田夏彦[*082]は、パロディとはオリジナルに対する尊敬の念があまり意味を持たないような「写し方」であり、またパロディには必ず諷刺の意味が込められていなくてはならないとする人もいるようだが、その意味をより広くとると、それほどの諷刺の意味もなく、何とはなしにおかしさを狙ったものもあるかもしれない、と指摘する。[*083]その例として吉田は、画家ダリ[*084]による「モナ・リザ[*085]」のパロディを挙げている。吉田は、このパロディは「必ずしもダ・ヴィンチをダリが軽蔑していたために、かかれたものではないかも知れない[*086]」と述べ、パロディの持つ滑稽感を、意図など詮索せずにただ楽しめばいいと訴える。

二〇〇〇年に、東京、静岡、広島で「モナ・リザ 100の微笑」展という展覧会が開かれ、多くの画家による「モナ・リザ」の「複製産物」が出展された。「モナ・リザ」ほど後世の多くの画家に影響を与えた絵画はなかったし、「モナ・リザ」ほどダリに限らず、多くの画家の手による模写絵が多数残された絵画もなかっただろう。構図も背景も微笑む女性の表情も本物そっくりであるものもあれば、たとえばハルスマンという画家による「モナ・リザに扮したダリ」という、顔と手——紙幣を握っている——だけが思わずギョッとさせられるが、他はオリジナルと非常によく似た絵もあれば、ホセ・ド・ギマラエスという画家による「ブラック・ジョコンダ[*087]」という、完全にデフォルメした原色チックな複製のパーツといった絵もある(図035)。

「モナ・リザ」は、その成立からフランスが所有して一般に公開されるまでの間は、国王やその周辺

081● ハッチオン『パロディの理論』辻麻子訳(未來社、1993)p.78。

082● 吉田夏彦。哲学者。お茶の水女子大学教授、立正大学教授等を歴任。東京工業大学名誉教授。1928-。著書に『論理学』『現代哲学の考え方』『哲学序説』など多数。

083● 吉田夏彦『複製の哲学』(TBSブリタニカ、1980)pp.48-49。

084● サルバドール・ダリ Salvador Dalí。スペインの画家。1904-1989。二本のドジョウヒゲを生やした特異な風貌と、数々の変人的エピソードで知られる。

085● レオナルド・ダ・ヴィンチ(Leonard da Vinci, 1452-1519)の最高傑作とされる油彩画。パリのルーブル美術館にある。

086● 吉田夏彦『複製の哲学』p.49。

のみが見ることを許されていたことから、その「模写」に対する人々の要求が高まり、画家の卵たちの修練のためという意味もあって、多くの——本当の意味での——模写絵が作られてきたが、公開され、一般大衆もそのオリジナルに接することができるようになり、やがて複製技術時代が到来すると、そのありようも大きく変化した。

三浦篤[*088]が、複製によってあまりにもポピュラーな存在となったこの絵は、そのイメージが「反復」され、無限に再生産——すなわちさらなる複製、おそらくパロディもそれに含まれよう（著者注）——が行われていくことで、オリジナルの有する「いま、ここ」的価値がさらに強化されたように見えると述べ、ベンヤミンの言う「アウラ」は消滅しないと結論づけている[*089]のは興味深い。いまやパロディもまた、ルーヴル美術館に展示されているオリジナルの「モナ・リザ」の、権威なり価値なりを保証する、一つの重要な証拠となったのであろう。

話を戻すが、吉田がパロディの一つの例として「有袋類」を挙げているのは、筆者にとっては興味深い視点である。なぜなら筆者の現在の分子生物学研究者としての研究テーマの一つに、有袋類のDNA複製に関する研究があるからだが、ここでは詳しくは述べまい。

有袋類とは、現生の哺乳類を大きく三つに分けたグループの一つで、カンガルー、ワラビー、オポッサム、コアラ、フクロオオカミなどがこれに含まれる。お腹に子育て用の袋を持つことからその名がついた。あとの二つは、有胎盤類と単孔類である。日本人にとって身のまわりに生息する身近な哺乳類は、私たち（ヒト）自身を含めて、そのすべてが有胎盤類——胎盤が発達し、子宮内で胎児を育てる哺乳類——であると言ってよい。単孔類の有名なものはカモノハシで、卵を産む、爬虫類に最も近い哺乳類の一群である。一つの総排泄口から尿も糞も排泄することから、その名がついた。

087●英語圏では「モナ・リザ」と呼ばれることが多いが、モナ・リザのモデルとなった女性が、フランチェスコ・デル・ジョコンドという名の夫を持っていたとされることから、フランス語圏、イタリア語圏では「ラ・ジョコンダ」もしくは「ジョコンダ」という名称が浸透している。『モナ・リザ100の微笑』（日本経済新聞社、2000）より。

088●三浦篤。東京大学大学院総合文化研究科教授。美術史家。1957-。

089●三浦篤「かくも永き戯れ——《モナ・リザ》神話の変容」『モナ・リザ100の微笑』（日本経済新聞社、2000）pp.16-27。

090●吉田夏彦『複製の哲学』p.52。

では、吉田が有袋類をパロディとみなしたのはどういう理由であろう？　いや、正確に言えばパロディとみなしたのではなく、有袋類に対し、あたかもパロディを見せられたような感じを持つことがあるとしたのである。[*090]

簡単に言えば、オーストラリア大陸と北米大陸における有袋類の生態的地位とその種の進化のありようが、その他の大陸における有胎盤類のそれとよく似ているということである。たとえば、有胎盤類―有袋類のペアで、同じような生態的地位や名前を持つ動物を挙げると、「オオカミ―フクロオオカミ」、「モモンガ―フクロモモンガ」、「アリクイ―フクロアリクイ」、「モグラ―フクロモグラ」といったところが挙げられる（図036）。

これが、吉田が、有袋類を見たときに有胎盤類のパロディを見せられたような感じを持つとする点だ。

すなわち、彼ら自身が意図しなくても、「パロディのようだ」と感じられるような複製と複製産物も、この世にはたくさんあるということである。吉田によるこの「パロディとしての有袋類」は、複製という観点においては、非常に的を射た絶妙な表現によって、有袋類と有胎盤類の比較生物学的位置づけを明確にしたものであると言うこともできるだろう。生物学においては、有袋類の各生物種が有胎盤類の各生物種と対応するかのような生態的地位を獲得し、やはり対応する

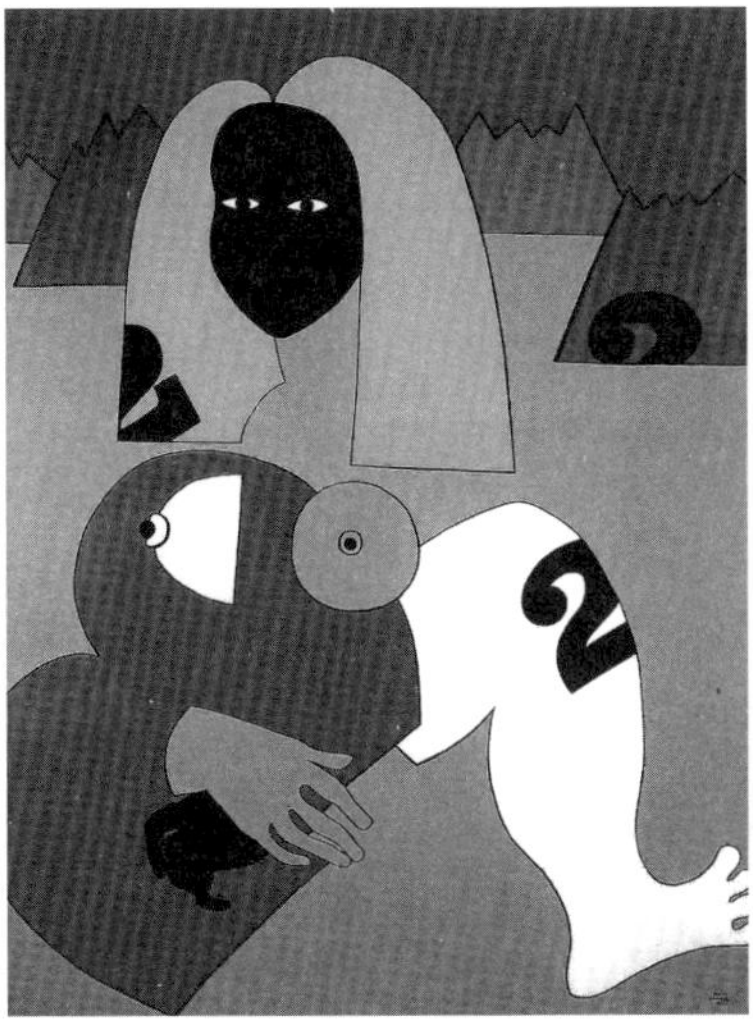

図035●「モナ・リザ」のパロディ。
［右］ハルスマン「モナ・リザに扮したダリ」。
まだそのオリジナルはダ・ヴィンチのモナ・リザであることがわかる。
［左］ホセ・ド・ギマラエス「ブラック・ジョコンダ」。
オリジナルを想起することは徐々に困難になっている。
（出典：リベット編『モナ・リザ100の微笑』三浦篤監修　日本経済新聞社、2000）

かのような体の構造や機能を持つようになった、そうした進化のことを「収斂進化」と呼び、定式化しているからである。

とはいえ、現実的には有袋類は有胎盤類のパロディではない。[*091] パロディのようではあっても、パロディではない。しかしそのありようは、やはりどこか「複製」とつながっている。生物の進化は複製の繰り返しと連続性がもたらしたものだからである。

こうしてパロディというものを広く眺めてみると、パロディは複製の一つの様式であると同時に、そのものが何かの複製産物であるかどうかを判断するための材料であるとも言えよう。しかもパロディには、必ずそのパロディがパロディたる根拠となる「オリジナル」が常にどこかに存在していなければならない。その意味において、パロディとは「オリジナル依存的な複製」によって作り出されるものであると言える。その「オリジナル」と「複製産物」との関係、あるいは相似性、類似性と、両者との間に横たわる複製の目的――何が複製装置となるか――によって、それがパロディであるか否か、複製産物であるかそうでないかが明らかとなるのである。

4―3　複製と伝承

古くからの信仰、慣習、文化、物語などを受け継ぎ、後世へと伝えていくことを「伝承」という。ここでは、伝承の複製的側面を見出すことにより、その仕組みについて考えてみることにしたい。

複製される「白雪姫」

読者諸賢は、これまで様々な視点から「複製の展示物」を見て来られたわけだが、その結果――筆者

091● 進化の道筋を考えれば、有袋類と有胎盤類は、一億数千万年前に分岐した後、それぞれがそれぞれに見合った進化を続けてきたのであって、正確には「お互いが複製産物になっている」という、吉田が『複製の哲学』で分類した第四の複製に含まれるべきものであろう。これらの議論については、「生命世界における『複製』の諸相――吉田夏彦の分類に則って」『東京理科大学紀要（教養篇）43号』(2010) pp. 35-50を参照されたい。

092● ウォルト・ディズニーWalter Disney。言わずと知れた「ミッキー・マウス」の生みの親。1901-1966。

自身にとっても——何がわかったのかと言えば、「複製」という、たった一言で済まされてしまう現象の裏で、実に様々な要素が絡まり合いながら、渦を巻くように存在していることであろう。

たとえば、よく知られた童話の一つである「白雪姫」の伝承、いやむしろ複製現象に焦点を当て、白雪姫の原典と、とりわけ若い世代の間で広く人口に膾炙するもとになったウォルト・ディズニー[*092]の映画との違いについて、まずは議論の俎上に載せてみたい。[*093]

まずは、ディズニーの映画でよく知られたストーリーや登場人物設定を、原典の初版と比べてみる。

❶「継母」は、原典の初版では「実母」である。

❷「白雪姫は王子様の口づけによって息を吹き返す」は、原典の初版では「王子様の家来が腹立ち紛れに白雪姫の背中を殴りつけた拍子に毒りんごが喉から飛び出し、息を吹き返す」である。

❸「白雪姫は一二歳の少女」は、原典の初版では「一〇歳にも満たない幼女」である。

❹「継母は雷にあたって死ぬ」は、原典の初版では「赤い焼けた靴をはかされ、死ぬまで踊らされ続けた」である。

初版では、実の母親が娘を、三度も殺そうとする。白雪姫は殴られて息を吹き返す。そして、最後には何とも恐ろしい拷問のような刑

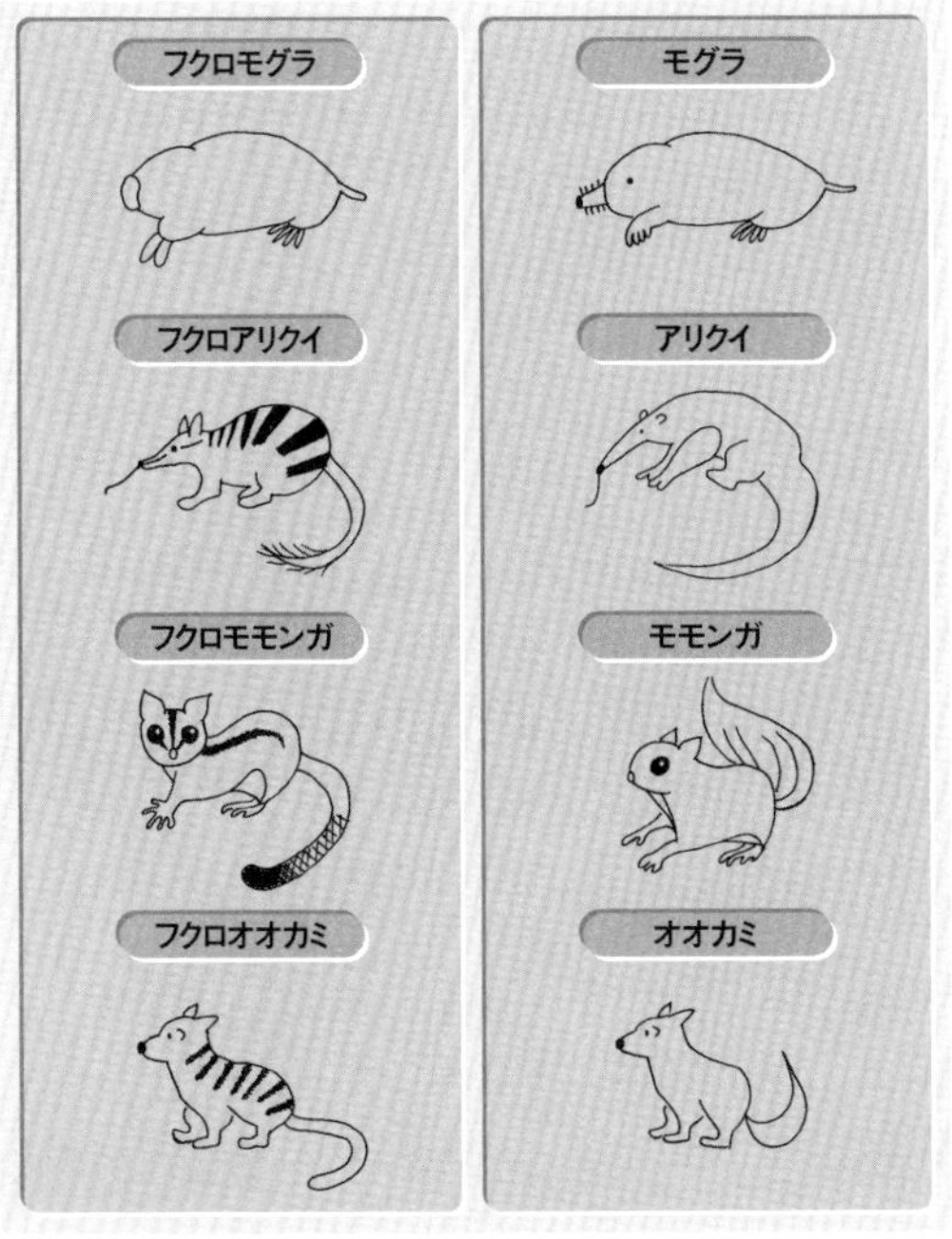

図036● 有胎盤類（右列）の"パロディ"としての有袋類（左列）。
パロディのように見えて、それはパロディではない。
有袋類は有袋類で、きちんと環境との関わりの中で適応放散してきたのだから。
でもこうして改めて並べてみると、
有袋類と有胎盤類は「お互いに複製産物になっている」ように
見えるから不思議である。
（イラスト：風間智子）

罰が実の母親に対して与えられ、白雪姫は――いかに殺されそうになったとは言え――、うすら笑いを浮かべながらその死の様子を眺めているのである。とても子どもたちに読み聞かせられるような代物ではなかったのだった。[094]

ではなぜ、初版におけるこうした設定が「改変」され、映画が作られたか。オリジナルである白雪姫のストーリーが変化して「伝わった」のには、複製の観点においては常に着目すべき、いくつかの重要な要因があったのである。[095] より視点を一般化しつつ、やや詳細に探っていく。

まずは、その話を語る「語り手」の意向がある。「語り手」は、その話の「聞き手」がどのような性質の人たちであるかを敏感に察知し、その性格に応じて話の内容を、全体の雰囲気を損ねることなく変えることができるし、しばしば実際にそうしたことをする。

筆者など瑣末な人間の場合にもよくあることで、たとえば大学で同じ内容を講義する場合であっても、対象学生の種類（何学部か、何学科か、何年生か、高校で生物を履修したかしなかったか等）によってその話の難易度を変えたり、構成を変えたりすることがある。同様に、物語の「聞き手」が大人か、高校生か、小学生か、あるいは幼稚園児かによって、「語り手」は文章表現や言葉遣いなどを微妙に変えながら、話をするのである。

次に、その話をとり巻く環境の変化がある。

初版では、白雪姫が「死んでしまった」その原因は、毒りんごを食したことによるものだった。だが毒りんごという小道具そのものが、ディズニーの作る映画に果たしてふさわしいだろうか。さらに初版では、「棺桶」の中に寝かされていた白雪姫の「死体」を、王子様の家来の一人が「こいつのために俺たちがはたらかされる」と言いながらどついた拍子に、「毒りんご」が喉から飛び出す。「棺桶」が、そ

093● 白雪姫に関する複製論的考察は、筆者が東京理科大学理学部第一部において開講している「教養ゼミC1」において、平成二一年度の受講生のM君によってなされた。したがって本書においてこれをとり上げたのは、実にM君のすばらしい考察に対する「オマージュ」でもある。

094● グリム兄弟『初版 グリム童話集②』吉原高志ほか訳（白水社、1997）。

095● ディズニーの映画が直接初版のストーリーを改変したわけではない。グリム兄弟自身も、初版から第二版への移行に際して多くの改変を行っているし、それ以降のヴァリエーションの中でも、様々な設定の変更が起こっている。

うした映画に「ふさわしくない」とは言えないが、決して「ふさわしい」とも言えまい。しかもその中の死体を家来が殴るというのは、死者に対する冒瀆でもある。こんなシーンを、子ども向けの映画に入れられるとは到底思えないわけである(図037)。

短絡的な見方に立てば、そうした映画では「愛」を前面に押し出す方がいいのだろう。毒りんごを食してしまうのは仕方がないが、せめて息を吹き返すところだけは、王子様の「愛の力」を借りた方がよかったのだろう。

次に、「聞き手」の受けとり方の違いがある。これは、先に述べた「語り手」の意向とセットになって存在する重大要因だ。

初版のストーリーを読んでどう思ったか、どう感じたかということは、当然のことながら「聞き手」の思い、感じ方であって、「聞き手」が誰であるかによって大きく異なってくる要素である。その「聞き手」が新たな「語り手」となって次の世代へと話を語りつないでいく場合、「聞き手」の動向が、大きな変化要因として立ちはだかるのは当然のことであろう。

そして最後に、偶発的な変化がある。誰も意図せず偶然に、変化してしまった内容、キャラクターの設定などがこれに該当する。

伝言ゲームのようなものをイメージするといいだろうし、DNAが複製される際に生じる、偶然の複製エラーのように「避けることができないもの」をイメージしてもいいだろう(複製エラーについては第9展示室で詳しく述べる)。実はこの「偶発的な変化」こそ、複製における最大の性質であると言っても過言ではなく、すべての複製を特徴づける重要な概念なのである。白雪姫の場合にも、そうした偶発的な変化が起こった可能性もあるかもしれない。

こうして見てくると、話の伝承、ストーリーの改変の過程には実に多くの要因が積み重なり、多くの影響を与えていることがよくわかる。これらの要因は、必ずしもすべてが複製の過程に直接かかわる「複製装置」であるわけではなく、「聞き手」の受けとり方の違いなどは特に、複製装置としての「語り手」に影響を及ぼす外的な要因であるとみなすことができるとも思われるが、実は「聞き手」も重要な複製装置なのであって、聞き手の受けとり方の違いが、その次の世代へのストーリーの伝承(すなわち複製)に直接影響するのである。

言い換えれば「語り手」も「聞き手」も、それぞれが「複製装置」として作用しているのであって、その複製装置の動向が、オリジナルの話の内容を変化させながら複製し、多様な複製産物としての様々なヴァージョンを作り出していくのである。

白雪姫に関するこれまでの考察を踏まえると、複製は、次の三つの要素があって初めて成り立つ行為であると考えることができる。それは「複製の発生」、「内容の変化」、そして「複製の繰り返し」である(図038)。

◉複製の発生

ある「オリジナル」を複製しようとする場合にまず大切となるのは、その「オリジナル」を詳細に分析することである。この分析の過程では、話の内容を「分割」し、「統合」するという作業が必要となる。〇七六ページでも述べたが、何かが「分かる」というのは、その対象物たる「何か」が、どういうパーツから成り、どのように組み立てられているかが「分かる」ということであり、その「構造」が「分かる」ということである。言い換えれば、対象物たる「何か」の成り立ちがわかり、それぞれのパーツに分割しようと思えば、元に戻すことが可能という前提のもとで分割することができるということである。分割して完全に「分かる」からこそ、対象物たる何かを再構築し、「統合」することができるのだ(図038も参照)。

いままさに、窓辺に見える風景や人物などを、これからキャンバスの上に描こうとするところをイメージしていただきたい。木々はどう枝を生やしているか、雲はどう流れているか、太陽の光はどのように差し込み、どのように景色を照らしているか。これらを詳細に「分析」――画家は、おそらく瞬時にしている――することなくして、風景をキャンバス上に「複製」することなどできはしない。

DNAの「複製装置」であるDNAポリメラーゼ（第9展示室で詳しく述べる）も、複製する際の鋳型となるDNAをきちんと認識した上で、分子レベルのメカニズムによってそれを「分析」しているはずである。

こうして、複製という現象が開始される。これが「複製の発生」である。「発生」と言っても、その実は非常に複雑な過程を内包しているのである。

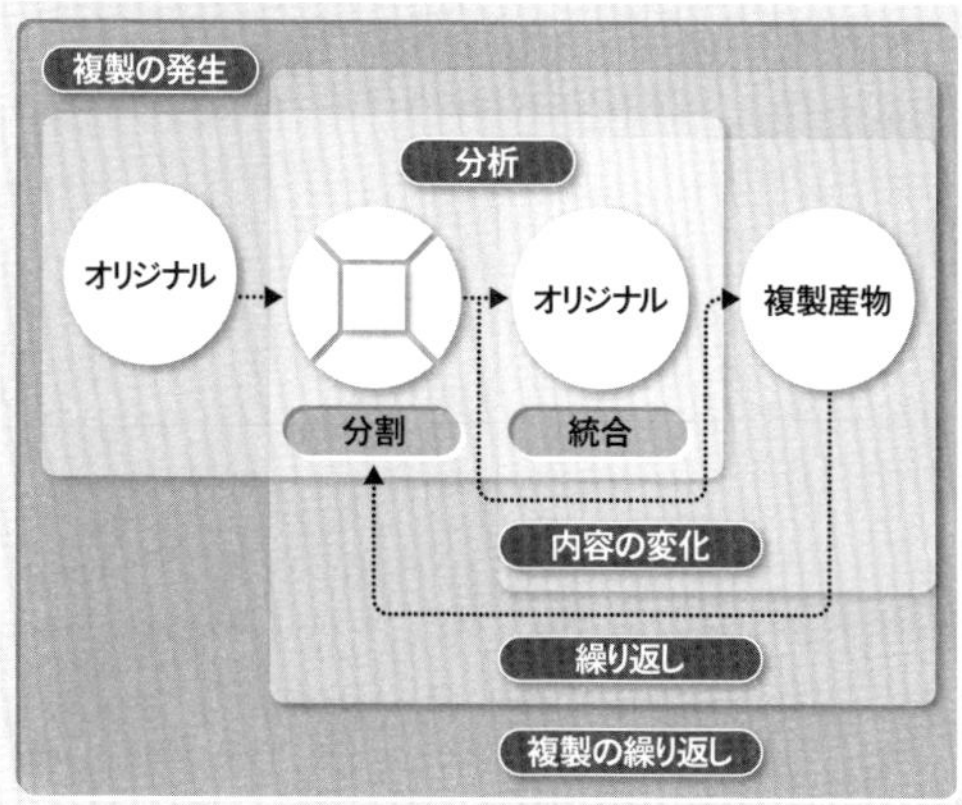

図037●［上］家来にどつかれて目を覚ました白雪姫。王子様はこのとき、果たしてどんな気持ちだったのだろう。家来への憤懣と、白雪姫への愛情とが交叉していたか。
（出典：グリム『初版 グリム童話集②』吉原高志・吉原素子訳、白水社、1997）

図038●［下］複製における三つの要素。複製の発生には、オリジナルの分析も含まれる。複製装置によって分析されたオリジナルは、これまた複製装置によってわずかな変化をきたしながら複製される。それが繰り返され、話は徐々に変容していくのである。

●内容の変化

そうして発生した複製が起こっている最中に、また何かが起こるのである。それが、前項で述べたいくつかの要因による「変化」である。

あるものは意図的な「変化」であり、「修正」であり、あるものは偶発的な「変化」である。

もう一度挙げつらえば、前項の「白雪姫」においては、「語り手」の意向の変化、「語り手」自身の交代、「聞き手」の感じ方の変化、「聞き手」そのものの交代、社会的思想や環境の変化、そして偶発的にして不可避な変化がこれにあたる。

これらが相互に影響し合い、そこにおいて発生する問題を何とか「解決」しようとして、話の「内容の変化」が生じる。そうして、部分〳〵が少しずつ変化したストーリーがその都度完成し、その時点において、「複製」が完了するのである。

●複製の繰り返し

完了したとはいえ、複製にはまだ重要な要素が残されている。複製そのものへの意義づけにおいて重要となる要素であり、それが「繰り返し」である。

これまで本書では、「繰り返し」も、複製の本質を理解するためには重要で、ある意味では複製の一つの側面でもあるという言い方をしてきた。繰り返しそのものもまた複製であり、複製は繰り返されてこその複製でもある。

DNAや細胞も、何回も繰り返し複製されることでDNAとしての、細胞としての存在意義を見出せるのであり、文書や商品の複製もまた、繰り返し複製されることで初めて、多くの社員に情報を伝達するための文書、多くの消費者に消費してもらうための商品としての存在意義——すなわちそこにたくさんあるということ——を浮かび上がらせることができるのである。

「白雪姫」においても、初版をオリジナルとして、これまで何回にもわたって繰り返し「複製」が行われ、その結果として多様な見方、多様なストーリーが生み出されてきた。

伝言ゲームが面白おかしい「ゲーム」として成り立つそのゆえんは、ひとえに「複製」に潜む微妙なズレが、繰り返し複製されることによって増幅し、その結果思いもよらぬ文章が作られるところにある。

複製における「繰り返し」の位置づけと、その重要性については、第6展示室でも詳しく考えてみることにしたい。

複製される妖怪の絵

人間が、自らの文化の中で作り出してきた様々な想像物《イマジネーション》は、あるときは「白雪姫」などのような物語として語り継がれ、またあるときは絵画として伝え継がれる。

そのような絵画のうちの一つに、過去に数多くの絵師たちによって描かれてきた「妖怪画」と称されるものがある。妖怪画とはその名の通り、妖怪という目に見えない存在を紙の上で表現した画であるが、ここで、全国各地に様々な形で存在する種々の妖怪画のうち、ある三つの絵巻物に描かれた妖怪たちに注目してみたい。*096

その絵巻物とは、『化物づくし』（成立年不詳・1688年以降か）、『百怪図巻』（佐脇嵩之、1737）、そして『化物絵巻』（成立年不詳・1800年代か）の三つである。

注目する理由は、これら三つの絵巻では、共通した妖怪たちが、ある程度共通した姿形を保ったまま描かれているからである。

096● 無論、妖怪画だけがそうした絵画であるわけではなく、あくまでも代表的な事例という意味であるが、ならばなぜその代表として妖怪画を選んだかと言えば、それは筆者の性向であるからにほかならない。註098も参照のこと。

妖怪たちを比較すると、一見して描いた人物が違うことがわかるほど、筆のタッチや構図の細かい部分が異なっている。しかし全体の構図からは、明らかにどの絵巻も、同じ妖怪画をオリジナルとし、その「模写」により描かれたという印象を色濃く受けるのである。

事実、これらの絵巻は、江戸時代の幕府御用絵師の一派であった狩野派の画風の手習いの一環として行われた「模写」の一部であったと考えられ、その結果、同じようなデザイン、スタイルの「複製産物」が、いまに伝わっているのだという。[*097]

個々の妖怪のいくつかについて詳しく見ていく。まずは「ろくろ首」である[*098](図039)。

『化物づくし』ならびに『化物絵巻』に描かれたろくろ首は、その姿の全体的な構図や、服の乱れ方、髪型、顔の形などは非常に似かよっている。ところが『百怪図巻』のろくろ首だけは、特にその顔つきが他の二者とは大きく異なり、どちらかというと現代美人的造形に似た感じに描かれている。他の二者はおたふく顔で、どちらかといえば平安美人の様相を呈している。

次に「おとろし」に注目してみる(図040)。

この妖怪もろくろ首と同じく、『化物づくし』と『化物絵巻』では胴体と顔の配置など全体の構図は――顔の色は違うとはいえ――そっくりだ。しかし『百怪図巻』では構図が異なり、前二者では胴体が、読者から向かって左側の斜めうしろに描かれているのに対し、後者ではほぼまっすぐに、頭部の向こう側に隠れるように描かれている。

三つ目は「山姥」である(図041)。

この妖怪も、ろくろ首やおとろしと同様、『化物づくし』と『化物絵巻』ではほぼ同じ構図である反面、『百怪図巻』では杖の持ち方や衣服の乱れ方、背景の山が描かれていることなど、前二者との違い

097●多田克己編『妖怪図巻』(国書刊行会、2000)pp.133-134。

098●註としても余談であって恐縮だが、筆者はこれまで生物学的考察の対象としてろくろ首をとり上げてきただけでなく、ろくろ首の歴史、「ぬけ首」や「飛頭蛮」との関係についても(本業の合間をぬって)研究している。生物学的考察については『ろくろ首考』(文芸社、2002)、『ろくろ首の首はなぜ伸びるのか』(新潮新書、2005)などの拙著を参照のこと。

099●多田克己。妖怪研究家、作家。1961-。

100●狩野元信。室町時代の絵師。後の狩野派の基礎を築いた。1476-1559。「四季花鳥図」を始め、その作品の多くが重要文化財に指定されている。

が散見される。

多田克己[*099]によると、これらの絵巻のオリジナルとなった絵巻を描いたのは、室町時代後期に京都で活躍した絵師狩野元信[*100]（古法眼元信）であるという。元信の絵をオリジナルとし、様々な絵師が「複製装置」となってその絵を複製してきた結果、少しずつ違う構図、スタイルを持った複数の絵巻物が、「複製産物」として残ったのである。

絵師という複製装置を介した様々な複製により、数多くの複製産物が残された。ここでとり上げた三者に関して言えば、繰り返しになるけれども『化物づくし』と『化物絵巻』の妖怪たちはお互いに非常によく似ている（そっくりと言ってもよい）のに対し、『百怪図巻』の妖怪たちは前二者とはやや異なっている。一体複製装置である絵師の技量そのものによってかくのごとき違いが生まれたものか、あるいはその絵師の置かれた社会的背景や手習いの師匠の方針の違いによってこうした違いが生じたのか、その理由に関する考察については成書に譲る。いずれにしても、複製装置による複製産物の様相の変化をこれほどまでに明らかなものとして私たちに見せてくれる事例は、そうはないであろう。

一方、ろくろ首の「首の多様化」も、こうした過程を経て起こったと考えられる。すなわち、室町時代から江戸時代にかけてのいずれかの時期に、中国の伝承である「飛頭蛮《ひとうばん》」が我が国に入ってきたが、

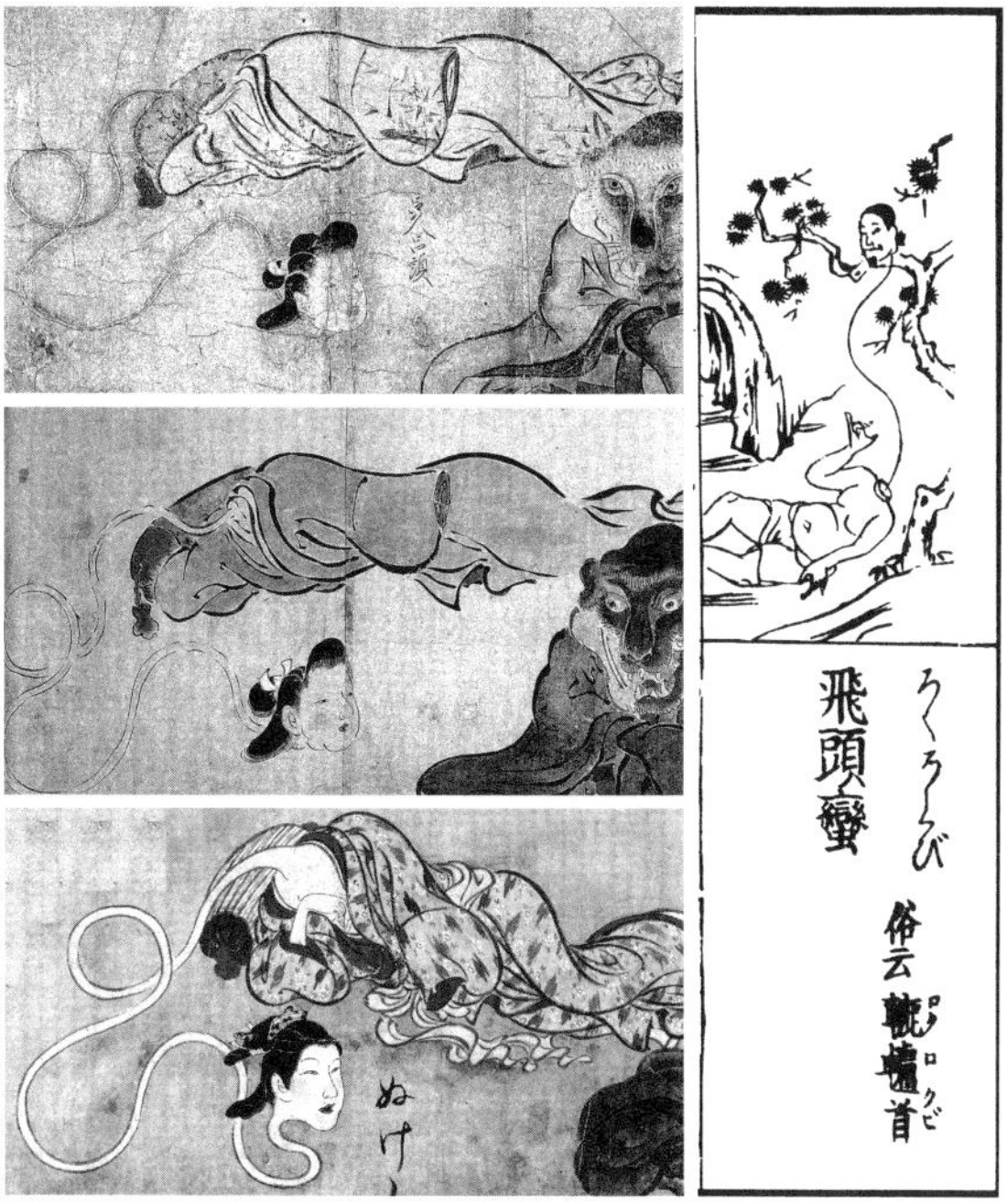

図039● 三つの絵巻に描かれた「ろくろ首」。
[上]『化物づくし』より。
[中]『化物絵巻』より。
[下]『百怪図巻』より。
[右] 寺島良安『和漢三才図会』に描かれた「飛頭蛮（ろくろくび）」。
（出典：多田克己編『妖怪図巻』国書刊行会、2000）

その化物は、その名の通り「頭がぬけて飛ぶ」ものであって、現在のろくろ首のように首が伸び縮みするようなものではなかった。やがて、山岡元隣の著と伝えられる貞享三年（1686）に出版された『古今百物語評判』[*101]や、寺島良安が正徳二年（1712）に編纂した『和漢三才図会』[*102]において、飛頭蛮——このとき、「ろくろくび」というよみがながふられた——の抜けた頭部と胴体との間に、頭部が飛行した「軌跡」として一本の線が描かれ[*103]（図039）、さらに鳥山石燕（註069参照）により著された『画図百鬼夜行』では、単なる「軌跡」であったものが、抜けた頭部と胴体をつなぐ明らかに皮膚でおおわれた細い首のように表現された。そして近年の水木しげるによる「飛頭蛮」では、もはやすっかり「軌跡」ではなくなったそれが、完全に長く太い首として表現されるようになった。その当然の帰結として、頭部が抜けたり戻ったりという飛頭蛮（あるいは抜け首）のイメージに代わり、長く伸び縮みする首を持つというろくろ首のイメージが現在では定着し、その範囲内において多くの絵師・図象家等により、様々な長さや様々な太さを持つ「首」として表現され、多様化してきたのである（図042）。

ろくろ首の首の太さや長さは、そのときどきにおける複製装置、すなわち作者の目的やスタンス、画風などに左右され、徐々に多様化していったのだ。

複製装置に依存して複製産物が様々に変化していくのは、こうした妖怪の表現法や前出の白雪姫でも見受けられたように、文化の伝承における普遍的な特徴なのである。

4—4　流行と模倣

「複製産物」が変化する間もなく、瞬く間に「複製」が行われていくような文化的、社会的現象の場合、その複製は文化の伝承とは全く異なる様相を呈している。それが「流行」という現象である。

101● 山岡元隣（1631-1672）は医師、俳人。『古今百物語評判』は、古今の怪談・奇談などを「而慍斎先生」こと山岡が和漢の故事を引用しながら紹介、解説するというスタイルをとった百物語である。

102● 寺島良安（1660頃－没年不詳）は正徳・享保時代の大坂の医師。『和漢三才図会』は、中国・明代の『三才図会』を手本として寺島良安が編纂した大百科事典。全一〇五巻、八一冊にわたる。

103● このとき、中国伝来の「飛頭蛮」と、日本古来の伝承である「ぬけ首」との混同が起こったと考えられる。

囲碁とピアノ

小学生の息子がいま、囲碁センターのジュニアスクールに通い始めている。

彼の祖父——つまり筆者の父——は囲碁をたしなむが、筆者自身は囲碁を打たないので、息子につき添って囲碁センターに行っても、一般客が打つ囲碁を見るでもなく、テレビに映し出された対局を凝視するでもなく、ただぼーっとしているか、こうした原稿を書いているかしているわけだが、ただぼーっとしているように見えてその実、いろいろ考えることがある。その中で、何でも「複製」にしか見えないこの筆者の頭が、非常に面白いと感じたことがあった。

現代のようにテレビがなかった時代には、おそらく囲碁は、まさに盤上で繰り広げられる、その場限りの、当事者同士だけの対局だったはずである（もちろん、ある程度の傍観者《ギャラリー》は居たであろう）。ベンヤミンの言うところの「アウラ」、すなわち「いま、ここで」しか感じることのできない一回性の匂いが、至るところに漂っていたに違いない。

翻って、現在の対局はどうだろうか。

プロ棋士同士の戦いの中でも特に「新春囲碁対局」とか、教育テレビの「趣味の時間・囲碁」などにおいて行われる対局はテレビ中継され、スタジオの観覧客やテレビの視聴者にも、棋士の一手一手がリアルタイムで伝わっていく。

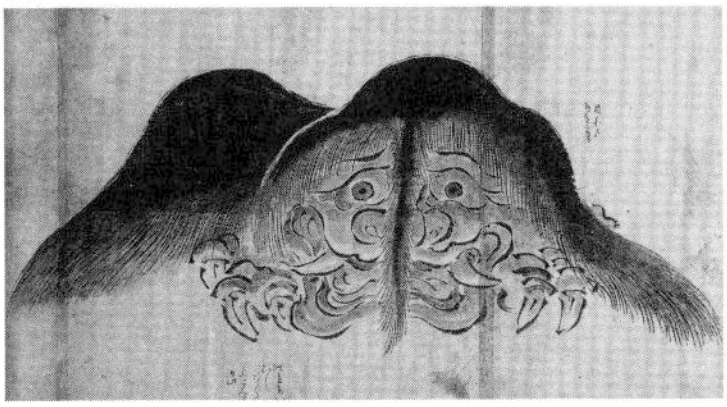

図040●［右列］三つの絵巻に描かれた「おとろし」。**［上］**『化物づくし』より。**［中］**『化物絵巻』より。**［下］**『百怪図巻』より。
図041●［左列］三つの絵巻に描かれた「山姥」。**［上］**『化物づくし』より。**［中］**『化物絵巻』より。**［下］**『百怪図巻』より。
（出典：多田克己編『妖怪図巻』国書刊行会、2000）

対局のテレビ中継は、本来は対戦者二人のみで構築される盤上の世界を、広く多くの人たちに共有してもらうために日本国中に「複製」する行為であると言える。その複製法のシステム化は、いまや囲碁文化には必要不可欠であると言っても過言ではあるまい。

さらに、もう一つ興味深いことがある。

ある対局において立ち現れる白と黒の盤上での配置図を「棋譜」という。ある一つの棋譜が、検証のために対局のすぐ後でもう一度「再現」されることはよくあることだが、別の独立した対局で「再現」されることはまずないと言ってよい。

『ヒカルの碁』[*104]の登場人物たちが、「神の一手」を目指して日々精進しているように、プロ棋士といえども、その囲碁の腕前は何回も打つことで初めて上達していくものであろう。何回も対局を繰り返していくことで自身の囲碁の技を「複製」しながら、少しずつそれを改良していく。すでに行われた対局における「棋譜」を盤上で「複製」し、それを繰り返し勉強していくことで強くなるとも言われる。

それにしても、この『ヒカルの碁』というマンガの威力はすごかったといまにして思う。ブーム、もしくは「流行」というものが「複製産物」を大量に生産する社会的な状況を指しているとするならば、このマンガが「囲碁」という文化、そして「囲碁好きな子どもたち」を巷間に複製していく複製装置の重要な一つとなったことは、ほぼ間違いないだろう。

いずれにせよ、変化を伴う複製の様態は、囲碁の世界にも着実に顔を出し続けていると言えるのだが、こうした複製は囲碁に限ったものではなく、将棋にもチェスにも、そしてオセロにも言えることであろう。

筆者は囲碁はやらないが、ピアノはたしなむ。

楽譜を初見で難なく弾きこなす天才的プロとは違い、筆者のようなアマチュアの場合、ごく簡単な

図042◉多様化したろくろ首の首。
（イラスト：武村泉
出典：武村政春『ろくろ首考』
文芸社、2002）

曲は別としても、ある楽曲を初見で間違うことなく完璧に弾けることなどはまずなく、完璧に弾けるようになるまでには、練習に練習を重ねていく以外にはない。練習とはすなわち、運指が完璧に行えるようになるまで（体が、指が、鍵盤の動きを完璧に覚えるまで）、何度も〳〵、繰り返し楽譜上の音符が織りなす音の合奏を再現するよう努力することである。

「ピアノを弾く」という行為は、楽譜に記されたオリジナルの楽曲の「設計図」から、指という複製装置によって（あるいは演奏者という複製装置によって）、私たちの耳に聴こえる「音楽」という複製産物が作り出される行為なのである（第6展示室も参照）。

最初の複製は、およそ複製とは思えない不様《ぶざま》なものであろう。作られる複製産物としての音楽は「複製エラー」だらけの、オリジナルとは似ても似つかぬ、およそ複製産物とは思えないものであろう。しかし、繰り返し複製を続けていくことで、徐々に「複製エラー」は減り続け、やがてオリジナルを完璧に再現したと思えるほど完全な「複製産物」が完成する（図043）。

とはいえ、そうしてできた複製産物は、実はオリジナルを完璧に再現したものではなく、複製装置たる演奏者ごとに微妙に異なる音質やリズムによって、わずかに変化をきたしたものとなっているはずである。この変化はしかしながら、練習の過程で立ち現れる「複製エラー」とは全く性質の異なるものであって、聴衆にとってみればその変化こそ、美しい「いま、ここで」しか味わえないピアノ曲に身をひたして聴く、楽しみの一つになっているわけである。

流行ということ

ある一発芸[*105]を披露する芸人がいて、それがテレビなどで全国に配信される。その一発芸が大衆にウケると、だいたい往々にして「流行《はや》る」という現象が起きる。

104●ほったゆみ原作、小畑健漫画による少年漫画。集英社の『週刊少年ジャンプ』で一九九八年から二〇〇三年にかけて連載された。囲碁を題材とした初めてのマンガであり、少年少女の間で囲碁ブーム、すなわち流行を巻き起こした。後に単行本も発売されている。

105●いわゆる一発ネタなどは、どこからみても「芸」には見えない、誰でもできる仕草にすぎない。タレント（才能ある人）という呼び名も、いまや有名無実化しているのであろう。

とりわけ下品な一発芸が数年前に流行し、家では決してその手のテレビは見せなかったにもかかわらず、どうやら幼稚園でそれをマネしている子がいたらしく――あるいは幼稚園で流行《はや》っていたのかもしれない――、息子がそれをふざけてやっていたことがあった。

芸人の仕草をマネするなどという行為は、社会上、また教育上何の価値もないと思うが、幼児の発達過程における自立的な脳の成長には、ある一定の役割があるかもしれないと考えるから、無闇に禁止するのも気が引ける。だから息子がそんな仕草をしても「止めなさい」とは言うけれども、世の大抵の親がそうであるように、あえて「禁止」はしない。一方において、本書のような「複製」の立場ではいささか考察のネタになるという「効果」もあったわけだから、感謝の念も持つべきかもしれない。*106

これは、芸人の仕草がテレビを介して、全国の子どもたちの仕草として「複製」されるという現象に帰する。この場合、マス・メディア（とりわけテレビ局あるいはテレビ番組）がこの複製の「複製装置」としてはたらき、そうして複製された「複製産物」とは、言うまでもなくその芸人の仕草であるが、別の見方に立てば、「その仕草をマネする子どもたち」であるということもできる。

ここでは複製産物を、その芸人の「仕草」であると捉えよう。そうして「複製」された仕草は、幼稚園や学校という環境、あるいは幼稚園や学校の友達同士のコミュニケーションによってさらに別の子の仕草として「複製」され、それがさらに次の友達に、という具合にして、連鎖的に「複製」され続ける。こうした連鎖的な複製の全体的な様相を、私たちは「流行《りゅうこう》」と呼ぶのである。

芸人の一発ネタが「流行《はや》る」のも、インフルエンザが「流行る」のも、基本的には同じメカニズムに拠っている。どちらの場合も、複製されるオリジナルと、それを複製する複製装置とが存在する。それはよいとして、より重要な「共通性」は、両者とも複製装置となるものが「人間」あるいは「人間の集合体」

106●これはしかし、極めて一面的で偏執的な見方であるかもしれない。事実、津村喬は、子どもたちの遊びのほとんどは過去の、そして現在の様々な宗教的儀礼の引用であり、転用であると述べている（津村喬「政治と芸術における複製」『グラフィケーション別冊・続・複製時代の思想』（富士ゼロックス、1973）pp. 6-39）。私たちの日常的な仕草と言えども例外ではない。芸人の仕草もその一つであるならば、子どもたちは無意識のうちに、芸人の仕草というそれそのものが複製産物であるオリジナルを、さらに複製していることになる。

であるということだ。ヒトインフルエンザウイルスは、明らかに「人間」あるいは「人間の細胞」、またはその細胞内にある分子装置としての「RNAポリメラーゼ」などが複製装置となって複製され、芸人の仕草は「マス・メディア」という、人間の集合体が複製装置となって、巷間に複製されていくということである。

このことは、「流行語」においても言える。

最近よく耳にする「ぶっちゃけ」という言葉がある。いや、そう書いておいて改めて考えてみると、最近はあまり聞かないような気もする。所詮、流行語は流行語なのであるが、まあよい、ここでは一応流行っていると仮定しておこう。

この言葉は、しばらく前までは日本のどこにも存在しなかった言葉で、あるテレビドラマにおいて、出演者だったタレントのセリフから生まれたものであると言われる。その語感の「親しみやすさ」や「言いやすさ」、人気タレントが使っていたということ、そして使える場面が多岐にわたっていることから、爆発的に流行したらしい。

この「ぶっちゃけ」という言葉は、使われているのを聞く限りにおいて、「簡単に言えば」とか「端的に言うと」などの意味、もしくは「ありていに言えば」といった意味があるようだ。

そんなわけだから、論理だてて物事を説明する際には向かない言葉であるとも言える。深刻な話をしている途中で「ぶっちゃけ」などと合の手のように入れられると、それまでの話が一瞬、頭のどこかに散逸してしまうのだ。言われた方からすると、なあんだこの話は「ぶっちゃけ」説明されてしまうような単純な話だったのかと思ってしまったりする。

筆者などは、流行語は一切使いたくないと思う類の天邪鬼《あまのじゃく》だから「ぶっちゃけ」という言葉は「絶対に」使わないよう心掛けている。あまりにもそうした言葉が耳に入って来すぎる状況では、自分でも

図043● 複製産物を作り出す複製装置としての「指」。複製装置たる演奏――あるいはその指の動き――の習熟度合いによって、作られる複製産物たる曲の音色、音楽全体の構成は大きく異なる。写真は、小学3年生(左)ならびに幼稚園年長(右)によるこの「複製」の現場を写したもの。この写しもまた、複製である。

使いたくなる衝動に駆られてしまうから、それを抑えるのは大変だけれども、いまのところ筆者はこの言葉を一切使ったことがない。「ぶっちゃけ」という言葉が口から飛び出した時点で「負け」だと思ってしまうからである。

　何度も言うように、人間は、複製に抗うように生きている。言ってみれば「複製の拒否」である。それがなかなか難しいのは、複製的社会である現代を生きていれば仕方がないことではあるが、しかし「複製」に抗うことが矜持《きょうじ》であるとすれば、それを保つという生き方にはそれ自体、価値も出てこよう。

　文化的、社会的情報は、人の口から口へ、目から目へと伝わっていく。「流行る」基盤には、そうした「伝達」が存在することに異議を唱える人はいるまい。

　人間の口や目を介して伝わるということは、そのモノが人の脳から脳へと伝わっていくということでもある。そうした文化的情報の伝達の基本単位こそが「ミーム」である。

　この概念でくくれば、言わずもがなのことながら、人間社会を構成しているすべての文化的情報——言葉、習慣、行動、定義づけ、名前など——は、「ミーム」としての条件を備えていると言ってよい。*107

　このミームの基本となる概念が「模倣」なのであるが、その話はまた一二九ページで登場させよう。

複製装置としての学校と噂話

　筆者が小学生の頃に経験した「複製」がある。この「複製」現象は、すでに都市伝説として極めて多くの人に知られた実例となっており、筆者と同年代の人間の多くが、この「複製」現象を自らがかかわったものとして経験済みであると思われる。それほどの、まさにインフルエンザの「パンデミック」がごとき、大規模な複製現象であった。

107●ミーム（meme）は、英国の動物行動学者リチャード・ドーキンス Richard Dawkins（1941-）がその著書『利己的な遺伝子（The Selfish Gene）』において作り出した造語である。「模倣する（mimic）」という言葉と「遺伝子（gene）」という言葉を結合させて作り出された。遺伝子と同じように、模倣することによって伝達される、文化的情報の複製単位を指す言葉である。ただ、「複製」という現象そのものに焦点をあてて考える立場では、ミームという概念、すなわち複製される「モノ」をわざわざそこに設定する意義は不明となる。むしろ、ミームという言葉によって「いっしょくた」にされてしまうことにより、複製そのものの性質としての「変化」、複製が本来もたらすはずの「多様性」、そして複製における「複製装置」の存在の重要性を見失ってしまうという危惧が、筆者の中には常にある。

昭和五四年の春から夏にかけて、学校の帰りに出没する「口裂け女」の噂が、岐阜県のとある小学校（と言われている）から一気に、それこそパンデミックのように爆発的に全国に広がったことがあった。[*108]

常ならば単なる噂で留まったはずのこの「口裂け女」は、興味深いことに全国各地において、学校をして生徒に「集団下校」させたり、警察の出動を促したりといった社会問題にまで発展したというのだから驚きである。さらに興味深いことにこの恐ろしげな噂は、爆発的流行からわずか一か月ほどで、これまた「爆発的に」終息したのであった。

この騒動の間、筆者自身はどうだったっけ、と改めて記憶の糸をたぐってみるのだが、いま一つ筆者自身そうした噂を小学校時代に聞いた覚えがないことに気がついた。ちなみに、筆者の母校は三重県津市にある小学校だ。ただ単に筆者が忘れただけかもしれないので、小学校時代の同級生数人に、口裂け女の噂を聞いたことがあるか、聞いたとすればどのようなものだったのかを訊ねてみた。

その結果、やはり母校でも噂はある程度存在し、生徒の間にもある程度は広まっていたらしいことがわかった。一方で、噂はあるにはあったが、「口裂け女」の存在そのものを本当に信じていた子は、どうやらほとんどいなかったようだということもわかった。

そして、返事をくれた同級生たちは口をそろえて、「ポマード」という言葉を唱えるとよいということは「知らなかった」と答えた。このあたりはどうも地域差があるらしい。

ある同級生（主婦のFさん）は、ベージュの服に赤い口紅をつけていた、という（もちろん、見たわけではない）。ある同級生（プロカメラマンのIさん）は、口裂け女は「三」のつく場所に出没するので、三重県には絶対出るぞと噂されていたという（なぜ「三」のつく場所なのか、その理由は定かではない）。またある同級生（会社員のK君）は、彼女は実は三重会館に出没していた〝メリーさん〟だったという。[*109]

「口裂け女」は、学校の「中」ではなく学校の「外」で出没するものであった。学校の帰り、あるいは

108●赤いコートのような服を身につけ、大きなマスクを顔につけた若い女が、下校途中の小学生に「わたし、きれい?」と声をかける。「きれい」と答えると、「これでも〜?」と言いながらマスクをはずし、耳まで裂けた口で襲いかかる。「ブス」と答えても襲われるらしいのでミもフタもない。しかし、「ポマード」という言葉を三回唱えると、一〇〇メートルを三秒という速さで逃げていくという。

109●これも都市伝説として有名なもので、三重会館という津市の中心部にあった建物のバスターミナルにいつも座っている、全身を真っ赤な色の服や靴で包んだ老女〝メリーさん〟の噂が、当時、津の子どもたちの間に広まっていた。〝レッド・ばあちゃん〟とも呼ばれていたらしい。

塾の帰りという、生徒にとってその束縛からやっと解放された直後の最も〝無防備な〟場面において出現することを考えると、「口裂け女」という存在と「学校」という存在とを切り離して考えることはできないようである。

それでは一体なぜこの「口裂け女」の噂は、日本全国の小学生を巻き込んだ社会現象へと発展するほどのパンデミック的「複製」を巻き起こしておきながら、一気に終息してしまったのだろうかと言えば、その原因の一つは、どうやら「学校が夏休みに入ったから」ということらしい。「口裂け女」の噂が複製されるためになくてはならなかった子どもたちが、夏休みに入って一斉に学校から姿を消したことにより、噂が噂を呼ぶ土俵が成り立たなくなったということのようである。このことからもわかるように、「口裂け女」の噂を複製していた「複製装置」とは、とりもなおさず子どもたち自身であり、そしてその子どもたちが集う「学校」だったのである(図044)。「口裂け女」の噂が一気に終息へと向かったのは、複製装置が機能停止状態になったからにすぎない。

子どもたちの動向が、どれだけこうした怪談話、噂話の「複製」に重要か。口裂け女の発生と終息は、そのことが如実に示された好例であろう。

口裂け女は全国共通の、学校「外」での噂であったが、一方において「学校の怪談」[*110]ともいわれる学校「内」の噂もある。この怪談には、それぞれの学校で独自に先輩から後輩へと受け継がれていくという特徴もあるが、一方において、どの学校にも共通して備えつけられている様々な器物、場所に関する怪談については、どの話もよく似たパターンとなっていることも多い。とりわけ、子どもたちにとって「異界」のイメージが色濃い「トイレ」にまつわる怪談はことのほか多い。

「トイレの花子さん」は、学校のトイレに棲んでいる小学生くらいの女の子であると言われる。イジ

110●学校で生徒から生徒へと語り継がれていく怪談は、民俗学者常光徹(国立歴史民俗博物館教授。1948-)による、学校の伝承的怪談に関する秀逸な論考『学校の怪談 口承文芸の展開と諸相』(ミネルヴァ書房、1993)によって注目され、社会現象にもなった。「学校の怪談」という題名を持つ映画もいくつか制作されている。

メにあって自殺した女の子の霊だとか、何かの事件に巻き込まれて行方不明になった女の子の霊だなどと言われることがあるようだが、その由来についてはよくわからない。この女の子は「口裂け女」とは違い、筆者のような「アラフォー」世代（平成二四年現在）が小学生の頃にはまだ存在しなかった、比較的新しい怪談の主人公である。

生物学的用語を誤謬を覚悟の上で使わせていただくと、近年になって「進化」したか、トイレにかかわる何か別の怪異から「種分化」を起こしたものではないかと思う——なにしろ民俗学の専門家ではないので、間違っていたらどうぞご寛恕願いたい——。

トイレにまつわるものとしては「トイレの花子さん」と双璧をなす、「赤い紙・青い紙・黄色い紙」という怪談もある。これもまた、少しずつヴァリエーションを持ちつつ、多くの学校で噂されている怪談の一つである。「トイレの花子さん」に比べてその起源は古く、民俗学者松谷みよ子[*111]によれば、「紙」ではないにしても似たようなモチーフを持つ怪談が、実に戦前からあったという。[*112]

妖怪がなぜ、学校というある意味において特異な環境状況下において「学校の怪談」という形を借り

図044● 口裂け女と子どもたちの噂。好奇心旺盛な子どもたちの噂話は、口裂け女の姿、形の多様化に一役買ったに違いない。（写真：岩田えり）

111● 松谷みよ子。民俗学者、児童文学作家。1926-。著書に『いないいないばあ』『貝になった子供』『日本の伝説』『現代民話考』など多数。

112● この話の典型的なスタイルは、以下のようなものだ。出るという噂のあるトイレに入ると（どの階のどこにあるトイレの、奥から何番目、という具合に、話によって固定されている場合が多い）、「赤い紙、青い紙、黄色い紙のどれがいい？」という声が聞こえる。「赤い紙」と答えるとナイフで刺されて血まみれになり、「青い紙」と答えると血を抜かれて真っ青になり、「黄色い紙」と答えると糞尿まみれになると言われる。

て出現するのか。これについて常光徹は興味深い考察を行っている。常光は、学校における妖怪の出現を、均質的な集団の緊張を解きほぐすための束の間の出来事であるとして、次のように分析する。

妖怪騒ぎは、学校という制度のなかで、個の意志とは無関係に持続を強いられる集団の精神的な緊張の高まりが沸点に近づいたとき、その解消と冷却を求めようとして、子どもたちが創出したたくまざる文化装置だと理解してよいだろう。*113

常光の言う集団の精神的な緊張の高まりとは、多くの子どもたちが、とりわけ入学したての頃とか、クラス替えがあって友達と離れ離れになってしまったときとかに経験するものをピークとして存在するものだが、そうしたことは実はそれほど特殊というものではなく、言わば「(学校生活の中においては)日常的な」ものであり、かつまた、とりたてて学校だけに始まったことではないものでもあり、むしろ現代におけるサラリーマン社会を決定づける重要な要素でもあるだろう。そのサラリーマンたちが、日常の緊張を一夕の酒とともに享楽によって解消しようとするのと同じく、子どもたちが「トイレの花子さん」や「赤い紙・青い紙」などの怪談話、妖怪話によって、意図的ではなく、言わば自然発生的な本能的防衛メカニズムの発現とでもいうべき独特の機構によって、集団生活のストレスを発散しているという考えである。

翻って言うならば、こうした噂話の創出と伝播は、集団生活という日々の「繰り返し」に潜む副産物的なものを解消するための手段なのである。子どもたちの中では、おそらく彼らの気づかないところで、その鬱屈した何の変化もないように見える「繰り返し」の中で少しずつ成長が見られるわけだが、毎日行われる授業、朝会、クラスルームなどというものは、あまり好きでもない(大好きという子も中に

113●常光徹『学校の怪談』(ミネルヴァ書房、1993)p.58。

はいるが）単調な「繰り返し」にすぎないのである。だからこそ、ときどき「かきまぜる」ことにより、気持ちや体をリフレッシュさせる必要に迫られる（図045）。

すでに述べてきたように、「繰り返し」は「複製」の一つの様態であり、また側面でもある。

妖怪が文化装置として機能するのであれば、子ども、あるいは学校というものが「複製装置」となって、その「文化」を先輩から後輩へと伝えつつ、広めていく。その変化の過程は、松谷みよ子や常光徹が蒐集した話の多様さを見れば一目瞭然となる。

日常という名の日々の繰り返し、単調な複製の中に、あるとき竜巻のように突発的に、指数関数的に別な次元の「複製」が開始され、これまた台風が過ぎ去っていくように急速におさまっていく。

繰り返しは、確かに複製の一つの側面ではあるが、その繰り返しを乱すのもまた「複製」という行為であり、現象なのである。おそらくは学校という一つの社会的秩序が前者の「複製装置」となり、子どもたち自身が後者の「複製装置」となるのであろう。

様子の異なる「複製」が共存し、一つの秩序が生まれる。そのような例は、生物学の世界においても多々見られるわけだが、それについては第12展示室で詳しく述べるつもりである。

模倣とは何か

さて話を一つ前に戻そう。子どもたちが、芸人の仕草を同じように行うことを「真似をする」、「真似する」、あるいは「真似」などと表現する。ここでは「マネする」というふうに表記しよう。生物学的な用語としては「模倣《もほう》」という言葉が用いられる。

この行為は、人間社会における多くの局面において、ネガティブなイメージを持たれることが多い。「マネする」という言い方そのもののイメージが、如実にその様子を物語る。

図045● 複製空間でのリフレッシュに必要なもの。子どもたちにとって、リフレッシュに用いられる〝道具〟は様々だ。大人にとっては、こうした一杯の酒がリフレッシュに役立つ場合がある。

そうしたイメージを持つ人たちは、この行為に対し、「独創性（オリジナル性）のカケラもない、人真似サルと同等の行為」を認めるにすぎない。彼らにとって模倣した結果は「オリジナル」ではなく、「単なる複製産物」にすぎないという理由から尊敬に値する対象にはならないのである。

しかしながら、ここで疑問が生じる。

模倣の結果生じたものは、本当に「オリジナル」ではなく単なる「複製産物」であって、模倣は本当にそうした複製産物を単に作り出す行為でしかないのだろうか？ 模倣にはそういった意味での——世の中で価値があるとされるオリジナル性という意味での——一切の価値は本当にないのだろうか？

この問いかけは、模倣という行為が模倣されるもの、すなわち「オリジナル」として認知されるものと、本当に全く同一のものを作り出す行為なのか、そして本来複製とはどのような行為なのかを考えることにより、解決の方向へと向かうであろう。全く同一のものを複数作り出す工芸品の製作行為そのものに価値があり、複製されてできた個々の工芸品にもまた、それ故の価値が存在することを思い出すべきである（第2展示室参照）。

とはいえ、工芸品の場合は言わば例外的なものであり、実のところ、これまで様々な事例を挙げ連ねてきたように、複製の最大の特徴が、同じものを作るという目的にかこつけて、実はどこかが異なる「違うもの」を作ることであることを思い起こせば、模倣という行為に対する見方も変化するだろう。

その好例が、先ほども述べた、芸人の仕草を子どもたちが模倣するという行為であり、また芸術家の作品を小学校や中学校で生徒たちが模倣するという行為である。ロダン（註021）の代表作「考える人」を、子どもたちが粘土を使って「再現」してみることを考えてみればよい。よほどの天才少年でなければ、ロダンの「考える人」そのままに、どこから見ても精巧な複製産物を作り上げることはできまい。おそらくすべての作品がオリジナルの「考える人」とはかなり異なる複製産物となるはずであり、言わば彫刻の手習いのような様相を呈して、そこに並ぶはずである。

別の言い方をすれば、模倣という行為は、模倣される側としての「オリジナル」と全く同一の「複製産物」を完全に作り出せるものではないことを鑑みると、複製の最も基本的で、ある意味において最も複製らしい複製であると言えるのである。

模倣は、通常の複製よりもよりゆるやかに、オリジナルとよく似た複製産物を作ろうとする行為であるとも言える[*114]（図046）。ここで、模倣というのは別の局面においては、一転してポジティブな捉え方をもされうる行為でもあるということがわかるのである。

DNAや細胞の複製では、目的としてはより顕著に、オリジナルと同じものを作ろうとする意欲が表に出ている。とりわけDNAなどは、塩基配列というデジタルな情報をもとにした複製が行われるわけだから、誤解を招く表現ではあるが、システムそのものが「オリジナルと同じものを作ってやる！」という〝気概に満ちている〟とも言えるだろう。

しかし、DNAポリメラーゼによる複製エラーに代表される機構的、生理的要因により、結果的に複製産物は、オリジナルとやや異なるものになってしまう。

これに対し、模倣は、その目的としては通常の複製ほどきっちりと同じものを作ってやろうというものではない。よりオリジナルと「近ければ」、そしてそれによりもたらされる何らかの結果が満足のいくものであればよしとするのが、「模倣」の大きな特徴でもある。

一発芸の「模倣」にしても、もしそれを完璧に「複製」しようとすれば、仕草はもちろんのことながら、その芸人の服装（あるいは格好）、体格、顔、そのすべてのものを「模倣」しなければならない。子どもたちはそのできる範囲内で「マネ」をしているにすぎないのであり、DNAや細胞の複製のように、

114● 現代社会がオリジナルと複製産物との明瞭な境界を消し去りつつあると述べたごとく、現代では必ずしも、模倣が特殊な事例であるというわけではない。

厳密さを追求するシステムとしての意気込みは、模倣にはないのである。

言い換えると模倣は、複製という枠組みの中でもより「オリジナル」と「複製産物」との間に存在する差異が大きいのである。大きくないものは、もはや「模倣」ではない。

たとえば、有名人のモノマネがどうして面白いのかと言うと、そのエッセンスは、モノマネされる有名人の様々な特徴的仕草を、一般の人（聴衆）にはソレとわからずに再現してみせ、聴衆に「ああ、そう言えばそうじゃないか」と思わせることにある。

モノマネが難しいのは、その人の特徴的仕草というものが顔や体全体を使って表現されるものであるがゆえに、それを「分析」するだけで、すなわちそれを単純に分解し、単純に組み立てなおすことだけで再現することができないからだろうし、たとえ分解できたとしても、たとえば口のどういう動かし方、目のどういう使い方をすれば「再現」できるのかが、一般の人にはなかなかわからないからだろう。

モノマネ芸人には、そうしたことを理解し、組み立て直し、統合することのできる資質が求められる。これは、4―3で述べた「複製の発生」、すなわちその過程における「分割」と「統合」にほかならない。これを正確に行う能力がなければ、有名人の仕草を「複製」することはさらに難しくなると言わざるを得まい。

だからと言って、完全にその人と全く同じものを再現してしまってはいけない。たとえば、すでにネタとしては古くなってしまったが、麻生太郎[*115]元首相のモノマネでは、だいたいの場合において、麻生さんのあの口の特徴的な歪みを再現し、そしてあの独特の語尾を延ばすしゃべり方を再現しようとするが、せいぜいマネしてもその程度であって、服装、髪型、肌のつや、目の感じなどを、細部のすみずみに至るまで再現することは難しい。いやむしろ、モノマネにおいてはそこまで再現する必要はないのである。

115●麻生太郎。自由民主党所属の政治家。第九二代内閣総理大臣。1940-。

モノマネはあくまでも「模倣」であり、観客はそれを期待して見るものだ。完璧な再現は求められていない。もし完璧な再現をしてしまうとそれはもはや「芸」ではなく、「不気味の谷」を克服したアンドロイドと同じものとなってしまうだろう。模倣は、あくまでもその過程のすべてが模倣なのであって、完璧な「複製」ではなく、どこかが変化していなければならないものなのである。

観客は、一体このモノマネのどこが面白いのかを一生懸命探し出そうとする。でも結局はわからず、笑いだけが後に残る。たとえ探し出せなくても、その「共通性」と「変化」のあわいにある微妙なエッセンスを吸いとることで、観客は満足するのである。

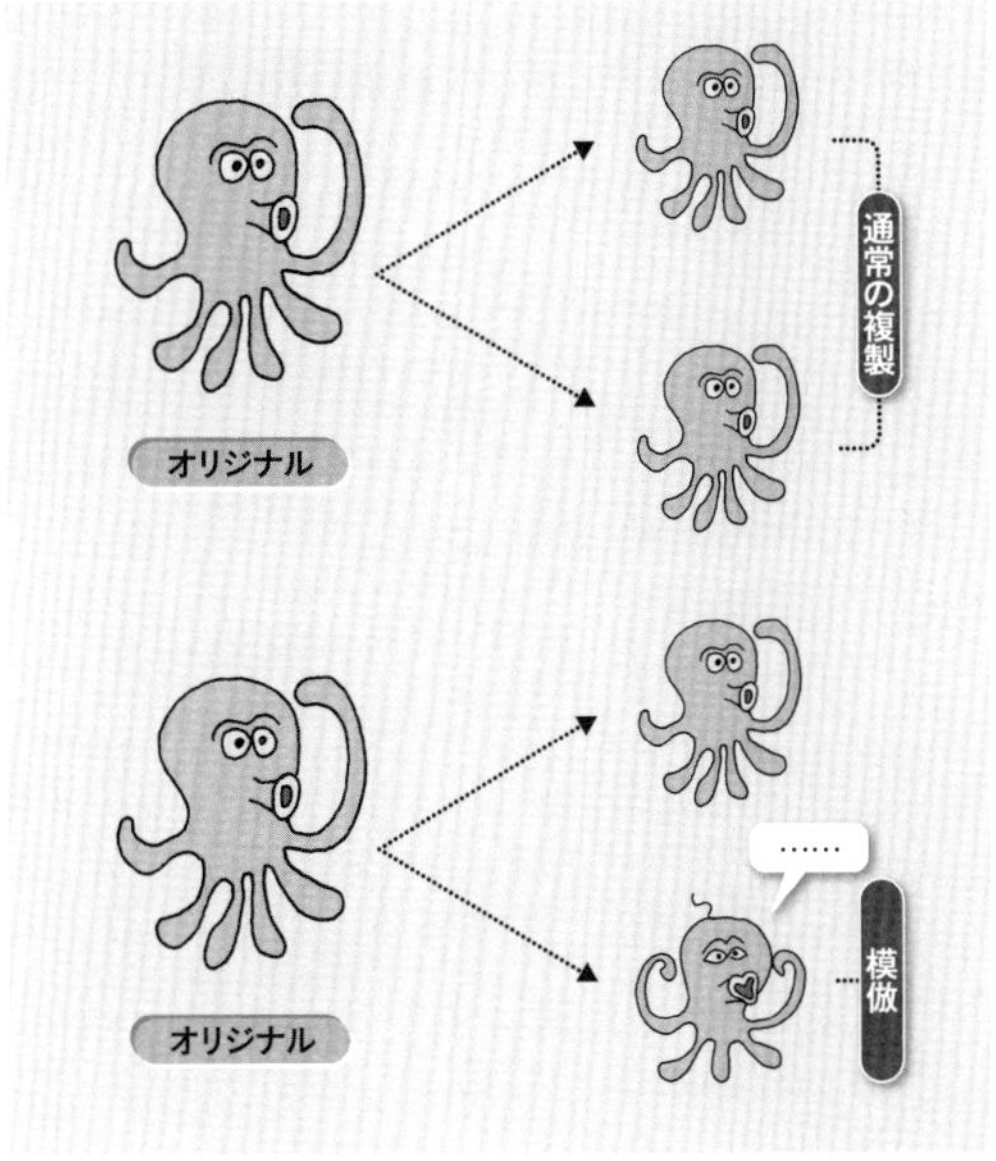

図046●「模倣」と「複製」。
もちろん、本書においては模倣は複製の一形態であるが、通常の複製よりも、「模倣」の場合はより「オリジナルとそっくりでなければならない」といった〝規制〟は、大幅に緩和されている。

ゴッホと浮世絵

そこに生きていなかったにもかかわらずなぜか懐かしい、江戸時代を代表する日本文化の一つに、浮世絵がある。浮世絵は、版画の手法を用いて作られていたことでも知られる。[116]

現代の出版においては、何千部、何万部という本が一度に刷られる。ベストセラーともなると何十万部、何百万部もの本が刷られることもある。

なにしろ江戸時代のことだから、この部数には届かないにしても、一枚のオリジナル(としての鋳型となる版木)をもとに、その「複製産物」である「浮世絵」が複数枚、巷間を飛び交っていたことは確かである。浮世絵の中でも多色摺りで知られる「錦絵」が、役者の似顔絵(いわゆる役者絵)として流行したことはよく知られている。流行したとは言っても、およそ二百枚が現在の出版で言うところの「初版」であり、ベストセラーとなって「重版」したものでもせいぜい六刷か七刷であったという。昔も今も、出版社は本を複製し、「それを読んだ人間」をも複製してきた。それと同じことが、規模は小さいにせよ江戸時代にもやはりあったのだ。

木版画や銅版画など、現代の版画の制作様式は様々だが、どれもが複製技術であると言える。その進歩が、絵画や出版物の多様性をもたらすための地道な舗装道路を作ったと言っても過言ではあるまい。

日本の浮世絵を模写し、西洋にその技術を紹介した——結果としてそうなった——世界的にも著名な画家がいる。ゴッホ[117]である。

歌川広重[118]が描いた浮世絵の一つに「名所江戸百景　大はしあたけの夕立」という名画がある。大地を割って巨大な大河が流れているその上に、木材を使って作られた大きな橋が描かれ、その橋の上を人々が、ある者は忙しそうに、ある者はゆったりと、あたかも散歩を楽しんでいるかのように行き

116● 浮世絵は、一般庶民の生活に根差した庶民のための絵画である。浮世とはこの俗世のことだが、もともとは「憂き世」であったものが「ポジティブ・シンキング」により「浮世」となったとされる。なお浮世絵には、大量複製を目的とした一般大衆向けの版画——すなわち複製芸術——の他にも、オリジナル芸術としての「肉筆画」もある。

117● ヴィンセント・ファン・ゴッホ Vincent van Gogh。一九世紀フランスのポスト印象派の画家。1853-1890。不遇な生涯を送り、その絵が評価され始めたのは彼が猟銃自殺をした後のことである。代表作に「ひまわり」「医師ガシェの肖像」「じゃがいもを食べる人々」など。

交っている中、にわかの夕立が降ってきて辺りをしとどに濡らしている（図047）。

ゴッホが、この広重の絵を「模写」して描いた絵画がいまに伝えられている。「雨の大橋」と題したこの模写絵は、広重が「大はしあたけの夕立」を描いた年（1857）の三〇年後、すなわち一八八七年に描かれたものである。

模写とはいえ、それは「本物をそっくりそのままに、サイズやキャンバスのみを変えて描いた」というものではなかった。ゴッホらしさを最大限に活かした、言ってみれば音楽における編曲、変奏曲のような方法で描かれたと言ってよいだろう。オリジナルの絵を完璧に、そのまま写しとるのではなく、たとえばその絵画全体の構図は同じではあるが、筆致や色使いが異なっている、そうした巧妙な「複製」の方法により、ゴッホは広重を模写したのである。

ある人に、この「雨の大橋」を見せたとする。

「これはゴッホの（オリジナルの）作品ですよ」

すると、広重の浮世絵を全く見たことがない人であれば、おそらく次のように反応することだろう。

「はあそうですか、すごいですねえ、さすがにゴッホですねえ」

広重の「オリジナル絵」と、ゴッホの「模写絵」。

一方は「オリジナル」であり、一方は「模写」である。成立過程を見れば、確かにそう断じることはできよう。しかしながら、果たしてこの両者にそう「区別」されるべき要素がどれだけ存在しているのだろうか？

広重のオリジナルの絵「大はしあたけの夕立」を見てみよう。

118●歌川広重。江戸時代中期〜後期を代表する浮世絵師。1797-1858。安藤広重の名でも知られる。代表作に「東海道五十三次」「名所江戸百景」「六十余州名所図会」など。

まず気がつくことは、夕立がざんざん振りの状態であるにもかかわらず、水面に全く雨が当たっていないように見えるということだ。すなわち、雨が当たったときにできる波紋が描かれていない。通常は影が描かれないという浮世絵の特徴も、随所に見え隠れする。

次にゴッホの描いた「雨の大橋」を見てみよう。

まず気がつくことは、広重のオリジナル絵とは違い、その水面は、ゴッホ特有の色彩によって川だか海だか砂浜だか一見して判別できない抽象的な状態になっているということであり、それでもどうやら、雨によって揺曳《ようえい》する波の姿が朧げにも描かれているということである。

結句、広重の「大はしあたけの夕立」は、ゴッホ自らが「複製装置」となることにより、その特徴が複雑に入り込んだ様相へと、多彩な「変化」を伴って複製されたのだと言える。

広重が感じとり、紙の上に「複製」した夕立の情景は、ゴッホの手による複製を介して、新たな「オリジナル」の作品となって世に出たのである。もともと「模写」とは、オリジナル依存的な複製なのであり、複製後、オリジナルと「複製産物」との間にはとり払うことのできない垣根があるはずだが、複製産物であるところのゴッホの模写絵が、広重の「複製産物」であることから脱却し、新たなオリジナル絵になったとみなすこともできよう。言い換えると、広重の「大はしあたけの夕立」は、ゴッホという「複製装置」によって劇的な変化を伴って複製され、そうしてできた複製産物「雨の大橋」はそれ自身が、強力な「オリジナル」と化したのである。*119

さらに言えば、このゴッホによる模写を「オリジナル依存的」とみなすことができるのは、ゴッホによる模写絵すなわち「複製産物」が、広重のオリジナル絵の模写であることを知っている人たちである。そうした人たちの間では、ゴッホの名画の一つではあるが位置づけとしては広重の浮世絵をオリジナルとしてゴッホが模写して描いたもの、という認識が必ずついてまわる。しかし、そのことを全

119● 木下長宏は『思想史としてのゴッホ』（學藝書林、1992）の中で、ゴッホの「本物」、すなわちオリジナルの絵画を直接に見た日本人と、その「複製」、すなわち複製産物である絵画にしか接していない、言ってみればオリジナルを間接に見た日本人との感じ方の違い、その後の思想の違いに関する興味深い考察を展開しており、ゴッホに関する複製の表層を垣間見ることができる。もっとも、現代の多くの日本人はオリジナルを見ることなく、多くの西洋画家の作品の「複製産物」のみに接しているわけだから、何もゴッホに限った話ではないが。

く知らない人たちの間では、「雨の大橋」はあくまでもゴッホのオリジナル作品なのである。[*120]

その意味においてこの複製は、「オリジナル依存的」でありながら、なおかつ「オリジナル非依存的」なのであった。

余談だが、美術の素人としての筆者が思うに、ゴッホ以上に模写絵をオリジナルに昇華させる能力に長けていたのは何と言ってもピカソ[*121]であろう。一例として、ベラスケスの名画「女官たち（ラス・メニーナス）」と、そのピカソによる模写絵を挙げておこう（図048）。美術好きならば、ピカソの模写絵を見てベラスケスを思い起こすことはできようが、筆者のような人間にとって、ピカソの模写絵はもはや「模写」ではなく、ピカソ独特のデフォルメが散りばめられたオリジナルな色彩の舞踏なのである。

「なりきる」ということ

実際にあった出来事や実在した人物の評伝をもとに再構築された映画やテレビドラマがある。これも一種の複製であると言えるが、オリジナルを何に求めるかというところでいくつかのヴァリエーションがある。

たとえば、ある歴史上の人物の生涯を描いたドラマがあったとして、そのドラマには原作があったとする。一九八三年に放映されたた

図047● 広重「大はしあたけの夕立」（右）とゴッホの模写絵「日本趣味：雨の大橋」（左）。ゴッホのそれはもはや単なる「模写絵」ではなく、強力な「オリジナル」に昇華したか。

NHK大河ドラマ「徳川家康」を例にとると、その原作は山岡荘八の歴史小説『徳川家康』である。当然のことながら、山岡荘八が執筆したその歴史小説は、実在の人物であった徳川家康の史実をもとに――ある程度は山岡本人の小説家としての脚色を加えて――構成されていた。

それでは大河ドラマ「徳川家康」は、一体何の複製産物――何をオリジナルとして複製されたもの――であったと言えるのだろうか。まずは、史実としての徳川家康本人の生涯がオリジナルとなり、原作者・山岡荘八、脚本家・小山内美江子、演出家等ドラマ制作者、あるいは演じた俳優たちが複製装置となって複製されてできた複製産物である、という考え方ができる。一方で、ドラマ自体のオリジナルとなったのは山岡荘八原作の小説であって、それを複製した複製装置は脚本家であり、ドラマ制作者であり、俳優たちであるという考え方もできよう。あるいは、まずオリジナルとして史実である徳川家康本人の生涯があり、それをもとに、山岡荘八という複製装置が小説『徳川家康』という複製産物を作り出した。その複製産物が新たなオリジナルとなり、脚本家やドラマ制作者などが複製装置となって大河ドラマ「徳川家康」という複製産物を作り出した、とも言える。一つひとつの複製をみるとオリジナル依存的だが、全体を見てみるとオリジナル非依存的なステップが介在しているようにも思える。

では、ドラマで役を演じた俳優たちにとってはどうだろう。主役の徳川家康を演じたのは滝田栄氏である。ご存じのように、徳川家康と言えば有名な晩年の肖像画にあるように、肥満した体躯の狡猾なジイさんというイメージが定着していた。そうした肥満・狡猾のイメージが、原作となった山岡荘八の小説と、滝田栄氏という長身・ハンサムな俳優の抜擢によって払拭されたと言われたものである。*122

俳優が歴史上の人物の役を演じるとき、本当にその演じる人物に「なりきる」のだとはよく聞く話である。滝田氏の場合、一般に広く定着した肥満・狡猾のイメージから大きく脱却した徳川家康を演じ

120●ゴッホが生きた時代にヨーロッパに吹き荒れた「ジャポニズム」は、多くの文化人や芸術家に影響を与えたとされるが、実はゴッホが模写したのは広重の絵だけではない。精神病治療のために静養に訪れたサン・レミにおいて、ゴッホがドラクロワやミレーなどの多くの画家の絵を「模写」していたことは夙《つと》に知られている。そのいずれもがゴッホの特徴が見事に表現された「オリジナル絵」として、近年は芸術的観点からも注目されている。ホンブルク『ゴッホオリジナルとは何か？』野々川房子訳（美術出版社、2001）より。

るに相当な苦労があったのではないかと推察するが、おそらく山岡荘八の原作を読み込んでいれば、そこで描かれた徳川家康に感情移入し、演じることは可能であったに違いない(図049)。

歴史ドラマにおいて役者が何かを演じるという行為は、その役のモデルとなった実在の人物を自らの中に複製することでもあり、脚本家が紙面上に作り出した人物をそうすることでもある。滝田氏が自らの体に「複製」した徳川家康のオリジナルは、史実として伝わっている――もしくはイメージとして巷間に流布していた――家康本人というよりもむしろ、山岡荘八の小説に描かれた、「仁義に篤く、徳のある徳川家康」だったと言える。だからこそこの大河ドラマにおいて、それまでにない徳川家康像を描ききることに成功したのだと言えよう。

図048●ベラスケスの絵とピカソの模写絵。ベラスケスの「女官たち(ラス・メニーナス)」(上)は各方面に影響を与えた。ピカソは、これを題材として「女官たち(ラス・メニーナス)」の連作を作っている。下図はそのうちの代表的な一枚だ。

121●パブロ・ピカソ Pablo Picasso。スペインの画家。1881-1973。近代美術の技法の一つ「キュビズム」を創始したことでも知られる。代表作に、「アビニヨンの娘たち」「ゲルニカ」など。ピカソの模写に関しては、高階秀爾『ピカソ 剽窃の論理』(美術公論社、1983)に詳しい。

122●余談だが「徳川家康」の二作前の大河ドラマ「おんな太閤記」では、徳川家康をフランキー堺氏が演じていた。フランキー堺氏のイメージが色濃く残っていた徳川家康と、滝田氏が演じた徳川家康とのギャップには、当時まだ中学生だった筆者はとにかく驚いたものだった。しかも、「おんな太閤記」には滝田氏も出演して前田利家を演じていたため、「徳川家康」で滝田氏が画面に登場してからしばらくは、どう見ても家康が前田利家にしか見えなかったものである。

一方、「役者が演じる」のとはまた違う意味で、何かに「なりきる」場合もある。たとえばコスプレ[*123]と呼ばれるものがそうだ。テレビや映画上の登場人物のコスチュームに身をつつみ、それに「なりきる」というのもあるし、職業上の制服などを着用して、その職業の人に「なりきる」という場合もある。イベントとして楽しむ場合もあるが、それによって性的興奮を得る場合もある。

　ここで「女装」をとり上げてみよう。すなわち男性が女性の服を着用し、女性に「なりきる」――「なりきる」とまでは行かない場合もあるが――行為である。もちろん女性が男性に「なりきる」行為として「男装」というものもあるが、筆者自身が男性であるという理由でもって、ここでは男性目線で「女装」の方をとり上げることをお許しいただきたい。

　女装にもいろいろあり、たとえば単に女性用の服を着るというものから、下着から何からすべて女性用のものを着用するというものまである。また、常時女装するという場合もあれば、何かのイベントなどのときのみ女装するという場合もある。「女装」というキーワードでインターネット検索すると、それこそ様々なレベルの嗜好性にあったサイトがキラ星のごとくヒットする。中には「ニューハーフ」や「男の娘《おとこのこ》」[*124]などのサイトまで登場する。いかに世の男性の「女装」熱が盛んであるかがわかるが、考えてみれば、男性なら少なくとも一度くらい、「女装してみたい」と思う時期があるようにも思う。

　ここでは、嗜好としての「女装」、すなわち女性用のメイクをし、バストのかわりに胸パッドとなる大きめの何かを入れて女性用の下着をつけ、スカートをはき、女性用の服を着て、渋谷の街中に繰り出すということを想定する。まさに男性が女性に「なりきる」のである。

　なりきるということは、役者の場合は、ある対象人物を「複製」し、自らをその複製産物として定義づけることであると言えようが、女装の場合はやや様相を異にする。なぜなら、男性が何を装うのかというと、それは女性というよりもむしろ「女性らしさ」であって、しかもその女性らしさは、その男

123●コスプレとは、「コスチューム・プレイ」という行為のことを指し、この行為を行う人間をコスプレイヤー（コスチューム・プレイヤー）という。

124●「男の娘」とは、女装した少年が、男の子というよりむしろ女の子として振る舞っている場合にそう呼ばれることがあり、どうやら「ほんものの女の子よりも可愛く」というのがスタンスの根底にある。「男の娘になる」というのは、一般にはそうした嗜好性を持つ少年（ときには大人の男性も含まれる？）の主体的な行動を指すわけだが、一方において性的な対象として扱われる場合も多いようであって、そうしたことを目的とするサイトが近年増え続けている。

性当人がイメージする女性らしさに限られると考えられるからである。

　ある男性があこがれに思っている一人の女性がいるとして、その姿形を自らの体で「複製」しようと考える場合もあるだろうが、たとえば日本人なら、日本人が共通して持つ「女性らしさ」を自らの体で再現しようとする場合が多いのだろう。後者の場合、通常の複製においてはほぼ確実に存在する「オリジナル」が、女装という複製においては存在しないと言ってよい。その意味で、女装は「オリジナル非依存的」であると言えるが、しかしこの世に「女性」というものがいなければ、すなわち「女性らしさ」という考え方が存在しなければ、女装という複製そのものも意味がないということを考えると、女装は「女性らしさ」をオリジナルとした「オリジナル依存的」な複製であるとも言えるのである。実際の複製は、その男性自身——すなわち複製装置——の個性、好みにしたがって様々に変化するものである。

4—5　意識の複製

これまで述べてきたように、オリジナル依存的でもあり、かつオリジナル非依存的でもあるような複製の例は、世の様々な相において散見される。だが中には、もしそこに「複製」があるとするなら、それは決して「オリジナル非依存的」にはならないような場合もある。

　すなわちそれは、オリジナルというものが厳然としてそこにあり、いやむしろ、オリジナル以外のもの——すなわち複製産物——の想定そのものが非常に困難な場合にあてはまる複製のありようである。

図049●オリジナルは何か。家康の生涯そのものか、小説か、マンガか、それとも脚本か？　左から山岡荘八の小説『徳川家康』（講談社、1987）、山岡荘八原作・横山光輝のマンガ『徳川家康』（講談社、1997）、NHK大河ドラマ『徳川家康』のDVDパッケージ。

プラナリア

まずは手始めに、自分が、どれだけ切っても焼いても突いても死なない不死性を獲得していると仮定する。たとえば、扁形動物の一種で、切っても切っても再生することのできる――とはいえ限界もあるが――プラナリア[*125]のような生物であったと仮定するのである。

そしてプラナリアのような生物である「あなた」――たぶん外見は「人間」そのものである読者のあなた――が、戦国時代へタイムスリップしたとする。

そして、右も左もわからぬ「あなた」が、ただ見知らぬ風景の中を右往左往していたちょうどそのとき戦が始まり、遠くから一人の兵士が刀を振りかぶって走ってきて、いきなり「あなた」を、脳天から斬り降ろすのだ！[*126]

いまや「あなた」の体は、正中線で左右真っ二つ。が、あなたは外見はどこから見ても人間である反面、体の仕組みとしては人間的ではなくプラナリア的なので、真っ二つにされても血は出ず、死なず、ただ微笑みだけを浮かべていればそれでよいのであった。

しかし、ここで問題が発生する。

外見上、左右二つの「断片」は、どちらが左で、どちらが右かは、切断されたその一瞬だけは判別可能である。その瞬間は、「右」の眼――プラナリアの場合「眼点」という――は向かって「右側」に、「左」の眼は向かって「左」側に、ぽつねんと存在する。

やがて、その切断された二つの「断片」は、それぞれがそれぞれ、プラナリアとしての真価を発揮する生物学的現象を起こす。すなわち左右の断片はそれぞれ「再生」を始め、やがて断片はもはや断片ではない、それぞれが一個の独立した完全な個体――二人の「あなた」――ができあがるのである。

こうなると、どちらがもとの左側で、どちらがもとの右側であったかの判別は、少なくとも外見的

125● プラナリア(planaria)は、扁形動物の一種である。

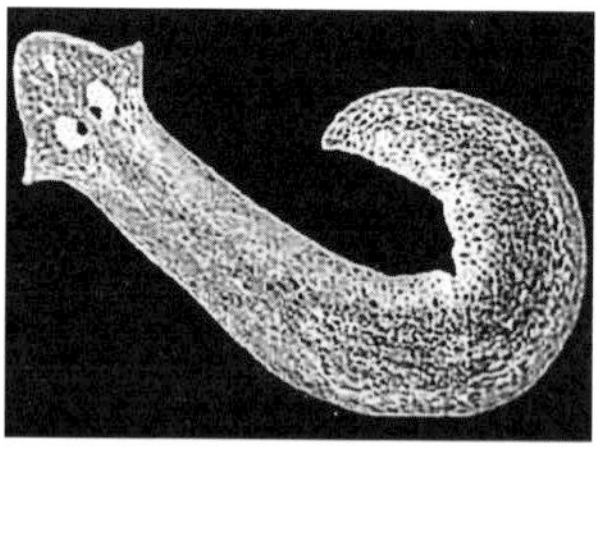

126● この仮定は、拙著『DNAの複製と変容』(新思索社、2006)で経験済みである。

には不可能となる。大いなる疑問が湧いてくるのはここである。
真っ二つにされるまで一個の個体として存在していた「あなた」は、真っ二つになり、それぞれが再生されたいま、一体どちらの個体に「宿って」いるのだろうか？　一体、どちらが真の「あなた」なのだろうか？（図050）
言い換えれば、これまで本書で用いた言葉でいえば、「あなた」を構成するあなたの意識、すなわち「私」と思うその感覚は、果たしてどちらの個体に、同一性と連続性（〇六三ページ参照）を持って存在しているのだろうか、ということである。
ここに、「意識」、「自我」、「自己」、そして「私」という様々な名で語られる永遠無限の謎が潜んでい

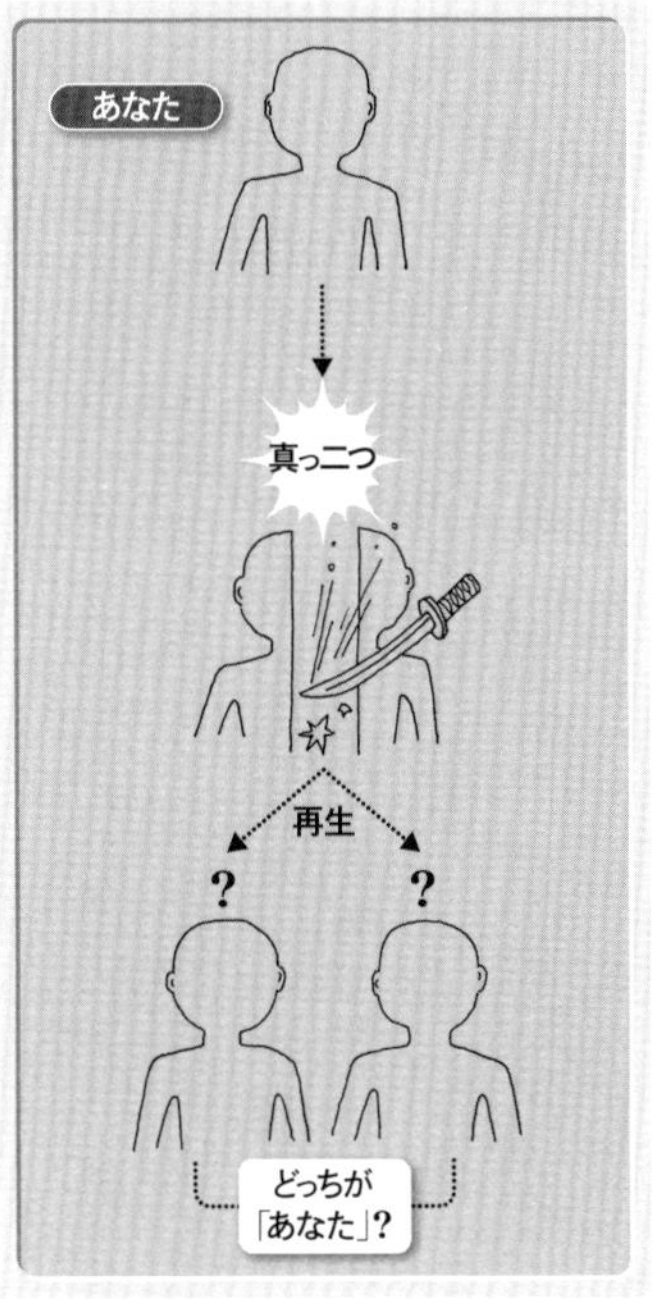

図050●真っ二つになった後の「あなた」。ここで用いている「あなた」とは、筆者が読者に対する問いかけに際して便宜上用いている言葉に過ぎないから、読者諸賢は「私」と読み替えていただきたい。真っ二つにされる前の「私」と、された後もし生きていたとしたら二つにわかれた「私」とは、果たして同一か否か。あるいはどちらかが「私」なのか。誰も想像することすらできまい。

ることに気づかぬ人はおるまい。

筆者は脳科学者でもないから、こうした脳科学的な、あるいは哲学的な断章へは、深く立ち入りたくはないが、「複製」という哲学的に非常にデリケートな領域をとり扱う限り、少しは立ち入らざるを得まい。そもそも筆者が「複製」に興味を持ったのは、この「私」の存在の根源を突き止めてみたいと思ったからでもある（エピローグ参照）。

実際、立ち入るメリットはあるのであって、このプラナリア切断実験を複製という現象を究明する立場で考察すると、「半保存的複製」というDNA複製に特徴的なメカニズム（第9展示室参照）が、世の複製たちの中でどれだけ特殊であるかを再認識する絶好の機会ともなるのである。すなわちこのプラナリア的な「あなた」の切断ならびにその「複製」実験は、半保存的複製というものが、DNAや細胞のレベルから脱却し、多細胞生物個体以上のレベルにおいても果たして成り立つのかどうかを検証するための思考実験でもある。

生物学的存在としてのプラナリアについて言えば、実験は成功であろう。[*127] しかしながら「意識」、「自我」、「自己」、そして「私」といった言葉で言い表される主観的存在の場として仮定したプラナリア（たとえばそれは、プラナリアの脳の中に宿った「意識」、「私」という観点）について言えば、実験は成功したかどうかはわからない。

むしろ、そもそも実験自身が成り立ったかどうかも怪しいと言わざるを得ない。

その理由とは、一体何であろうか？

クローン人間・生まれ変わり・魂

クローン人間というものに対する人々の思いや考えが、ある時代、ある国においては様々な様相を呈

127● 複数の断片にして、それぞれからプラナリアの個体が再生したのであれば、それは「半」保存的なのではなく「部分」保存的複製である。

しながら雑然と存在している状況があるわけだが、筆者には、そうした人々の考えの中心がどこにあって、結果として一体どこに収束しようとしているのか、実のところとんと合点がいかない。

クローン人間とは何か。そしてある生物が遺伝的クローンであるということは、一体どういうことなのか。

もし目の前にある二つの個体が遺伝的クローンであるならば、その二つの個体は「同じ」なのだろうか、それとも「違う」のだろうか？（クローン化社会については第12展示室も参照）

議論をわかりやすくしよう。

もしかしたら、「私」が死んだあと、残された「私」の細胞を使って「私」のクローン人間を作れば、「私」の「意識」でさえもそのクローン人間の中に「複製」されると考える人は多いかもしれない。

手塚治虫*128の漫画『ドン・ドラキュラ』に、これを示唆する興味深い場面《シーン》が描かれている。

朝日の光を受けて灰になった主人公。灰は大空に散布され、もはや復活の望みはなくなった（完全に死んでしまった）。ところが、体の一部（一本の指）が灰にならずに残っていて、主人公の娘によってクローン技術が施され、「蘇る」のである。

蘇った「クローン・ドラキュラ」は、明らかに死んでしまったはずの「本人」のように振る舞った。それまでのドラキュラとは「別人」ではなかったのである。なぜなら、彼がこういう言葉を口にしたからだ。「どうしたことだ、私は復活したのか？」

実はこの漫画の例は、先の疑問に対して何の答えも与えてくれてはいない。死ぬ前の「本人」の記憶を受け継いでいれば、実際には別人であったとしても、他人から見れば確かに「本人」に違いないように見えるからであり、なおかつ別人であるはずの当人すら、自らが「本人」であると思ってしまうから

128●手塚治虫。昭和時代を代表する漫画家。1928-1989。代表作に『鉄腕アトム』『火の鳥』『ブラック・ジャック』など。あまり話題にはならないが、『ドン・ドラキュラ』は隠れた傑作であると筆者自身は思っている。

である。

当の本人の「意識」が、灰になる前後で「同一性」を維持しているかどうか、すなわち灰になる前の彼とその後に復活した彼が、どちらも「本人」なのかどうかは、他者である私たちには永久にわからないのである。本当にそのクローンは本人なのか？　灰になり、大空に散華した、かつて「本人」を形作っていた物質が、「意識」が何らかの物質的基盤に依拠しているのであれば、すべて自然の循環の中に組み込まれてしまったその時点ですでに、彼の「意識」は断絶を起こしているはずではないか。

「私」という「意識」の同一性は、前と後、さっきといまを時系列的につなぐ連続性があって初めて成り立つものである。その連続性が保証されない以上、クローン・ドラキュラが「本人」であるという証拠は、どこにもないと言えるだろう。

このことは、次のような状況を想定することで、より明白となる。本人がまだ生きているときに、その切断された指からクローン・ドラキュラが作られ、それを本人が横にいてじっと見つめていたらという想定だ。それは「本人」ではなく、明らかに別人であると言わざるを得ないだろう。

もし多くの人たちが科学的な思考回路を共有しているのであれば、自分自身のクローンが作られ、それがすぐ目の前にいたとしても、それが決して自分自身の、つまり究極的な目的であるはずの「私」の複製ではないことは明らかである。

「魂」というものが本当にあるのであれば話は別だが、この「魂」なるものを想定した時点でオカルトの領域に足を踏み込むことになってしまうから、ここでは魂は存在しないものとして考えていかなければならない。

二〇世紀の後半、暗殺された米国のジョン・F・ケネディ大統領の記憶を持ったヨハンという名の

129●子どもは不思議なものに往々にして強い好奇の目を向けるものである。筆者も、小さい頃に両親が買ってくれたその手の怪奇本に心躍らせ、恐れおののいたものである。そうした本の一つに、ケネディの生まれ変わりに関するこの話が載っており（書名などは忘れた）、子ども心に不思議に思い「生まれ変わり」を信じたものであった。

子どもがヨーロッパで出生し、ケネディの生まれ変わりと喧伝されたことがあった。[129]

ヨハンがなぜケネディの生まれ変わりと言われたのかと言えば、まずは彼がケネディが暗殺された時刻の数秒〜数分後――インターネット上の情報なので定かではない――に誕生したとされたからであり、さらにまた、ヨハンがケネディ本人でなければわかろうはずもない様々な「記憶」を有していたからであったとされる。

では、そもそも「生まれ変わり」と表現する場合、一体何をもって「生まれ変わる」と考えるべきなのだろうか？

まず多くの人がそこに期待するのは、現在の「意識」を保ち続けたままの「私」自身が生まれ変わるということであろう。

いま、ここにある「私」の「意識」が、同一性と連続性[130]を保ったまま、別の個体の中に宿るということ。多くの人はそう考えるはずである。

ここで混同されがちなのが、この「意識」の同一性と連続性を保つ統合された「私」と、「記憶」との境目だ。

さきほども述べたように、ドン・ドラキュラの「復活」においては、クローンとして復活したドラキュラは、単に以前の記憶を保持していたにすぎなかったのであって、本当にそれが「本人」だったかどうかは、第三者である私たちにはわからないわけだが、それでは復活前のドラキュラと復活後のドラキュラは、昨日の私と今日の私という比較と同じレベルにおいて、同一であるとみなすことができるのだろうか。

武村泰男[131]は「同一性」に関する考察として、何かと何かが「同一」であるとみなすためには時間的相違と空間的相違以外にこの両者が識別され得ないということがまずは必要であることを明確にした上

130● 昨日の「私」と今日の「私」が同じであり、また一年前の「私」と十年前の「私」、そして今日の「私」が同じである「確信」を、私たちは持っている。その確信の本質的な真実を「自我の同一性」という。これに対して、「記憶」は表面上のものでしかない。神経生理学的に解明され得る「記憶」のメカニズムは、もしその神経回路の構造的基盤がすべて明らかとなれば、理論的には「私」以外の者にも〝移植〟――すなわち複製――し得るからである。

131● 武村泰男。哲学者。元三重大学長、三重大学名誉教授。1933-。カント、キルケゴールを中心とする西洋哲学を専門とする。訳書にゲルデス『キルケゴール』（木鐸社、1976）。筆者の父である。

で、両者が「同一」であることを断定することはできないとしている。そして武村は、正確には「両者が〈同一〉であることは否定されない」という言い方でしか、その同一性を説明することはできないと述べている[*132]。

わかりやすく言えばこういうことである。昨日、筆者が論文の作成に用いていたノートパソコンは、確かに大学の研究室のデスクの上に置かれていたし、実際そこで論文を書いていた。ところが今朝——すなわちこの原稿を書いているいま——は、飯田橋近くのスターバックスコーヒーの店内の机の上にある。このとき、昨日のパソコンと今日のパソコンには、時間的相違（昨日と今日）と空間的相違（研究室のデスクの上と、コーヒー店の机の上）が存在するが、筆者は当然のことながら、この両者は「同一」のパソコンであることを「知っている」。ただ、その「知っている」ことが真実なのかどうかを断定することは、実はできない。もしかしたら、筆者にはスパイのような人間が常に見張りについていて、筆者が寝ているすきにパソコンを別のもの——ただし、インストールされているプログラムも文書も、さらにはパソコンの本体についた指紋でさえ同じように「再現」したもの——にとり換えたのかもしれない。ありそうもない馬鹿げた妄想だと一笑に付すのは簡単だが、これを完全に否定する方法はあるのかと問われれば、筆者にはできないと言う以外にはないし、おそらく世界中の誰一人として、これを否定することはできない[*133]。とはいえ、やはりそのような想定は現実的ではないから、やはり昨日のパソコンと今日のパソコンは同一のものであろう。ただし、同一のものであるとは上記の理由でもって完全に断定はできないから、「同一であることは否定されない」という表現が最も適切なものとなるのである。

パソコンでさえ同一であると断定することができないのに、一体どうして、「復活した」ドン・ドラキュラ本人と、復活前のドン・ドラキュラ本人が「同一」であることを証明できるのだろうか？

132● 武村泰男「同一性とは」伊東祐之編『同一性の探求』（三重学術出版会、1998）pp. 2-17。

133● これは、法律学などにおける「悪魔の証明」と呼ばれるものと同類であり、「あることが全くないことを証明するのは極めて困難」であることを意味する。

ケネディの記憶を持った子どもが、よしんば本当にいたとしても、彼がケネディの生まれ変わりかどうか、客観的に判断する縁がどこにあるのかと言えば、たった一つ、その子どもの「記憶」のみである。ケネディが暗殺された時刻とほぼ同時にその子が誕生したというのは、単なる偶然の一致と言ってしまえばそれまでであり、「生まれ変わり」の証拠になどならないことは自明の理である。何よりもまず、世界では一秒に四人もの割合で赤ちゃんが誕生しているのである。*134

もしその子が持っているものが、まさしくジョン・F・ケネディ大統領の記憶と同一であったとしても、これもまた、ケネディの「意識」があたかも「魂」であるかのように別の個体に宿る「生まれ変わり」の証拠にはなるまい。

武村泰男が先の論文において、「肉体の同一性を根拠にして〈同一の〉意識の連続性を根拠づけることはできない」と述べているように（註132）、武村のいう肉体の同一性——すなわちここでいう「記憶」もそれに含まれる——が、意識の同一性を客観的に証明することは決してできないのである（図051）。

ここで、先ほどの原則を破り、「魂」というものがあると仮定しよう。

ケネディの生まれ変わりの話が「もし真実なら」、ジョン・F・ケネディの魂は、ドイツのヨハン少年の中に存在していたのであろう（長じて、おそらく現在その子は、すでに老境に差し掛かろうとしているはずだが）。

別段、ケネディだったからその魂の消滅が惜しまれ、それゆえに生まれ変わったというのではあるまい。「魂は別の個体にも宿り得る」というのが前提ならば、すべての人が生まれ変わることができるはずである。そして、おそらくケネディの「魂」が入り込んだドイツの少年が、長じて人生を全うし、やがて死したその後にはまた、その「魂」はやはりその不滅性を証明するかのように、また別の人間の体に宿っていくのであろう。

134●総務省統計局が公表しているデータでは、二〇〇九年から二〇一〇年の世界人口増加はおよそ八千万人で、一秒間に二・五人の割合で増加していることになる。死亡者を差し引くと、一秒間に世界で出生する人数はもっと多くなるだろう。

しかし、このとき「前世の記憶」を保持しているか否かは別問題である。魂と記憶が全く別のものであると考えると、ほとんどの「生まれ変わり」においては、「前世」の記憶は完全に消し去られて当然なのだから。*135

意識は複製されるか

記憶という、神経細胞の総合的なはたらきの結果として獲得されるこの生理的状態は、「喪失」されることもあり、新たに「獲得」されることもある。

記憶を失おうが失うまいが、また新たに手に入れようが入れまいが、その個人の「意識」としての「私」は、同一性と連続性を保持したまま「私」としての意識を持ち続けているはずである。ここではそうした前提の上に立つ。

記憶を失うとは、端的に言うと「忘れた」ということである。

では過去を忘れたら、「私」という存在もまた別のものに変わるのかと言えば、無論そうではない。武村泰男が指摘したように（註132）、複雑な神経細胞のネットワークを通じて形成される「記憶」と、自我の同一性を確実にする「私」の存在は、別物とみなすことができるからである。

ただし、「意識」＝「記憶の総体」であるとみなすという考え方からすれば異論はあるだろうから、ここで「私」という表現で示される「意識」は、医学的な意味での「意識」とも、社会的な意味での「意識」とも違うものであることについて、念をおしておかなければなるまい。*136

筆者の「意識」としての「私」は、いまこの二一世紀に、日本に、そして東京に在住し、東京理科大学で教鞭をとる「武村政春」という個体の中にいる、この「私」のことである。この「私」は、なぜか知らないが、いまこの「武村政春」という名を持つホモ・サピエンスの一個体（これを、ここでは個体Aとしよ

135●漫画家水木しげる(1922-)の短編「とかげ」では、竜神が「生まれ変わりシステム」を管制しており、前世の記憶を「霊ケシゴム」で消すのが通常だが、消しそこなうと前世の記憶が残ってしまうという場面が描かれている。水木しげる『怪奇館へようこそ』(ちくま文庫、1987)に所収。

136●医学的な意味での「意識」とは、交通事故にあって「意識不明になっている」といった場合に用いられる「意識」であって、第三者が「こちらの問いかけに反応するから、この患者には意識がある」というような場合に用いられる「意識」を指す。一方社会的な意味での「意識」とは、環境問題に対する意識が高いとか、「あいつは上流意識が強い」とかいうような場合に用いられる、関心や自分自身に対する心の持ち方などを意味する「意識」を指す。

う）として、いまここに存在する。なぜ「私」は個体Aの中にいるのか、それは誰にもわからないが、とにかく個体Aの中にいま「私」がいることを、私自身が明らかに知っている。

いま、「私」の目の前に、Kという名を持つホモ・サピエンスの一個体（これを、ここでは個体Bとしよう）が座っていたとすると、個体Aの「私」は、個体Bの中にはいないということも、客観的かつ主観的事実として明らかに知っている。個体Bの中にいる「私」は、個体Aの中にいる「私」とは明らかに異なる「私」であろうと思われるが、実のところ、本当にその個体Bの中に、自我の同一性を確実にする個体Aの「私」と同格の、同じように個体Bの自我の同一性を確実にするような「私」がいるかどうかは、個体Aの中にいる「私」からはわからない。

わかりやすく言えば、個体Bが本当に精巧に作られた、外見からは人間かどうか全くわからない、不気味の谷を見事に乗り越えた「アンドロイド」だったとしても、個体Aの中にいる「私」にはそれを確かめることができないということである。

筆者がここでいう「私」は、おそらく、哲学者永井均[*137]の言う〈私〉に最も近いと考えていただいてよい

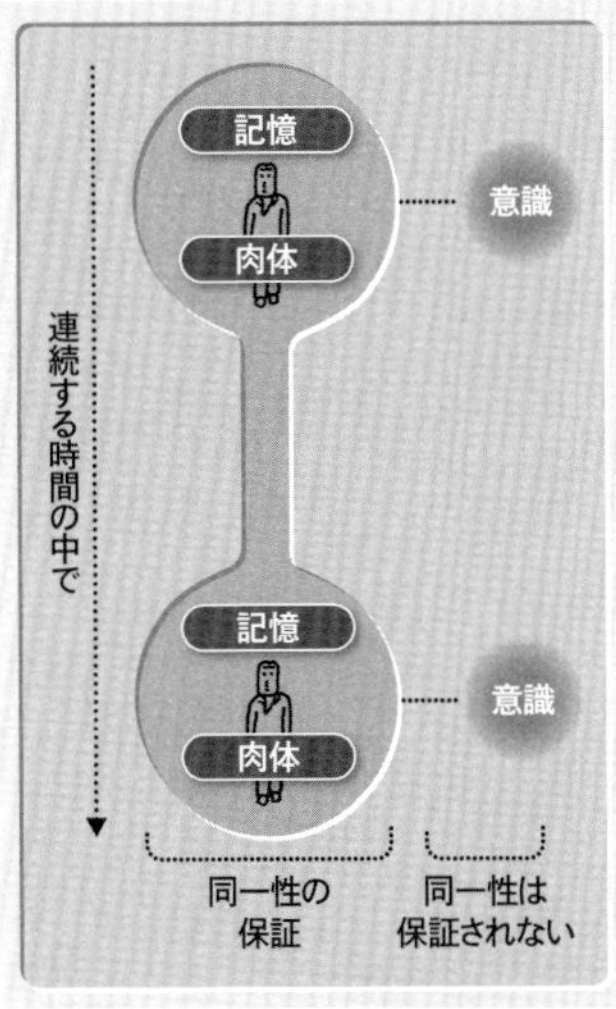

図051●肉体・記憶の同一性と意識の同一性。
記憶というものが肉体のシステムにおける生物学的な現象であるならば、肉体の同一性が保証されていれば、記憶の同一性も、（もし記憶が持続しているとするならば）保証されていよう。しかしながら、意識の同一性はその管轄外である。

137●永井均。哲学者。日本大学教授。1951-。著書に『〈私〉のメタフィジックス』『ルサンチマンの哲学』『これがニーチェだ』など多数。

だろう。筆者自身、若い頃から「なぜ私はいま、ここにいる私なんだろう？　ここにいる私でなければならなかったのだろう？　なぜ私は私以外の別人ではなかったんだろう？」と考え続けてきて、医学部の研究室に在籍していた頃、研究をしに来ていた医学部の学生諸君とこうした議論をしても彼らはてんで要領を得ず、筆者が何を言っているのかさっぱりわからなかったふうでがっかりしたものだったが、永井の著作に触れたとき、目から鱗が落ちたものである。

　では、永井の言う〈私〉とは一体何か。永井自身の著書による次の図が、その言うところを的確に表現している[*138]と言えるだろう。すなわち、〈私〉が存在していない世界と〈私〉が存在する世界との成り立ちの違いが、まさにその不思議さを物語っているのであって、〈私〉というこの感覚が――そう、まさに感覚としてのこの「私」という存在が、あるいは「私」という意識が――、生物学的な「意識」や、客観的に判別可能なレベルの精神分析学における「自己」あるいは「自我」とは全く異なる次元のものであることが、容易に判断されるだろう（図052）。

　永井が、「ある人物が〈私〉であるという事実は、その人物の持ついかなる性質とも独立に成り立つ事実である」と述べているように、この〈私〉と〈私〉以外の人間との生物学的差異がなく、もちろんあるにはあるけれども、〈私〉と〈私〉以外の人間Bとの差異が、〈私〉以外の人間Bと〈私〉以外の人間Cとの差異と全く同じものであるとする場合――客観的な生物科学は常にそう考える――、一体何が〈私〉と〈私〉以外の人間を分けているのかを生物学的に解明することは不可能なのである。
たとえば、永井は次のような例を挙げている。

> 永井均は現実とまったく同じであり方で存在していながら、なおかつ、彼が私ではないことは今もなお可能である、と私は言った。そうだとすれば、今ここで、彼が私でなくなることが想

138● 永井均『〈私〉の存在の比類なさ』（講談社学術文庫、2010）pp. 50-51。
139● 永井均『同』pp.52-53。

像できるはずである。この瞬間、世界から私は消失する。しかし、永井均は依然として存在し、この論文を書き続けている。客観的にみれば、彼にはいかなる異変も起こっていないと言ってよい。部屋に入ってきた彼の妻は、彼といつもと同じように会話をし、何の不審も抱かないであろう。では、主観的にみればどうだろうか。もしそれが永井均という人物の主観性という意味であるならば、そこにはやはりいかなる異変も起こっていないと言ってよいだろう。彼はこれまでと同じようにこの論文を書き続けるのだから。それにもかかわらず、彼はもはや私ではないのである。[*139]

主観性という言葉ですら、永井のいう〈私〉には無意味なものとなるほど、〈私〉というのは生物学的機構から逸脱した存在であり、そうなると当然のことながら、〈私〉と記憶との間には何ら相互作用は存在しないということになっていく。もしいまの〈私〉の記憶がきれいさっぱりなくなり、読者諸賢の誰かの記憶がそっくりそのまま〈私〉がいまその中に宿っている個体Aの神経細胞ネットワークとして構築されたとしても、第三者から見れば個体Aはこれまでとは全く別人のように振る舞うけれども、〈私〉はあくまでも〈私〉であり続けるはずなのである。

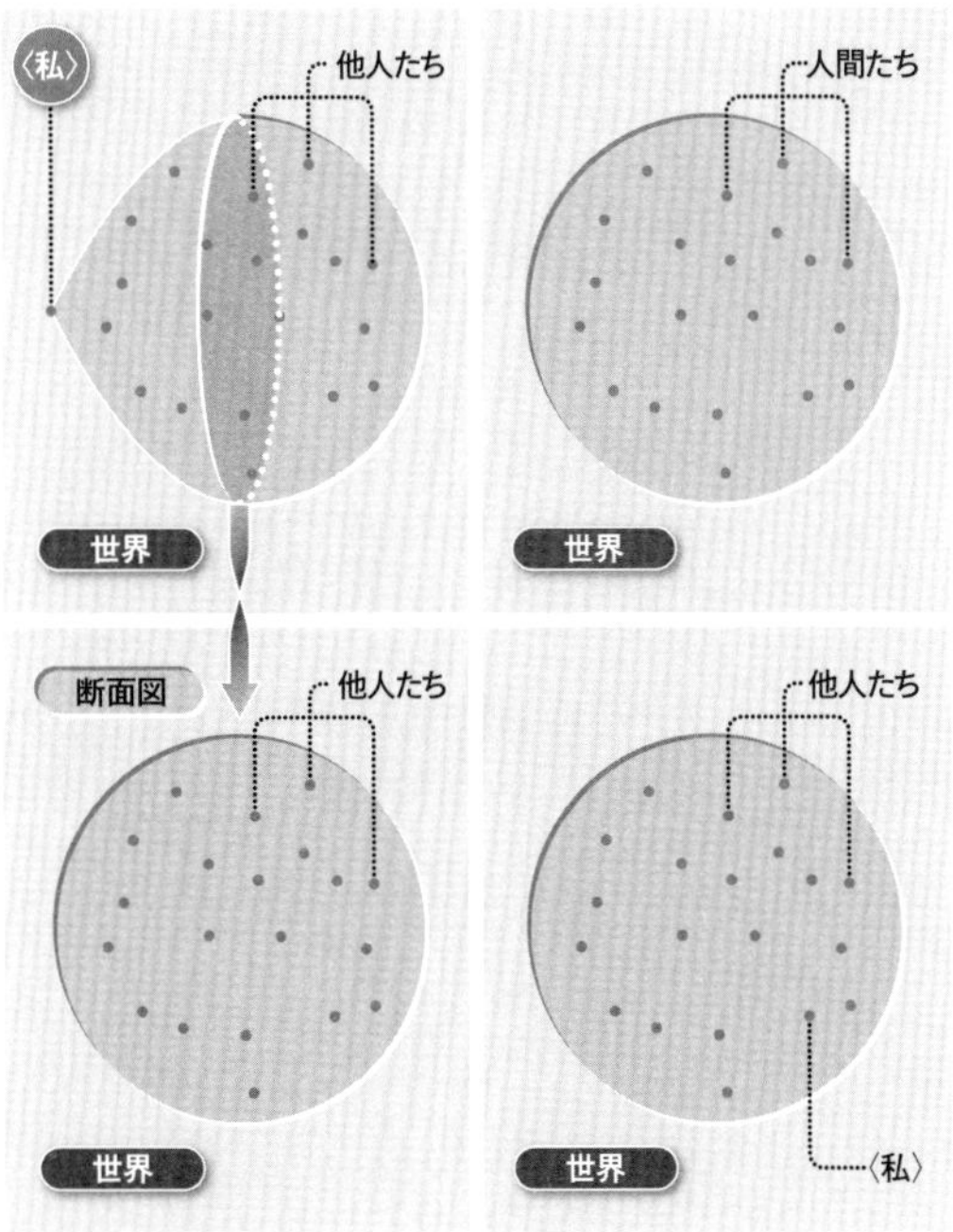

図052●〈私〉と世界との関係。
[**左上**]〈私〉が存在している世界は、このような構造をしている。
[**左下**]その世界を〈私〉から見ると、このような断面図となる。
[**右上**]もし〈私〉が存在しないと、世界はこのような構造をしている。「他人」と呼べるものはおらず、ただ「人間たち」がいるに過ぎない。
[**右下**]もし〈私〉がいるにも拘らず、その〈私〉が単なる客観的な人間たちの一人に過ぎないのであれば、世界はこのようになる。
（出典：永井均『〈私〉の存在の比類なさ』講談社学術文庫、2010）

記憶というのは、それほど〈私〉とは異なる存在なのであった。

もし記憶のメカニズムがすべて解明され、それが神経細胞の機能の総体として完全に理解されるとするなら、記憶のすべてを脳以外のどこかで再現することも可能になるだろう。記憶は、理論的には他に移植、すなわち「複製」することが可能なものだ。決してSF的誇張ではなく、細胞生物学の成果は、おそらく近未来におけるそうした可能性をすでに示唆し始めていると言っても過言ではない。

記憶は、ある特定の神経細胞同士の連絡であり、つながりであり、発火の仕方の統一的状態であるから、そのすべての「符号」が解明され、ある人物の二〇年間の「記憶」をすべて暗号化でき、それを他人の神経細胞を使って再現することができたなら、それはその「記憶」の内容を認識し、分析し、統合し、そして複製することに成功したということが言えるのである。

さらにその仕組みを応用して、完全にある人物の記憶を持つロボットを作り出すことも、おそらく可能となるだろう。

しかしながら、これまでの議論からも明らかなように、このロボットには、真の意味での「意識」があるとは言えまい。

よしんば客観的に「意識がある」と私たちが認識できるような状態で（たとえば人間的な喜怒哀楽を表現するなど）、そのロボットに「意識」があったとしても、果してそのロボットの頭部に宿っている「意識」と称するものが、私たち人間が持っている「意識」、すなわち永井の言う〈私〉と同じような存在であると断言することはできない。

複製論における〈私〉の扱いは、ここにおいてその難しさの頂点に達するのである。

この問題は、他人から見れば明らかに酔っ払っているように見えるが、本人は「いやいや酔っ払っていない」と言い張っている状況、すなわちいかに客観的に酔っ払っていようが、実際には酔っ払ってなどいないことを、果たしてどうやって他人がそれを証明することができるのか（科学的手法は除いて、の話）という問題提起と、よくその次元を共有しているからである。

科学的立場から結論を言えば、「記憶」は複製され得るが、永井により〈私〉と表現される「意識」は複製されない。〈私〉というものの存在について、それを複製できるところまで「分析」が全くされていないのだから、複製されるはずはない（図053）。

また、図052の世界観をもとに考えても、〈私〉が存在しない、もしくは他人から見た世界では、〈私〉を表す点は「他人たち」と同義であり、したがって複製の対象とはなり得るが、〈私〉が存在する、〈私〉から見た世界では、そもそも複製されるべき点すら、その中にないのである（図052）。

複製という現象は、客観的に事物を認識し、分析することができた場合にのみ立ち現れる現象であるから、〈私〉というオリジナル性の際立った、客観的に決して分析できないものの場合、「複製される」ことを前提として「オリジナル」という言葉を使うとすれば、その「オリジナル」という言葉すら、

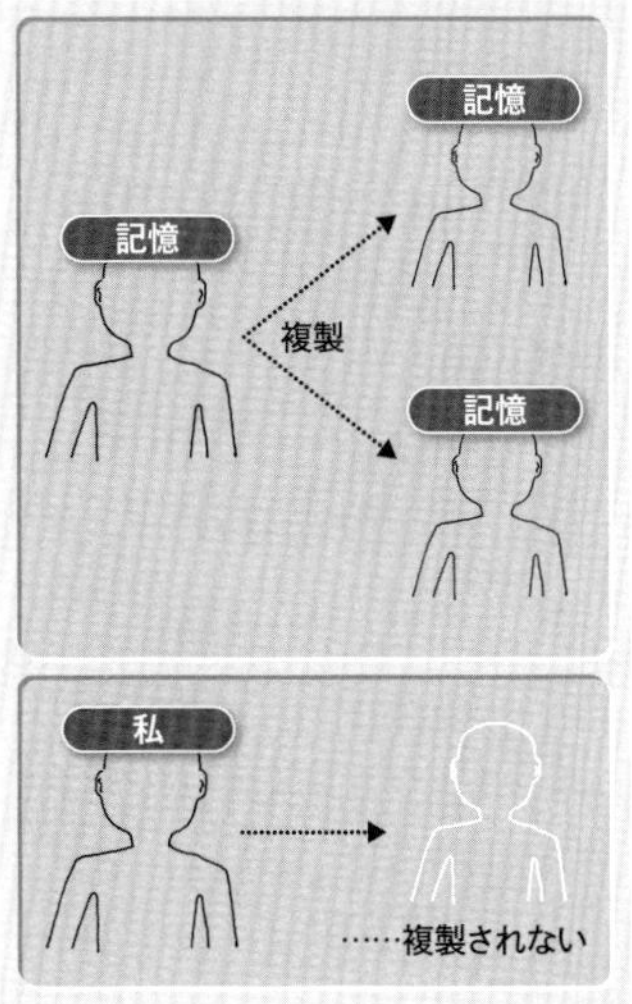

図053●記憶と複製。
記憶は複製され得るが、〈私〉は複製され得ない。

あてはめることはできないとも言えるだろう。
要するに、この問題ほど「人類永遠の謎」というありきたりで古ぼけた言葉でしめくくってもさしたる違和感がないほど、難しい問題はないということである。[*140]
最も長丁場となった本展示室では、人形、恐怖、剽窃、パロディ、白雪姫、妖怪画、流行、模倣、ゴッホ、女装、そして意識と、複製と複製産物が織りなす、私たちの身のまわりに存在する様々な「複製の展示物」を見てきたが、結局のところ、複製という現象がいかに多彩で〝芸達者〟であるのかを再認識させられることになった。そうして私たちは、次から次へと繰り出されるその「芸」によって、社会や文化というものの存在をも、根本的な成り立ちも含めて改めて認識し直さざるを得ない状況へと、追いやられていくことになる。
その状況は、次の展示室でご紹介する「複製」の様相を見ることにおいても、やはり同じであろう。

140●あることを証明することで成り立つ自然科学の手法によって、〈私〉の存在を解明することが極めて困難であるというのは、〈私〉という存在自体が、客観的に本当にそこに「ある」のかどうかさえわからないからであろう。

複製の深淵

複製は、ときに私たちに、そのさらに深いところにある秘密の顔を垣間見せてくれることがある。普段は全くそうは思わないようなところに複製は存在し、幾多の複製産物を生み出していく。

たとえば、私たちが何かを「懐かしむ」とき。私たちが異文化に触れるとき。はたまた、作家が小説を書き、そこで何かを訴えようとしているとき。そして私たちが、いまこうして生きているとき。

そうしたときに顔を出す「複製」の様相を、本展示室では露わにしていくことにしよう。

懐かしいということ——過去を複製する

写真家松本賢の作品に、『複製空間（replication space）』というシリーズがある。[*141]

マス・メディア上を踊り狂う「複製的造語」で表現すれば、筆者はいわゆる「アラフォー」の世代である。この世代の青春は、昭和後半の時代とともにあったと言ってよく、同世代の松本も同様であろう。

平成の現在に至り、当時を懐かしむ「昭和レトロ」などという言い方を耳にすることがある。もはや私たち「アラフォー」の青春は、とうの昔に「レトロ」の域に達していたのであった。

141●松本賢『複製空間—昭和のカメラが目撃した未来空間』（ナダール書林、2006）。

それにしても「レトロ」とは一体何か。この「レトロ」という言葉に哀愁を感じることそのものが、この問いかけに対する答えなのかもしれないが、そもそも「そう感じること」に、どのような意味があるというのだろうか。

平成時代の代表的、近代的ショッピングセンターの中に、昔懐かしい昭和時代の商店街や街並みを再現した場所が作られている場合がある。まずはこれが本展示室の考察の対象となるであろう。

街並みの再現とは言い換えれば、過去を現代に複製しようとする、私たちの欲求の表れであって、複製そのものであると言える。松本は、そうして「再現」された街並みを、昭和時代の「複製空間」と表現したものであろう。

では、そうした空間はなぜ、どのようなきっかけで「複製」されたのだろうか？　その行為を促進する「複製装置」とは一体何だったのだろうか？

そう問いかけながら改めて考えてみると、そこに垣間見えるのは人間の持つ特徴的な感情であるということがわかってくる。

昔懐かしい街並み。懐かしの我が町、我が家、我が友。そして再現された街並み、昭和時代のそれを「複製」したその有様（図054）。

こうした「再現された街並み」は、あくまでも「再現」の域を出ないものである。どこから見ても、誰が見ても、いつ見ても、そしてどのように見ても、それらは「オリジナル」ではなく、あくまでもそれをコピーした「複製産物」にすぎない。厳然としてそこにあっても、無理矢理自分自身に言い聞かせていたとしても、明らかにそれは、かつてどこかにあったオリジナルの、一介の複製産物にすぎないのである。

しかしながら、そうした複製的光景が、過ぎ去りしオリジナルのたとえコピーであったとしても、それを直接自分の目で見ることのできる状況があなたの前に突然訪れたとき、あなたはそこに何を感じるであろう。そして、あなたはそこで何を見つめ、何の匂いをかぐであろう。それこそ、「懐かしい」という感情の匂いである。感情は、こうした複雑な感覚がないまぜになった総合的な感情である。よいも悪いもなく、ただ人間がそうしたときに、自然にそう感じるようにできているのであって、いわば自然の法則の一つであるとも言える。

そしてその感情は、かつて自分自身の身のまわりにあった、自分自身に何らかの影響を及ぼした事物、もしくはその事物にまつわる自分の感情そのものを、無意識であろうと意識的であろうと、そっくりそのままいまの自分に重ね合わせるように「複製」したときに、初めて立ち現れるものなのである。もちろんそこには、私たちがソレを「懐かしい」と思うために必要な、生物学的基盤がある。すなわち前の展示室の最後でも議論した「記憶」である。

懐かしいという感情は、私たちの脳がその対象を「記憶」していることが大前提となる。記憶なくして懐かしさの感情が湧き出すことはない。

記憶を呼び覚ます行為にも様々にあって、わずかな糸を手繰っていってようやっとのことで行きつくような脳の奥深いところにしまい込んであった記憶を呼び醒ます場合と、それほど奥深くはない、単にやや忘れかけていた記憶を呼び醒ます場合とがある。どの程度の深度に存在する記憶がカムバックしたときに「懐かしい」と感じるかは人それぞれであろうが、「過去の自分がいま、ここに再び」という状況は同じであろう。

いまだにその全体像が明らかになっていない脳の複雑な生物学的機能としての「記憶」は、しかしながらこうした「複製」をも可能にする。私たちには、「過去の自分（の経験）をまるごと複製すること」に対する、ポジティブな感情も備わっているのであろう。マネをするのではなく、再び現わす（再現）の

図054● 松本賢『複製空間』（ナダール書林、2006）。ページを開くと、セピア色に彩られた昭和の懐かしい空間がよみがえる。

であって、この両者の隔たりは大きい。前者の場合、複製産物とオリジナルは決して同一になってはならないが、後者の場合、複製産物はよりオリジナルに近いことが求められるのだ。そうでなければ、「懐かしい」という感情がわいてくることもあるまい（図055）。

テーマパークとは何か

一方において、こうした懐かしい街並みの再現とは異なり、正確さが必ずしも求められていないような「再現」もある。

松本が『複製空間』で表現したのは、人々の持つ「懐かしい」という感情の、複製論的な側面であると言えるが、より大きなレベルにおいて、より広範な人々の胸を打つような複製では、「懐かしい」という感情よりむしろ、「それらしく見える」雰囲気を持った複製が功を奏する場合もある。

テーマパークと呼ばれるものこそ、そうした複製によって生じた「複製空間」であると言えよう。

テーマパークとは、何かをテーマにして作り上げられた「公園」である。もっとも我が国では公園というよりむしろ「遊園地化」している場合が多い。

たとえば東京ディズニーリゾートと呼ばれる、日本屈指のテーマパークがある。その名の通りこの〝公園〟は、アメリカ文化の象徴でもあるアニメ映画の殿堂「ディズニー」の世界を、これでもか〱と表現した場所であり、新しいアニメがヒットすれば、そのアニメの主人公やストーリーをテーマにしたアトラクションが次から次へと登場する。

東京ディズニーリゾートに遊びに行ったとしても、そこに昭和時代の街並みを再現した場所で感じられるような「懐かしさ」を感じる人は、そうはいまい。

私事で恐縮だが、筆者は三重県の出身であるから、「テーマパーク」と言われてぱっと思い浮かぶの

142● このあたり、筆者の主観がかなり入っているし、これらテーマパークの来場者にアンケートをとったわけではないので、科学的な主張ではないということをお断りしておく。

は、三重県志摩市に存在する「志摩スペイン村」である。その名の通り、スペインをテーマにしたテーマパークである。

筆者自身はスペインに行ったことがないし、スペインの文化、民族、風土というものをそれほど知悉《ちしつ》しているわけでもないので、志摩スペイン村に遊びに行っても、それはただ「スペインの文化、民族に触れた」、あるいは「遊園地に遊びに行った」といった認識しか残らず、したがって「懐かしさ」というものは感じない。これが、もしスペインに何十年も住んでいた人だったら、もしかしたら「懐かしさ」を感じたのかもしれないが、それもしかし、バルセロナの○○という町の○○という横丁の、○○時代の街並みを再現しているわけではなく、漠然と「スペイン文化」なるものを再現しているだけだったとすれば、それほど「懐かしさ」を感じることはないかもしれない。

愛知県犬山市にある「明治村」には、明治時代の建築物を始めとした貴重な建物、車両などが保存されており、いわゆる明治時代を「再現」したものだが、これもやはり、明治時代から生きていて、しかもその時代の街並みの様子、建築物の様式などを鮮やかに思い出せるような人であれば別であろうが、平成時代の現在において、明治村に「懐かしさ」を感じるような人は――日本人として感じる歴史的な懐かしさを除けば――まずいまい。*142

こうしたテーマパークにはある共通の特徴がある。無論、何かを

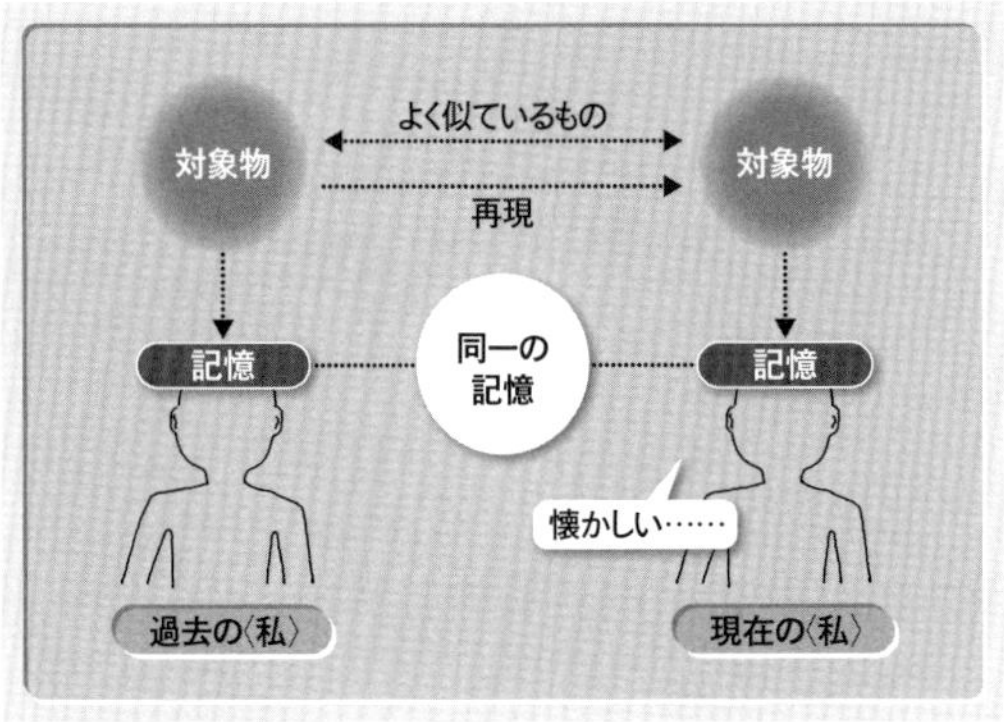

図055●懐かしさの基盤にあるもの。
「対象物」は、過去と現在の時間において、それぞれがお互いに「複製産物」であるという関係にある場合にのみ、「懐かしさ」を呼び醒ます。

「テーマ」にしているというのは当たり前だが、それ以外の共通する特徴とは、そのほぼすべてにおいて（いまの）日本にはない、言ってみれば「異境の地」に存在する文化、自然、都市といったものが「オリジナル」となって複製された「複製産物」であるということである。

テーマパークのオリジナルは、たいてい遠く離れたところにある。東京ディズニーリゾートの場合はアメリカ――とはいえ、ディズニー映画のような複製芸術には、すでにしてオリジナルの居場所は存在しないとも言える――、志摩スペイン村の場合はスペイン、そして犬山の明治村の場合は明治時代という遠く過ぎ去った日本にある、といった具合である。

三重県には「伊勢戦国時代村」（現・伊勢安土桃山文化村）というものもあるが、この場合も、犬山の明治村と同様、オリジナルは「過去の日本の姿」である。明治村の場合よりもより一層〝深刻〟なのは、戦国時代を実体験に基づいて「懐かしい」と思うような人はどこにも生きていないということであり、複製産物としての価値を持つ「写真」も全く残っていないということだろう。明治時代にはすでに「写真」はあったから、そうした明治の面影を残す建築物や人物の写真が日本各地に残っており、明治村の場合はまだしも、個人の懐かしさというよりもむしろ、先ほども述べた「日本人として感じる歴史的な懐かしさ」と表現した方がいい、そうした感情をあてがう余地はあるが、戦国時代に対しては、歴史家や研究者を除けばもはや「物語」の範疇であって、一般国民の間に「懐かしい」という感情は湧きにくかろう。[*143]

いずれにせよ、これらのテーマパークを目の当たりにしたとき、あたかも私たちの目には、そうしたオリジナルが日本のその地に「複製」された「複製空間」であると映るのである。

しかしながら、身も蓋もないことを申し上げれば、一体誰が、東京ディズニーランドに遊びに言って、「ああ、ここがあの、ウォルト・ディズニーの世界観の、心躍る複製空間なんだなあ」などと感慨にふけると言うのだろうか。一体誰が、上野動物園のゴリラの森を見て、「ほほう、これがあのジャン

143●とはいえ、たとえば海外に長く住んでいる日本人の中には、戦国時代のイメージそのままの甲冑姿の武士を懐かしむ風情が、かえって日本に住んでいる人間よりも湧きやすい、といったことはあるかもしれない。

144●アーサー・コナン・ドイルによる短編小説で、シャーロック・ホームズシリーズの「犯人は二人」より。

グルの、自然豊かな〝複製空間〟！　素晴らしい！」と感嘆の声を上げると言うのだろうか。
テーマパークは確かに「複製産物」である。だがその複製は、「懐かしさ」という感情に裏打ちされたものではなく、したがって人々の脳内に刻み込まれた「記憶」にがっちりと支配されたものでもない。「複製産物」でありながら、人々にそれを「複製産物」だと思わせないというテクニックもまた、テーマパークに課せられているからであろう。

人々が漠然として持っている「オリジナル」のイメージさえあれば、そのテーマパークは「複製産物」としての価値を思う存分見出せるのであり、それ以上に、人々に「オリジナル」の楽しさ、すばらしさを訴えかけることにもつながる。これがテーマパークが持つ最大の特徴であり、長所なのではないだろうか。

筆者のいる東京理科大学は、古くから栄えた歓楽街として知られる東京・神楽坂にある。神楽坂近辺には、東京日仏学院が近くにあるためかフランス人が多く住んでいるようだ。街ですれ違う外国人も、たいていの場合フランス語をしゃべっている。東京の他の地域よりはフランス人コミュニティーがより充実しているようにも見えるが、だからと言って神楽坂のど真ん中にエッフェル塔がでんとそびえたっているわけではなく、凱旋門のレプリカが設置されているわけでもない。「ロンドンにパリの香りを少しだけ持ち込んでみました」とは、恐喝王ミルヴァートンと取引をするフランス人がシャーロック・ホームズに言い放つセリフの一つだが[*144]、神楽坂にはパリの香りがそれほど漂っているようには思えない(図056)。

しかし人によっては、神楽坂はパリの香りがすると言うかもしれない。横浜は、有名な中華街の影響で中国の香りがするのかもしれない。新大久保には韓国の香りが漂っているのかもしれない。私た

図056● 神楽坂（東京都新宿区）。江戸時代から続く歓楽街は、古さと新しさが共存する魅力あふれる街である。フランス的要素もあるが、神楽坂を代表するものではないように思う。
[**右**]神楽坂の代表スポット・毘沙門天（善國寺）。
[**左**]神楽坂の上から、神楽坂下交差点を見下ろす。

ちの住む町のところどころに、こうした異国の雰囲気がそこはかとなく漂っているというのは、異国の持つ何らかの断片が、そこに複製されているからなのだろう。

多木浩二が次のように述べている。

東京は――といっても盛り場だが――世界中の都市の小さな断片がよせあつめられたモザイクのようなものだ。この断片はそっくり移転させてきたものではないので、ロンドンのパブやカーナビイの通り、モンパルナスのカッフェなどのイミテーション・コピーである。なかなかうまくほぐしてはあるが所詮はイミテーションである。とすると、さきにのべたような細かい網目のひとつひとつは、ある場合にはイミテーションとよぶべき転写法で、それこそ世界中の都市の一部分から複製されたものになっている。*145

これまで述べてきたように、複製の醍醐味とは、それによって「オリジナル」とほとんど同じか、あるいは「オリジナル」とは異なるけれども非常によく似た「複製産物」を作ることができ、しかも「オリジナル」をいじることはできないかわりに、「オリジナル」を複製する「複製装置」のあり方一つで、それが作り出す「複製産物」に多様性をもたらすことができるということであり、また「複製産物」を様々に工夫しながら組み合わせることによって、それまで存在しなかった新しい何かを作り出せるということである。

東京の盛り場が多国籍になっている現状は、まさにミニ・テーマパーク的な複製産物の集合であって、それによる多様化の好例であろう。

あくまでも日本の中に「複製産物」がある。これが重要なことであり、テーマパークとは結局のとこ

145●多木浩二「複製時代の都市像」『グラフィケーション別冊・続・複製時代の思想』(富士ゼロックス、1973)pp.40-53。

ろ、そういう「空間」なのである。

複製産物の集合と孤独

同じことを何度も繰り返すということにはいい側面と悪い側面とがある。たとえば本書の場合、「複製」という、普段はあまり生活関係の語彙には含まれない言葉、そしてその言葉が指し示す行為がメインテーマであり、「複製とは何か」ということを事あるごとに何回でもリフレインすることは、どちらかと言えばいい側面であろう。

だからここで改めて、もう一度「複製とは何か」について繰り返しておく。

　ある一つのものから、それと同じもう一つの、あるいは同じ複数のものを作り出す行為。あるいは、ある一つのものから、それとよく似た別のものを複数、作り出す行為。あるいは、単に同じ複数のものを作り出す行為。

このことを前提としつつも別の見方に立てば、複製とは同じもの、同じようなものが複数〝集まった〟状況を作り出す行為であるとも言える。すなわち複数の同一のもの、複数のよく似たもの同士の「集合」ということである。

これに対して、こうした「複製的」状況、複製産物が「集合」した状態とは明らかに異なる、いわば対極に位置するような状況とはどういうものかと言うと、それはおそらく「孤独」という状況であろう。ここでは、複製を考えるにあたって重要となるこの「孤独」という状況について、複製との対比において考えてみたい（図057）。

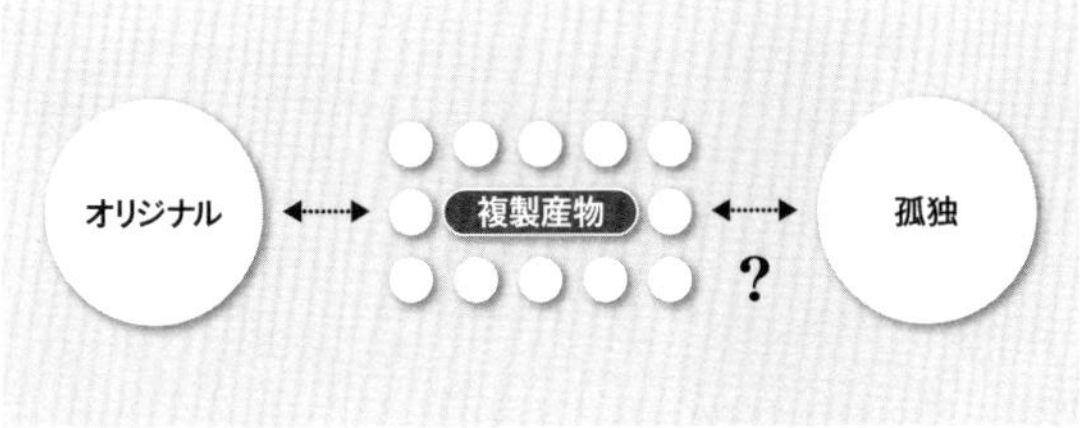

図057●孤独と複製。
複製産物と「孤独なもの」との関係は、複製産物とオリジナルとの関係を彷彿とさせる。一体何が違うのだろうか？

以前筆者は、フランツ・カフカ[*146]の小説『変身』を引き合いに出して、それと複製との関連性について考察したことがある。

この小説は、主人公のグレゴール・ザムザがあるとき目覚めると自分が巨大な一匹の毒虫——この場合「蟲《むし》」という漢字が最もふさわしい——に変身していたという、強烈な描写から始まる。

筆者はこの哀れな、いや考えようによってはむしろ「幸せ」な主人公グレゴールが置かれた夢幻的状況に対して、まさしく「孤独」という言葉を当てはめたのであった[*147]。

この場合において孤独なのはグレゴールの「意識」——一五一ページで指摘した「私」あるいは〈私〉——である。グレゴール自身の〈私〉は毒虫に変わってしまったとしても相も変わらずそこにいるにもかかわらず、第三者である他人の誰一人として気づいてくれないという状況こそが「孤独」なのである。彼の〈私〉は気の毒なことに、たとえ彼が毒虫に変身してしまっても、同一的で連続的なものであり続けた。

彼（グレゴール）には、たとえその外見が虫になった後であっても、これまでの人生を思い直し、思考する主体としての〈私〉が残っていたにもかかわらず、〈私〉以外の誰一人として、そのことに気づいてくれなかった。これは、人間としての価値観を当てはめるなら、まるで生きたまま棺桶の中に埋葬されるのと同様、これ以上はないとさえ思えるほどの悲劇であり、超絶な「孤独」的状況であると言えるだろう。

セールスマンだったグレゴールは、〈私〉という意識と、父と母、妹、そして勤め先の支配人が「一体誰であるか」の記憶を持ったまま、おそらくはその見た目だけが虫になり、愛すべき家族から痛めつけられた傷がもとで、やがて干乾びて死んでしまう。

彼の中の〈私〉は、たとえその外見が虫となっても〈私〉であり続けたが、〈私〉以外の人間からすれば、かつての家族でさえも、目の前に存在する何本ものか細い足をひらひらさせながら立ち尽くすそ

146●フランツ・カフカ Franz Kafka。チェコ・プラハ出身の作家。1883-1924。『変身』のほか『失踪者』『城』など。多くの作品は、その死後、友人によって発掘され、再評価された。ゴッホと同様、死後にその名声が確立した作家の一人である。『変身』は、一九一二年に執筆され、一九一五年に発表されたカフカの代表作。

147●武村政春『DNAの複製と変容』（新思索社、2006）。

れが、本当に我が息子であり、我が兄であったかどうか、判別することは難しかったろう。

すでに述べてきたように、〈私〉という存在は、ある意味では科学では踏み込めない領域にある難物である。それ以上のものはないと言えるほど主観的で、第三者には決して理解しようがない存在である。家族には、グレゴール本人の〈私〉を、主体的な存在として、主観的なものとして捉えることは決してできなかったし、むしろそれ以前の段階として、家族はその虫が一体何であるか、思考しようとさえしなかったであろう。その「化けもの」がかつてのグレゴールであったという証拠は、本人の同一的にして連続的な「記憶」以外には全く存在しなかったからである。

言い換えれば、家族の記憶も、我が家の記憶も、かつての楽しかった思い出の日々も皆、彼の「記憶」にのみ存在している事象にすぎないとも言える。彼のその「記憶」が、毒虫になった時点で新たに付与されたものにすぎないという可能性が頭をもたげてくると、本当に彼の〈私〉が同一性と連続性を持つ存在であったのか、それはグレゴール本人以外、いやすでに永井や武村が指摘したように[148]、グレゴール本人にさえわからないということになる。

ただこの状況は、他の誰にもわからない、本人しかわからないような極めてオリジナル性の高い事象が、実は「孤独」という状況と密接につながっていることを強調する、一定の効果をも生み出すのである。

これまで見てきたように、私たちの日常には「複製」があらゆる場面でかかわっている。一方において「複製」とは全く相反する、むしろ「複製」もしくは「複製産物」、そしてその「集合」の対比としての「孤独」も、もちろんグレゴールのような事例は稀有だと思われるが、日常的な一コマであることは多くの人が経験的に知っている。

異なるものという観点からすると、変化を伴う「複製」も「孤独」も大差ない。複製は、わずかに異な

148● 註132ならびに註138と同じ。

るものを生み出すものであるし、孤独はこれ以上ないというほど、他とは異なっているものであるからだ。しかし「オリジナル」の立場から両者を見た場合、そこにはおのずから相違が認められる。「孤独」と「オリジナル」とは、同一ではないようで実は同一の「意味」を持つ。どちらも「他にはないそれ自身のみが持つ性質」を包含している。言ってみれば「唯一無二」の存在ということでもある。こうした「オリジナル」の存在は、「複製」という概念とは相反するもののように思われる。オリジナルはあくまでもオリジナルであって他の追従を許さない、そんなイメージがついて回っているからであるが、これまで見てきたように、「オリジナル」は決して絶対的な存在ではない。

なぜなら「複製」は常に「オリジナル」から始まるからである。

オリジナルとは、複製されてこその「オリジナル」でもある(図058)。そもそも「複製」という行為が存在しなければ、そもそも「複製」という概念そのものがそこに存在しなければ、「オリジナル」は「オリジナル」としての地位を保つことはできない。複製が存在しない世界では、オリジナルに「希少価値」という名の価値は存在しない。世の中のすべてが、みんなオリジナルなのだから。

そう考えると、「孤独」が「同じような趣味を持つ仲間」や「同じ主義主張を有する同士」、「同じようなことをやっているその他大勢」的なものに対するアンチテーゼとなっていることを慮《おもんばか》れば、複製産物に対するオリジナルの位置づけは、集合に対する孤独の位置づけとほぼ同質であることが見てとれよう。

ここで再び北山修を引用する。すなわち彼の体験をである。

イギリスを旅行中だった北山が、雨をやり過ごそうと、とある酒場に入った。そこはディスコティク(つまりはディスコ)であって、時間がまだ早かったこともあってか客もまばらであったという。店の端っこで、雨がふりしきる窓の外を眺めながらビールを口にしているうち、北山はふいに、猛烈な孤独感が体の芯をつきぬけてくるのを感じた。横に座った髪の長いイギリス人らしき人物も、足を小刻みに、神経質そうに床にたたきつけている。ところがその孤独感は、店の天井のスピーカーから、かねてより馴染みふかい有名な歌――ローリング・ストーンズの「アンジー」だったと北山は回想する――が流れてくると同時に消え失せ、隣のイギリス人の小刻みな足の振動も止まったのだった。[*149]

北山が感じた孤独感とほぼ同じ感情を、隣のイギリス人も味わっていたのであろうが、それだけでなく店にいた他の一人客も、同様に感じていたのであろう。その孤独感をぬぐいさったのは、おそらくその孤独感を味わっていたすべての客によって、あまねく知られていた名曲だったのである。

考えてみると、こうした体験に私たちもよく遭遇するものである。

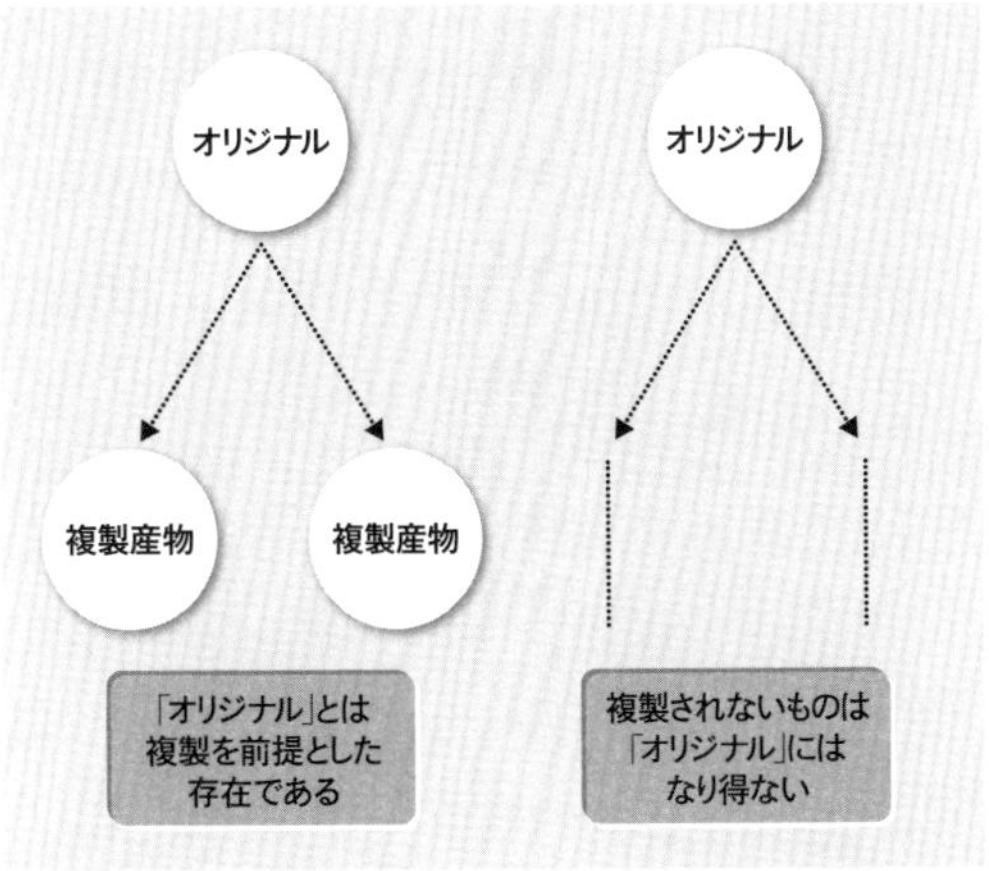

図058●オリジナルは複製あってこそ。
「オリジナル」という考え方には、「複製され得るもの」との認識が前提としてある。したがって、「複製され得ないもの」と断定されたものは、決して「オリジナル」にはならないのである。

149●北山修『人形遊び 複製人形論序説』(中公文庫、1981) p.139。

たとえば、一人でコンサートを聴きに行ったときの、開演前のコンサートホールの様子。ざわつく周囲の観客席の中に一人ぽつねんと存在する孤独感。やがて楽団員が入場し、指揮者が登場して沸き起こる拍手。その瞬間から、私たちは周囲に座る見ず知らずの人たちとの一体感に包まれ、それまで感じていた孤独感は、ついにどこか遠くへと飛び去っていく。

北山はこのような体験から、「特定の歌手の特定の声による特定の歌」を「共有」することの意味として、「ひとつの人形を二人で抱く」という行為に似て、複製された歌を連帯して所有することが、孤独と対峙するところに位置づけられていると説くのである。*150

この場合、「孤独」という状況に「オリジナル」と同じ役割を付与することにある程度のためらいはあるが、どのような場合であれ、実はそうした「孤独」も、ある特定の意味を持ちつつ「複製」される可能性を持っているということが言える。そしてその対応性は、あることがきっかけとなって、あるいはある「複製装置」の出現をきっかけとして具現化し、「周囲のみんなが自分と同じ状況にどんどん置かれていく」という、孤独だった状況そのものが周囲へと次第に「複製」されていく状況へと、雪崩を打って変化していくのである(図059)。

どのような「複製」が行われ、その帰結として他人と共有できるどのような「複製産物」がもたらされるのか、その場面《シーン》はおそらく多種多様であって、どれ一つとして同じものはないだろう。「複製産物の集合」と、そうでない「孤独」は、相反する二つの状況ではあるけれども、断絶してはいないのである。常に入れ替わり立代わり、変化しながら相転移する可能性をお互いに包含していると言えるのだ。

もちろんその入れ替わりは、常に葛藤を伴うものである。なぜならば、孤独を嫌うということは言い換えれば複製への賛美でもあり、人間の本質としての「複製への抵抗――これまで本書では、人間は複製に抗って生きていると表現してきた――」とも相反する態度だからである。

150● 北山修『人形遊び　複製人形論序説』p.140。

そうした葛藤の中でまさに「臨機応変」に、私たち人間は生きていくことを求められていると言えるのかもしれない。

「個独」と「複製」のはざまで生きる

人間とは何かを考えるとき、筆者はいつも「生物の世界」を中心にして考える。生物学を生業としている限り、そのしがらみから抜け出ることはないだろう。

家族のぬくもりから離れたまま独り死に、あるいは長年連れ沿った配偶者に先立たれ、独り生きてゆくという人間模様。失業し、失意のうちに世捨て人となっていく人々の苦悩。それは、かつて朝日新聞に連載された「孤族の国」――。誕生し、生きて、やがて死ぬ。その過程で訪れる、「孤独」という名のついた生き様、そのものだった。

「孤族の国」でとり上げられたケースは、人間としての当たり前の感情からすれば、どれも一様にもの悲しく、切ないものである。だがこれを、人間という存在そのものがある宿命を背負った存在であると考えてみると、確かにもの悲しくはあるけれども、実はその人間模様の中に、生物としての人間が人間として素のままに生きようとする姿を、ちらりと垣間見ることができるのではないか、と筆者はそう思っている。

現代は「複製的社会」である。ベンヤミンや長谷川如是閑、そして多田道太郎は、複製的様相を呈する芸術、あるいは複製が芸術の浸透の根本をなすような（たとえば映画のような）芸術を「複製芸術」とみなしたが、私たちの身のまわりに氾濫する複製的商品やコピー文書の束を見れば、本書でこれまで述べてきたように、現代社会が「複製」によって成り立っていることは一目瞭然である。

私たち人間、それ自身もまた、生物である以上は複製産物である。生物の源流をさかのぼれば、お

図059●
「孤独だったもの」から「複製産物」への移り変わり。
まったく他人のふりをして個別に行動していた人間たちが、共通に認識するあるモノへの賛辞と拍手をきっかけに、共感の輪を広げ、そうした者たちの「複製産物」と化してゆく。
（写真：岩田えり）

そらく一個の単細胞生物にまで辿り着ける。アメーバのようなものをイメージしてもらっても、バクテリアをイメージしてもらってもかまわないが、実際のところ、私たちの祖先はある一個のバクテリアであったろう。

一個が二個、二個が四個、八個、一六個、三二個……。バクテリアの種としての生き様は、「分裂」という言葉で表現することができる。オリジナルとしての一個のバクテリアは分裂し、そこから二個の、オリジナルとほぼ同じ性質を持ったバクテリア——すなわち複製産物——が生ずる。それは、分裂というメカニズムによるバクテリアの「複製」にほかならない。個々のバクテリアの生涯は、複製に始まり、複製に終わると言ってよいだろう。

そのバクテリアの生き様の進化した形を、私たち人間はきっちりと受け継いでいる。無性生殖としての分裂は、やがて有性生殖としての、遺伝的シャッフリングによる子作りへと進化した。全く違うように見えて、生物の仕組みの進化は連続的だから、結局のところ私たちの生き様、すなわち誕生の仕方も生殖の仕方も、これすなわち「複製」だと言うに吝《やぶさ》かでない。

私たち自身も複製産物であるというのは、つまりはそういうわけである。これがもっとわかりやすい形で存在するのがいわゆる「クローン」だが、これについては第12展示室で論じよう。

さてここに、ある種の問題が生じる素地がある。

人間という生物は、自らが複製産物でありながら、その事実を否定したい、そう思いながら生きている生物であると言うことができる。何度も述べてきたように、複製的商品によって構築された「複製的社会」の構成員であるにもかかわらず、あたかもそれに抗うことを目的としているかのように生きる生物である。

人々は、複製産物である様々な商品で身のまわりを固めつつも、それ自身は「個性的」であろうとする。普段は店頭の商品を購入しつつも、財力があれば「オーダーメイド」の商品へと流れていくのは、そうした志向性の一つだろう。

一方で、個々のものが個性的であればあるほど、その集合体は多様性に富む存在となるというのもまた、事実である。

複製的商品は、多くの人々にとって、公平な選択対象として、店頭やインターネットで販売される。個性的であろうとする人々は、自らの好みに則って、多様性に富む複製的商品の中から個性的な組み合わせを選び出すのである。

同じ人間同士であっても、そのDNAには少なくとも〇・一％程度の違いがある。これが遺伝的な個人差であり、個性を生み出す元となる。この個人差もまた、何世代にもわたるDNAの複製の過程で生じるのだから、「複製」というのは〝コピー〟を作るというよりもむしろ、お互いに少しずつ異なる、個性的な「何か」を作り出す行為であると言ってもいいだろう。

ただ、個性的ということは、他の誰とも違うということであり、それゆえに「孤独」という状況を引き起こすきっかけとなることもある。「孤独」という言葉にはネガティブなイメージがつきまとうが、「孤高」という言葉もあるように、かえってそれがポジティブにはたらく面も存在するのもまた事実。いっそのこと「個独」と表現する方がいい、そんなケースは枚挙に暇がない。

私たち人間は、「個独」と「複製」のはざまで生きている。それは、家族と縁のない人であっても、家族に恵まれた人であっても、また職を得てはたらいている人でも、失業してしまった人でも、一様に同じである。

社会問題としての「孤独」を考えることは、もちろん重要である。常識的な感覚からいえば、人間は「孤独」であるよりも、他の人たちとのかかわり合いの中で生きていける方がよいに違いない。

ただ、視点を常に「孤独」者の立場に置き、「孤独」でない人々との比較において論じていくだけでは、根本的な解決にはならないのではないかと考える。

誰にも看取られることなく死ぬのは寂しい。なるべくなら筆者も孤独死はしたくない。家族にも孤独死はさせたくない。失業なんてしたくない。それは誰もが願う、素直な感情であり、それを否定はしない。

しかしながら、複製産物（他の人と同じ立場で、同じ連帯感を持って人間社会の構成員となっているという意味において）でありながら、かつ個性的にして個独な存在であろうとし続けるのが人間の生き方であるのなら、孤独な状況に到達し、職を失い、悲しくもそのまま生を棄ててしまった人間に対し、人生の〝失敗者〟、〝落伍者〟であるかのような見方をすることは、徐々に改めていくべきであろう。

複製産物である人間が、この複製的社会に生きていれば、必ずその生活の様相は多様化する。生活の多様化とともに、〝生き方〟に対する考え方も多様化し、そして死もまた多様化する。あらゆる多様性を受け入れる土壌が整えば、人間の死に臨む本人の心、家族の気持ち、そして世間の目も成熟していく。失敗者でも落伍者でもない、一人の人間の個独な人生が、そこにある。

人々は、複製産物同士でなければ成立しない行為、たとえば「助け合う」、「共感し合う」、「話をする」、そして「けんかをする」などの行為を通じて、社会と、そして他人とともに生きていることを実感する。それが不幸にして（あくまでも、本人が不幸であると思っている場合に限る）できなくなったとき、あるいは意図的にそれを行わなくなったとき、人は個独になるのだ。

複製産物の本性に従うか、それとも不幸になっても後者を選ぶか。

これは、個独と複製のはざまで生きなければならなくなった私たち人間にとって、おそらく永遠の課題であろう。

ただその課題に対して、少しでも解決へと近づかせる方法はあるに違いない（図060）。孤独死はしたくない、させたくない。職を失いたくない。その気持ちは不変であるが、一方において、万が一にもそうなってしまった場合、〝生き方〟の多様性、死の多様性を受け入れる土壌の整備がうまくされていれば、家族や世間が抱く悲劇性を、少しは低く抑えていくことができるのではないか。世間の成熟した目を養っていくことこそ（ここに、マス・メディアの果たす役割と責任は大きい）、人間としての尊厳を失わず、一生を終えることのできる人間を増やすことにつながっていくはずだ。

言語表現と複製

この「言語表現」という概念と「複製」とを結びつけるときには、大きく二つの事柄に分けて考えることが要求される。

一つには、言語を転用したり引用したりする場合の「複製」である。

第三者が著書（仮にAとしよう）などにおいて記した言語あるいは文章を、出典を明示して、自らの著

図060●孤独さをアピールするかのようなボーリングの看板。その孤高さは、複製的社会としての私たちのこのありように、何らかの警告を発しているのか、それとも〝我に続け〟とばかりに自己主張しているのか、そのどちらかであろう。（写真：岩田えり）

書（仮にBとしよう）の文章の中でそっくりそのまま再現する「引用」は、すなわち先の著書A中の文章を、著書Bの中に「複製」する行為である。

この「引用」という名の複製によって、著書Bの著者は、その著書において表現する様々な事柄を、過去の先学たちの考え方と結びつけて論じることが可能となる。「引用」とは言ってみれば、思考の多様性を紡ぎ出すための複製であると言えよう。[*151]

しかし、ここで考えたいのはいま一つの事柄である。

それは、何かを言語として表現することそのものを「複製」とみなすということだ。

前出の吉田夏彦（註082）が記した文章がわかりやすいので、ここに「引用」してみよう。

> 言語表現も、一種の複製であるといえる。つまり、表現の対象となっている事物を原像とする複製であるといえる。そうして、複製としてのできばえは、個々の言語表現によってことなる。たとえば、風景を描写した文章などで、いかにも生き生きとしていて、人々を感心させるものもあり、反対に、生気に乏しく、退屈させるだけのものもある。[*152]

吉田によれば、「言語表現」とは、その対象となる現象を「オリジナル」——吉田の言葉で言う「原像」——とする「複製」にほかならないのであって、そうして作られる「複製産物」とは、表現された言語（文章を含む）そのものということになる。

それではこの「言語表現は複製である」を前提とすると、「複製装置」として機能するものとは一体何であろうか。

おそらくは、個々の言語表現を担うそれぞれの個人もしくはその言語表現能力こそが、こうした場

151● ここで「著作権」について言及しておかなければなるまい。著作権とは裏を返せば、著作者に与えられた「複製権」でもあり、著作者以外には許可なく「複製」させない権利であると言える。その中でも「引用」は、確かに著作物の中からある文章等を「複製」する行為であるが、学術上、文章表現上必要な場合は許可なく行うことが許されるのだ。

152● 吉田夏彦『複製の哲学』p.155。筆者は、吉田がこの書物で提示した複製の四つのカテゴリー（できるだけオリジナルに近づこうとしているもの、オリジナルから少し距離をとったもの、オリジナルからはなれて独り立ちしているもの、たがいに他の複製になっているもの）について、生命世界における「複製」現象をあてはめて論じた。註091参照のこと。

合に機能する「複製装置」であると言えるのであろう。

これまで多くの例で見てきたように、複製装置いかんによって複製産物の「できばえ」が異なるというのは、およそ「複製」の共通性質——いわばセントラルドグマ[*153]（中心定理）——である。

たとえばここで、言語表現を複製とみなすに最も適切な例の一つとして、ラジオの相撲中継を例にとってみよう。

テレビ中継とは異なり、ラジオのリスナーは、アナウンサーがマイクの前で口から放つ一言一句から、国技館で行われている白熱した取り組みの全体像と、二人の力士の一挙手一投足を聞きとろうとする。巧みなアナウンサーの言葉にかかれば、その取り組みのありようがまざまざと眼前に「複製」されることを、多くの人は経験として知っている。

この場合、アナウンサーの巧みな言語表現が、相撲中継における「複製装置」としてはたらいていることは確かである。その結果として「複製」された相撲の取り組みの様子は、もう一つ、その受容者であるリスナーの〝聴き方〟というこれもまた「複製装置」とみなすことができる存在によって、バラエティー豊かなイメージ像を、リスナーの脳の中に構築することができると言えよう。

要するに、アナウンサーによる「言語表現」と、それを聴くリスナーの「受けとり方」が、協調して複製装置としてはたらくということである（図061）。この関係はおそらく、白雪姫の「複製」過程において言及した、「語り手」と「聞き手」の関係とほぼ同一であろう。

ただし吉田は、最初はオリジナルの複製として始めたものが、徐々に「複製であること」から独り立ちし、もはや複製とは呼べないほどにまでオリジナル性を保有するに至るメカニズムを述べた上で、「言語表現を、常に複製としてあつかうことには、無理があるようにもみえる」とも述べている。[*154] 一例として挙げたフィクションの制作過程における作者の心の動きについて吉田は、

153● 生物学においては、バクテリアから人間に至るすべての生物に共通の分子生物学的メカニズムがあって、それに対して「セントラルドグマ」という言葉が用いられる。第12展示室も参照のこと。

154● 吉田夏彦『複製の哲学』p.71ならびにp.156。

> しかし、多くの作者が告白しているように、筆をとって行くうちに自ら筋《すじ》が展開してくることも間々あるのであり、心の中にせよ、原像がまずあって、この複製として作品が書かれたのだとはいいにくい場合があるのである。*155

と述べて、言語表現すべてが複製とみなせるとは限らないと主張した。

だが、果たしてどうであろう。

確かに、小説家が描き出すストーリーとその世界観は、読者がその世界観を手にした瞬間はまさに「オリジナル」そのものである。それが何か別の「オリジナル」をもとに、「複製」して作られたものであると考えることは、先に述べたオマージュやパロディなどの例を別にすれば、まずないと考えてよい。

しかし考えようによっては、小説家のペン先、指先、あるいはキーボードから打ち出される独特の世界観は、結果的には小説家の頭の中で構築された世界観の「複製産物」にほかならないとも言える。たとえそれが「筆をとっていくうちに自ら筋が展開してくる」ような具合に作られてきたとしても、やはりそれは、小説家の頭の中に展開した筋が、そのまま筆の先からしたたり落ちたものではないか。

これは、先の問いかけ「だが果たしてどうであろう」に対する答えの一つではあるが、そもそも「果たしてどうか」と疑問を投げかけたのは、吉田の主張（註155）における「複製」が、「作者の頭の中で構築された世界の複製」を意味するものなのか、それとも「自ら筋が展開していく」ことを「複製」の範疇に加えていないだけなのかということがいま一つ明らかでないからである。

もし吉田が、筆を進めていくうちに自然と——自動書記のように——手が勝手に動いて物語を紡ぎあげていくということを「複製」とはみなさないと主張するのであれば、筆者もそれに同意すること

155● 吉田夏彦『複製の哲学』p.156。

156● ただし、前者であるとは言え、言語表現としての作品を読んだ読者の頭の中に、作者の世界観が「複製」されたと考えるのであれば、言語表現を「複製装置」とみなすことができる。要は、複製の単位をどこからどこまでとみなすかによって、その扱いが違ってくるということである。

になるであろうが、おそらくそうではあるまい。

先ほどのラジオの相撲中継の例にもあるように、こうした場合の複製において複製装置は一つではなく、いくつかの要素が協調して機能する場合が多い。小説家による小説の執筆も、その「複製装置」は一つにはペン（ワープロ）であるが、別の一つには、「これを書こう、書いてみたい」とする作者の「欲求」であり、いま一つには、「こんなものを読んでみたい」とする読者の「欲求」なのである。

言語表現そのものを「複製産物」とみるか、あるいは言語表現そのものは「複製装置」にすぎず、複製産物はその結果もたらされる受容者の内部にあるとみなすかは、場合によって異なる。小説やフィクションなど、出版物として刊行されるような言語表現は前者であり、ラジオアナウンサーによる相撲中継など、リアルタイムで進行する言語表現は後者であろう。[*156]

いずれの場合にも言えることだが、複製の観点においては、吉田の「言語表現を、常に複製としてあつかうことには、無理があるようにもみえる」という懸念は、杞憂に終わる可能性が高い。

言語表現の世界は、それそのものが複製であるとする視点から見れば、他にも様々な場面において「複製」を感じることができる、極めて深遠な哲学的様相を呈している。ただそうした点にまで踏み込ん

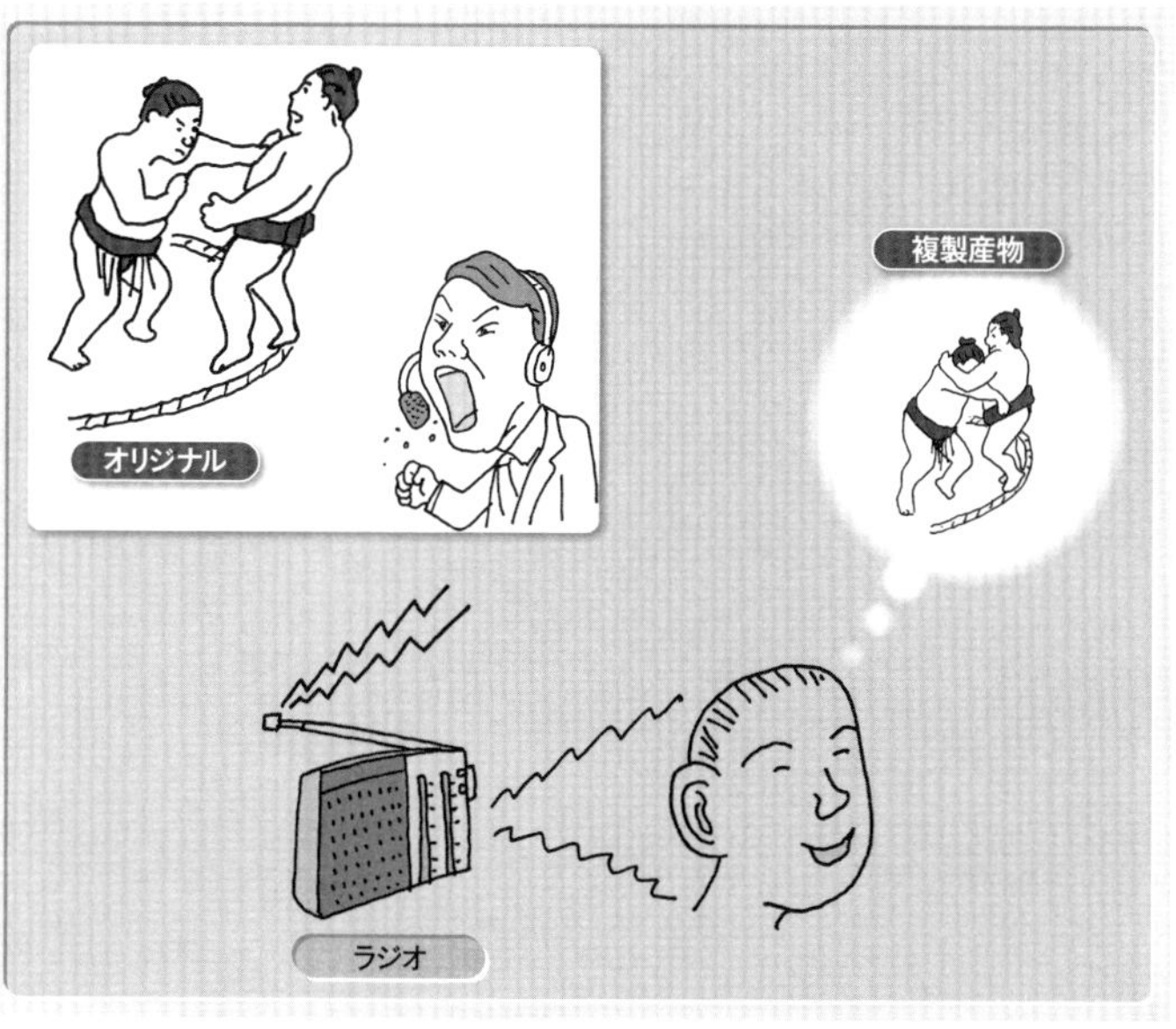

図061● 言語表現という名の「複製」。
ラジオの実況アナウンサーという複製装置の手によって、オリジナルとしての白熱した相撲の様子は、ラジオに耳を傾ける人たちの脳内に手際よく複製されていく。

でしまうと、話が長くなってしまうのとともに、筆者自身の考えもまだまとまりきっていない状況であるという理由もあり、機会を改めて論じていくことにしたい。

個性の形成とハビトゥス

教師から生徒への知識の伝達は、教師の脳の中に存在する「オリジナル」としての知識を、生徒の脳の中に複製する行為である。学問的な知識のみならず、人間としての心のあり方なども、学校において、家庭において、徐々に子どもたちの身には備わっていくものであるが、これもまた、学校においては教師の、家庭においては親の、それぞれの人間としての心を「オリジナル」とし、子どもたちは自らの中に複製していくのである。

平たくいえば、「教育」という行為もまた、世代を通じた「複製」とみなすことができるということである。学校はそうした「複製」の場であり、人間社会を生き抜く上で大切な基本的な知識を自らのものとして、子どもたちが能動的に複製し、あるいは子どもたちの中に受動的に複製されていく場でもある。人間の子どもたちは、本来の親を始めとする社会的な「親」たちから受ける様々な教育によって知識を得、行動を学び、社会の一員としての素養を身につけていくが、子どもたちには持って生まれた遺伝的要因、環境的要因というものも存在し、それらは子どもによって様々である。学校教育を始めとする全体的な教育は、子どもたち全体に共通な要素を吹き込んでいくよう仕向けるが、それに加えて遺伝的、環境的要因が相乗的にはたらくことにより、子どもたちの、これまた非常に多様性に富む「個性」を作り出していくのである。

個性をどう定義するかは場合により異なるが、ここで個性とは、社会を構成する個体間に見られる相違をベースとした社会的特徴であると同時に、人間あるいはそれに近い動物たち――もちろんその他の多くの動物たちにも少なからず存在するのであろうが、とりわけ顕著だという意味では人間とその他の霊長類――が持つ、数ある生物学的な特徴の一つでもある。

最近の学生は「没個性」と言われて久しいが、確かに筆者自身の経験でも、たとえば大学で講義をするとき、受講者の集合としての彼らを眺めると、一人一人の個性、特異性を見出すことはあまりない。ところがゼミナールなど少人数授業において、一人一人の学生に直《じか》に接し、一対一で議論する機会があると、かえって最近の学生が没個性どころか「超個性」とでも言うべき多様化を起こしていることに気づくものである。筆者が開講している東京理科大学の教養科目「教養ゼミC」――複製論ゼミ――の受講者諸君などはその類であろう。

それでは、個々人に備わった特異的な性質としての個性とは、果たしてどのように形成されていくものなのだろうか。

個性[157]の形成には、先ほども述べたように、遺伝的要因と環境的（社会的）要因が必要とされる[158]（図062）。

遺伝的要因とは平たく言えば「遺伝子」を中心とした、DNAの塩基配列で規定される種々の要因である。特定するのはなかなか難しいが、親の遺伝子が「複製」され、自分へと伝わるとき、その遺伝子の中に、個性の形成に必要な様々な遺伝子が存在するはずである。

どのような性質が遺伝的要因をもち、さらにどの遺伝子がどうはたらくことで、その性質が表に現れるのか――これを遺伝用語で「表現型（phenotype）」という――といったことは、現在の生命科学をもってしてもそれほど明らかになっているわけではないが、人間が持ついくつかの性質――たとえば暴力的であるとか、同性愛的性向が強いとか、忍耐強いとかいった、どちらかと言えば基本的、本能的な性質――については、それらとの関連が強い遺伝子が存在することも知られるようになってきた。

157● 本文でも述べたように、単に「個性」と言っても、ときと場合に応じて様々な捉え方、様々な対象がある。ここでは主に「人格」「性格」「趣味」「好きなもの」「嫌いなもの」など、個々人の持つ「オンリーワン」を示す精神的、人間的志向性を指すことにする。

158● このような大きなテーマは、すでに多くの社会学者や教育学者、心理学者によって大いに研究されてきたはずであるから、ここで筆者のような「門外漢」が口をはさむようなことがあるわけはない。ただ、口ではないが、せめて舌の先程度の領域くらいは差し挟むことくらいは許されよう。

ただ、こうした遺伝子はあくまでも関連が強い、すなわちその遺伝子がこうなっている人はこういう性質を持つ傾向が強いというだけの話であって、決して短絡的に、この遺伝子を持っていると「必ずそうなる」という意味で「原因」遺伝子であるわけではない。

しかしながら、親の性格と自分の性格がそっくりだと感じるとき、その事実から目を逸らすのが難しいという多くの人が感じている経験的なイメージが、遺伝子の本体はDNAであるがゆえに、個性の遺伝的要因とは親のそれが「複製」されたものであるという確信を大きくしているというのもまた、事実であろう。

中心の棒から幾重にも繰り返し巻かれた生地が、繰り返し焼かれて作られていくバームクーヘンにおいては、遺伝的要因は、その中心の棒であると言える。この巻かれた生地のように、教えたことがそのまま教えられた側の考え、知識としてその脳髄の中に巻き込まれていくというのであれば簡単だが、どうやら知識の確立や個性の形成の過程は、それほど単純なものではない。

社会学の素人が背伸びをしてその領域に踏み込んでしまうと思わぬ地雷を踏んでしまうこともままあるが、ここではあえて冒険し、危険を冒して立ち向かうことにすると、社会学者ピエール・ブルデュー[*159]によって提唱された概念「ハビトゥス」とは実にそうしたものの一つではないかと思われる。

ハビトゥス（Habitus）とは、社会的に獲得された性向の総体であって、言ってみれば個性の一部分である。ブルデュー自身の定義で言えば、「つまりハビトゥスとは、行為ないし――より正確には――（反射弓ばりの）反応の機械的な原理などではまったくない。それは限界づけられ条件づけられた自発性である。ハビトゥスはこうした自律的な原理であって、この原理によって、行為というものが、たんに生の現実に対する無媒介な反応でなく、現実から積極的に選択された一側面に対する『知的』反撃と

159●ピエール・ブルデュー Pierre Bourdieu。フランスの社会学者。コレージュ・ド・フランス教授。1930-2002。独自の方法論、概念を駆使し、新たな社会学の枠組みの構築を目指して精力的に活動を続けた。著書に『再生産』のほか『ホモ・アカデミクス』など。

なるのである」[*160]。

そう言われても筆者のような「素人」にはてんでよくわからないが、社会的に獲得された何か、あるいは教育を通じて獲得された何か、というものがあるとして、これらのうちで、その個性の一部を形成するものとして、日常生活に大きな部分で影響を及ぼしている種々の文化的習慣であるとか、地域に伝統的に受け継がれ、知らず知らずのうちにその影響を受けている生活慣習であるとかいったものが、たとえば私たちにはあるとする。

より身近な事例を一つ挙げておくと、たとえば食べ物における嗜好性というものがある。うまい塩梅に筆者はいま、神楽坂のとあるイタリアンレストラン（神楽坂というと高級なイメージがあるようだが、庶民的な店もたくさんある）でミートスパゲティをつまみながらこの原稿を書いているわけだが、たとえばこの「スパゲティが好き」という嗜好性も、イタリア文化がすでに多く輸入された現代日本において、子どものころからスパゲティに親しんで育った筆者自身の個人的経験に基づく、筆者自身の個性を形成する要素の一つであろう。

図062●個性と複製。
個性が形成されるにあたって、
何が、何を、その人間の中に複製していくのだろうか。
遺伝的要因は、内的に親から受け継がれた遺伝子の発現パターンを、
細胞分裂のたびに繰り返し複製することで個性の形成に関与し、
環境的要因は、周囲の大人たちや友人たちから与えられる
「複製産物」として、その形成に関与する。

160●ブルデュー『住宅市場の社会経済学』山田鋭夫・渡辺純子訳（藤原書店、2006）p.293。

本来なら、ブルデューの言葉を原語で解釈すべきであろうが、フランス語ができない筆者が山田、渡辺の訳（註160）を参照すると、この場合の「限界づけられ条件づけられた自発性」とは、イタリアンレストランという、あるいはイタリア文化という条件の下で筆者自身につきつけられた現実の中で、それを好きになるという積極的な知的欲求と、それを自発的に自らの個性の一つに組み入れること、そのものを意味しているのではないだろうか。

松岡正剛[*161]は、ブルデューの言うハビトゥスは、相対的な自律性と、ちょっとした「場」や「界」を持っていると言う。このことは、ハビトゥスの持つ特徴が、社会あるいは教育を通じて教師役（tutor）から生徒役（pupil）へと伝わる「ミーム」のような振る舞いを起こすものであって、「複製的」に伝達し、あるいは変化するものだと仮定すると、容易に理解できることに気づくのである。

すなわち複製的に伝わるものであるのならば、ハビトゥスにはある種の境界が必要であって、それが松岡の言う「場」や「界」に該当するものであるかどうかは別にしても、そうしたものは複製していくにあたり、自律性を持つ存在であることが必要だとみなすに吝《やぶさ》かでない。なぜなら、あるものが複製される、あるいは複製するためには、そもそも自律的な複製メカニズムと、どこからどこまでを複製したらよいのかを明らかにする、はっきりとした「境界」が必要であるからである。このことは、細胞の複製を念頭に置くことでより明瞭になる。

「スパゲティが好き」という「ハビトゥス」があると仮定すると、個性というものも実は、ある種の「複製産物」だったという結論が導ける可能性が高い。個性を構成する重要な要因の一つに「どの商品を好み、どの商品で自らを彩るか」があるからだが、さらにまた、スパゲティが好きということから「ピザが好き」という状態が生じ、さらに膨張して「イタリアンが好き」という状態になっていくということは、複製の原形としての「一つのものが二つになる」という現象の、一つの派生型であるとも言え

161●松岡正剛。編集者、書評家。1944-。工作舎の初代編集長。著書に『花鳥風月の科学』『松岡正剛　千夜千冊』など多数。

るからである。

嗜好性に関しての個性の形成には、複製産物である多様な商品のうち、自らの好みに応じてどれかを選ぶという行為が非常に重要な意味を持っていて、それはあたかも、たくさんの遺伝子の中からあるものを構成的に選び、多様な抗体遺伝子を可能にしたように、多様な個性を形成してきたと考えられる*[162](図063)。

このことは、複製過程で生じる多様な変化と、その結果の意味するところはほぼ同じである。生じる複製産物はお互いに似ていつつも異なり、その結果として多様な存在であるという、実に単純な定理を共有するという意味において。

複製欲

複製の深淵には、懐かしいという感情から孤独をも通りすぎ、やがては人間の持つ根源的な「欲」に至るまで、心の様々な相がうごめいているようだ。

作者の欲求と読者の欲求が相乗的にはたらいて新しい小説が生まれるように、また作り手の欲求と受け手の欲求が合わさってよりよい商品が作り出されていくように、人間の持つ「欲」には、複製の原動力とも言うべき潜在的な力が備わっているようにも思える。

俗に「三大欲」と呼ばれるものがある。よく知られているように「食欲」と「睡眠欲」、そして「性欲」である。

これらを簡単に、いささか乱暴で、人間的感情の赴くままの言い方ではあるが表現すると、まず食欲とは何かを「食べたい!」と思う欲求であり、睡眠欲とは「寝たい!」と思う欲求であり、そして性欲とは言わずもがな「エッチしたい!」と思う欲求である。なぜ人間には(そして、おそらく多くの動物には)

162●抗体とは、私たちの免疫システムが生体防御のために作り出す「ミサイル」タンパク質である。全宇宙に存在する物質のすべてを認識するとまで言われる多様性は、遺伝子が組換えを起こすことにより達成される。このことを解明したのが、日本人のノーベル生理学・医学賞受賞者、利根川進(1939-)である。

こうした「欲」が存在するのか、というのが本展示室最後の問いかけとなろう。

食べるという行為は、生物である以上、誰であろうと避けて通ることのできない行為であり、生きていくためには必要不可欠な行為である。ああ何だそれだけのこと、とそう思ってしまえばそれまでだが、しかし「複製」の立場で考えてみると案外奥が深い行為でもある。

まずは「個体」のレベルで見てみると、ものを食べることによって、個体はその体を維持するための材料を得ることができる。得た材料を使って個体は新たな細胞を作り出し、組織のリフレッシュをはかると同時に、その代謝プロセスを通じてエネルギーを得、体を動かすことができる。肝心なのは、生物の個体はこの営みを、寿命が尽きるまで延々と繰り返すということだ。

次に「生態系」のレベルで見てみると、生物がものを食べ、ものを排泄する結果としての物質の循環がバランスよく成り立つことで、生態系全体が維持される。生態系が成り立つ基盤は、ひとえに物質の循環にある。炭素や窒素の循環が継続し、その収支のバランスを維持することが重要なのである。

食べるという行為は、「繰り返し」と「循環」という二つの概念によって構成された、地球にとって、生態系にとって、そして私たち生物にとって極めて重要な行為である。まさに「繰り返し」に代表される、複製の一側面であるとみなせるのである。

次に睡眠欲だが、これを満たすには「寝る」という行為が必要となる。この行為は、これもまた生物の「概日リズム」になくてはならない重要なプロセスの一つである。睡眠は、外界からの低度の刺激に対して無反応になる状態であり、大脳や身体の休息、成長ホルモン分泌の促進、記憶の再構成など、極めて重要な生物学的意義を持っている。

二四時間の周期を持つ概日リズムの起源的基礎は地球の自転であり、昼と夜の繰り返しである。昼と夜は、典型的な二項対立の図式を示し、第3展示室で述べたごとく、地球上に繰り返し立ち現れることで生命を紡いできた歴史を持つ。睡眠欲という欲は、実のところ「繰り返しの欲求」であるとみなすこともできる。

そして、性欲に至っては、そのまま「生殖」という生物共通の行為につながる欲である。生殖とはすなわち、個体の再生産、個体の複製そのものだ。性欲は、個体が「複製」を行うために持つ、生物学的、根源的な「欲」なのである。それでは私たちのような哺乳類——とりわけ霊長類——によく見られる自慰はどうなのかと言うと、確かに自慰そのものは生殖には直接関係がない。しかしながら、いささか野暮ったい言い方だが「健全な性のありよう」を維持していくためには適度に性欲の処理を行う

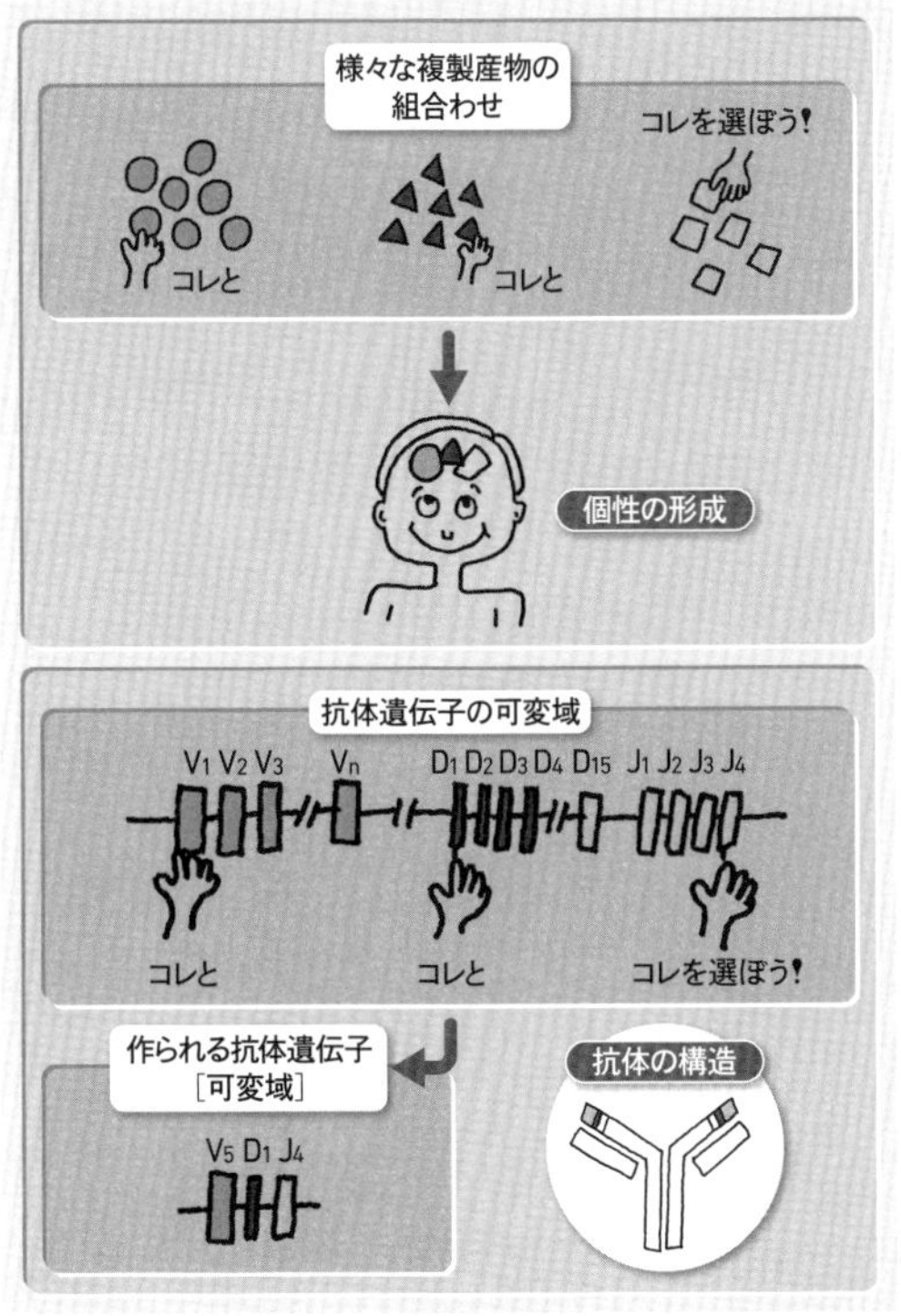

図063●個性形成のアナロジーとしての抗体多様性。
商品を選ぶのと同様に、私たちは無意識的に、様々な複製的要因の中から一つずつ何かをピックアップして、
統合的に個性を形成させていると考えると、その成り立ちは、
抗体遺伝子の多様性構築メカニズムになぞらえることができる。

ことは大切であり、その意味においてはたとえ自慰といえども複製欲の範疇に加えても差し支えあるまい。しかも、とりわけ男子においては、セックスによってであれ自慰によってであれ、射精により貯留していた数億個もの生殖細胞――すなわち精子――を一度に〝使い捨て〟し、新たにまた多くの生殖細胞を「複製」し続けるわけだから、性欲はそのままに複製欲であるとみなすことに不都合があるとは思えない。

非常に簡単だが、まとめて言えることは、私たち人間が持っている「欲」は、結局のところ、すべてを複製したいと思う欲、すなわち「複製欲」であるということである。性欲は、自らの遺伝子を「複製」し、子を残すことを目的とした欲であり、食欲は、自らの体を作り、維持するための細胞の連続的な「複製」のための欲であり、そして睡眠欲は、日常的な生理現象を「繰り返し」、体を維持するための欲なのである。

あえて「複製」を持ち出すまでもなく、私たち人間が持ち合わせる様々な感情は、そもそも複雑な、意識、記憶、そして欲などの相互作用がもたらす複合的なはたらきである。しかしながら、複製という観点でこれらを眺めてみると、そこには根源的な、私たち人間が持っている「複製欲」――最後の項で述べた複製欲ではなく、ストレートに「何かを複製したいという欲」――の発現が見てとれるというのは、極めて興味深いことなのである。

次の展示室では、これもまた常に私たちのまわりにある身近な現象であるにもかかわらず「複製」という観点から見つめられてはこなかった、しかしながら複製を考える上では極めて重要な、「繰り返し」と「集合」、この二つの事柄について考えていくことにしたい。

第6展示室｜The sixth cabinet

繰り返しと集合

第3展示室で、「複製」の原形ともいうべき「一つのものが二つになる」ことと、その帰結として生じる二つの対立する概念間での「繰り返し」が、この世界の成り立ちに重要な影響をもたらしたことについて議論した。

さらに第4展示室では「白雪姫」をとり上げ、その伝承の成立に「繰り返し」が不可欠であったことも述べた。

そもそも「繰り返し」とは一体何か。本展示室では、その原点を探っていくことにしたい。

繰り返し・反復と、複製

繰り返しとは、何かのコト、何かのモノ、何かの行為が何度も続けて登場したり、出てきたり、行われたりすることを言う。別に「反復」という言い方もある。

生物学において「反復」といえば、エルンスト・ヘッケルが提唱した「反復説」が思い出される。「生物発生原則」とも呼び称される仮説で、俗に「個体発生は系統発生を短縮した形で繰り返す」という具合に説明される。[163]

さて、「反復」に関係する哲学的断章において、湯浅博雄[164]はこう問いかける。

〈反復〉とは、「同じもの」の繰り返しなのだろうか。ある〈起源《オリジン》〉が存在しており、それが反復されるのか。もともと「充満している現前性 présence」(としてのオリジン)が存在しているのか。まず「最初」にそれが存在していて、それから初めて反復ということが同じものとして、あるいは類似したものとして起こるのだろうか。言い換えれば、本来的に「それ自身」として——つまり、固有な〈自己〉同一性として——現前している事物や事象(また観念・思考)などがあって、それが繰り返されるのだろうか。[165]

湯浅をして「反復」を考察せしめたのは、かの哲学者ニーチェ[166]の著作である。一九世紀ドイツを代表するこの偉大な哲学者は、「永遠回帰(あるいは永劫回帰)」という終わることのない大テーマを世に出し、狂気のうちにその人生を閉じた。

永遠回帰とは、ごくかいつまんで言えば、この世のすべては「反復」される、繰り返される、そういうことである。この世が繰り返しであるという思想は、たとえばアナクシマンドロスなどの古代ギリシャにおける循環的宇宙に関する考え方、仏教における輪廻転生など、東西世界において散見されるわけであり、ニーチェ研究者によれば、ニーチェは古典文献学の研究を通じて古代ギリシャやストア派の考えを知っていたし、オルデンベルクの『仏陀』を読み、仏教の輪廻思想を知っていたというから[167]、永遠回帰に至った背景にこうした「繰り返し」世界に関する考察があったことは想像に難くない。

しかしながら、ニーチェの永遠回帰は仏教における輪廻の考え方とは根本的に異なる。ニーチェが

163●エルンスト・ヘッケル Ernst Haeckel(1834-1919)は、ドイツの生物学者。この有名な言葉は、もともと一八六六年に出版された著書『一般形態学(Generelle Morphologie der Organismen)』において、「個体発生は、系統発生の短期間のすばやい反復である」というふうに記述されたものである。今日では「個体発生は系統発生を繰り返す」という言葉が人口に膾炙している。ただし、筆者自身は一次資料を参照しておらず、グールド著『個体発生と系統発生』仁木帝都ほか訳(工作舎、1987)p.126を参照した。

164●湯浅博雄。哲学者。東京大学大学院総合文化研究科教授。1947-。

この考えを、まさにいきなりインスピレーションの形をとって手に入れるに到ったその筆先では、次のように表現されたものである。[168]

もしある日、もしくはある夜なり、デーモンが君の寂寥きわまる孤独の果てまでひそかに後をつけ、こう君に告げたとしたら、どうだろう、――「お前が現に生き、また生きてきたこの人生を、いま一度、いなさらに無数度にわたって、お前は生きねばならぬだろう。そこに新たな何ものもなく、あらゆる苦痛とあらゆる快楽、あらゆる思想と嘆息、お前の人生の言いつくせぬ巨細のことども一切が、お前の身に回帰しなければならぬ。しかも何から何までことごとく同じ順序と脈絡にしたがって、――されぱこの蜘蛛も、樹間のこの月光も、またこの瞬間も、この自己自身も、同じように回帰せねばならぬ。存在の永遠の砂時計は、くりかえしくりかえし巻き戻される――それとともに塵の塵であるお前も同じく!」[169]

そうして〝デーモン〟は、「お前は、このことを、いま一度、いな無数度にわたって、欲するか?」という問いを投げかける。

かつて一度見たことがあるような光景に行き逢ったときのことを「デジャ・ヴュ(既視感)」というが、その比ではないほどの「繰り返し」に満ちたニーチェの思想には、この世の究極の姿としての繰り返しとその集合――しかもその数はまさに無限大――が見てとれ、しかもそれは、興味深いことに永遠に全く変わらない、不変の無限大の繰り返しなのである。

繰り返し――すなわち反復――が、果たして同じものの繰り返しなのか、はたまたオリジナルというものがあってそれが繰り返されることなのかという湯浅の問いは、おそらくここに掛ってくる。

165●湯浅博雄『反復論序説』(未來社、1994)p.55。もともと、湯浅の「反復」に生物学的な含意はない。しかし反復、すなわち繰り返しの本質を問うためには、湯浅のこの「複製論的」問いかけは、極めて意義深い。ただし、厳密に言えば、繰り返しと反復はやや違うのだが。

166●フリードリヒ・ニーチェ Friedrich Nietzsche 一九世紀ドイツを代表する哲学者。1844-1900。著書に『反時代的考察』『悲劇の誕生』『ツァラトゥストラはかく語りき』など。

167●ニーチェ『ニーチェ全集8 悦ばしき知識』信太正三訳(ちくま学芸文庫、1993)所収の訳者による解説、p.505。

168●ニーチェ『この人を見よ』手塚富雄訳(岩波文庫、1969)pp.142-146。

ニーチェのいう永遠回帰に、おそらくオリジナルとなるべき繰り返しの単位などはなく、過去から未来にわたって、延々と〝この瞬間〟が繰り返されるのであって、始まりもなければ終わりもないのではないかとさえ思える。

ニーチェの言う永遠回帰は、果たして「複製」であるだろうか、そうでないだろうかと問われれば、確たる自信はないものの、筆者自身はこれを「複製」の一つの世界観であると解くであろう。

繰り返しという現象は、それそのものが、「同じものを何度も」、「同じことを何回も」行うことであり、複製という行為は、その現象の一部をより拡大し、繰り返す「前」と「後」という、時間的差異をより強調して表現したものにすぎない。したがって、ニーチェの世界観にはすでにして、複製の要素が深くにまで入り込んでいる。「お前が現に生き、また生きてきたこの人生を、いま一度、いなさらに無数度にわたって、お前は生きねばならぬだろう」[*170]というデーモンの言葉は、「お前の人生」がさらに無数度にわたって、コピーのように複製され——ただし、オリジナル非依存的に——、お前に押し寄せてくるのだよというふうに、筆者には聞こえるのである。[*171]

仏教には「刹那滅《せつなめつ》」と呼ばれる考え方がある。「刹那滅」とは言うなれば、すべてのものはその刹那に現れ、その刹那に滅ぶという考えである。[*172] 私たちは、この意識が常に連続性を持っていて、昨日の「私」と今日の「私」との間に切れ目はなく、常に時間を継続して同一性を保ってきたと「思っている」わけだが、第4展示室でも述べたように、そのような保証はどこにも存在しないのである。何かが「存在している」という場合、そこには常に連続性——正確には持続性——と同一性が必要であるが、たとえばわずか○・○一秒だけ存在し、直後に消滅する、そして○・○○五秒後に再び現れ、また○・○一秒だけ存在し、直後に消滅するということを繰り返していないと、どうして断言することができるだろう。この世界の成り立ちは——「成り立ち」という時点ですでに持続性と同一性を持

169●ニーチェ『ニーチェ全集8 悦ばしき知識』信太正三訳（ちくま学芸文庫、1993）p.362。

170●註168と同じ。

171●反復という言葉もしくは概念は、様々な分野に顔を出す。鏡像段階論（4—1参照）を唱えたラカン（註066）やジグムント・フロイトSigmund Freud（1856-1939。オーストリアの二〇世紀を代表する心理学者、精神分析家）などによる精神分析の分野においても「反復」は注目すべき単語である。一例を挙げれば、フロイトの精神分析における「反復強迫」もそうしたものの一つだろう。反復強迫とは、幼児期に体験した心的外傷——いわゆるトラウマ（trauma）であるが、最近はこの言葉が、単に「昔経験し、強烈な記憶として残っているもの」の意味で乱用される傾向にある。たとえば、「トラウマになった昔のアニメの一シーン」といったように——をもたらした行為

つことを前提としている——、持続性と同一性を持ち、切れ目なく存在しつづけるものとして捉えられるが、カントが、存在を意味する「がある」はその主体の性質を表す述語ではないとしたように、[*173]また一本の線は無数の点の集合であるとみなすことができるように、「存在している」という状態が、無限の切れ目の断続的な繰り返しにまで還元されることを否定することはできないのである[*174]（図064）。

さて、「存在」という根源的な問題に深入りすることは避けて、ここでは再び「繰り返し」という言葉とその指し示すものについて、もう少し現実的に——すなわち永遠回帰やら刹那滅やらという非日常的な単語を使わずに——考えてみよう。

繰り返しは、変化を伴う「複製」のありようを考える上で、基本的な部分を押さえている。その一例として、次のような事例がある。この事例を経験したことのある人は多いだろう。

近年のパソコンならびに電子メールの普及はすさまじいものがあり、とりわけワープロ等で「ものを

あなたの人生も実は
「断続的」かもしれませんネ

図064● 刹那滅か、それとも映画のコマか。
静止画が無数に繰り返されて作られる映画のように、私たちのこの一生も、無数の静止画の単なる集まりではないと、どうして断言することができるだろうか。

を、成長した後も無意識のうちに繰り返すことを指す。このように、複製の一つの形式とも言える「反復」については、生物学から心理学、精神分析学を巻きこんだ、広範囲にわたる学者たちの思考の履歴が存在している。

172●「刹那」は、時間の極少の単位であり、刹那滅とは、すべての存在が生起した刹那に滅するということ。前の刹那が原因となって、次の刹那には別の存在となり、瞬間瞬間に生まれ変わりながら続いていくため、同一性を保つような本体はないという。

173●武村泰男「存在と意味」『三重大学教育学部研究紀要第三七巻　人文・社会科学』(1986) pp. 161-170。イマヌエル・カントImmanuel Kant (1724-1804) はドイツの哲学者。ドイツ観念論の祖であり、『純粋理性批判』などの著書で知られる。

書く」行為の多くにおいて、「繰り返し」が「複製」にほかならないことを思い知らされる場面《シーン》に遭遇することがある。コピー&ペースト、いわゆる「コピペ」である。無論、学生諸君がレポートでよくやるであろう他人のレポートやインターネット情報のコピペも含まれる。

筆者の場合、大学の生物学に関する講義において小テストを不定期に行う場合がある。

この小テスト、実質的な意味で本当に「小」テストである。それというのも、学生に配布するその「テスト」用紙がわずか数センチ四方のものであり、そこに三つほどの穴埋め問題が書かれているだけの代物だからである。具体的な大きさはＡ４の紙を九等分した程度と考えていただいてよい。実際、そのようにして作るのである。

まず最初に、三つの穴埋め問題（一問わずか二十字程度のもの）を作っておく。次にこの問題文を丸ごと八回「コピペ」し、三段組みにしたＡ４一枚の文書中に、同じ文章が九回繰り返されたものを作る。すなわちこの操作は、経験者ならわかることだが、最初に「ctrlキー＋C」を押しておいて、後は「ctrlキー＋V」を八回連続して繰り返すことで簡単に行うことができる（ただし、これはウィンドウズの場合である）。

やってみよう。

この「やってみよう。」の部分を選択し、「ctrlキー＋C」を押し、カーソルを句点の後ろに持ってきて「ctrlキー＋V」を押す。すると「やってみよう。やってみよう。」という、同じ文句が二回繰り返された文章を作ることができる。あとは「ctrlキー」を左手の薬指か何かで押し続けたまま、人差し指か何かで「V」を七回連続してポンポンポン……と繰り返し押すだけで、合計九回、同じ文句が繰り返された文章が作られることになる。

やってみよう。やってみよう。やってみよう。やってみよう。やってみよう。やってみよう。やってみよう。やってみよう。やってみよう。

174● 映画は、無数の静止画がきわめて速い速度で断続的に投影されることで成り立っている。現実の世界は、その「無数さ」が映画とは比べ物にならないほど大きい、すなわち「無限大」であると考えることもできよう。

175● モーリス・ラヴェル Maurice Ravel。フランスの作曲家。1875-1937。代表曲に「ボレロ」のほか、「ラ・ヴァルス」『左手のためのピアノ協奏曲』『ダフニスとクロエ』など。

ワープロに手馴れた人なら、この間わずかに数秒である（図065）。

小テスト作成の場合もこれと同じであり、最初の「オリジナル」の問題文をコピーし、八回連続してペーストすることで、同じ問題文が連続して九回繰り返された長い文章ができあがる。そうしておいて、それぞれの問題文の区切りの部分で改行して印刷し、最後にハサミで切るのである。そうしてできあがった小テスト用紙は、まさに「複製産物」以外の何物でもない。

このことからわかることは、「繰り返し」とは複製を継続して何回も行う行為であって、かつその結果としての複製産物が、連続して長くつながったもの、すなわちその「集合」を作る行為なのである。

さらに「繰り返す」ということには、ある何か（たとえば横断歩道の縞模様の一つをとってみても）が何回も「表に出てくる」そのたびに、その表に出てくるメカニズムを多少なりとも変化させていくことによって、少しずつ違った形の「表への出方」が創意工夫されていくということにおいて、大きな意味が存在するのである。

次節で、そうした事例の一つについて考えてみる。

ラヴェル「ボレロ」に見る繰り返し

この事例は、正確に言えばメロディーの「繰り返し」と、そこから派生する「変奏」である。変奏とは音楽の方法論の一つとしてすでに確立していることだから「何だ当たり前だ」と思われても致し方ないが、本書における重要な主題の一つである「変化を伴う複製」に様々なバラエティーをつけ加えていく上で、この事例はその基本的な部分を見事に押さえていると言ってよい。

フランスの作曲家ラヴェル[*175]の代表的な作品として知られる「ボレロ」こそそれである。クラシック音楽にそれほど造詣が深くなくても、誰でも一度はどこかで耳にしたことがあると言ってよいほど、人

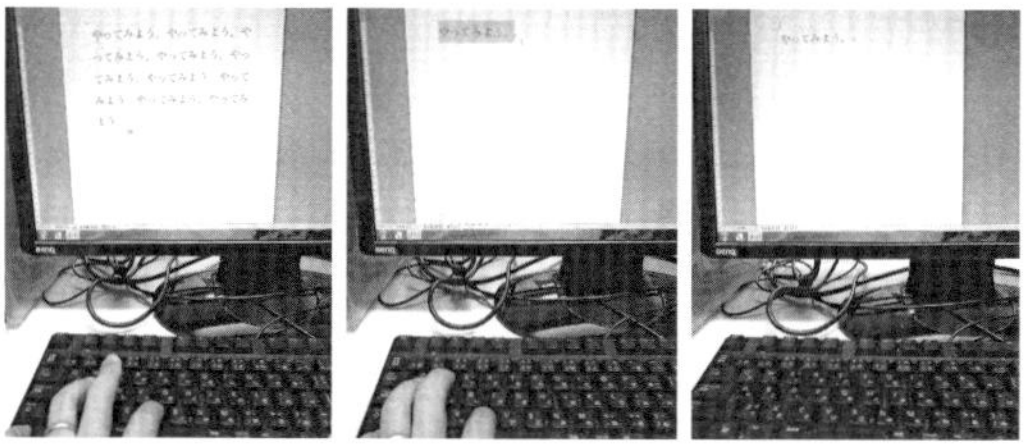

図065● 現代複製事情の最先端「コピー＆ペースト」。
［右］「やってみよう。」と打ち込む。
［中］打ち込んだ部分を選択し、「Ctrl＋C」を押す。
［左］「Ctrl＋V」を繰り返し押すことで、その回数分だけ「やってみよう。」の文字が複製される。

口に膾炙している曲だ。

筆者は学生時代、ある市民合唱団に所属していたことがあり、「ボレロ」の合唱版を作りたいという無謀な試みに足を踏み入れたことがあったが、よくご存じの方であれば、管弦楽曲であるこの曲を合唱曲にするという試みが、どうして無謀なものであるかがおわかりいただけるだろう。それはこの曲が、あるフレーズの「繰り返し」のみで構成されている、極めて特異な曲だからである。

通常の合唱曲には、合唱団の歌唱のための「詩」がある。すなわち何らかのストーリー性というものが、合唱曲には多かれ少なかれ存在しているのが普通である。だからこそ、そのストーリーにドラマを持たせるために、作曲家は様々なメロディーの抑揚をとり入れつつ作曲するのである（たぶん）。したがって、そうした特徴を持つ合唱曲というジャンル（無論、本当にそうかどうかは、久しく合唱から離れている私にはわからないが）において、単調な繰り返しからなる「ボレロ」のような曲は、合唱曲としては不適切であるように思われるわけである。

歌詞は、「ボレロ」には元々ない。あくまでも「管弦楽のための」ものであり、もともとは、一人のバレエダンサーのために作曲したとラヴェル自身が語っているものだ。曲自体も十数分という長さにも及ぶものであり、一曲の合唱曲にすれば（もちろん、ベートーヴェンの「第九」交響曲などは別）、どちらかと言えば長い部類に入るだろう。

ではなぜ筆者がこれを合唱用にアレンジしようとしたのかというと、この曲には次のような特徴があり、そこに合唱用へのアレンジを可能にする、わずかだが重要な隘路が存在すると思ったからである。「ボレロ」は「繰り返し」の曲である。しかしながらその繰り返しは決して単調なものではない。なにしろ作曲者のラヴェルは、〝音の魔術師〟とも呼ばれた、管弦楽曲の神髄を極めた作曲家だ。彼はこの曲を、単調な繰り返しという基本的構造の上に、わずかずつの、しかし極めて効果的な「変化」を盛り込んだ、特異にしてユーモラスな、そして生命のリズムを最高の形で再現した曲として、世に出したのである。

> 1928年に、リュビンスタイン夫人の委嘱で、私は管弦楽のための《ボレロ》を作曲した。これは、いつも一様なきわめて中庸を得た速度《ムヴマン》の舞曲で、旋律、和声、たえず小太鼓がきざむリズムの、どれをとっても、つねに変ることが無い。様変りするただ一つの要素は、管弦楽の漸強《クレシエンド》によってそこにもちこまれる。*176

彼自身のこの言葉からも推測されるように、「ボレロ」の特徴の一は、小太鼓による「タンッタタタ・タンッタタタ・タン・タン・タンッタタタ・タンッタタタ・タタタタタタ」というリズム主題が、曲の最初から最後まで一六九回も延々と繰り返されることにある。

そうして、その特徴の二として、それだけならまさに単調と言う名がふさわしいこの繰り返しの上

図066●ラヴェル「ボレロ」の一節。
このフレーズが、この曲全体を通して合計九回、繰り返し「複製」される。
それに伴い、参画する楽器の種類が徐々に増えていく。
（出典：音楽之友社編『作曲家別名曲解説ライブラリー⑪ラヴェル』音楽之友社、1993）

176●『作曲家別名曲解説ライブラリー⑪ラヴェル』（音楽之友社、1993）p.37。

に、フルート、クラリネット、ファゴットが奏でる旋律が徐々に加わっていく。この旋律(「ボレロ」の最も有名なもの)もまた、曲全体を通じて九回繰り返される(図066)。旋律を奏でる楽器は徐々にその種類と数を増し、それと同時にリズム主題を打ち出す楽器も徐々に数を増していく。そうして最後には、繰り返されるリズム主題の上で、オーケストラを構成する管弦楽器の全奏が私たちの耳を覆いつくし、急激な変調とともに、崩れ落ちるかのように一気に終曲を迎える。

「ボレロ」の特徴は、「タンッタタタ……」というほぼ半永久的に――とはいっても曲上では十数分の間――変化のない「繰り返し」の要素の上に覆い被さるように、徐々に変化する要素が生まれ続けることであると言える。

一六九回繰り返され続けるリズム主題と、これに徐々に積み重なる、やはり繰り返されていく旋律。言うなれば、繰り返しという側面を持って現れた主題の「複製」は、まさに変化を伴って、楽器の奏でる複製産物としての音楽のプロファイルを作り出していくのである。

だからこそラヴェルのこの名曲が、DNAをゲノムとして持つ生物が地球上に誕生してから現在まで、数え切れないくらい「複製」され続け、そのたびに何らかの変化を繰り返してきたことの秀逸なアナロジーとみなせるのではないかと筆者は思い、そこに合唱曲への昇華の可能性を見出したのである。回数は違えども、常にかわることなく繰り返されるリズム主題のそれぞれが、複製を繰り返すDNAであると考える。リズム主題が繰り返されるたびに、その音色も徐々に変化しつつ大きくなっていき、それに乗って旋律を奏でる楽器が変化していく。複製されるたびにDNAは複製エラーによって変化し、遺伝子は多様化し、生物は進化していく。

原始の海で始まった生命の最初のゲノムはRNAか。PNAか[*177]。それともそれ以外の何かかはわからない。いずれにせよ、やがてDNAをゲノムとして持つ生物の共通祖先が生まれた。このとき、コ

177●ペプチド核酸(peptide nucleic acid)。RNAが誕生する以前にあったのではないかと考えられる原始的な核酸。現在の核酸はホスホジエステル結合によってヌクレオチド同士がつながっているが、PNAはその名の通り、ペプチド結合によってヌクレオチド(したがって、正確にはヌクレオチドではなくなっている)がつながっている。

178●カンブリア大爆発と呼ばれる、無脊椎動物の爆発的な種分化。現在の生物分類における主要な「門」は、このときすべて出揃ったとさえ考えられている。

179●生物はこれまで、数度の大絶滅を経験してきたことが、化石記録などから明らかとなっている。

ントラバスの低い音色に弾かれた小太鼓のもたらすリズム主題が、しっとりと演奏を始めたのである。

その「単純な」生物が進化して真核生物が生まれる。多細胞生物が生まれる。そして現在の地球に生きる多種多様な生物たちが生まれる。こうして、小太鼓のリズム主題は最高潮に達し、オーケストラの全楽器が参加する大旋律がホールに響き渡るのだ。

生物進化に詳しい人なれば、考えようによってはカンブリア紀に起こったとされる進化の「大爆発」[178]の時点で、曲はクライマックスを迎えたのではないか、そして何らかの原因でほとんどの種が絶滅してしまったとき、急激なリズムの変調とともに終曲を迎えていたのではないかと、そう思うかもしれない。生物の進化は常に絶滅とともにあり、あるときには大絶滅とともに、かつ大爆発とともにある。[179]

複製のたびに起こる複製エラーと、それが固定化されて生じた突然変異の蓄積が生物の進化をもたらしたとするならば、まさにこれはDNAの「変異」のコラボレーションと、それを奏でる生命の旋律のクレッシェンドであろう。

突然変異が遺伝子（とそれが作り出すタンパク質）の機能の変化をもたらし、その遺伝子機能の変化がさらに新たな複製エラーをもたらすとするならば、その遺伝子こそ「DNAポリメラーゼ」[180]だ。それは旋律を微妙な変容とともに美しく奏でる楽器である。

DNAを正確に複製しつつもときおり起こす複製エラーによって、DNAポリメラーゼは自身の進化をも誘導して来たのではなかったか。そして自分が犯した誤りによって、たとえばDNAポリメラーゼαにおけるエキソヌクレアーゼ活性の消失をもたらしたのではなかったか。[181]

このように考えるならば、視点を変えれば生物進化の本当の主役は、「自己複製子」たるDNAではなく、「複製装置」たるDNAポリメラーゼ、もしくはDNAポリメラーゼを含む「何か」だったのではないかとさえ思えてくる。

180● DNAポリメラーゼに、複製エラーを起こしやすくなる突然変異が生じ、それが生物進化を加速させた、ということを直接的に示す証拠は、しかしながらまだ見つかっていない。現段階では、生物進化というよりも、むしろ細胞ががん細胞に変化する過程、もしくはがん細胞が悪性化する過程において、そうした突然変異が起こっている可能性の方が高い。

181● エキソヌクレアーゼ(exo-nuclease)とは、間違ったヌクレオチドをとり込んでしまったDNAポリメラーゼが、それを直後に修復する「校正(proofreading)」機能のための酵素活性である。DNAポリメラーゼにはたいていこの機能がついているが、DNAポリメラーゼαという酵素からは、この機能が失われていることが知られている。9—2参照。

楽譜は、ただそこにあるだけでは聴衆を満足させることはできない。幾種類もの多様な「楽器」の存在が必要不可欠なのである。その楽器の最も重要な一つが、DNAポリメラーゼという複製装置なのだ。楽譜というオリジナルをもとに、その「複製産物」としての曲を作り出す名器DNAポリメラーゼは、DNAという楽譜を奏でるスタインウェイであり、かつストラディバリウスだったのである。*182

生命の息吹を感じとることができることこそ、「ボレロ」の旋律を味わう、まさに醍醐味であると思うのだ。

「個体発生は系統発生を繰り返す」とはヘッケルの遺産であり、この世のすべては反復し続けるという永遠回帰はニーチェの〝遺書〟である。

反復。繰り返し。そしてその連続。

これらが持つ真の価値は、複製という視点とともに、より高みに到達する可能性を秘めている。

なぜ「繰り返す」のか。どのように「繰り返す」のか。そしてその帰結とは何か。

一つの楽曲から離れて、世の中を見渡し、そこに垣間見える繰り返しの様相を、もう少しだけ考えてみよう。

橋はなぜそこにあるか

私事で恐縮だが、大学への通勤には主に地下鉄を利用している。ただ「不惑」を迎え、そろそろ健康にも気をつけるべしとて、ときどき、地下鉄で通う遠い道のりを歩くこともある。

通勤経路の途中にある飯田橋の交差点は、目白通りと外堀通りが交差し、さらにそこから大久保通りが牛込方面へと分岐している、言ってみれば五つの道路が交わる複雑な交差点である。

182●スタインウェイ（Steinway）は、一八五三年に米国で設立されたピアノ製造会社スタインウェイ・アンド・サンズが作るピアノ。世界最高のピアノとして有名である。ストラディバリウス（Stradivarius）は、一七〜一八世紀のイタリアのアントニオ・ストラディバリによって制作されたヴァイオリン。世界で六〇〇挺ほどしか残っていないという。

おそらくその複雑さ故であろう、飯田橋の交差点をまたぐようにして懸っている歩道橋が、これまたおもしろい形をしていることに気づく。歩道橋は、JR飯田橋駅の改札に近い千代田区側、その外堀通りを挟んで向かい側の新宿区側、目白通りの東・外堀通りの北に位置する文京区側、その外堀通りを挟んで南側の千代田区側の四ヵ所を結ぶように掛けられているが、この歩道橋は、上空から見ると、おそらく「只」という漢字に似ているように作られている。そうして、だいたいどの方向からどの方向へと歩行者が流れていくのかが、時間帯によってほぼ決まっているというのもまた面白い。

長々と書いたわりには、歩道橋の形などはどうでもよいのである。時間帯にもよるが、飯田橋は交通量も人の量も多い場所だから、この歩道橋も、いつも誰かがどこかを歩いている。一体この歩道橋の上に人が一人もいない時間が、一瞬たりともあるのだろうかとさえ思うほどだ。歩道橋の柱と柱の中間点に立ち止まると、下の道路を行き来するトラックの振動と、どこかを誰かが歩く振動とで橋がゆっくりと上下に揺れるのがわかる。おそらく高所恐怖症の人はこの歩道橋を渡ることはできまい。

この写真(図067)はそこから市ヶ谷方面を向いて撮影した、外堀通りを行き交う車の大群の写真である。写真からはわからないが、かすかに振動を「繰り返して」いる中で撮ったものだ。

さて、この歩道橋、これまで一体何人もの人を彼方から此方へ、そして此方から彼方へと渡して来たのだろうか。そう思うとき、やがては老朽化して崩壊する運命と、その瞬間には居合わせたくないという茫漠たる思いが頭をもたげて来ずにはいられない。そうなのだ。橋というのは、人を渡すためにある構造物なのだ。しかも一人だけではなく、何人もの人を渡すために。そこに橋の存在意義がある。

歩道橋は、交通量の多い交差点を、信号を気にすることなく歩行者が渡るためには必要なものだ。特に飯田橋の交差点は、五叉路であるがゆえに車の動きも複雑で、横断歩道も変則的である。JR飯田橋駅に近い千代田区側から、文京区後楽の側へ行くには、横断歩道を少なくとも三回以上渡る必要がある。しかも三回目のそれにはもはや自転車専用のレーンしかなく、横断歩道という物理的区切りすら存在しない。歩道橋はそのために、すなわち複雑な交通事情により横断歩道もなく、右往左往する歩行者のために、わざわざ複雑な形でそこにあると言うことができよう。

飯田橋の歩道橋を降りて、外堀通りをお茶の水方面へと歩いていくと、やがて、これも時間帯にもよるが、多くの人の波がJR水道橋駅から東京ドームシティへと、なめらかなアーチを描く歩道橋の上を移動している場所へと行き逢う。東京ドームで野球の試合がある日などは、よくも橋が落ちないなと思うほど、ゆっくりと――あるいは足早に――移動する巨人ファンの群集たちで橋の上は満ち溢れる。

この歩道橋の存在意義も、先ほどの飯田橋の歩道橋と同じだ（図068）。

水道橋駅から東京ドームシティへと、楽しみに心躍らせる人たちを信号に気を使わせることなく渡すため、また東京ドームシティから水道橋駅へと家路を急ぐ人たちを一刻もはやく電車へ乗せるため、そして群集と車の交錯による地獄的交通麻痺を防ぐために、橋はそこにあるのである。

たった一人の大切な人のためにあるのではない。たった一人の人を、ある一つの目的のためだけに渡し、それを終えたら崩壊してしまうような、そんなものはもはや「橋」ではあるまい。下世話な話だが、そんな「採算性のない公共事業」は、どんな福祉国家の政府であろうとも実行することはないだろう。

橋がなぜそこにあり、なぜそこに作られたか。その理由はもちろん、多くの人を「繰り返し」渡すためである。

同じ人を何回も渡す場合もあるだろうし、多くの人たちを次から次へと渡す場合もある。どんな人をどれだけ渡すにせよ、どちらも「渡す」という行為の「繰り返し」であることには変わりない。繰り返すという目的があるから、いやむしろ、繰り返さなければならないからこそ、橋はそこに、丈夫なコンクリートや木材に支えられながら存在し続けるのである。

多くの人を「繰り返し」渡す橋の存在は、橋というものが「複製装置」として機能していることを言外に示唆している。この「複製装置」が何を複製するのかと言えば、第3展示室で述べた、コーヒーショップという「複製装置」が複製するのは「コーヒーを飲んで満足して帰る客」であるということと、ほぼ同じと考えてよい。

すなわち橋という複製装置が作り出す複製産物は、「反対側に何らかの用事があり橋の上を歩いて渡った人（ペットなどの動物を含む）」ということになる。

図067●［**左**］飯田橋の歩道橋から市ヶ谷方面を見る。歩道橋は、「橋をわたる人」を複製する複製装置であるのと同時に、複製産物である車たちの挙動の、永遠の傍観者でもある。

図068●［**上**］後楽橋から東京ドームへと続く歩道橋。この橋もまた、飯田橋の歩道橋と同様の役割を担っていると言えるだろう。

ただ、この複製のありようが他と違うポイントは、この複製の過程には、おそらく決して変化が伴うことはないということだろう。通行止めにしてしまえば話は別だが、そうでなければ放っておいても、次から次へと「複製装置」を渡り続けるがゆえに、「複製産物」は作り続けられるのである。

変わることなく作られ続ける複製産物は、常に「反対側に何らかの用事があり橋の上を歩いて渡った人（ペットなどの動物を含む）」であって、それが時間とともに変化するということは、およそ考えられない。「用事がないのに橋を渡ったっていいじゃん」という反論も確かにあるが、「用事がない」とは言え、たとえば「単にぶらぶらする」ということも立派な「用事」の一つである。橋を渡るという行為そのものに優劣などはつかないのである。

ただ、「反対側に何らかの用事があり橋の上を歩いて渡った人（ペットなどの動物を含む）」という複製産物の中身をそれぞれよく見ていくと、毎日のように、どのような複製産物ができるかは変化しているとも言える。

たとえば、五月四日にその橋を渡った人と、八月二九日に渡った人が全く同一の人たちだった、というようなことはありそうもない。

そう考えると、これまで述べてきた複製に伴う変化は、橋という複製装置を介した複製の場合においても、やはり存在するのかもしれない。とはいえ少なくとも、繰り返されて作られ続けた複製産物たちは、「キミ、あの橋を渡ったことあるかい？」「ああ、あの橋ね、うん、あるよ、ずいぶん面白い形してるよね、アレ」といった会話で確立される連帯感を持って、見事にその集合と化していることだけは断言できるだろう。

おめでたい「繰り返し」と、恐ろしい「繰り返し」

ある本に、「繰り返しがおめでたい」という見出しに始まる、次のような文章があったので、ここにその一部を引用してみたい。

まず結婚式では誰でもおめでたいというのであるが、これは何故かというと、我々の息子、娘が結婚して我々の世代を継いで繰り返してくれるからめでたいのである。しかし新郎新婦の毎日の暮しにおいては、単なる繰り返し、マンネリズムに陥るような繰り返しではなく、二人の努力による進歩が繰り返しの中に求められるであろう。つまり繰り返しの結果もとの所に戻るのではなくて、もとの場所から一段高い所に帰るのでなければなるまい。丁度ネジを一回転するとネジ山一つだけ前進するように、前進を伴った繰り返しが期待されているということで、結婚式の祝辞のポイントの一つとすることが出来る。*183

繰り返しの結果、より高みへと進歩することへの期待感とは、あたかも複製に伴う変化と、その総合的な形としての生物進化への期待感と重なるものである。まさに「繰り返し」の根本的な意味がそこに見出されるとも言えよう。さらに同じ本からの引用である。

所で、我々は繰り返しを何故おめでたいと感ずるのであろうか。これは我々が我々の人生は一度きりしかないことを知っているからだと思うのである。だからこそ、ほんものであるとか、永遠であることなどに憧憬の念を覚え、その表現の一つとして繰り返しをみると安心し、おめでたいと感ずるのではないだろうか。*184

183● 鈴木司郎『繰り返しと循環』(近代文藝社、1993)p.11。
184● 鈴木司郎『同』pp.12-13。

著者の鈴木司郎はその後、生命現象における「繰り返し」に言及し、生命現象においては単なる現象の繰り返しではなく、それに伴う物質の循環が生命現象の本質として重要であるという。

彼のいう「繰り返し」とは、物質循環があって初めて成り立つものであり、むしろ物質の「循環そのもの」である。そもそも「循環」とは、何者かがめぐりめぐるそのシステムであって、その何者かが繰り返しく、何度もく、同じことを「繰り返す」ものである。人体における血液の循環が、山手線における電車の循環が、そして地球規模での炭素の循環がそうであるように。

確かにDNAの複製も、それが物質循環の一部となった生命不変（普遍）の法則でもあろう。DNAの複製が、繰り返しく、細胞から細胞へ、世代から世代へと、何度も循環しながら（ここで循環するのは、おそらく遺伝情報である）行われていくその過程が、生命の大樹を支える太い幹の部分である。

その幹の繰り返しの中で、わずかずつ変化し、成長し、あるいは進歩する過程が生じ、DNAの場合は進化を、二人の新婚生活の場合はよりよい夫婦像をもたらしていく。

複製は、繰り返されてこその複製であり、かつまた、継続してこその複製である。なぜなら複製は、繰り返して起こることで、そして継続して起こることで初めて、複製産物のありようを変化させるからである。継続とはすなわち、繰り返しを繰り返したらしめるものであり、循環を循環たらしめるものである。同様に、継続は、複製を複製たらしめる。*185

継続の対語的な意味を持つ「断絶」は、「だんぜつ」という言葉の響きからくるイメージとも相俟って、私たちの社会ではどちらかと言えば「悲劇的な現象」として扱われることが多い。何にもせよ、連綿と続いてきたことが「終わる」ことに対して、私たちは一様に寛容ではない。

私たち自身は結局のところ、何十億年も繰り返されてきた「複製」の申し子としての「複製産物」であるが、私たち人間は、その誕生のメカニズムそのものでもあるはずの「複製」に抗うようにして生きて

185●これまで本書でたびたび言及してきた「連続性」と、この「継続」とは若干意味が異なる。

いる。そうした志向性があるにもかかわらず、複製の前提となるべき「継続」に関して言えば、場合にもよるということもあるが、私たちは一様に保守的であって、なるべくその「日常」が失われないように望むのである。

複製に抗うのはしかし、私たちそれぞれの個体が生きる道においての話であって、私たち自身が、「オリジナル」が複製し、その複製産物が新たにオリジナルとなる連続性の中でこの世に生を受けたという大前提を否定するものではない。むしろそうした部分は否定せず、「複製的であること」と「個性的であること」の両方を、うまくバランスをとりながら保ち続けることが、人間にとっては重要なことなのであろう。

連続性と継続、そして繰り返しが損なわれることなく、さらに次の世代が生まれる道筋がつけられること。結婚にはそうした意味がある。だからおめでたいのである。

ここでもう一つ、逆に繰り返しが「おめでたくない」事例も挙げておこう。おめでたくないどころか、むしろ恐ろしいという類の話である。

日常と非日常の括《くく》りによって表現されるものとして、私たち「人間」と、その私たちの社会に漫然と入り込んでくる「異界のものたち」がある。この世界におけるそうした存在を、私たち人間はあるときには「化けもの」や「物の怪」などと表現し、あるときには「妖怪」と言い表してきた。

正確な民俗学的「妖怪」については、井上円了や柳田國男、小松和彦*186ら先学の定義を参照いただくこととして、本書ではいわゆる「化けもの」チックにイメージされるものを「妖怪」としておこう。

さて、一九七〇年代から一九九〇年代にかけて民放テレビで放映された「まんが日本昔ばなし」に、「牛鬼淵」という恐ろしい話があった。

伊勢の山奥に「牛鬼淵」と呼ばれる淵があり、そこには体が牛、顔が鬼という恐ろしい「牛鬼」が棲む

186● 井上円了（1858-1919）は哲学者。『妖怪学講義』などの妖怪研究（ただし、妖怪は迷信だとする立場）で知られ、東洋大学の創設者。柳田國男（1875-1962）は我が国を代表する民俗学者で文化勲章受章者。『妖怪談義』『遠野物語』などで知られる。小松和彦(1947-)は文化人類学者、民俗学者。国際日本文化研究センター教授。著書に『異人論』『妖怪学新考』など。

と言われていた。あるとき、二人の樵が山に入って仕事をし、山小屋でのこぎりの手入れをしていると、小屋の入り口の筵の間から中を覗く男がある。男は「何しとるんじゃ」と言い、年老いた樵が「のこぎりの手入れをしている」と答えると、男は「そののこぎりは木を曳くんじゃな」と言う。樵が「そうだが、こののこぎりの最後の刃は〈鬼刃〉と言って、鬼を曳き殺すのに使う」と言うと、男はそのまますーっと闇に消えていく。

翌日の夜も、樵がのこぎりの手入れをしていると、昨夜の男が再び、小屋の入口の筵の間から中を覗き、「何しとるんじゃ」と言う。樵が昨夜と同じように「のこぎりの手入れをしている」と答えると、男はやはり昨夜と同じように「そののこぎりは木を曳くんじゃな」と言う。昨夜と全く同じ言葉を繰り返す不気味な男に、樵はゾッとする。

この男はやはり牛鬼であって、その翌日、欠けてしまった鬼刃をなおしに年老いた樵が山を下りている間に、再び「何しとるんじゃ」の問答があり、鬼刃がないことを知った牛鬼によって、若い樵が牛鬼淵に引きずり込まれてしまうという話である。[*187]

この話が恐ろしいのは、この男が顔を覗かせて「何しとるんじゃ」と聞く「二回目の」シーンがあるがためであろう。もしこの男が最初の夜だけに現れ、次の日に現れることがなければそれで終わりである。道に迷い込んだ人間が、たまたま行き逢った小屋を興味本位に覗いただけで済まされてしまうだろう。重要なのは、この男が翌日も再び現れ、前夜と全く同じことを聞き、同じ言葉をしゃべり、同じようにして退散していくということである。もしその男が人間だとすれば日常的ではなく、普通とは思われない。

こうした明らかに人間的ではない「繰り返し」は、実は妖怪が出現するときの特徴でもあって、この非日常的な「繰り返し」によって、人間はそれが常の人ではなく「妖怪である」と悟るのである。

187●放映当時、筆者は中学生くらいであったと思うが、筵から顔を半分だけ覗かせて「何しとるんじゃ」と言うこの男のシーンが印象的で——市原悦子氏の声の演技によるところが大きいのであろうが——、それからふざけて、この顔半分の「何しとるんじゃ」を家の中でマネ（模倣）して楽しんでいた記憶がある。図は、TBSテレビ系列放映「まんが日本昔ばなし」より。

狐狸の類に化かされたと解釈されるような体験談では、夜中に車を走らせているとこれまで見たこともないような景色がいきなり眼前に現れ――この現象は「繰り返し」ではなく、いきなり何らかのオリジナルの出現とみなされる――、何とか見覚えのある道に出たいと思って右に左にハンドルをきるが、不思議なことにまた、先ほどと同じ見たことがない景色が現れ、それを延々と繰り返すといった話をきくことがある。

同じ言動を繰り返すとか、同じ道を何回も繰り返し往来するといったようなことは、もちろん常の人、常の状況の場合にもあり得ることだが、状況が明らかに妖怪的であるような場合において、それを非日常的と捉えることができたとき――たとえば「さっき言ったじゃん」という状況で再び同じような言動が繰り返されるといったとき、あるいは「こんなはずはない」という状況、しかも半覚醒的な状況で道に迷うといったとき――、私たちはそこに、日常の変容の象徴としての「妖怪」を見出すのである。

電車は誰がために駅に停まる

JR線、東武伊勢崎線、そして東京メトロ日比谷線。筆者はいま、東京・北千住駅にある、何本かのホームを見渡すことができる喫茶店で、この原稿を書いている。

北千住に乗り入れているこれらの電車がホームへと入ってきて、やがて停車する。ドアを開け、客を降ろし、新たな客を乗せ、ドアを閉めて走り出し、ホームから出ていく。しばらくすると同じホームに、同じ色をした同じ車両編成の電車が再び入ってきて、またドアを開け、客を降ろし、またしても新しい客を乗せて、再び走り出す。すぐ後に、またしても同じ様子の電車がホームへと入ってきて、やはり同じようなことをして、再びホームから出ていく。こうしたことが、次から次へと繰り返されていく。

しばらくその光景を眺めていると、隣に若い母親と幼稚園くらいの男の子が座った。男の子が、電車を見て喜んでいる。電車がホームから出ていくたびに、「またねー」「ばいばーい」と、喫茶店のガラス越しに電車に向かって楽しそうに言葉を投げかける。筆者のようなひねくれた大人にとっては、電車が出たり入ったりするだけのことで、その男の子が面白がるような意味においてはそれほど面白くはない。とはいえ「繰り返し」という観点から眺めていると、この電車の「行動」は、その男の子が感じているのとはおそらく違った意味で、実に面白いのである。

時刻は朝九時四六分。この繰り返しが、おそらく今日の夜半に至るまで延々と続いていくのであろう。あと一五時間くらいは、この繰り返しが続くのである。明日も、明後日も、来月も、そして来年も、飽くことなく続くのである(図069)。

さきほど、繰り返しがおめでたいという話をした。鈴木司郎も述べたように、私たちの日常生活はまさに繰り返しの連続である。

朝に起き、昼間活動し、夜眠る。あるいは昼間は寝て、夜に仕事に繰り出す。また別の人は昼過ぎに起床し、そのまま活動し、朝方帰宅して寝る。

人生にはいろいろなスタイルがある。社会にはいろいろな職業があるがゆえだ。だからこそそれぞれの職業、それぞれの人生で、またそれぞれの「繰り返し方」がある。一生とは「繰り返し」の集合なのではないかとさえ思えてくるほど、私たち人間の、とりわけ一般人の生活リズムは一定している。

筆者などは、どんなに夜遅くに寝たとしても、ほぼ例外なく朝五時五〇分前後に目が覚める。晴れた夏の日でも、曇や雨の日でも、凍えそうな冬の朝も、窓から差し込む太陽があろうとなかろうと、雨音がしようがしまいが、ほぼ必ずその時間になると目を覚ますのである。あまりにも暗いのでまだ四時くらいかと思って時計を見ると、雨がしとしと降る明け方、五時四八分だったりする。太陽の燦々たる光を認め、しまった寝過した！と思って時計を見ると、五時五一分だったりする。生物の持つ体内時計[*188]の正確さには驚くばかりだ。結局、毎日はその繰り返しなのである。

ベンヤミンの言う「アウラ」を存分に感じられるような、その日、その場のたった一度だけというような事例は、案外私たちの身のまわりには存在しないものだ。たとえば、総理大臣の指名選挙で選出された瞬間とか、ノーベル賞授賞式でスウェーデン国王と握手をする瞬間とか、はたまた交通事故に遭って入院するときなどは、たとえその該当者であったとしても一生に一度あるかないかであろう。もっと身近な場合、たとえば愛する家族の葬儀に参列するというような場合ですら非日常的なできごとであり、日常的な意味において、「繰り返し」起こることは滅多にない。

学校における子どもたちの生活パターンと同様、むしろ、日常的、非日常的という言葉そのものに、「繰り返す」生活と「繰り返さないたった一度だけの」生活という意味合いが含まれる。私たちが「日常」という場合、そこにはっきりとではあるが無意識のうちに、「いつもの生活とその繰り返し」と

図069●繰り返される電車の営み。ここは北千住ではなく、鶯谷。シャッターチャンスが何度となく訪れること、そのものが、被写体たる山手線電車の営みをそのまま意味しているようにも思われる。（写真：岩田えり）

188●生物の体内に備わっている、時間を認識する何らかのメカニズムを体内時計（あるいは生体時計）という。

いう意味を付与させているからである。

繰り返すが、「繰り返し」とは同じことを何回も「繰り返す」という行為、あるいはそれによって作られる同じ「もの」の「反復」である。繰り返すという行為もまた、同じもの（あるいはこと）を複数作り出すという意味において、やはり「複製」なのである。

言うまでもないが、ここで言いたいのは、「繰り返し複製する」という意味での「繰り返し」ではなく、「繰り返し」そのものが「複製」であるということだ（図070）。

では、北千住駅に発着する電車たちはどうなのだろうか。彼らが発着を繰り返すことで、一体「何が」複製されていくのだろうか。

結論を言うと、まずはその日、発着する（発着した）電車の数が増えていく、これが一次的な帰結である。しかし、そこからさらにもたらされる二次的な帰結として、その電車に乗り降りする客の数も増えていく。すなわち複製されていく。

電車は誰《た》がために駅に停まるのか？

言うまでもなく、それは乗降客のためである。その繰り返しによって、その駅の乗降客という「複製産物」が増えてゆき、乗降客、すなわち「今日、北千住駅で電車を乗り降りした人たち」の「集合」が形成されていくのである。

繰り返さないで済む方法

複製産物の集まりとしての集合。言い換えれば、集合は繰り返される複製の帰結である。

しかし中には、およそ「複製」であるとは思いもよらない、こんな事例もある。この事例については単純に相対化したり、比較したりすることはできないが、議論の糸口にはなると踏むのである。モノ

189● DNAが複製される際、二重らせんを形成していた二本のDNAが一本ずつに分かれる。この分かれた部分があたかもDNAの「枝分かれ（fork）」のように見えることから「複製フォーク」と呼ばれるのである。

190● 筆者の数少ない外国渡航歴の中でも、英国に滞在したときの「フィッシュ&チップス」の経験は、本来の目的である細胞生物学研究の経験を凌いで、筆者の記憶装置の中の座を独占している。

を食べることに関する事例だ。

東京・上野にあるブリティッシュパブで一人さみしく飲んでいたときにふと、なぜフォークはフォークなのかという疑問が、唐突に筆者の頭に湧いて出た。

フォークと言えば、筆者にとってはとりもなおさず「複製フォーク」[*189]という言葉が連想されるわけだが、アルコールの浸みわたった脳髄は、その十何年も慣れ親しんだ「フォーク」から、筆者の意識を遠ざけていた。そんな中で浮かび上がってきた疑問がそれである。

イギリスの国民的な食べ物の一つに「フィッシュ&チップス」という料理がある。タラなどの白身魚のフライに、我が国でいうフライドポテトを添えただけの、至ってシンプルな料理だが、本場で食べるとこれがまた、日本人離れしたボリュームに仰天するといった代物である。とはいえ件《くだん》のブリティッシュパブは日本の店だから、日本人向けのボリュームと味つけになっていることもあり、筆者はときどき、英国に留学していた――といってもたかだか数か月という短い期間だったけれども――頃の懐かしさが妙に心の中でその存在感を主張することがあって[*190]、懐かしさというとそういえばこれもまた複製の一側面だったのを思い出すわけだが、ときどきこのパブにやってきては、日本人向けにやや変化して複製されたフィッシュ&チップスを味わうことにしている。

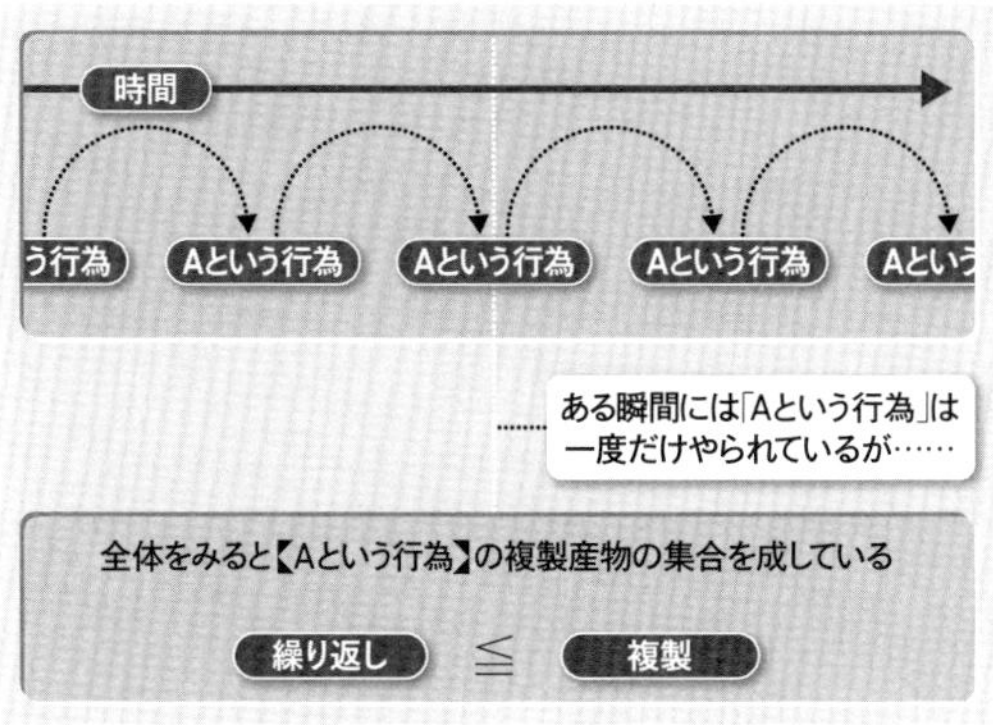

図070●「繰り返し」と「複製」。
「A」という行為が延々と繰り返されるということを想定する。
ある時間的な瞬間だけを抽出すると、その時点ではAという行為は
ただ一度だけ、現在進行中で行われているに過ぎないが、
時間軸の全体を通してみると、結局のところ、
Aという行為が何回も行われた状態としての、
「Aという行為の複製」が行われたとみなすことができる。

さて、そのチップスを食べるために使う道具として、ここで登場するのがフォークである。註189でも述べたように、フォーク(fork)という言葉には「枝分かれ」という意味がある。では、食べるための道具であるこのフォークにおいて、一体何が「枝分かれ」しているのかと言えば、言うまでもないことながら、食物を突き刺して食べるための「その部分」が枝分かれしているのである。

フォークには、小さなケーキを食べるためによく使われる、その部分が二本もしくは三本に枝分かれしている小振りのものもあれば、スパゲティなどを食べるためによく使われる、その部分が四本に枝分かれしている大きなものもある。この枝分かれした金属の先っちょをじっと見ているうちに、大袈裟ではあるが、複製の本質を垣間見たような気がしたのだった。

もしもこの金属の先っちょが枝分かれしておらず、竹串のように金属片が一本だけある状態だったとしたらどうだろう？　言わば「千枚通し」のような状態だ。

そのような場合と、きちんとフォークのように枝分かれしている場合とを比較したとき、果たしてどちらが効率よく食べ物を突き刺すことができ、より効率よく食べ物を口に入れることができるだろうか？(図071)

ふと思いついて、そばにあった爪楊枝で、肥った芋虫のようなそのフライドポテトを持ち上げようとしたが、爪楊枝のような細いものではポテトを持ち上げられず、その表面に崩れた溝を残しただけだった。

また思いついて、いささかもったいない話ではあったが、爪楊枝を四本使い、これを一度にぐさりと突き刺してフライドポテトを持ち上げようとしたら、こちらは難なく成功した。爪楊枝のこの使い方は、すなわちフォークの機能をそのまま表していると言ってよい。

物理学によってこのことを説明するのは容易である。力を分散させることで、フライドポテトの組

191●この場合、日本人になじみ深い、あのマクドナルドのポテトをイメージしていただいた方がよいだろう。イギリスのフィッシュ&チップスにおけるチップスは、本文で「太った芋虫のよう」と表現したように、半月状のばか太いポテトだから、爪楊枝などで食べるのは至難の業だ。

織を壊すことなく（ある程度は壊れるが）、持ち上げることができる。言ってみれば、力の総量は変えずに力を加える部分のみを「複製」することにより、フライドポテトの重さを支える部分を増やすことができ、フォークはフォークとしての役割を果たしているのである。

興味深いことに、フォークに関していま一つ「複製されるもの」がある。

フォークを使うと、「一度に口に運ばれる食べ物」も「複製」されるのだ。

たとえば、爪楊枝を使って一度に口に運んで食べることのできるフライドポテト[*191]を考えてみよう。その上で先の事例、すなわち金属の先っちょが枝分かれしておらず、竹串のように一本だけの状態の〝フォーク〟を想定する。おそらく、この「道具」を使って一度に食べることのできるポテトは、たかだか一本程度であろう。もちろん、ポテトを横に積み重ねてぐさっと刺し貫くといった器用な食べ方をする場合は除いて。

これに対し、フライドポテトを先っちょが四本に分かれたフォークを使って食べる場合では、一度に口を運んで食べることのできるフライドポテトの数は、理想的には四本（すなわち、先っちょ一本につき一本のポテト）ということになる。

ただ、これはあくまでも理想的で仮想的な状態であり、フライドポテトでも、揚げたてでしゃきっとしたものと、大分時間が経ってしなっとしたものでは、およそ異なる振る舞いをするはずである。また、ポテトの幅の太さにもよるだろうが、理論上は——どういう理論かわからんが——、四つに枝分かれしたフォークを使った場合、私たちは数本のポテトを、一度に食べることができると考えてよかろう。

フォークの先を「フォーク（枝分かれ）」にすることにより、一度に食べられるフライドポテトの本数

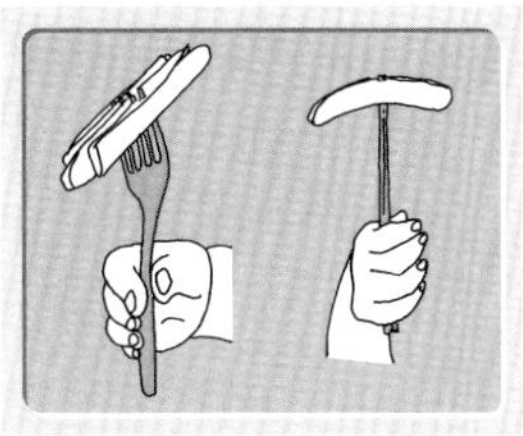

図071●フライドポテトとフォークの複製的関係。フォークで突き刺した場合（左）と、箸のようなもので突き刺した場合（右）とで、一度に口に入れるフライドポテトの数は異なるが、フライドポテトの数が同一の場合、口へ運ぶ回数そのものもまた、異なるのである。この事例は複製であるのと同時に、視点を移せば「複製への抗い」でもある。

は、一本から四本に「増えた」ということである。

イメージも実感もわかないにせよ、これもまた複製であると言うのは簡単だ。しかしながら、ここで筆者が言いたいのは、一度に食べられるフライドポテトの本数が「増えた」ことではないのであった。

とりとめのないことを考えながらビールを飲んでいると、今度はおしゃれに飾りつけした爪楊枝が刺さった、サイコロ状の焼きパンが運ばれてきた。爪楊枝が突き刺さっている相手は、一本一本が細く、一本だけを口に入れてもそれほどの満足感を得ることは少ないだろうと思われるフライドポテトではなく、サイコロ状の焼きパンで、ガーリック風味の一口サイズときた。

このくらいの大きさの食べ物なら、フォークのように枝分かれしていなくても全く問題はない。しかもパンは、爪楊枝一本でも容易に持ち上げることができるほど軽い。むしろ枝分かれのメリットは、この食べ物の場合は何の意味もないことを理解すべきであろう。

重要なのは、フォークによって一度に食べられるフライドポテトの本数が「増えた」ことではない。フォークが枝分かれしたことにより、一度に数本のフライドポテトを食べることができるようになり、その当然の帰結として、「皿から口へとフォークを運ぶ回数が減った」ということなのである。

劇的に減るというようなことはないが、少なくとも爪楊枝で一本一本、ちまちまとポテトを食べるより、フォークを使って数本ずつピックアップする方が腕を動かす手間は省けるし、ポテトをすべて食べ切る時間も少なくて済む。

言うなれば、「皿から口へとフォークを運ぶ」その「繰り返し」の数を、フォークを使うことにより減らすことができるのである。この〝面倒くさい腕の動き〟をできるだけ「繰り返さないですむ方法」として編み出されたのが、フォークだったのではなかろうかとさえ思える。[*192]

192●複製の観点から考えればそういうことも言えるのではないか、というだけであって、真のフォークの歴史を扱っているわけではない。

何度も言うように、繰り返しという現象は私たちの日常そのものであるが、そうした繰り返しの中で、私たちはその〝繰り返し〟をいかに省略するか、どうすれば省略することができるのか、そうしたことを日々追い求めている存在でもあると言える。

そう考えることで、日々の繰り返しの中でいかにその「法則」から逃れるかに苦心する、すなわち「いかにして複製に抗うか」に苦心する、私たち人間の、そして生物の姿が見えてくる。

フライドポテトにしてはいささか過剰議論《オーバーディスカッション》ではあるが、ある全体的な現象があって、その中に存在する複製の様々な局面において、ある場合には複製することによって数が増え（例：一度に食べることのできるポテトの数）、ある場合にはその数が減る（例：フォークを口へ運ぶ回数）というとき、人間は複製に絡むこうした現象を、おそらくは無意識のうちに巧みに利用しながら、自分自身の生活を変えてきたのではないだろうか。

集合と複製

繰り返しと複製との関係について考えてきたが、ここで繰り返しという現象の帰結としてもたらされる、複製産物の集まりとしての「集合」について考えてみる。

そもそも「集合」とは、「ある条件を満たすものの集まり」のことである。

大学にも様々な「集合」がある。たとえば教職員の「集合」は、「大学の教員」という肩書を持つ研究者の集合で、いずれも大学において教育と研究に従事するという共通した目的、役割を持つ。また研究者の「集合」は、言わば教職員の集合の上位にある集合であり、大学において研究活動に従事する教職員、ポスドク研究員、大学院生などを含めた人たちの集合である。

学生の「集合」は、その大学に籍を置く学生の立場で、講義を聴いたり卒業研究をしたりして学問が生まれる現場を体験しながら学問を学ぶという、共通した目的を持って勉強をする人たちの集合である。

さらに、これらの集合をすべて含むものを「大学人」としてくるとすれば、大学に籍を置くすべての人たち、すなわち学問を学び、研究し、その基盤を作るという役割分担をしながら「大学人」として生きているという共通目的がある人たちの集合であり、教職員、事務職員、ポスドク、大学院生、学生、警備員等を含めた一つの大きな集合ということになる。

お気づきのように、このようにくくっていくと何でもアリとなる。「東京都民」も一つの集合であるし、「日本国民」も一つの集合。そして「地球市民」、「宇宙市民」と挙げていけばきりがない。

ここで、この「ある条件を満たすものの集まり」にも二つの種類があることに言及する必要がある。一つは、ある条件は満たすが、それぞれの「個」はいわゆる個性的なものたちであり、お互いが全く同一であるわけではないような集合(図072)。

そしていま一つは、「ある条件を満たすもの」同士が、すべて同一であるような集合である。たとえば、「クローン」という生物学的用語によって表現される状態がある。クローンとは、遺伝的に同一な個体の集合もしくはその集合の構成要素そのものを指す言葉であるが、個体に限らず、そうした細胞の集合、あるいはDNA(遺伝子)の集合に対しても用いられることがある。ここでは、集合の構成要素を「クローン」と呼び、それが多数集まったものを「クローンの集合」と呼ぶことにしよう(クローン化社会については第12展示室も参照)。

クローンの集合における「ある条件を満たすもの」とは、「同じゲノムを持ち、お互いに遺伝的に同一である」という条件を満たす個体である。

「クローンの集合」は遺伝的に同一な個体の集合であるから、それを作るもとになった「親」の個体がいる。すなわち「オリジナル」の個体である。

オリジナルの遺伝情報が、何らかの技術によって複製されて作られたのが、遺伝的にオリジナルと全く同一の「子」、すなわちクローンの個体たちである。同じ方法を用いてクローンの個体の複製を「繰り返す」ことにより、多くのクローンの集合を作り上げることができる。細胞分裂という方法により、複製が繰り返され生じる単細胞生物の集合も、クローンの集合の一つである。

これらの事例は非常にわかりやすいが、先に述べた大学における研究者の集合は、細胞やDNAのクローンの集合とは違う作られ方をする。

研究者の集合の場合、構成員たる研究者それぞれはクローンではないから、当然のことながら右に述べた方法で——オリジナルの「細胞分裂的な」複製で——その構成員の数が増える（集まる）ようなことはないが、次のように考えることはできよう。

最初は極めて少数の研究者の集合からスタートして、やがて多数の集合へと育ってきた経緯を持つ大学の場合を考える。もちろんスタートした当初からの構成員であった「少数の研究者」が、「細胞分

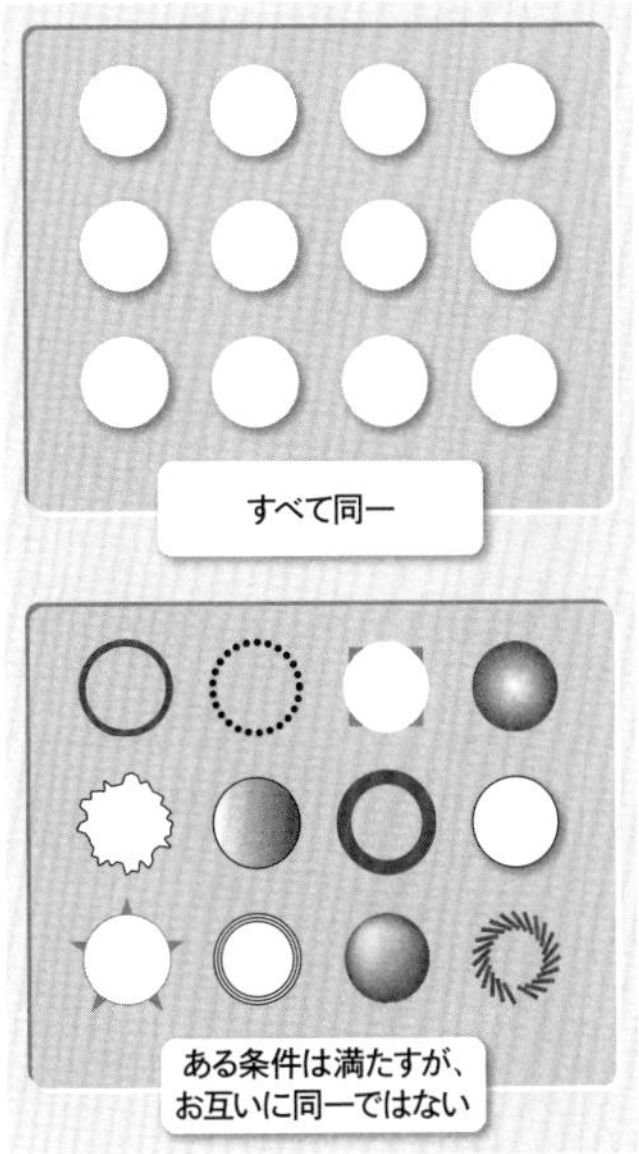

図072●「集合」と「複製」。
二種類の集合とは、すべてが同一であるものの集まりと、ある条件は満たすが、お互いに少しずつ異なるものの集まりである。両方とも、複製産物の集まりであると捉えることは、その成立過程を紐解かなくても、可能であろう。

裂的に」複製して「たくさんの研究者の集合」が形成されたわけではなく、ある一つの目的を持った研究者が、当初からの構成員であった少数の研究者の集合を核にして、あたかも氷の核に水分子が集まって氷が成長していくように徐々に集まってきた、と考えるのである。すなわち、「ある一つの目的を持ち、そこにやってきた研究者」がこの場合の「複製産物」であり、この複製産物は、その大学が持つ様々な魅力を「複製装置」として多く〝生産〟されてきたのである。多数の研究者の集合としての大学の姿は、その複製の結果であると言える。[*193]

集合とは、「ある条件を満たすもの」という複製産物が集まった状態であり、複製の結果もたらされる一つの状態だ。ある程度のサイズ以上の集合を作り出そうとするならば、複製の「繰り返し」と、その「継続」が、その目的の達成のためには極めて効率的だということである。

前出の哲学者吉田夏彦の用例は、簡潔にして明解であろう。

吉田は、個人の身体を構成する細胞について、次のように述べた。

すなわち各時間的瞬間では、ある特定の個人を構成する細胞の数は一定している。個人の身体は、そうした各瞬間における細胞の「集合」をまず考え、つぎにその個人の生涯を構成する各瞬間に対応するこうした細胞の集合が、さらに集合してできたものと考えることができる、[*194]と。

そう考えることによって、個人というのは決して「個物」なのではなく、むしろ「集合」なのだと吉田は言う。

多細胞生物としての個人の身体が、分裂という方法によって細胞が何回も繰り返し複製されて構築されるという、生物学的蓋然性と組み合わせて考えると、生物の体や人間社会に潜む「複製」と「集合」の関係も、よりわかりやすく理解できるというものである。

193●筆者の所属する東京理科大学も、最初は東京帝国大学を卒業した数名の物理学徒が立ち上げた「物理学校」を前身として、多くの研究者を「複製」してきた経緯を持つ。

194●吉田夏彦『複製の哲学』p.146。

集合と複製を結ぶもの

ここでもう一度、「橋」とその周辺の事象について考えてみる。

東京・水道橋駅から続く人の波がうごめくアーチ状の橋——したがってこの橋は、外濠だけではなく「外堀通り」という道路の上をもわたっている——をくぐり、お茶の水方面へと歩いていくと、ものの一分も絶たないうちに、左手に大きな高層ホテル「東京ドームホテル」が見えてくる。

夜の賑わいの中で浮かび上がる、多くの客室から漏れ出るライトに彩られた、地上四三階建てのビルディング。文京区随一の高さを誇るであろうホテルの壮観は、地上からただ見上げているだけで一つの宇宙を見上げるかのような、圧倒的な迫力を持っている。

飯田橋の歩道橋もそうであったように、後楽橋とそれに続くこのアーチ状の歩道橋も、やはりある目的を持った人間たちを「複製産物」として作り出していく。複製産物たちはそのまま雪崩を打って、あるいは三々五々、その向こうにある東京ドームシティに向かって歩いていく。時間帯によっては、橋を渡り切った直後に道を右に折れ、東京ドームホテルの方へと歩いていく流れもでき、また東京ドームの手前にある競馬の「ウインズ」へと歩いていく流れもできる。

無数の客室から光が漏れる夜の東京ドームホテルを眺めていると、客室がたくさんあるというその状況が果たして何を意味しているのだろうと思わずにはいられない。この思いはそのまま「ホテルがなぜそこにあるのか?」という疑問ともつながっていることに気づいて、しばしの間その場に佇むきっかけともなる。

その答えは、比較的簡単であるようにも思える。そこを利用したいと思う人が多数存在し、そうした人たちをそこに泊らせるためにホテルはそこにあるのだ、と(図073)。

では彼らはなぜそこに泊まりたいのか? なぜそこに泊まらなければならないのか?

その理由は千差万別であろうが、理由の如何にかかわらず、そこに泊まった方が便利であるという状況が複数の人たちの間で生じるがゆえに、彼らはそのホテルに泊まるのである。彼らの目的が合致した結果、いや正確に言えば、そうした人々の需要を目ざとく見出した商業家たちが、そこにたくさんの客室を持つ大きなホテルを建設するのである。

あくまでもビジネスである以上、ホテルの側からすれば、多くの人に訪れてもらい、泊まってもらう必要がある。仮に、ある百人の人がそこに泊まりたいと思っていたとする。周囲にはホテルが他に一つもなく、しかも他のホテルが建設されるほどの土地も予定もないといった世紀末的な状況を想定しなければならないが、そうした場合、当のホテルとしては、客室が一〇室しかない場合と一〇〇室ある場合とでどちらが経済的に潤うのかと言えば、やはり客室は一〇〇あった方がよいということになる——無論、建設のための資金はより必要であるが——。

泊まることのできる客室が一〇〇あり、泊まりたいと思っている人がそれに見合うだけ存在している場合、その人たちが次々に「繰り返し」やってきて、その客室が次々に満たされていく。

時間経過を考慮に入れなければ、すなわち客室がすべて客によって満たされるという「結果」だけから見れば、夕方の五時あたりから客が徐々にやってきて、夜の一〇時頃まではすべて満たされるといった場合であっても、夕方六時に一〇〇人の団体客が一度にどっと押し寄せて、客室があっという間に満たされるという場合であっても、その効果は同じことである。

大学の教職員の集合と同様、一〇〇人の泊まり客は、もとより一人の泊まり客がDNAの複製のような具合に〝細胞分裂的に〟「複製」されたものではない。しかしながら、「そこに泊まる」という同じ目的を持って集まってきた人たちの集合であるという意味においては、その集合の構成要素である一〇〇人のそれぞれは、すべて「複製産物」であるとみなすことができる。

複製産物たちが「繰り返し」やってきて同じホテルに泊まり、「そのホテルに泊まった客」という条件を満たしたものの集合を作る。これは、ホテルという複製装置にとっては日常の出来事なのだ。すなわち何かを「繰り返す」という行為は、「複製」と「集合」を結ぶ架け橋なのである(図074)。

この第6展示室では、ニーチェの永遠回帰という考えに始まって、ラヴェルの「ボレロ」にみられる繰り返しの妙、橋の存在理由、電車の目的、そしてフライドポテトとフォークの妖しい関係といった話題をもとに、「繰り返し」と「集合」、そしてそれらを含有する複製の基本的構造について考えてきた。

しかし実のところ、集合というのは一つの状態ではあるが、それが形成される過程における複製と

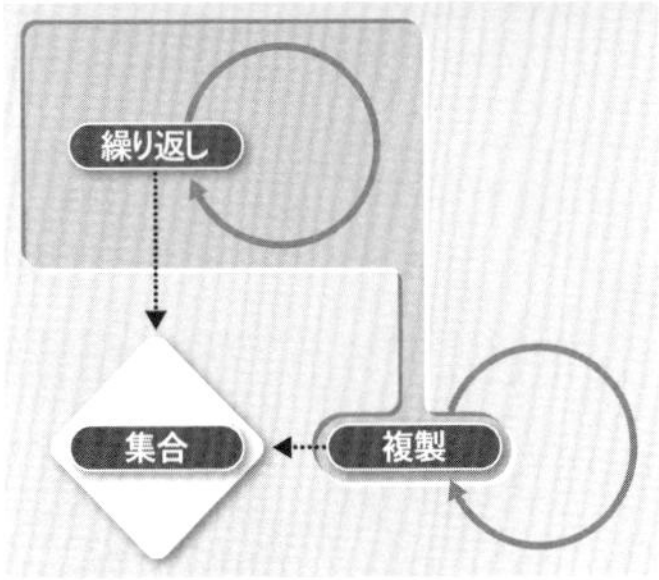

図073●[**上**]ホテルの客室が複製するもの。ホテルは、「宿泊客」を複製し続けている。夜のホテルを彩る無数の灯りは、複製装置が稼働している客観的な証拠でもあろう。（写真：岩田えり）

図074●[**下**]「集合」と「複製」をつなぐもの。複製を繰り返す、もしくは何らかの行為そのものを繰り返すことで、複製産物の集合ができあがる。

その繰り返しが持つ意味というものは、第I期を通してみてきた私たちの身のまわりに存在する社会的、文化的複製産物のみならず、いやそれよりもむしろ、私たち人間もその一つに含まれる「生物」の世界において、よりその重要さを増すことになるのである。

Exhibition————II

第Ⅱ期

「生物の世界の複製」展

第7展示室

生物の特徴としての複製

The seventh cabinet

確かに、身のまわりには様々な「複製」があった。

あれも、これも、それも、第I期では、そう言われればというようなもの、まさかそんなというようなものでさえ、複製という概念でくくれることも明らかにしてきた。

しかしながら複製の原点は、やはり私たち生物のシステムの中にある。

生物の最も基本的な形態は、単細胞生物である。すなわち一個の「細胞」だ。[*195]

細胞は分裂により増え、おそらく例外はない。言い換えれば、すべての細胞は、〝母〟となる細胞が分裂することによって生じるのである。フィルヒョー[*196]が、〝すべての細胞は細胞から（Omnis cellula e cellula）〟という標語を残せたのは、かくも律せられた細胞学上の大原則が存在したからだ。

しかしながら、「分裂（division）」というのは、一個の細胞が二個に増えるための「方法」にすぎない。

これに対して「複製（replication）」とは、一個の細胞が二個に増えるという「現象」、あるいは、これまでの言い方に沿えば「行為」の全般を指すのである。その方法こそが「分裂」なのだ。

この生物の世界において分裂によって増えるのは、一つの細胞だけではない。

195● 生物の体が〝細かい仕切り〟でできていることを世界で初めて発見したのは、英国の科学者ロバート・フック Robert Hooke（1635-1703）である。自作の顕微鏡を使ってコルク（つまり植物組織）を観察し、その細かい仕切りを〝cell〟と名づけた。一方、日本語の「細胞」という語を初めて用いたのは、江戸時代の本草学者宇田川榕菴（1798-1846）であり、その著書『理学入門植学啓原』（1833）においてである。

ある種のイソギンチャク——すなわち「細胞の集合」であるところの多細胞生物——は、その集合を構成する「個」の細胞たちと同様、分裂によって増えることが知られている(図075)。

ある種の扁形動物——同様に、これもまた多細胞生物である——もまた、環境的な非常事態に呼応して、やはり分裂によって増えることがある。

分裂によって増えるこのような生殖を「無性生殖」[197]という。分裂による無性生殖は、その様子から察するに、そのまま細胞もしくは個体の「複製」行為であるとみなすに、決して言いすぎでもなく、不都合でもない。

その無性生殖がより複雑に進化した先に、性[198]のシステムを利用した「有性生殖」がある。

有性生殖のシステムは複雑だから、その様子を観察したままでは子の生産を「複製」とみなすことに、おそらく多くの人が抵抗感を持つであろう。しかしながら、世代を経るたびに増えていく、まさに「ネズミ算式に」という言葉の語源ともなったネズミの〝爆発的増殖〟を目の当たりにすると、有性生殖の一つひとつを見る限りにおいてはそのようには見えなくても、その存立の目的はやはり個体の

図075●モントレーイソギンチャクの分裂。ある種の多細胞生物は、二分裂によって「複製」することができる。(出典:キャンベル『生物学』小林興監訳、丸善、2007)

196●ルドルフ・フィルヒョー Rudolf Virchow。ドイツ(プロシア)の細胞病理学者、政治家。1821-1902。細胞を基本とする病気の発症メカニズムを提起し、細胞病理学の基礎を築いた。政治家としても著名で、ビスマルクの政敵としても知られる。

197●無性生殖には、分裂によるものの他にもいくつかの方法がある。

198●広義には、二つの細胞同士が合体し、遺伝情報を混ぜ合わせるシステムを「性」という。この定義でいけば、細胞同士が接合を行うゾウリムシにも、アオミドロにも、また酵母や大腸菌にも性がある。決して「オス」と「メス」が、性の専売特許ではない。

「複製」にあるということを、理解することができるのである。
細胞がすべての生物の基本的な機能単位である以上、生物と「複製」は切り離すことができない。

生物が生物たるべき性質は、①自己複製して子孫を残せること、②自律して代謝活動を行い、自らを維持しつつ活動のエネルギーを得ること、そして③細胞からできていることだ。

すなわち、生物世界における「複製」の単位は、あくまでも「細胞」である。

そしてその「複製」単位をより小さなレベルでそうあるように支え続けているのが、代謝によって維持される、生物を生物たらしめている多くの生体物質であると言うことができ、その代表が、ＤＮＡである。

細胞は、分裂という方法を用いて「複製」する。一個の母細胞は分裂によって二個の娘細胞になる。娘細胞は、母細胞という「オリジナル」が複製した結果生じる「複製産物」である。

すると、この場合の「複製装置」とは一体何であろうか?

分裂が、細胞の複製の方法だとするならば、その分裂を起こさせる何かが「複製装置」であるということになるわけだが、一体細胞は、どのような複製装置がどのようにはたらくことで「分裂」し、そうして複製されるのだろうか。

第II期では、「複製」が生物の重要な特徴であるがゆえに、かえって見過ごされやすかった「複製装置」を中心に据えた生命の見方を提供することで、新たな複製の生命観を構築することを目指す。

第8展示室 | The eighth cabinet

複製する細胞たち

まずは、生物世界における複製の単位としての「細胞」の話から始めよう。

細胞はどのようにして複製し、どのようにこの多様性に富む生物の世界を作り上げているのか。その複製論的原則について見ていくのである。

細胞分裂と複製的ゆらぎ

この後の第9展示室で述べることだが、様々な紆余曲折を経てＤＮＡは複製される。その複製の様相は必ずしも公平なものではなく、むしろ「不公平な」ものである。

そしてＤＮＡの複製後に起こるのが、細胞の「分裂」であり（図076）、細胞の分裂がもたらすのが、細胞の「複製」である。前の展示室で述べたように、分裂とは、細胞が複製するための一つの方法である。

複製されたＤＮＡ、すなわち二倍に増えたＤＮＡを維持するのは一個の細胞では難しい。したがって細胞そのものは、それぞれの娘細胞に一セットずつのＤＮＡを受け渡すため、分裂によって複製するのである。

シャボン玉を作ってみるといい。かの漂い浮遊する石鹸の玉は、自ら、大きくなりすぎるとパチンとはじけて消滅するという選択をする。これに対して細胞は、自分自身を複製して二つの細胞となり、肩の荷を下ろすという選択をするのである。

ところがまれにではあるが、DNAは複製されても細胞が分裂しないという事態が起こることもある。そうなると、一個の細胞の中でDNAが二倍になった状態が維持されるという、少なくともその時点では異常な事態に陥ってしまうこともある。通常、そうした細胞は死ぬ。

一方、場合によってはこれが異常ではなくなり、細胞は生きながらえ、あろうことか子孫も作ってしまう場合もある。生物が進化する過程では、DNA全体が二倍になるという「突然変異」は、実は思いのほか多く、繰り返し生じることがあったらしい。*199

そのときはあたかも異常であるかのように見えても、生物進化という長い歴史の一局面としてみると、決して異常ではなかったわけである。

さてDNAが複製されると、細胞は体全体を二つに分ける分裂期に突入する。

ここで問題としたいのは、細胞が複製する、その「適当さ」度合いである。いや「いい加減さ」度合いと言ってもよいかもしれない。かつて筆者はDNAの複製に対して「いい加減さ」という言葉を用いたが、むしろ細胞の複製に対して用いるべき用語だったようにも思う。

第9展示室で詳しく述べるが、DNAは、A、T、G、Cという四種類の塩基の並び方が必ず再現されるよう、半保存的に複製される。仕組みとしては非常に正確に複製されるということであり、よく「デジタル的」などと喩えられる。

ところが細胞が複製する場合は必ずしもそうではない。ある場合は図076のように、おそらく見か

199●ゲノム重複（genome duplication）と呼ばれる現象では、DNAが複製されたにもかかわらず、細胞が何らかの原因で分裂できず、ゲノムが倍化した状態のままになる。もちろん、この場合、進化をもたらすのは生殖細胞系列においてである。昨今のゲノム解読の結果、多くの生物で、過去にゲノム重複が起こったことを示唆するデータが得られている。

200●タンパク質（protein）は、化学反応の触媒、細胞内外の構造体、免疫抗体などの本体であり、生物の活動のほとんどを担う重要な生体物質である。詳しくは拙著『たんぱく質入門』（講談社ブルーバックス、2011）を参照のこと。

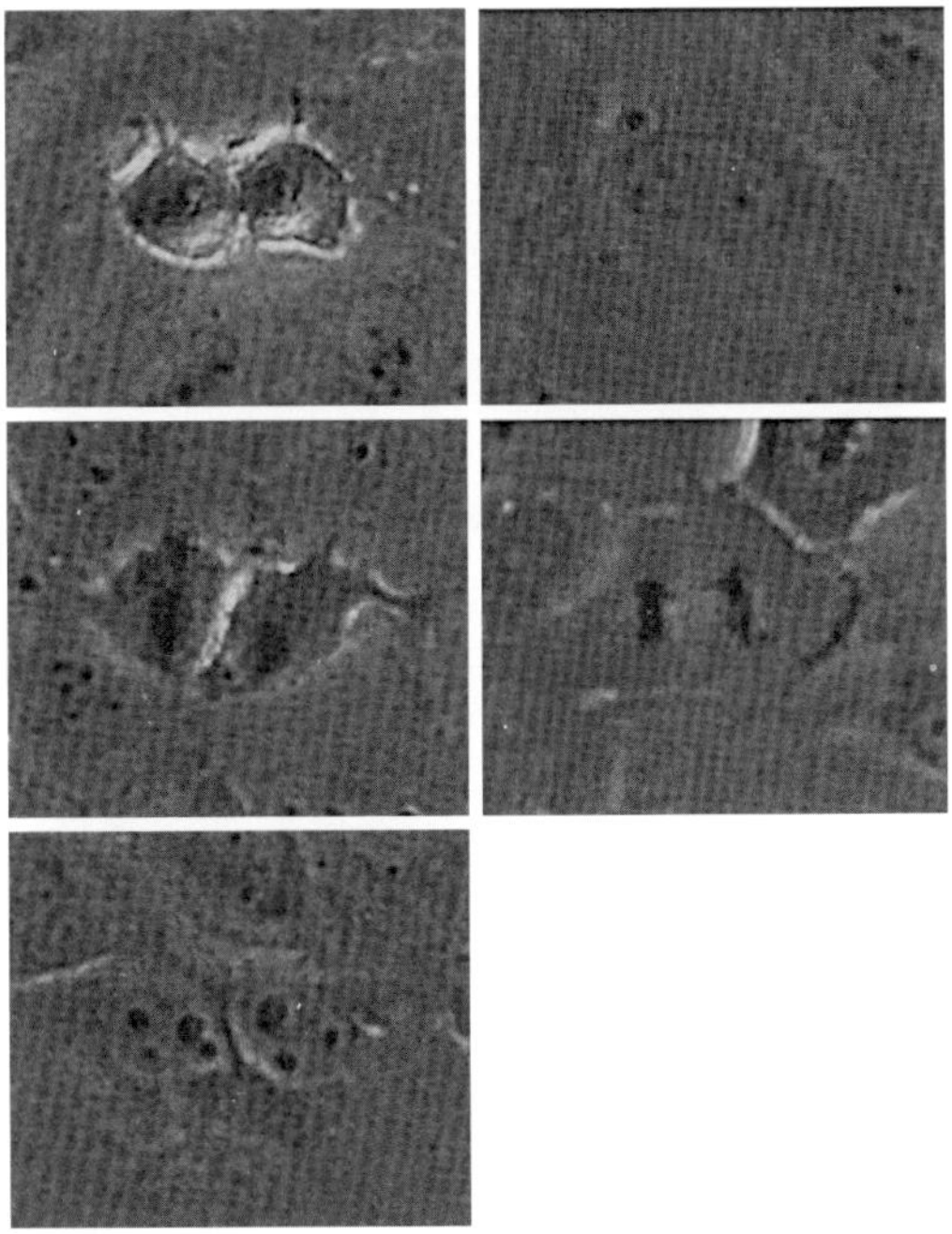

図076●細胞の分裂。
オポッサムの培養細胞の分裂の様子である。
右上から左下へ、一個の細胞が分裂していく様子を
連続的に示した。ただし、
これらの写真に連続性はない
（すなわち、細胞分裂の時期が異なる細胞を、
単に並べただけである）。

けはきっちりと二つに分裂する、難しい言葉で言えば「均等分裂」であるように見えるが、私たちは実は〝だまされて〟いるのである。

細胞に含まれるタンパク質[*200]など生体高分子の二個の細胞への「分配」に関しては、そのすべてが均等に行われるような構造的基盤などは、実はどこにも存在しないのである。

完全に二等分されるのは、複製された染色体（DNA）と、一部の細胞内構造体（中心体）に限られる。これらの物質や構造体は、完全に二等分されるよう、分子構造的メカニズムによって仕組まれているからこそ、そうなるのである。

一方タンパク質や脂質、リボソーム、ミトコンドリア[*201]、そして細胞膜などの物質や構造体は、均等分裂と言えども、二個の娘細胞に、だいたい均等になるように分配されればよい。

たとえば、このような例はいかがであろう。

タンパク質の分子の数が、分裂直前の母細胞では四六五二二個だったとする。これが、細胞分裂に際してそれこそ均等に、二三二六一個ずつ分配されなければ、果たして娘細胞は死んでしまうのだろうかと言えば、そのようなことはない。そもそも分配されるタンパク質の数を、細胞内のどこかにある〝計測センター〟か何かがきっちり数えて二等分するなどというシステムは、存在しないと言っていいだろう。[*202]

実はこのことが、細胞と、その細胞が作り上げる生物システムの極めて柔軟性に富んだ特性に大いなる威力を発揮している。これを本書では「複製的ゆらぎ」と表現しよう。

複製的ゆらぎの性質は、大きくなりすぎたシャボン玉が、それ一つだけでは「体」を維持できなくなり、二つに大きく分離するというイメージと、大差はない。

生物の設計図たるDNAさえきっちりと——後述するように、実はそれほどきっちりとでもない——複製され、二個の細胞へきっちりと分配されていれば、あとは何とかなるのである。たとえ分配された生体高分子の数に、ある程度の相違があったとしても。

こうした「ゆらぎ」が目に見える形に顕在化し、誰が見ても均等ではないと認識できる程度にまで差が広がるように分裂をするようになったとき、その細胞は均等分裂というよりもむしろ「不均等分裂」を起こしているとみなせるのである。明らかに目に見える形に顕在化するためには、単なる「ゆらぎ」だけでは説明できない、それ相応のメカニズムが存在するはずであるとも言える（図077）。

二個に複製された細胞の、それぞれのDNAの塩基配列は同じであるが、その先にコントロールすべき何かがあって、その何かがはたらき、細胞に不均等な運命をもたらしていく。

細胞のそのような運命をもたらす分子生物学的基盤、あるいはそれを研究する学問を「エピジェネティクス」という。*203

不均等分裂とエピジェネティクス

本来「不均等分裂」と言えば、見た目も内実も明らかに、「あら、どっから見てもこりゃ」と思わせるほど違う形や大きさの細胞に分裂するような場合であろう。

その極端な例として、赤芽球（赤血球を作り出す元になる細胞）が分裂し、ほとんど核だけしかない細胞

201●リボソーム（ribosome）はタンパク質を合成するRNAとタンパク質からなる粒子で、細胞質に無数に散らばって存在している。ミトコンドリア（mitochondria）は、生物が活動するために用いる化学エネルギー物質ATPを作る重要な細胞小器官（organella）の一種である。

202●もちろん、細胞分裂をコントロールする何らかのメカニズムがある以上、ある程度、分子の数を均等化するようなメカニズムも存在するはずだ。言いたいのは、そのメカニズムが本当にきっちりと、わずか一個の違いも許さないほど全体数を二等分するようにはたらくとは考えられないということである。

と、核以外のほとんどすべてが含まれる細胞の二つになるという場合が挙げられる。前者はマクロファージと呼ばれる細胞に喰《く》われ、後者はいわゆる「赤血球」となる。[*204] まさにこれが典型的な不均等分裂であるが、本書では不均等分裂を、より広い意味に捉えたい。

ある一つの細胞が、運命的なものも含めて何かが異なる二つの細胞へと分裂する場合、たとえば見た目では区別はつかないが、一方はAという機能を持った細胞となり、もう一方は、Aとは全く異なるBという性質を持った細胞となっていく運命が、分裂したその時点で決まるといった場合も、「不均等分裂」としてとり扱っていくことにしたいのである。

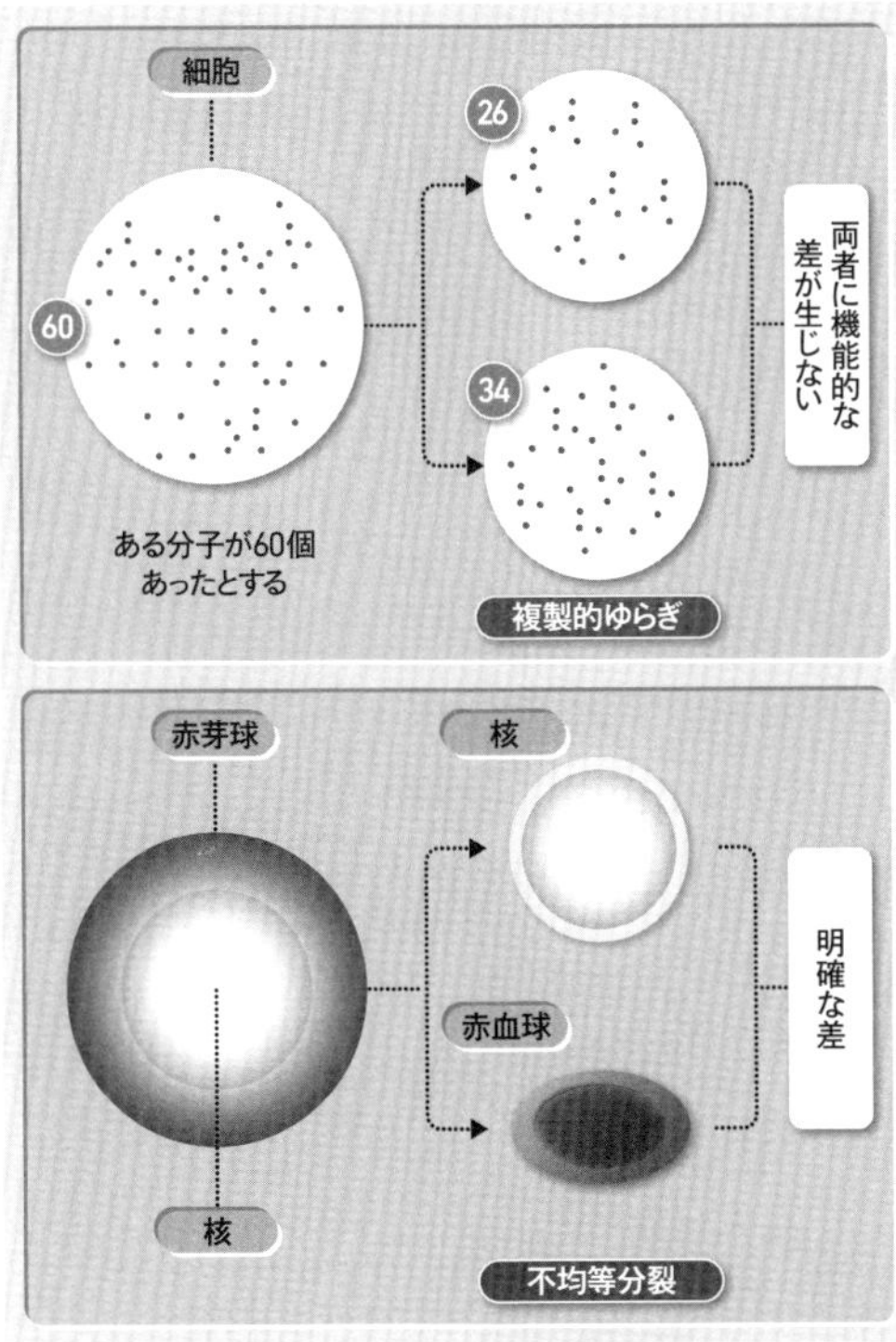

図077● 複製的ゆらぎがもたらすもの。
[上] ある細胞が分裂するとき、たとえ見た目には均等な二つの細胞になるように見えても、その細胞中の分子の挙動は均等であるとは限らない。
[下] 誰の目から見ても明らかな不均等分裂の場合。この例は、赤血球が作られる際に生じる赤芽球の不均等分裂である。

203● エピ (epi-) とは「後に」という意味のギリシャ語に由来する。ジェネティクス (genetics) とは「遺伝学」のことだが、この場合、遺伝子の本体としてのDNAの塩基配列を指すと考える。したがってエピジェネティクスとは、DNAの塩基配列の変化に依存せずに細胞から細胞へと伝達されていく遺伝子の機能、といった意味となる。言わば、その個体一代限りの、体細胞において見られる様々な機能的変化とその分子メカニズムのことである。

204●あまりにも不均等なため、通常はこの過程を、あたかも核だけが抜け出すように見えることから「脱核（enucleation）」と言う。その結果として、私たちの赤血球には核がないのである。ちなみに、核なし赤血球を持つのは哺乳類だけである。このあたりのことは、拙著『おへそはなぜ一生消えないか』（新潮新書、2010）で詳しく紹介しているので、興味のある方は参照のこと。

DNAの塩基配列に変化をきたさずに細胞の運命を変えていくには、DNA以外の化学物質の作用が不可欠である。

多細胞生物の根源的な細胞たる受精卵が、メロンを割っていくように分裂し、どんどんサイズを落としながら複数の細胞を作り出していく細胞分裂を「卵割」といい、私たちは皆この〝メロンパン的複製〟からその人生をスタートする（第3展示室も参照）。

このイメージから、卵割は真の意味での均等分裂（運命づけも何もなされていない、複製的ゆらぎの範囲内での分裂）であると思われがちだが、最近では、この最も初期の細胞分裂のときから、すでにしてそれぞれの細胞の運命づけがなされていると考えられるようになってきている。

やや具体的に言うと、DNAのところどころに、おそらくは細胞ごとに、異なった目印がつけられていく。この目印のつけられ方（どのDNAのどの部分にどれだけ目印がつくか）が異なることにより、それぞれの細胞は、それぞれが異なる運命を背負っていく[*205]。これを研究する研究分野が、エピジェネティクスなのである。

多くの異なる種類の細胞から成り立っている多細胞生物のようなシステムの発生過程には、エピジェネティックな変化が常につきまとう。その結果、神経細胞や筋細胞、血管内皮細胞や肝細胞など、多種多様な細胞が生まれる[*206]。

たとえば、神経細胞の分化にはDNAのメチル化が関与することが知られている。さらにそのメチル化と、その逆反応である脱メチル化が決まった順番で決まったように起こることで、神経幹細胞と呼ばれる「幹細胞」が分裂し、ニューロン（神経細胞）になるか、あるいはアストロサイトという別の細胞になるか、その運命が決まっていく[*207]。

私たちの体の組織を構成する細胞は、それぞれの組織に存在する幹細胞が分裂し、複製していくことで、次から次へと新しく作り出されていく。

このときの幹細胞の複製は、一方は幹細胞のまま残り、もう一方はそれぞれの運命にしたがって、組織の細胞へと分化していくというやり方をとる。本書における不均等分裂の定義からすれば、この幹細胞の分裂は明らかに不均等分裂なのであり、さらに幹細胞の複製は、「オリジナル依存的な複製」であるとみなすことができる。なぜなら幹細胞というオリジナルは、連続的な複製を通じて常にどこかに維持されているからである。幹細胞が失われると、私たちの体の細胞は新しく作られることがなくなってしまい、個体はやがて死を迎える(図078)。

幹細胞の複製と、組織細胞の分化には、DNAのメチル化だけでなく、様々な場面で様々なエピジェネティックな変化が生じると考えられており、幹細胞を始めとする体細胞に多く見られる不均等分裂は、体細胞の「複製」と、それに伴って生じる「変化」のシステマティックな形なのであって、幹細胞がもたらす複製と変化の絶妙なシンフォニーが、いまこうしている間にも私たちの体のどこかでゆったりと奏でられていることに疑問の余地はないのである。[208]

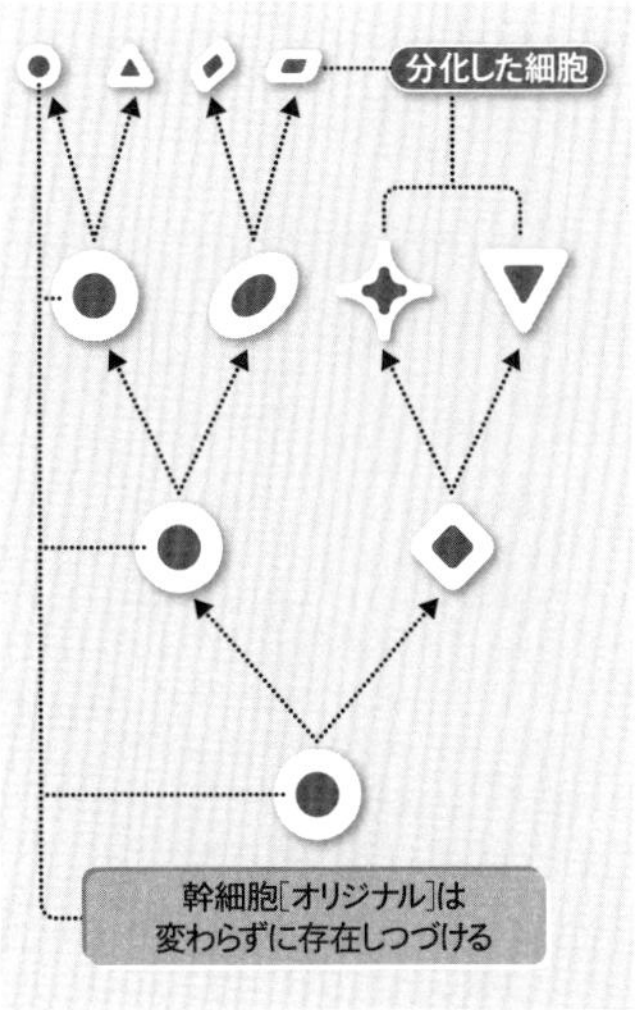
分化した細胞
幹細胞[オリジナル]は
変わらずに存在しつづける

図078●幹細胞のオリジナル依存的複製。
私たちの体が維持されていくためには、
オリジナルとしての幹細胞はどこかに維持(キープ)しつつ、
新たな分化した細胞を作り出していく必要がある。

205●目印にもいろいろあり、最も基本的なものがDNAの四種類の塩基のうち、シトシン(C)にメチル基(-CH_3)がつけられる現象、すなわち「DNAのメチル化」であろう。ほかにも、DNAと結合しているヒストン(histone)というタンパク質にアセチル基という原子の塊がつけられたり、メチル基がつけられたりといったこと(ヒストンのアセチル化、ヒストンのメチル化)も知られている。どういう目印がどういうパターンでつくと、どういう遺伝子がどれくらい発現(その遺伝子からタンパク質が作られること)するかといった研究が、現在の分子生物学の分野ではトピックスとなっている。これが「エピジェネティクス」に含まれる中心的現象である。詳しくは拙著『DNAを操る分子たち』(技術評論社、2012)も参照のこと。

ただし、オリジナル依存的とは言うが、幹細胞の複製という経時的かつ制限的な複製にどのような意味があるのだろうかという、別の疑問は残ってしまうのである。

細胞の同一性——機能的、そして運命的なもの

その疑問に答えるためには、細胞における「オリジナル」とは果たして何を指し示しているのかについて考えておく必要があるだろう。

ある一個の細胞がその細胞であり続けるとはどういうことか。幹細胞が、その複製の系譜を通じて幹細胞であり続けるとはどういうことか。

何かが何かであり続けるためには、おそらくきわめて重要な、一つの連続した「同一性」が存在し続けなければならない。複製における連続性と同一性の重要さについては、すでに第3展示室でも述べた通りであるが、この場合、「存在し続けるものとは何か」が問われているのである。

細胞が複製されるということは、そうした細胞の同一性でさえ、二つに複製されることを意味するのだろうか？　それとも、細胞の同一性の場合はそうではないのだろうか？

同一性とは、論理学において、あらゆる生成・変化の中にあって常に変わらず、永遠に同じであり続けるものの最大の性質である。この論理学における「同一性」が転じて、現代社会における、いわゆる経験的世界における実体的——物としての——存在以外のものを指して用いられるようになり、たとえば大学としてのアイデンティティを保つ、あるいは国家としてのアイデンティティを維持する、といったような具合に用いられるようになった（本書における「同一性」と「アイデンティティ」の使い分けについては註064を参照のこと）。

常に変わらず、永遠に同一であり続けることという定義が、果たして細胞という有限の生命を

206●このように、受精卵のような特定の機能を持たない細胞が、特定の機能を持つ細胞に変化することを細胞の「分化（differentiation）」という。

207●佐々木裕之『エピジェネティクス入門』（岩波書店、2005）。

208●多細胞生物の個体を構成する生殖細胞以外の細胞を「体細胞（somatic cell）」という。

持つものに応用されることが適切かどうかはさておき、本書のように「複製」を考えるために「オリジナル」の存在を前提とする立場に立つと、実にその細胞という実体的存在において、一体どのような同一性が、オリジナルを起点とする複製の系譜において保たれているのかを理解する必要はある。まさしく筆者が註064で述べた「ある瞬間と、別のある瞬間において、そのものが同じものであるということ、もしくは複製の前後で同じ性質を持った同じものであるということ」という定義が、細胞の複製においても成り立つかどうか、ということである。

ここでもう一度、幹細胞について語ることにする。赤血球や白血球、リンパ球などの血液細胞たちを作り出す「造血幹細胞」を例にとろう。

造血幹細胞は、常に分裂を行うことによって複製を繰り返し、新たな血液細胞を作り続ける。作り続けなければならない理由は、たとえば赤血球が顕著であるように、こうした細胞たちは言わば使い捨てられる運命にあるからである。*209

常に新しいものを〝キープする〟という必要性から、造血幹細胞は常に、造血幹細胞としての同一性

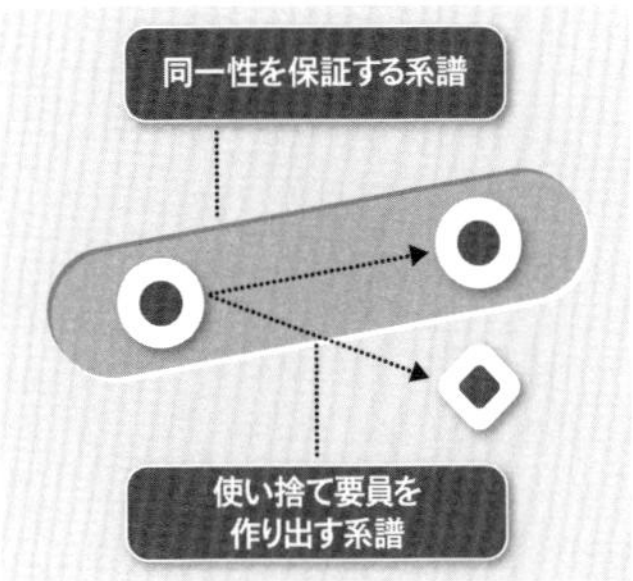

図079●同一性の維持。
幹細胞は、「私は幹細胞である」という同一性を常に維持し続けなければいけない。ただしこの場合、第I期で述べた〈私〉と同様の同一性が、幹細胞そのものに存在するかどうかは定かではない。あくまでも客観的な役割としての「幹細胞」の同一性が維持されていればよいのである。

209●武村政春著『おへそはなぜ一生消えないか』（新潮新書、2010）。

を保ちつつ、新しいこれら細胞を作り続けていかなければならない。[*210] すなわち造血幹細胞はその複製に際し、次の二つの点を確実にしておくものである（図079）。

　まず一つ目は、造血幹細胞が複製によって二つの細胞になるとき、かならず二つのうち一方は、造血幹細胞として再び機能していかなくてはならないということ。そして二つ目は、残りの一方のみに、使い捨て要員としての血球細胞となっていく運命を担わせるということ。

　したがってここで造血幹細胞の「同一性」と呼んでいるものは、その細胞が「造血幹細胞であること」に加え、複製を連続的に行いながら、ある系統において「造血幹細胞という細胞であり続けること」であると考えてよい。この性質は、新陳代謝に伴って細胞を構成する様々な分子が入れ替わっても、細胞が分裂し、もともとの成分の総量が半分になったとしても、そうした化学的背景にかかわらず常に存在するものである。

　これが細胞の同一性であって、繰り返される複製の流れの中で連続性を持った「オリジナルの系譜」である。そうみなすことで必然的に、オリジナル依存的複製の系譜におけるオリジナルが、常にどこかにキープされるのである。

　複製に変化がつきものであるということに対して、生物に特有の、物質的には刻々と変化するという性質が自ずとかかわりを持ってくることは必定であるが、細胞の同一性は、そうした物質的欲求を超えたところに存在する、不変的なものでなくてはならないのである。[*211]

　ここで、自分自身のことについて考えてみよう。

いま、ここにいる「私」——永井の言う〈私〉（一五一ページ参照）——は、常に記憶の同一性を保持したまま、ここにこうして生き続けている。

　あるとき体の三分の一ほどが独立し、別の個体ができる場合を想像してみる。その三分の一が、だ

210●言わんとしていることは次のようなことである。造血幹細胞そのものがそのまま血球になってしまっては、後が困る。造血幹細胞は常に同一性を持って、どこかに保たれている必要がある。

211●もちろん、この後で議論するように、細胞は連続的な複製の繰り返しにより、「細胞系譜」という一つの歴史——ただし、種々の変化を経た——を紡ぐ。連続性と同一性とともに、オリジナル非依存的な複製とその帰結としてのエピジェネティックな変容は、多くの細胞について回る宿命のようなものである。したがってここでの議論は、「ただしオリジナルとしての性質を常にキープしなければならない細胞においては」という条件がつくのである。

いたい腰から下あたりの部分を指すと考えたとき、「私」の同一性を保っているのは、残り三分の二、すなわち腰から上の上半身であると考えるのが普通であろう。「私」の存在する座が脳にあるだろうというのは、ほぼ確定的な常識となっているが故である。

ここで、「私」が造血幹細胞であることを想像してみよう。造血幹細胞である「私」の同一性は、下半身がぶちっとちぎれて、それが血球細胞へと分化を始めていったとしても、そのまま「私」であり続ける。すなわち造血幹細胞であり続けるのである。もちろん、脳の機能の具現化としての「私」の同一性と、エピジェネティックにコントロールされた造血幹細胞の同一性とを一緒にするわけにはいかない。ただ、その意味するところの境界線引きの難しさを、想像することで認識しなければならないのである。

とはいえ、こ難しく、読者をケムに巻いていると勘繰られても仕方がない、この同一性という言葉が意味する対象は、複製の観点では「不変的に変わらずに保持され続けるオリジナル」と言う言葉で言い表すことも可能であり、その意味では前者も後者も変わるまい。

造血幹細胞のような複製の仕方では、常にその複製の前後において、造血幹細胞という名で表わされる機能的、運命的同一性を持った「オリジナル」が変わらずに存在し続ける。言い換えればこの事例においては、オリジナルが複製されることにより、オリジナル――正確にはオリジナルと存在的にも同じ別の「オリジナル」――と「コピー」の二つの複製産物たる細胞ができるのである。

そして、この二つの複製産物のうちの一つであるオリジナルが複製し、また別のオリジナルとコピーができる。これが連綿と継続していく。「コピー」の方はと言えば、その後、血球細胞へと分化していくにあたり、別の複製的運命が待ちうけている。

このような複製を、本書においてはたびたび、「オリジナル依存的な複製」と呼んできたのである。

すなわち、ある特定のオリジナルが、その同一性を保ちつつ、複製の前と後で存在し続けるような複製を、そのように呼んできた。たとえば「パロディ」のように。

これに対して、卵割における割球の分裂や、免疫応答におけるリンパ球のクローナルな増殖[*212]は、特定のラインにオリジナルとしての祖先細胞の機能的、運命的同一性が引き継がれるわけではなく、そのときにあったオリジナルは、分裂によって複製し、新たな二つのオリジナルとなっていくがゆえに、「オリジナル非依存的な複製」なのだ。

私たちのこの体は、オリジナル依存的な複製と、オリジナル非依存的な複製の両方が、様々な場面で協調して起こることで維持されていると言えるのである。

細胞の複製と分化

新しいもの好きのマス・メディアを賑わしている生物用語に「iPS細胞」がある。[*213]

iPS細胞とは、ヒトの体細胞にいくつかの遺伝子を導入することで、細胞の分化（註206）の状態をリセットし、どんな細胞にも分化させることができるような状態にした細胞だ。その後の研究により、必ずしも外部から遺伝子を導入しなくてもiPS細胞が作成できること、またiPS細胞をわざわざ作成しなくても、分化したヒトの体細胞を別の種類の細胞に直接変化させることが可能であることも明らかになってきている。

賢明な科学者であれば、体細胞を万能細胞化させると聞いたときに真っ先に、体細胞にすでに蓄積されているであろうDNAの突然変異について頭に思い浮かべなければなるまい。万能という衣服を着てはいるが、実はパリパリの一張羅ではなく、中古服を身に纏った細胞である可能性を考慮しなければならない。

212●抗原となるものが体内に侵入した後、その抗原を特異的に認識するリンパ球（T細胞もしくはB細胞）が、指数的に増殖すること。

213●人工多能性幹細胞（induced pluripotent stem cell）のこと。俗に「万能細胞」として知られる。京都大学教授山中伸弥（1962-）の研究グループによって、二〇〇七年に世界で初めてヒトでの作成に成功した。山中はこの業績により、二〇一二年のノーベル生理学・医学賞を、英国の生物学者ジョン・ガードンJohn B. Gurdonと共に受賞することが決まった。万能細胞としてはそれまでは、胚の段階の細胞をとり出して作った胚性幹細胞(ES細胞; embryonic stem cell)というものがあった。

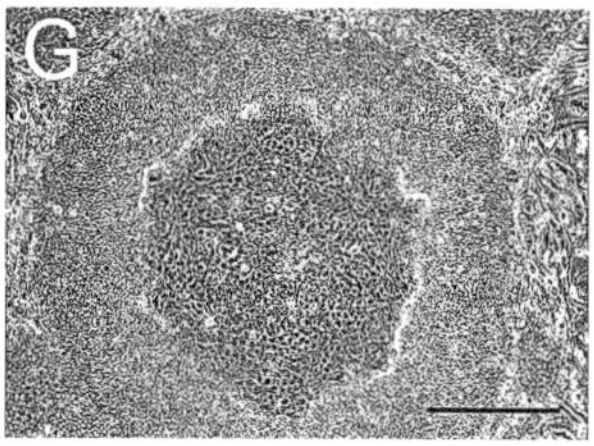

図080●iPS細胞。ある程度増殖し、一つのコロニーの中で何らかの機能分化を起こしたと思われる細胞集団の写真。
（出典：Takahashi K et al. (2007) Induction of pluripotent stem cells from adult human fibroblasts by defined factors. *Cell* 131, 861-872.）

もしiPS細胞を真の意味での「万能細胞」として再生医療に役立てようとするならば、万能細胞を作るために、少なくとも生まれたての赤ちゃんの頃に、その元となる体細胞を採取し、凍結保存しておくべきだろう。そして必要なときに融解し、iPS細胞を作るというのが理想的であると思われる。将来的に起こるであろうそうした技術革新、ならびに社会への応用については、社会的、倫理的合意の下で粛々と行われることを望みたいものである[*214]。

さて、iPS細胞を作るための最大のポイントは、いかにして細胞が分化した状態をもとの状態に戻すかということだった。この操作を「再プログラム化（リプログラミング）」といい、ここ数年のiPS細胞に関する傑出した多くの研究は、ほぼ例外なく、いかにして体細胞を効率よく、いかにしてがん化を防ぎながらリプログラミングするかということに焦点を当ててなされてきたと言っても過言ではない。

ここで考慮しておかなければならないことは、体細胞の多分化能性の獲得（万能化）と細胞のがん化は、そもそもほとんど「紙一重」の現象であるということだろう。細胞の分化という観点において、この両者はきわめて類似の現象なのであり、そこに、万能細胞の利用に関して今後の多くの課題が存在すると言ってよい。

iPS細胞もがん細胞も、ともに分化した状態が元に戻っ《リセットされた》た状態の細胞であり、ともに「複製を再び繰り返すようになった」状態の細胞である（図080）。

多細胞生物の細胞において、分化という状態と、分裂による複製という行為の間には、実は密接な関係があり、幹細胞や肝細胞などを除き、ほとんどの体細胞では、分化した状態で複製が起こることはない。分化した状態のまま、何かしらの専門的な役割を果たしている状態のままで複製を行うというのは、細胞にとってはとてつもなく面倒くさく、エネルギーを要する行動なのである。

そもそも細胞は、どのようにして分化した状態となるのか、複製の観点から概観してみよう。

複製という観点から多細胞生物の個体の成り立ちを見ていくと、体細胞の均等分裂と不均等分裂のバランスを保ちながら全体を維持するという、総合的な関係の存在に気づく。本書ではこれを「複製産物の集合体」とみなす。

受精卵から始まる胚発生の初期の段階では、少なくとも肉眼で見た目に関しては、あるいはその概念的なイメージの図象としては明らかな均等分裂が行われ、その帰結としてある程度の細胞数を持つ胚、すなわちオリジナル非依存的な複製によって作られた複製産物たる細胞の集合体ができあがる。

ところが実際には、受精卵から始まる「均等分裂」が果たしていつまで続くのかについては、定かではない。すでに二三四ページでも述べたように、最近の研究では、エピジェネティックな変化がすでにして四細胞期の頃から生じ始めることが明らかになりつつある。[215] エピジェネティクスによって操作される細胞の運命は、均等という前提を壊し始めることによって成立するから、もしかしたら真の意味での「均等分裂」は、四細胞期を迎える頃にはすでに崩壊している可能性が高い。

本書で定義する（二三二ページ参照）不均等分裂がいつから始まるかについては、これもまた様々な意見はあるが、胞胚——あるいは胚盤胞[216]——になる頃から、形態的に見て明らかに種類が異なると推察できる、細胞の違いが鮮明になってくるのは確かである。この頃から細胞の間で、「分化的な差異」が生じ、見た目も明らかな不均等分裂が、胚の随所で頻繁かつ恒常的に見られるようになる。

すでに述べてきたように、大人になったヒトの体内において細胞が「分化する」にあたって、分化する前の前段階の細胞自身——すなわち幹細胞——は分化せず、分化していく細胞を生涯生み出していく側の「オリジナル」として常に存在し続けることが必要になる。

ただし多細胞生物の発生初期はまだ、この前提条件には必ずしも従う必要のない、オリジナルの母

214● 突然変異という観点からすれば、iPS細胞よりはそれまでのES細胞の方がリスクは低かったのである。ただし、iPS細胞は「体細胞からも作れる」というのが醍醐味なのであって、理論的にはES細胞と同様の方法によって様々な細胞を作ることができると考えられるから、ES細胞のときと同様、胚の細胞からも作れるはずである。さらに、iPS細胞の用途によっては、ある程度突然変異が蓄積していたとしても、目的を達成するにはそれほどの障害にはならないという場合もある。たとえば、ある難病の患者からiPS細胞を作り、オーダーメイド医療的な臨床実験用の培養細胞として用いる、といった場合である。むしろ現段階でのiPS細胞の利点は、こういうところにあると言っていいだろう。

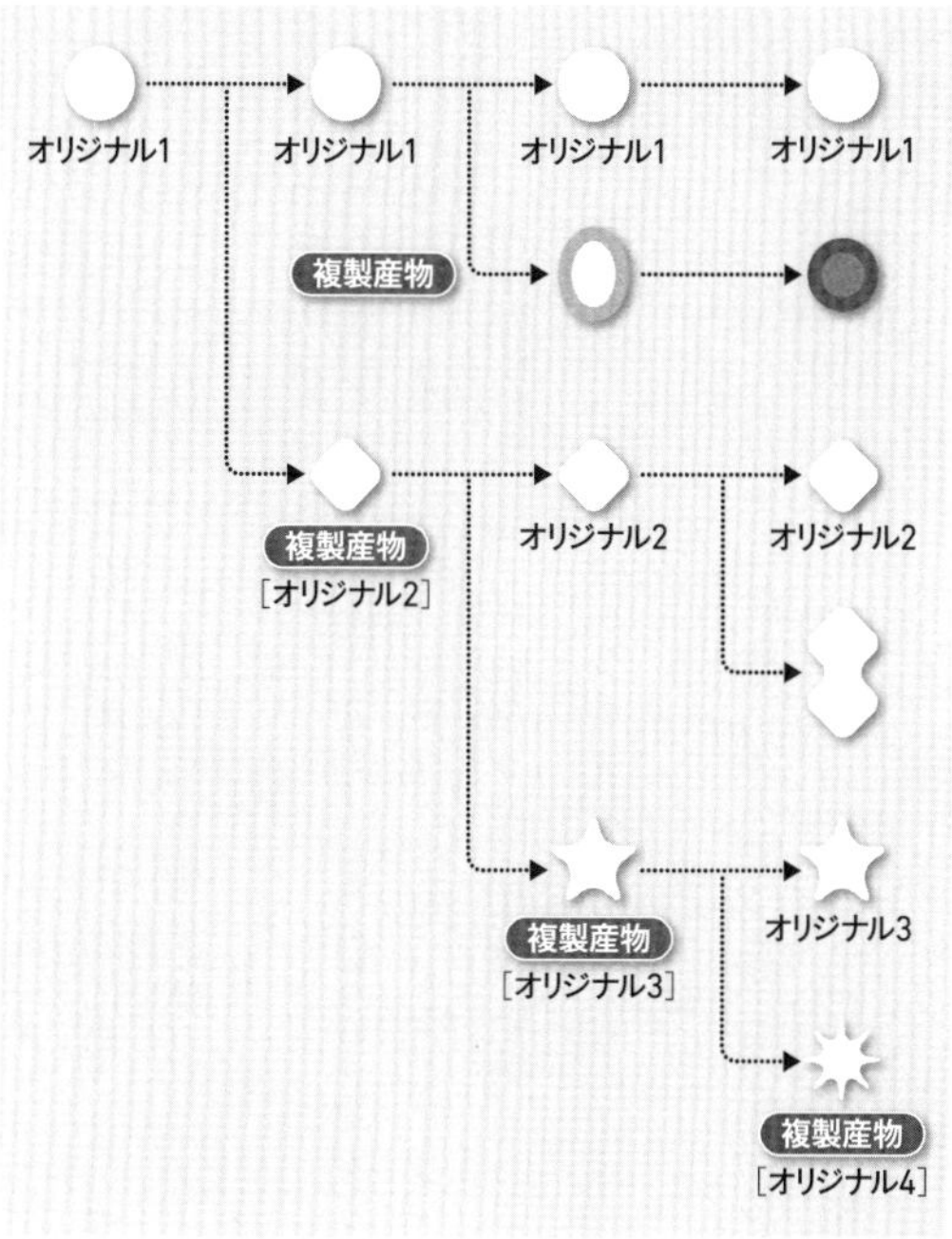

図081●細胞の〝文化的〟様相。
つまりはオリジナル依存的な複製によって、オリジナル1の細胞からオリジナル2の細胞ができつつ、オリジナル1は存在し続ける。
さらにオリジナル2からオリジナル3ができつつ、オリジナル2も存在し続ける。
そうしてできたそれぞれの細胞の分化状態は、個体全体において、細胞の〝文化〟とも言えるほどの多様さを秘めているのだ。

細胞が複製し、新しい二個の、これもまた新たなオリジナルとしての細胞になる運命を持つ娘細胞が生じるという過程がしばらくの間、繰り返される。娘細胞がさらに複製し、そうしてできた〝孫〟細胞もまた、同様のパターンを踏襲しながら複製していく。こうした連続的な複製を連綿と続けていく中で、細胞たちはそれぞれにエピジェネティックな変化を受けつつ、ある特定の運命と役割を担わされた細胞へと分化していく。すなわち細胞たちは、徐々にではあるが、右に述べた前提条件をクリアしなければ複製できないような状態へと移行していくのである。

　多細胞生物としての個体を一通り完成させるという作業は、きわめて複雑で難しい仕事であるとイメージされる。むしろそれは単なるイメージではなく、実際、人間の感覚で言えばものすごく難しいはずだ。それを細胞たちは難なくやってのける。均等分裂と不均等分裂を駆使して、しかも絶妙なバランスを保ちつつそれらをフル回転させることによって、胎児を成長させていくなどという芸当は、もはや――人間技であるにもかかわらず――人間技ではないと納得することさえできる。

　オリジナル非依存的な複製から、徐々にオリジナル依存的な複製へと移行していく細胞たちの様相と、そのメカニズムを分子レベルで支える、いやもしかしたら逆に複製によって支えられているかもしれないエピジェネティックな変化の繰り返し。

細胞の分化的様相――いやむしろ、細胞のありようを一つの「文化」と見るならば、いっそのこと「文化的様相」と銘打ってもおかしくはなかろう――は、そうした分子基盤のもとで、変容していくのである(図081)。

その上DNAには、単なるエピジェネティックな変化にとどまらず、DNAを複製させる複製装置たるDNAポリメラーゼの、ちょっとした間違いがもたらす複製エラーの蓄積、そしてテロメア長の短縮[*217]といった塩基配列上の様々な変化もまた、否応なく生じていくことにもなる。

個体の発生は、個体を構築する細胞たちが織りなす「複製」の、多様な変化と統合の結果である。そうして多細胞生物の一部としてはたらき始めた――分化しきった――細胞たちは、免疫細胞のような一部の例外を除き、もはやその〝生涯〟においてほとんど複製することはなくなる。分化したその役割を、〝使い捨て要員〟たる細胞たちが一生の間、誰に文句を言うでもなく一心に果たしていくためには、むしろその方がよいのである。

多細胞生物の体細胞たちは、変化しながら複製し、複製しながら変化していく。その意味では、たとえ体細胞クローン[*218]とは言え、エピジェネティックな変化や塩基配列に生じる突然変異の蓋然性の高さを考えれば、結局のところ、新たな「オリジナル」であるとみなすことができるのかもしれない。

複製産物である細胞たちの決められた運命――細胞系譜と体節

ここで、次のような疑問を抱かれる読者諸賢は多いだろう。

細胞の複製と分化の帰結である、細胞の種類や数が、多細胞生物の種によって異なるのは当然だが、それでは同じ種の中で、個体同士で細胞の種類や数は同じなのか、それともそうでないのか。個

215● Torres-Padilla ME et al. (2007) Histone arginine methylation regulates pluripotency in the early mouse embryo. Nature 445, 214-218.

216●中が空洞になった細胞の塊の時期で、子宮に着床するのもこの時期である。胚盤胞の内部には、偏って存在する「内部細胞塊」という細胞の集団があり、これがやがて「胎児」になっていく。

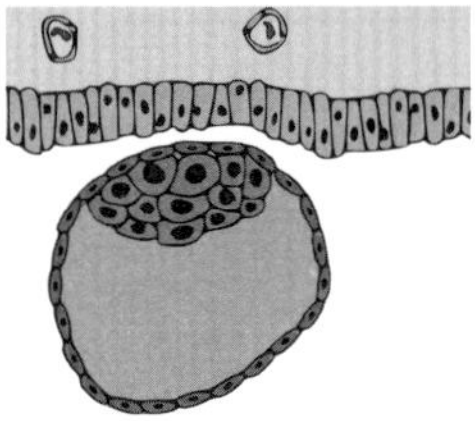

217●テロメアとその短縮については、第12展示室で詳しく述べる。

218●一九九七年に作出されたクローン羊「ドリー」に代表される、〝親〟の体細胞のゲノムをそのまま未受精卵の核に移植して作られるクローン生物のこと。当然のことながら、その遺伝子組成は〝親〟と全く同一となる。ただし、突然変異等は、気づかない「瑕疵」とみなされるべきものである。

体が発生する段階での細胞の複製と分化の仕方は、全く個体同士で同じなのか、それとも個体間での差異は存在するのか。

たとえばA君の体が作られるにあたって、受精卵から数えて一〇七六番目に起こった細胞分裂において、Tという細胞が二つに複製し、T1という細胞と、T2という細胞になったとすると、全く別の個体であるF君の体が作られる際も、その受精卵から数えて一〇七六番目に起こった細胞分裂において、Tという細胞がT1とT2になるのだろうか。それともF君の場合、Tという細胞のT1とT2への分裂は、一〇六五番目で起こったことであって、一〇七六番目には全く異なる段階の分裂が起こったのだろうか、というようなことである。

ヒトを含め多くの動植物には身長や体重の個体差というものがある。たとえばA君が成人したときの細胞数が五九兆五六九八億三四七六万一九八四個だとしたら、地球の反対側に生まれたG君のそれも五九兆五六九八億三四七六万一九八四個だった、というようなことはありそうもない。上記のA君とF君のTという細胞の場合も、そこに何らかの相違が存在したであろうことは想像に難くない。

ある細胞がどのように分裂し、どのような細胞へと分化していくかを系統立てて整理したものを「細胞系譜」というが、生物の種類によって、その様相は異なる。私たちヒトなどの哺乳類では、どうやらそれぞれの個体である程度、細胞の系譜には差異が存在する――すなわちある程度フレキシブルに個体が作られる――が、一部の生物では、個体ごとにすべて同じように細胞系譜がきっちりと決められており、したがって個体を作り上げている細胞総数もきっちりときまっている場合がある。

線虫（*Caenorhabditis elegans*）と呼ばれる生物がまさにソレである。この微細な動物は、細胞生物学や発生生物学における実験生物として、世界中の研究室で愛用されている動物の一つである。

線虫は、卵から孵化した時点での細胞数（体細胞数）は五五八個で、孵化後、成虫に達した時点での

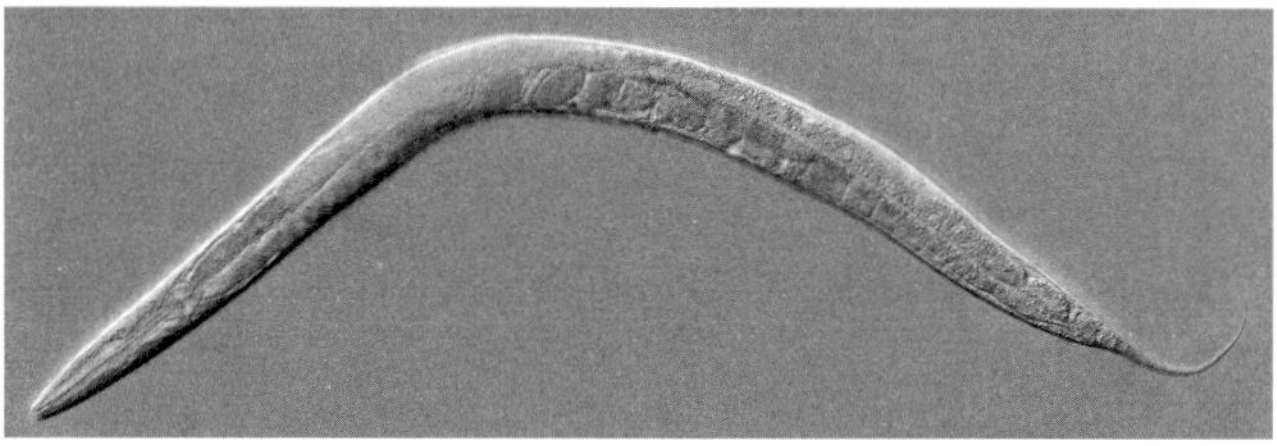

細胞数（体細胞数）は九五九個である。まさに「である」なのであって、「九五九個程度である」などの表現が許されないほど、きっちりと細胞の運命が決まっているのだ。

*C. elegans*の細胞系譜を見てみると、多細胞生物の細胞がいかにして一個の受精卵から生じるか、その全体の細胞の増え方に感銘を受けるというよりもむしろ、よくこんなことを調べ上げたなあという率直な驚きの方が表に出てくる（図082）。なにしろ一個一個の細胞分裂――すなわち細胞の複製――の意義づけが、いっさいの逸脱が許されそうもないほどきちんと決まっているというのだから、細胞分裂の基本にある「複製的ゆらぎ」の考え方からすれば、全くもって驚きを禁じえない。

と同時にそうしたゆらぎを弱点とはみなさず、むしろ当たり前のものとみなして、それをカバーするかのように種としての〝統一見解〟を示すことに成功した*C. elegans*の生きざまは、まさに万雷の拍手に値する。

ただ、すべての細胞分裂をコントロールし、総細胞数を常に一定にすることが、すべての生物にとって種としての〝統一見解〟であるべきかと言われると、それは言いすぎであろう。

ヒトの両親から生まれるヒトの子どものほとんどすべてが、ヒト（*Homo sapiens*）の特徴をまぎれもなく有しているということは、たとえ細胞系譜に個体差があったとしても、私たちの細胞が*Homo sapiens*の体をまぎれもなく作り出せることを意味しているのであるから、それはそれで生物の実状に合わせた合理的な方法であると言えるからだ。

このような〝統一見解〟を、「ボディプラン」という。

私たち脊椎動物のボディプランのうち、「繰り返し」が関係する興味深い現象があるので、次にとり上げてみる。

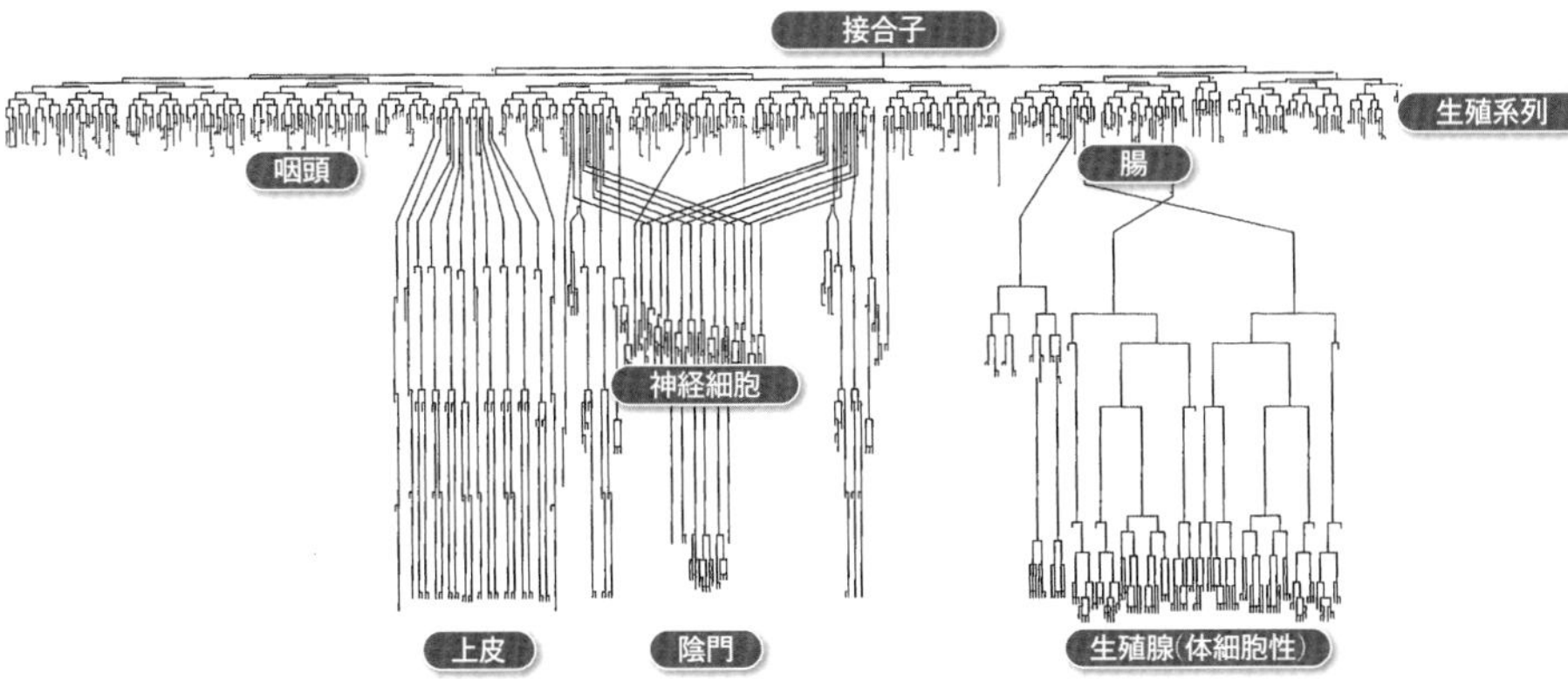

図082●線虫(*C. elegans*)〔**右ページ**〕と線虫の細胞系譜。受精卵から始まる細胞の「複製」と分化の様相が、その最後の運命に至るまですべて決定されている。
(出典：ロディッシュ他『分子細胞生物学 第六版』石浦章一他訳、東京化学同人、2010、p.814)

芋虫やムカデなどを見ればわかるように、昆虫類を始めとする節足動物の体制が、「体節」を基本単位とする「繰り返し」によって成り立っていることは夙《つと》に知られるところである(詳しくは第11展示室で述べる)。

その一方で、私たち脊椎動物もまた、発生の段階で生じる「体節の繰り返し」によってその基本的体制が構築されることはあまり知られていない。ここでは私たちヒトの体の発生を例にとって「体節」の様子を概観してみよう。

体節といっても、節足動物の「体節」とはその生物学的実体は全く異なる。節足動物のそれは、卵から孵った後も体の構造的基盤を形作り続けるが、私たち脊椎動物のそれは、発生の初期にその姿を現わすのみにて、その後は明らかな体節構造は消え失せ、わずかに脊椎にその痕跡を留めるのみである——脊椎が二十数個の「椎骨」という単位が縦に積み上がってできているのは、実は体節の名残である——。

胚は、受精卵を起点として発生が始まってからしばらくすると、複数の細胞が集まった小さな不定形の塊——初期胚——になる。この初期胚を上から見ると、まるいアンコを真ん中でぎゅっと絞ったような形をしている。この頃になると、後に頭部になる前方と、後に尾部になる後方を一直線に結ぶ、後に脊柱を形成する「神経堤」の溝ができ始め、それに沿って五対の「細胞の塊」が形成される。これこ

219●私たちの体が発生するとき、体節とよく似た「繰り返し」構造が作られ、それぞれがまた、別の発生運命を持つというような部分が、実はもう一つ存在する。咽頭弓（鰓弓）と呼ばれる、胚の喉にあたる部分に生じる「繰り返し」構造がそれである。先ほどの体節が、脊椎を始めとする体部の基本組織を形成する重要な構造であるなら、咽頭弓は、私たちの喉から頭部にかけて——解剖学では頭頸部と称する——存在する諸組織、諸器官を作り出す重要な構造である。

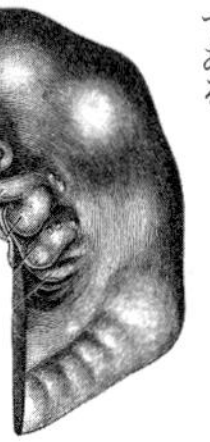

そ、私たちの体のもととなる、最初の「体節」である（図083）。私たちの体節は節足動物のそれ（第11展示室参照）とは異なり、「節」というよりもむしろ、「きちんと区画化された細胞の塊」とでも言うべき存在だ。

やがてこの数対の体節は、前方に近い側から一個ずつ時間を追って——マウスの場合は二時間に一対のペースで——作られていき、発生が進行して後期胚となる頃にはその数はより多くなり、最終的には四十対から五十対くらいにまで増える。

体節の一つひとつは、それぞれがやがて硬節、筋節、皮節という、その運命が異なる三つの細胞の塊に分かれ、それぞれ脊椎の単位となる椎骨や肋骨、内臓を覆う体壁の筋肉ならびに手足の筋肉、そして背中側の真皮——皮膚の内側にある結合組織——となっていく。体節からは、私たちのこの体の基本的な枠組みを構成する重要な組織が作られていくのである。

それぞれの体節の運命は、体の前後軸に沿って並んだこの体節のそれぞれにおいて、異なる遺伝子の発現がきっかけとなって決定される。ショウジョウバエにおいて体の前後軸に沿った器官形成のきっかけとなるのはホメオティック遺伝子と呼ばれる一群の遺伝子であるが、これとよく似た遺伝子が私たち脊椎動物でもはたらいていると考えられており、これこれこういう遺伝子がはたらけば前肢を形成する筋肉が作られていき、またこれこれこういう遺伝子が発現した体節は、後肢を形成する筋肉や腰椎を作り出していく、といった具合にきちんとシステム化されている。

要するに、私たち脊椎動物の体も、節足動物の体と同様体節の「繰り返し」が基本となり、それぞれに少しずつ違った運命が押し寄せることによって作られていくのである。[*219]

使い捨てられる細胞たち

線虫（*C. elegans*）の細胞系譜はすべて決まっており、そこから逸脱することはないが、私たちヒトなどの脊椎動物では、線虫には見られない興味深い特徴が見てとれる。脊椎動物のように〝大きな〟多細胞生物における体細胞たちは、分化状態をリセットされるという事態を想定していないがゆえに——無論、線虫でもそうだが——、大抵の場合にそれらは「使い捨て」られていくということである。

二三三ページでも紹介した「赤血球」という細胞。比較的メジャーな存在であるこの細胞は、文字通り血液中に存在する細胞であり、血液のあの真紅の「赤」を彩る細胞である。体中の組織・細胞に酸素を運搬するという極めて重要な役割を持つ。赤血球には、他の細胞にはない、言うなれば細胞としての〝アイデンティティ〟そのものを脅かすほ

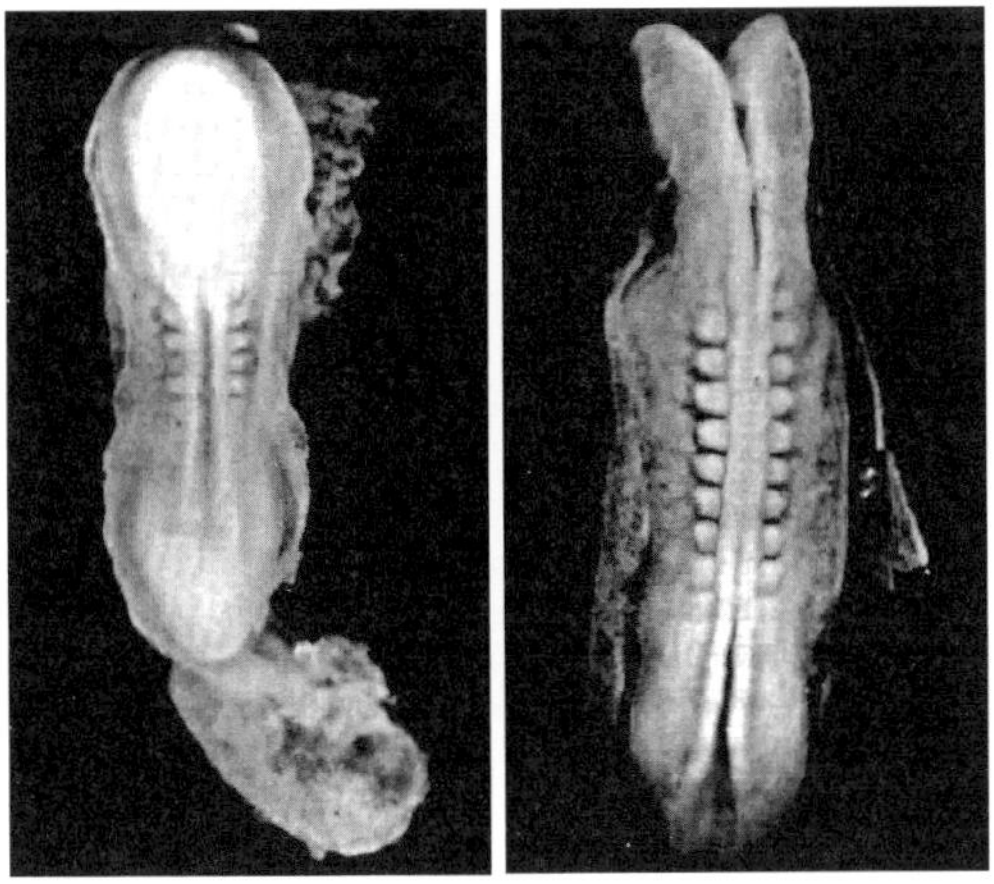

図083● 哺乳類の体節。
饅頭のようなかわいらしい体節がぼこぼことできていく様子は、あたかも複製されているかのようであろう。
[**左**]発生22日目の胚子を背面から見た様子。
[**右**]さらに発生が進んだ胚子を背面から見た様子。
(出典：Moore KL et al.(2000)*Color Atlas of Clinical Embryology*, 2nd Edition, WB Saunders, Philadelphia, USA)

どの非常に面白い特徴がある。赤血球には、細胞なら必ず持っていなければならないであろう、大切な細胞小器官「核」がないのである。

核には、細胞が活動するのに不可欠な遺伝子の本体物質、DNAが存在する。その「核」がないということはそのまま、その中に納まるべきDNAが存在しないことを意味し、DNAがないということはそのまま、赤血球にはもはや「複製する能力」がないということを意味する。

なぜ複製する能力が失われたのかと言えば、それはつまり赤血球にはもはや複製する必要がないからだ。あたかも年老いた人間を無情にも見捨てていく現代社会のごとく、人体という「国家」は赤血球をフルにはたらかせ、そして「使い捨て」にするのである。

こうしたことから、かつて筆者は赤血球を人体の「使い捨て要員」と呼んだわけだが、[*220] ことさら「赤血球」を強調する必要はなく、そうした使い捨て要員は、私たちのこの体のここかしこに存在している。たとえば皮膚の表面、すなわち表皮の細胞も、ケラチンという特殊な繊維で埋め尽くされた、もはや細胞としては死んだ存在である。消化管の内腔を埋め尽くす吸収上皮細胞も、やがては剥がれ落ちて死んでゆく。幹細胞以外のすべての細胞は、おそらく神経細胞でさえ、使い捨て要員であると言っても過言ではない。

ここにおいて筆者が興味深いと考えるのは、単に赤血球が核を持たないというだけではなく、核を持たない赤血球を持っているのは「哺乳類だけである」という事実である。同じ脊椎動物でも、鳥類、爬虫類、両生類、魚類の赤血球には、核がきちんとある。

単に「使い捨てだから核なんていらないのよ」と言うのであれば、哺乳類だけでなく、鳥の赤血球もトカゲの赤血球も、イモリの赤血球もタツノオトシゴの赤血球も、すべて核が捨てられていたはずだ。一体どうして私たち哺乳類だけが、赤血球から〝核を奪い去る〟選択をしたのだろうか?

220●武村政春『おへそはなぜ一生消えないか』(新潮新書、2010)。

221●本書における哺乳類の赤血球形成時の「脱核」の意義についての記述は、秋田大学医学部教授澤田賢一氏からの私信による。拙著『おへそはなぜ一生消えないか』（新潮新書、2010）でも紹介しているので、参照のこと。

赤血球に与えられた第一の役割は、全身の細胞や組織に酸素をあまねく届けることである。その目的の達成のため、赤血球が細胞内にたくさん蓄え、持ち歩いている「かばん」が「ヘモグロビン」という色素タンパク質だ。その「かばん」の一つひとつに、酸素分子がおさめられている。

酸素を体中にあまねく届けるという目的を考えると、核という存在は、赤血球にとってはいざ知らず、人体にとっては単なる「お荷物」にすぎないのであり、いさぎよくそれを捨て去った方が、酸素運搬効率の向上には都合がよかったのだろう。

哺乳類には、体温調節を行うことにより外気温の変動にもかかわらず体内温度を常に一定に保つシステムが備わっている。そうした哺乳類にとって、冬には熱の放散を防ぎ、夏には熱を放射するために体毛が非常に効率のよい「衣服」となった。そして、毛細血管網を発達させ、体の隅々にまであまねく栄養や酸素を行きわたらせることによって、ムダなく体温を一定に保ち、代謝システムの充実をはかる必要があった。

そのために哺乳類は、どんなに細い毛細血管の中でも通り抜けられる柔軟性を持った赤血球を「開発する」必要に迫られたのではないだろうか。[*221] 事実、哺乳類の赤血球は、まるで新体操選手のように自らの体をくねらせ、毛細血管の中を通過していくのである。

すなわち、「ヘモグロビンさえたくさんあれば、さしあたって核は必要ない」のである。必要ないばかりか、もし核を残したまま仕事をしようものなら、「図体ばかりでかくて役立たず！」といった罵声が浴びせられないとも限らない。

赤血球になぜ核がないのかを考え始めると、擦りむいてちょっと血が出ただけでも、その少量の血液の中に存在するであろう赤血球たちのひしめき合う様子が、まるでヌーの大群がサバンナの川を押し渡るがごとき景色となって眼前に押し寄せてくるわけだが、結句言えることは、赤血球の大群もヌーの大群も、どちらも生命のあるべき姿をそのまま体現した「複製産物」であるということだ。

一体なぜ彼らは「複製」されたのか。存在そのものを問うのではなく、複製された結果としてそこにいる数多《あまた》の「同一のもの」たちのその生成の過程を知ることで、生命の本質がわかる。そう考えることこそ重要なのである。*222

複製産物から成り、さらにそれそのものも複製産物であるところの生物の体、そして私たち自身としての人体を、筆者はここで「複製の海」と表現するが、*223 実にこの海よりほかに面白く、深遠な存在を、筆者はどこの世界においても知らないのであった。

複製の海

使い捨てという考え方は、複製的社会の申し子のようなものであろう。

使っては捨て、使っては捨て。また使っては捨て、再び使っては捨てる。こうした行為ができるということは、後から後から連続的に、そのものが繰り返し作られる、あるいは繰り返し作る能力を社会が有していて、一つのものを大切に使うよりもそうした方が明らかに何らかのメリットがあるということが、社会の根底に存在しているからである。

あとからあとから湯水のごとく生産される使い捨ての商品に囲まれて生きる私たち人間のありようは、別段、いまに始まったことではなく、考えてみれば大昔から、私たち自身の体をもその原則によって縛り続けてきた。

一体どこにそれほどのエネルギーが蓄積されているのかと思うほど——実際、それに見合うだけのエネルギーが生産されているわけだが——私たちの体はまさに「複製の海」とでも言うべき様相を呈しているのである。

222●使い捨てという言葉をそのまま体現したような生物が、社会性昆虫における労働カスト、つまり労働階級に属する連中だろう。彼らは生殖能力を持たない。まさに文字通りの「使い捨て」要員である。

223●この表現はすでに吉田夏彦が『複製の哲学』(TBSブリタニカ、1980)において用いている(p.80)。ただ吉田は、社会的現象として、現代人が複製にとり囲まれて生きているということの隠喩としてこの言葉を用いている。

図084●皮膚という名の大海原。
あたかも無限に広がっているようにも見える手の甲の皮膚の拡大写真。発生の途上、この皮膚の原初の姿から、様々な組織が作りだされる。まさにそれは「母なる海」の名にふさわしい、複製のための土台である。

もっともこの表現は、ある一つの、そしてそれらの複合的な現象を言い表す一つの方便にすぎない。それは海ではなく、母なる存在でもない。多様性を持って存在する生態系の混在ともいうべき様相で存在する複製産物の乱舞を、ただそのように表現したにすぎないからだ。

肉眼で見ようとしてもなかなか見ることはできないが、しかしながら詳細に分析していくことでようやく私たちの前にその茫漠たる姿を現すのが、この世に隠された「複製」のありようなのかもしれない。それはあたかも幽霊のようでもあり、あるとき忽然と空中に現れる、蚊柱のようでもある。要するに、見ようによってはそのように見えるし、そのつもりのない見方では「いじけて」しまって姿を現さない。

そんな複製のありようが、人体の中に息づいているということを「複製の海」と表現するのであるから、それは何も「幹細胞」だけの専売特許ではないのである。

たとえば、皮膚はまさに物理的存在としての「複製の海」であると言えるだろう（図084）。

すでに前著『おへそはなぜ一生消えないか』（新潮新書）において、「複製の海」としての皮膚のありようについて言及したことの繰り返しとなるが、皮膚には表皮や真皮といった、いわゆる「皮そのもの」の部分以外にも様々な付属器官が存在する。たとえば「汗腺」という器官は、私たちの皮膚に開口し、その部分から汗を分泌する「腺」である。母乳を分泌する「乳腺」も皮膚の付属器官であり、その実質は汗腺が特殊化したものとみなすことができる。

こうした腺はそもそも、個体発生の際、表皮が陥没するようにして生じた原基があり、そこから派生してきたものだ。表皮という母体があって、そこから様々な組織が作られるということである。

その意味においては「眼」もおそらくは同様で、脊椎動物の眼の発生は汗腺などとは比較にならないほど複雑ではあるが、少なくとも眼の表面に位置する角膜などのように、眼ができる以前の表皮が母体となって、それが陥没するようにして眼の基本構造が作られるのは確かなことである。さらに私たちのこの「歯」もそのようにして作られる。歯茎《はぐき》の表皮の一部が陥没し、将来歯を形成していくもとになる「歯杯」が作られるのだ。

これは、複雑な多細胞生物個体を作り上げる基本的なメカニズムである。すなわち皮膚の付属器官と呼ばれるものが、毛も含め、すべては「表皮」という〝大海原〟から作られていく。これこそ「複製の海」であろう。

ある一定の広さを持つところには、様々な〝何か〟が作られる余地があるというのは、何も生物の一部の組織に限った話ではない。ある一定の広さの土地があれば、田畑を作ることもできる。住宅地を造成することもできる。そして、ショッピングモールを作って集客することもできる。

表皮は、細胞の巨大な集合体だ。分化し、何らかの機能を持った組織を作り出す能力に秀でた私たちの細胞がなぜそのように集合した状態となっているのかと言えば、それは言わずもがな、集合することで、お互いに連携を保ちつつ様々な機能を分担して遂行できる生物学的状態を作り出すことができるからである。それが、私たちのこの「多細胞」というシステムなのだ。

第6展示室で見たように、集合とは複製の目的——もしくは結果——の一つである。集合とは結局のところ「複製産物の集合」とほぼイコールである。よって細胞の集合体としての表皮は、そのまま複製産物としての細胞たちの集合体でもある。

その〝母体〟から、私たちは様々な組織を作り出し、完成させ、協調させることによって、多細胞生物個体としての生を謳歌する権利を得る。そしてその〝母体〟を維持するために、古くなった複製産物たる細胞たちを捨て、幹細胞から新たな複製産物を作り出していく。ここに、使い捨ての思想が生まれるのである。

使い捨てられるシステムは、しかしながらやがて、多細胞生物の持って生れた宿命ともいうべき「老化」とともに、大きな変化を伴って破綻への道を突き進む。

かつて筆者は、個体の老化は、複製プロファイルの変化として立ち現れる細胞の協調体制の乱れとともにもたらされると述べた。[*224]

複製の海は、数多《あまた》の生物たちが渦巻き、息巻き、一つの大きな生態系として振る舞う海と同様、複製産物としての細胞たちが躍動する一つの大きな生態系だとも言えるが、そのどこか一部に変化を生じ、それが「生態系」全体に影響を及ぼすような大きなうねりになると、個体にとって老化、そして死という破滅をもたらすのである。

どんどん作り、どんどん使い捨てようとしても、幹細胞の分裂限界が近づくと、新たに生み出される細胞のスピードは遅くなる。オリジナル依存的な複製のスピードは落ちても、細胞たちが古くなって捨てられていくスピードはそれを待ってはくれない。そうしたことも計算の上で私たち生物は、老化という不可避な現象をこの身の上に備え、子孫にその活躍の場を設けるよう仕向けたのかもしれない。

もう一つの生物系——がん細胞

すでに存在するある実体があり、その内部に、それとは違う第二のものが生じるというのは、複製の一つのパターンであった。第3展示室で本店と支店との複製的関係について言及したように、身のまわりには意外と多く、そうした事例を発見することができる。

日本人の死因第一位の座を維持し続けている「がん」[*225]は、まさにそうしたパターンを体現する「複製産物」の集合であると言えるだろう。

224●すなわち本書では、体の中でどの細胞が複製し、どの細胞が新たに複製を開始し、どの細胞が複製を停止するか、それらの全体的バランスをこう呼ぶことにしたいのだが、この表現は、すでに拙著『おへそはなぜ一生消えないか』（新潮新書、2010）でも採用しているものである。

225●悪性腫瘍としての「がん」には、「癌腫」と「肉腫」がある。胃癌、肝臓癌、肺癌などのように「〜がん」と呼ばれるものが癌腫であり、白血病、骨肉腫、網膜芽細胞腫など、それ以外の呼び方で呼ばれるものが肉腫である。

がんといういかにも恐ろしげなこの言葉が表現するそれは、がん細胞という細胞から成る塊である。がん細胞はもともと、私たちの体を構成するれっきとした体細胞だったが、細胞を動かす主役分子たるタンパク質の設計図、すなわちDNAに突然変異が生じることで変化し、分化することを止め、脱分化し、複製を再び活性化し、悪性化（あくまでも人体にとって〝悪性〟）したものである。

我が国の発がん研究の先駆者として知られる吉田富三*226の言によれば、がんは私たちの体の中に生じた「もう一つの生物系」であり、培養容器の中で培養され続けていくときにはすでに悪性ではなく「平穏な一個の生物学的存在にすぎない」*227という。

何十兆もの正常な体細胞は、あたかも法治国家における国民のように秩序立ち、多細胞生物のシステムが成り立つための様々な「法則」に忠実にはたらいている。法則とは、多細胞生物における遺伝情報に則った生命システムの規則性である。

がん細胞は、正常だったときに身につけていたはずの、法則にしたがって活動する多細胞生物の一員に課せられた「決まりごと」をかなぐり捨て、多細胞生物の一員であることをやめてしまった細胞である。

そしてあたかも、多細胞生物の一部から単細胞生物に進化したかのように新たな生を獲得し、生き始めるのである（図085）。

その好例を、一九五一年に子宮頸部がんで亡くなった米国人女性ヘンリエッタ・ラックス*228の体内に生じたがん細胞に見ることができる。その年、ラックスのがん細胞は、医師ジョージ・ゲイ*229の手によって体内からとり出され、実験室の中で培養され始めた。その細胞――HeLa（ヒーラ）細胞――は、「宿主」であったラックスの死後もその死を全く知ることもなく、実験室の片隅で自らを複製し続けてきた。

それから六〇年あまり。この細胞、いやすでに一種の単細胞生物と化したこの生物は現在でも、世

226●吉田富三。細胞病理学者。1903-1973。東京大学教授、癌研究会癌研究所所長などを歴任。文化勲章受章者。

227●吉田富三『癌の実験的研究と細胞病理学』（形成社、1981）所収の「癌の本態観」（第一三回日本医学会総会講演）p.88。

228●ヘンリエッタ・ラックス Henrietta Lacks。米国の女性。1920-1951。

229●ジョージ・ゲイ George Gey。米国の科学者。1899-1970。

230●こうした細胞は、ヒーラ細胞には限らない。これまでに様々な「がん」からがん細胞がとり出され、実験室で実験に使えるように〝飼い慣らされて〟きている。こうした細胞たちのことを「細胞株」という。これらを集め、研究者に配給する（タダではないよ）細胞バンク（細胞銀行）という組織が、世界中にいくつか存在する。

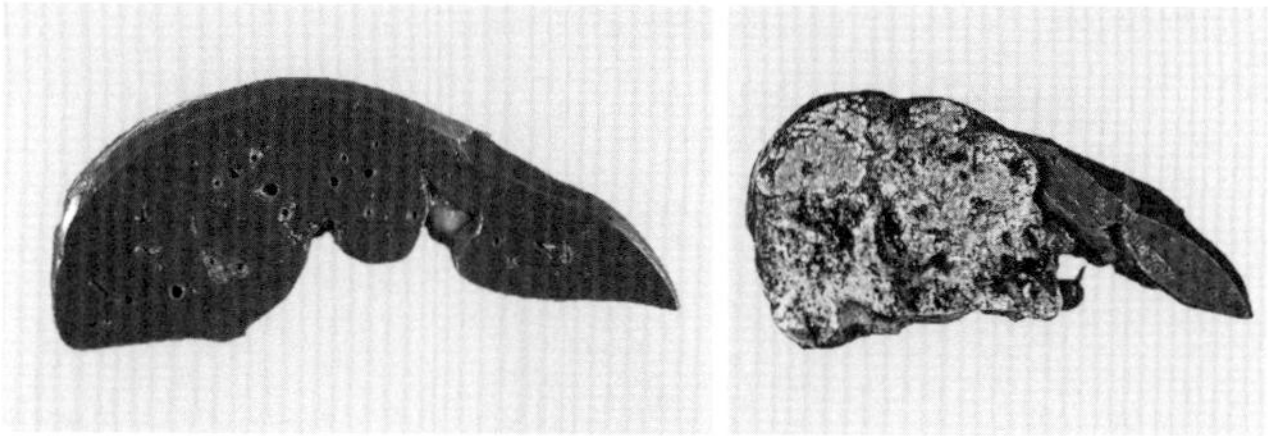

図085●がん細胞が増殖した肝臓の写真。
［**右**］臓がんに冒された肝臓の断面。
［**左**］正常な肝臓の断面。
（写真提供：村雲芳樹）

界中の生命科学系実験室で生き続け、[230] 研究され続け、細胞生物学の発展に大きく寄与し続けている（図005を参照）。これが意味することこそ、がんが、宿主である私たちの体内に生じた「もう一つの生物系」であるということにほかならないではないか。

複製の観点から言えば、「がん」とは、ヒトという一つの多細胞個体の中から、もう一つ別の生物が「複製」されてできた、複製産物としての〝新たな生物〟である。

あたかも出芽酵母のように、体の一部が〝芽を出すように〟分裂すること。または、本店と支店の関係。ヘンリエッタ・ラックスの一部――体内――に生じたがん細胞が、もはやヘンリエッタ・ラックスという〝生物〟から独立して、世界中の研究室で、薄暗い、培養フラスコという名前の透明なプラスチックもしくはガラスの部屋の中で生き始めたその歴史は、支店が本店の意向に反して独り歩きし、やがては独立した組織になるという「複製」過程を彷彿とさせるものである。

生命世界において、複製するものといえばDNAだった。

この「もう一つの生物系」、がんの複製の様相を、複製の〝元祖〟たるDNAを中心に考えてみるとどうなるだろうか。

ラックスの体内に生じたがん細胞も、もともとはラックスの体を構成する一細胞にすぎなかったのだから、そのがん細胞はそもそも、ラックスのDNAをオリジナルの設計図として保有していたはずである。

細胞はDNAの「乗り物」にすぎないといういまではもう使い古された考え方[231]をここで導入できるとすれば、ここでの主役はDNAだ。となると、ラックスのDNAが複製され、その結果としてがん細胞たるヒーラ細胞の、複製産物たるDNAができたとみなすことができる。そして前者と後者は、それ以降、全く別の生き方を選択した。

がん細胞について回る宿命ではあるが、世界中の研究室で培養されているヒーラ細胞には、おそらく、DNAの塩基配列が一〇〇%同じであるようなものはないだろう。がん細胞が何度も何度もDNAの複製をし、何度も何度も自身を複製し続けていることで、必然的にそのような状態になっていくのである。

ラックスの寿命を超えて、六〇年もの長きにわたって実験室で培養されている間に、この細胞のDNAには、突然変異が徐々に蓄積してきた。単細胞生物のようだとは言っても、真の意味での単細胞生物ではないがゆえに、有性生殖をすることもなく、接合による遺伝子の交換[*232]を行うこともなく、この六〇年を過ごしてきたのだから、もはやこの細胞の個性は、宿主であったラックスのそれとはかけ離れているはずである。ヒーラ細胞という、明らかに世界中のどの生物とも異なる「生物」は、ラックスという「オリジナル」とは異なる新たな「オリジナル」として、世界中で複製し続けている。

無論こうした現象は、ヒーラ細胞には限らず、私たちの身の内に生じるがん細胞のすべてが、このヒーラ細胞のように、新しい生物としての運命を切り拓く能力を秘めているとさえ言えるだろう。

さて、細胞は、生命における複製の単位であるが、なぜ細胞がそのように運命づけられたのかと言えば、その「複製」の基盤として、DNAという「自己複製分子」を内包しているが故である。

次の第9展示室においては、いよいよDNAの複製について論じ、その生物学的意義を探っていくこととなるだろう。

231●リチャード・ドーキンス Richard Dawkins (1941-) がその著書『利己的な遺伝子 (The Selfish Gene)』の中で提唱した考え方。細胞は、DNAという自己複製子 (replicator) を乗せる乗り物 (vehicle) であると考える。

232●ゾウリムシなどの単細胞生物も、分裂ばかりを繰り返していると、やがて老化してしまう。そのため、ときどきタイプの違う個体同士が接着し、遺伝子を混ぜ合わせることがある。これを「接合」という。

第9展示室 | The ninth cabinet

DNAの複製と進化

DNAは、すべての生物の細胞中に存在する酸性物質である。正式な名称は「デオキシリボ核酸」で、その英語名「deoxyribonucleic acid」の略称が「D・N・A」である。

DNAは、私たちすべての生物における遺伝子の本体である。親から子へ、子から孫へと世代を通じて受け継がれていく物質であって[*233]、その最大の特徴が「複製する」ということである。複製について考えるとき、〝複製システムの元祖〟とも言うべきこの物質を無視することは許されまい。

複製といえばDNA。DNAといえば複製とも言われるほど、その様式は複製という現象の本質をそのままに、私たちに見せてくれるようなものであるはずだ。

生物が四十億年もの長きにわたって途切れることなく地球上に生存し続け、そして進化をし続けてこられたのは、ひとえにこのDNAの「複製」が連綿と続いてきたからにほかならない。

DNAはどのように複製し、どのように世代を通じて受け継がれていくのか。そして、そのことが私たち生物にとってどのような意味を持っているのか。

本展示室では、DNAとその複製が意味する、生物進化の味わい深い分子生物学的ミステリーゾー

233●このことから派生して、DNAは「受け継がれるもの」であり、それゆえにDNAという言葉が、ある系列の論理的、文化的、構造的支柱をなすものを比喩的に言い表すものとして用いられることが多い。たとえば政治家としての誰それは、昔の政治家である誰それのDNAを受け継いでいるとか、ある伝統的日本文化の保護に関して、「日本人のDNAを大切にしなければならない」とかいった用法である。「DNA」や「遺伝子」をこうしたことの象徴《シンボル》あるいは聖像《イコン》として用いる社会的現象については、拙著『脱DNA宣言』(新潮新書、2007)のほか、ネルキンほか『DNA伝説』工藤政司訳(紀伊國屋書店、1997)にも詳しい。

ンに、少しずつ迫っていきたいと思う。

9—1　DNAは複製する

DNAの複製

何度言っても言い足りないくらいだが、DNAは、私たち生物が細胞の中に保有する遺伝子[*234]の本体である。とにもかくにも「本体」なのである。DNAと言えば遺伝子であり、遺伝子と言えばDNAであるとさえ言えるほど、この二つのものは不可分であると言える。もちろんこの言い方にはいささか誤解が生じる余地があり、それについては後ほど改めて言及しておかなければなるまい。

さて、これもまた繰り返して言うが、DNAの最大の特徴は「複製する」ということだ。

これまで読者諸賢は、筆者が言わば気まぐれに建設した「博物館」におつき合いいただきながら、「店」の複製、「鏡の世界」における複製、「浮世絵」の複製、テーマパーク、人形、商品といった社会学的、人文学的複製に接してこられた。ところがDNAという物質は、これらのどれとも異なる方法で「複製」するのである。

DNAは遺伝子の本体であるから、その遺伝子の「情報」を正確に子孫の細胞や生物に伝えなければならない必要上、DNAはその複製に際して、完全に新しい「複製《コピー》」を作るというやり方はとらない。驚くべきことにDNAは、オリジナルのDNAを二つに分け、それぞれの「半オリジナル」に対して、失われた半分を補完するようなやり方で複製するのである。[*235]

DNAの形を見ればわかるはずだ。なにしろDNAという〝細長い〟物質は、それよりもさらに細かい「ヌクレオチド」(正確にはデオキシリボヌクレオチド)という物質が一列に並んだものであり、「情報」の

234●タンパク質の設計図になっているDNAの部分を遺伝子(gene)と言う。正確には、RNAの設計図になっている部分も遺伝子であるが、本論では遺伝子と言った場合、タンパク質の設計図になっている部分のみを意味するものとする。

235●このような複製を、半保存的複製(semi-conservative replication)という。

立場から言えば、そのヌクレオチドにある一定の性格づけを行っている構成成分「塩基」が一列に並んだものである。塩基には四種類（アデニン、チミン、グアニン、シトシン）があり、それぞれA、T、G、Cというアルファベット一文字で示される（図086）。

この四種類の塩基が、ACTTCGTAAGCTTA……という具合に一列に並んでいる。この塩基の並びが「塩基配列」である。

そしてより重要なポイントは、DNAという物質は、Aに対してTが、そしてGに対してCが対応するように向かい合って結びつき、塩基配列が二重になっているということである。

先ほどの塩基配列を例にとるならば、

図086●DNAの構造。DNAは、デオキシリボヌクレオチドとよばれる単位が長くつながってできた細長い〝鎖〟である。各ヌクレオチドは、リン酸、デオキシリボース、塩基という三つのパーツからできている。塩基には四種類のもの（A、T、G、C）があり、AとT、GとCが向かい合って対合する性質があるため、通常DNAは、この塩基の対合を介して二重の〝鎖〟になっている。

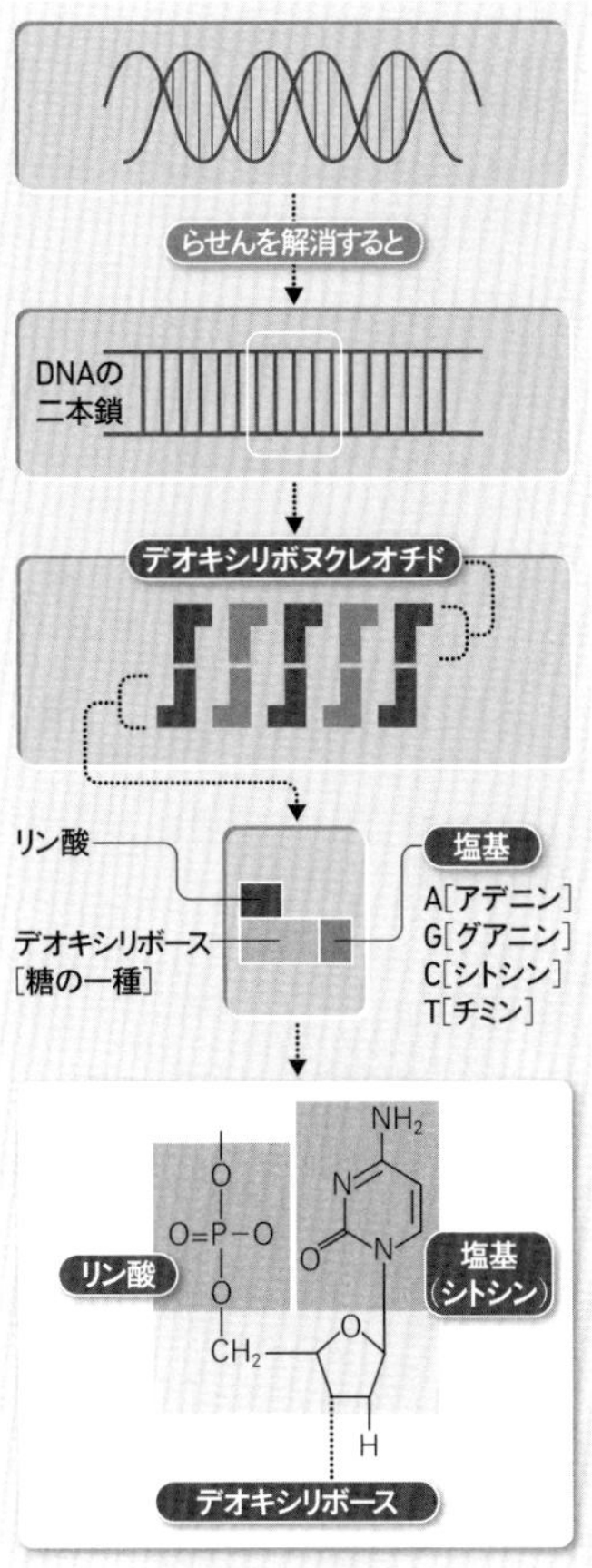

ACTTCGTAAGCTTA
||||||||||||||
TGAAGCATTCGAAT

という具合にAとT、CとG、TとA、GとCが必ず〝ペア〟となり、お互いに結びついているということである。*236

DNAが自らを半保存的な複製によって増やすことができるのは、まさにこの性質があるが故である。

一方のDNAの塩基配列（ヌクレオチドが鎖のように並んでいるために「DNA鎖」という言い方をすることもある）が失われても、もう一方のDNA鎖が残っているために、塩基のペア（塩基対）の相補的な形成という特徴をフルに発揮して、失われたもう一方を〝復元〟することができる。

本書ですでにお馴染みの表現で言えば、DNAの場合、複製の瞬間にオリジナルとしてのDNAは消滅し、実のところ半分はオリジナルであり、半分は複製産物であるところの、新たな二つの「オリジナル」ができるのである。

DNAの複製は、複製過程を通じてオリジナルが完全な形（あるいはそれに近い形）で常に維持されるわけではないがゆえに、「オリジナル非依存的」な複製の代表的事例なのである。

リードする鎖と遅れる鎖

生物が進化するためには、DNAが複製しながら少しずつ変化する必要があった。その複製は完全に百パーセント同じものを作り出すような複製ではなく、その中に、言わば「不完全さ」を秘めていたわけでもあったし、ときには「不公平」ともとれるようなメカニズムを内包してきたのである。

したがって、DNAが複製されるメカニズムの中で、特にその「不完全さ」、「不公平さ」に焦点を当てた考察は、生物の成り立ちを理解する上で大切である。

236●このように、お互いにペアとなる性質のことを「相補性（complementality）」という。

DNAの「複製装置」としての役割を果たすのは、これまでも何度も登場してきた「DNAポリメラーゼ」と呼ばれる酵素である。

先ほども述べたように、DNAの複製は、一本ずつに巻き戻されたDNAを鋳型として「半保存的」に行われる。一方のDNAは「リーディング鎖」、そしてもう一方のDNAは、「ラギング鎖」として複製されていく。この二本のDNAのそれぞれで名前が異なるその理由こそ、DNAの複製が「不公平」であるその証しだ。DNAの構造に、その理由がある(図087)。

DNAの二本の鎖は、言わば対向する直線道路であり、お互いに逆の方向を向いている。というの

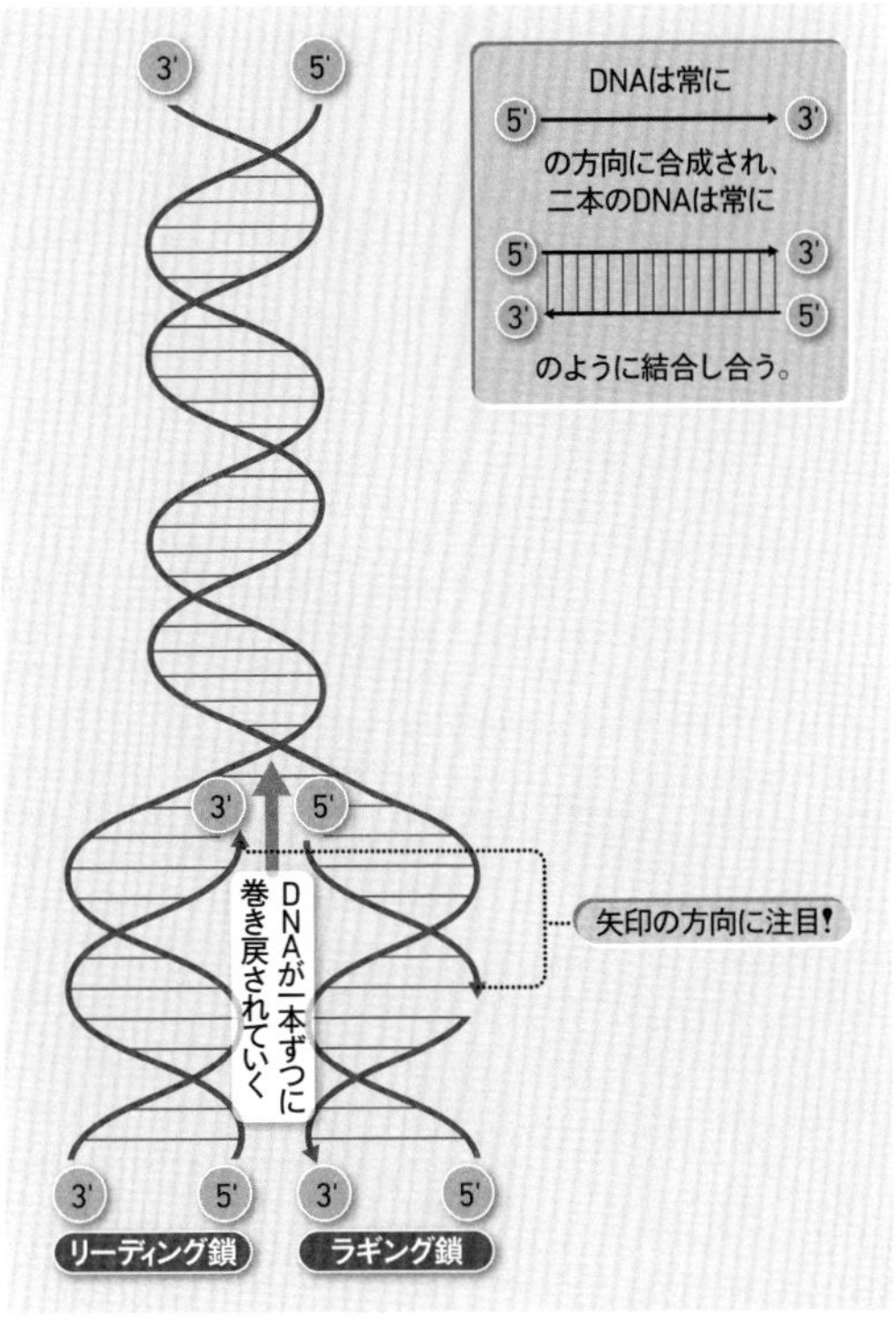

DNAは常に
5' 3'
の方向に合成され、
二本のDNAは常に
5' 3'
3' 5'
のように結合し合う。
3' 5'
矢印の方向に注目!
DNAが一本ずつに巻き戻されていく
リーディング鎖
ラギング鎖

図087●DNAの複製。
DNAは「半保存的複製」という特殊な複製様式により複製される。さらにDNAに元来備わっているヌクレオチド配列の方向性は、半保存的でありかつ不公平な複製を、DNAの各鎖に対して強制する。

も、DNAには5'→3'という方向性があるのである。[237] したがって、DNAの二本鎖を眺めると、一方は5'→3'に、もう一方は3'↑5'という方向となっている。

ここで特筆すべきは、複製装置であるDNAポリメラーゼには、DNAを5'→3'の方向へしか合成できないという特徴があるということだ。この複製装置の不可避な「頑固さ」により、DNAの二本の鎖は、巻き戻されて一本ずつになった後、お互いに逆方向をむくように複製されていくしかない。対向する道路のように、車がその通行の方向が決められているのと同じである。

この「決まり」によってDNAが、必然的に「不公平」な複製をしなければならないことになっているというのは、果たしてよいことなのか悪いことなのか。

リーディング鎖は、日本語では「先行鎖」という。こちらでは、DNAポリメラーゼの合成方向と複製フォーク[238]の進行方向が同じであるために、新しいDNAの合成は難なく進行する。誠に理想的な複製であると言える。

一方、ラギング鎖は日本語では「遅延鎖」という。こちらのDNA鎖の複製はより複雑だ。「遅延」という日本語訳が、その言葉の陰に隠れた複雑さをそのまま表しているとも言えよう。すなわちこちらでは、DNAポリメラーゼの合成方向と複製フォークの進行方向が全く逆を向いているために、複製フォークの進行と同じ向きに短いDNA（岡崎フラグメント[239]）を断続的に合成し、最後に一本につなげるという、一見して面倒臭い方法を用いなければならないからである。

したがってラギング鎖では、どうしてもリーディング鎖よりも無理な複製にならざるを得ない。その当然の帰結としてリーディング鎖と同じタイミング、同じスピードで複製することは難しくなる。

理不尽にも存在する時間差。抱き合っていたもの同士であるにもかかわらず、一方は先に複製し、一方は遅れるという不公正さ。[240]

237●このDNAの方向性は、DNAを作り上げる〝ブロック〟であるヌクレオチドの方向性が元になっている。ヌクレオチドのリン酸基側を5'、次のヌクレオチドのリン酸基と結合する側を3'というが、DNAではこの方向に沿ってヌクレオチドが配列しており、最終的に合成されるDNAにも方向性が生じる。

238●DNAが複製されている、複製装置が一固まりになっているまさにその部分のこと。註189も参照。

239●分子生物学者、岡崎令治（名古屋大学教授。1930-1975）によって発見されたため、こう呼ばれる。岡崎断片ともいう。

240●それゆえに、リーディング鎖（先行鎖）、ラギング鎖（遅延鎖）と呼ばれるのである。

DNAの複製にある種の不公平感がもたらされるとするならば、生物の分子的「戦略」は見事に成功したと言ってもよい。実はこうした事例は私たちの生活のまわりにもある。時差式信号機がそのいい例だ。あえてそうした状態を許容しないと交通環境が乱れるということは、翻って言えば、DNAの複製においても、あえてそうした状態を許容することで何かいいことが期待できるということもあったのであろう。その「いいこと」は、9—2節で登場してくる。

トロンボーンモデル

逆向きになっているから遅延すると言われても、その言葉がそのままイメージに結びつかないのは、筆者も読者諸賢も同じだろう。

現在考えられているモデルにおいては、ラギング鎖ではとても興味深いことが起こっている。その様子は「面白い」を通り越して、むしろ滑稽にさえ思える。

その滑稽とも思えるほどのラギング鎖の複製とは、巻き戻された一本鎖DNAがいったんぐるっと一八〇度回転するようにたぐり寄せられ、複製フォークに存在する複製装置にとりついた格好になっているというモデルで理解される。このモデルを「トロンボーンモデル」という（図088）。その名の由来となったトロンボーンの、奏者が手を前後させて動かし音を奏でる「スライド」のような動きをラギング鎖が起こすと考えられているからである。

ラギング鎖における岡崎フラグメントの不連続な合成が、複製フォークの進行方向と常に同じ向きであることを保つためには、ラギング鎖を合成する複製装置*241が、岡崎フラグメント合成の開始と終了のたびに鋳型DNAから離れたり（解離）、再び結合したり（会合）を繰り返す必要がある。

そのためラギング鎖は、まるでトロンボーンのスライドのように、岡崎フラグメントが一本一本合

241●実際に複製装置の中心としてはたらくのはDNAポリメラーゼだが、その他にも多くの補助タンパク質が、複製装置には必要である。このような、DNAポリメラーゼを含む複製装置としてはたらくタンパク質の集まりを「複製複合体（replication complex）」という。この巨大な複合体は、細胞核内のどこかに腰を据えていて、実はDNAの方がウミヘビか何かのように動き、この巨大な複合体の中に入り込みながら複製されると考えられている。

成される毎に、ループアウトとループインを繰り返す。その結果として複製は、重厚な音色で管弦楽に彩りを添えるかの楽器と同様、複製装置の見事なコラボレーションによって、滞りなく新たなDNAを半保存的に作り上げることに成功するのである。

ただ、ここで一つの疑問が生じる。

このような複製のされ方、すなわちわざわざ一八〇度もDNAを回転させなければならない、言ってみれば——私たち人間の感覚からすれば——極度の無理矢理感を伴う複製のメカニズムの非日常的なやり方は、往々にして複製装置による間違った複製を誘引するのではないかという疑問である。

たとえば、同じ作品を作るために異なる方法を用いる場合、できあがった後の作品をお互いに比較すると、必然的にある程度の違いが出るものだ。

多くのアマチュア愛好家が陶器を製作する際に、電動ろくろ台[*242]を使った場合と、手動のろくろ台を使った場合ではその出来上がりに自ずから違いが生じる。電動ろくろ台では、ろくろ台を回転させるために使うエネルギーを使わなくて済む分だけ、陶器の製作そのものに多くのエネルギーと意識を集中させることができるのに対し、手動のろくろ台では、なるべく回転数を一定にするために気を使わなければならず、その分陶器の製作そのものにかける集中力が散漫になりやすい——ただし、これはあくまでも筆者のようなアマチュアが陶器の製作を行った場合である——。

ろくろ台を使わずに陶器を製作した場合にはもっと顕著な差が出てくるだろう。おそらくほとんどの読者諸賢が体験したことで言えば、小学校や中学校時代の粘土工作を思い起こしていただければよい。同じ道具を使ったとしても、製作者によって結果が大きく異なることは、そうした経験から容易に想像がつくというものだ。

リーディング鎖として複製される場合とラギング鎖として複製される場合とでは、全く同じ結果が

242● 水平にぐるぐる回転させることで、その上に置いた陶土の形を整えるための器械。ロクロ（轆轤）と呼ぶのが一般的だが、正式には「ろくろ台（轆轤台）」という。

もたらされるはずだと考えるよりむしろ、若干の違いが生じるに違いないと考える方が納得がいく。
その具体的な違いと、その「メリット」について、次の9―2節で改めて考えていくことにする。

9―2　進化をもたらす不均衡なDNA複製

ラギング鎖の不安定性

DNA複製における「不公平さ」は、私たち生物にとっては実際どのような「不公平さ」をもたらすのだろうか。

先ほども述べたように、岡崎フラグメントの断続的な合成を行う必要性から、複製装置はラギング鎖からの解離と会合を繰り返す。

このモデルが確からしいということは、DNAポリメラーゼが、合成しつつあるDNA鎖から解離する場合があるという観察事実からも容易に推測される。

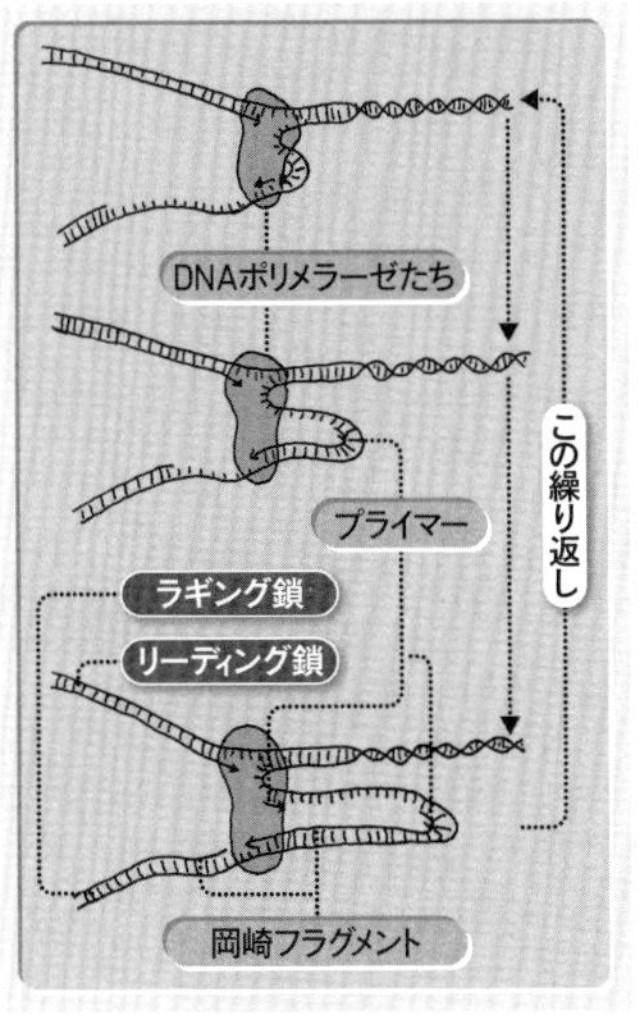

図088●トロンボーンモデル。
ラギング鎖のループが、DNAポリメラーゼによってプライマー（二七六ページ参照）が合成され、岡崎フラグメントが一本合成されるまでに、トロンボーンのスライドのように右方に徐々に大きくなる様子が見てとれよう。
岡崎フラグメントの合成のたびに、このループのサイクルが延々と「繰り返される」のだ。

種類にもよるが、DNAポリメラーゼの中には、通常は解離しないようなところで複製中に突如として解離し、わざわざ次の瞬間、ややずれたところに会合するといった振る舞いを起こすものもいる。こうしたDNAポリメラーゼは、自らが合成しつつある新生DNA鎖を、まるで金魚が金魚のフンをいつまでも引きずっているかのように、手放さずにくっつけたまま鋳型DNAから解離し、ずれたところに会合するのである。

もしDNAポリメラーゼが本来いるべき部分からややずれた部分に〝再〟会合する頻度が高まると、合成された新しいDNAに「伸長」や「短縮」が生じやすくなる。

とりわけ「繰り返し配列」と呼ばれる塩基配列の部分で、そうしたことが起こりやすいとされている。繰り返し配列は「リピート」とも呼ばれ、その名の通りある一定の塩基配列が何回も繰り返して存在する部分である。

比較的短いCAとかCAG、TTAGGGなどの塩基配列の繰り返しでは、複製装置だけでなく合成したDNAも一緒に解離、会合を偶発的にしてしまったとしても、わずかにずれた部分でもやはり、新生DNAと鋳型DNAは相補的に結合できている場合が多いから、何の違和感もなく、複製装置はそのまま複製を再開してしまうのである(図089)。

このような、DNA複製中に生じてしまう若干の「ずれ」のことを私たちは「複製スリップ」とよぶ。文字通り、DNAポリメラーゼが「滑る」のだ。*243

ラギング鎖として複製されたDNAの不安定性は、実にこうしたところに現れるのである。なにしろラギング鎖では、「トロンボーンモデル」に沿って見てみると、岡崎フラグメントを一本ずつ合成するたびに、複製装置の鋳型DNAからの解離と、鋳型DNAへの会合が繰り返されているわけだから、リーディング鎖として複製されたDNAに比べ、ラギング鎖では結果的に、とりわけ繰り返し配

243●複製スリップ(replication slippage)。DNAポリメラーゼと鋳型との何らかの相互作用の断続によって生じる。DNAポリメラーゼが、まだ複製していない鋳型の塩基を飛び越えてスリップすると、新生DNA鎖が短縮し、逆に、後ろ向きにスリップして同じ鋳型の塩基を二回通過する事態になると、新生DNA鎖は伸長する。

列において伸びたり縮んだりする可能性、すなわち「塩基配列の不安定性」が高まるのである。

もちろん複製スリップは、連続的な合成が続いているリーディング鎖でも起こる可能性がある。たとえば鋳型DNAにおける何らかの異常が複製途上に発見され、一瞬、複製装置がその部分で立ち止まるといったような場合である。[*244] とはいえ、全体のずれやすさという意味においては、やはりラギング鎖の方が一枚〝上手〟であろう。

一方、「危機回避反応」としての「鋳型スイッチ」という現象もある。

鋳型スイッチは、ラギング鎖の不安定性の一つの証拠でもあるが、実際のところは、リーディング鎖において複製装置が複製を続行するのに不適当な何らかの傷が見つかった場合に行われる回避反応の一つであり、そうした場合、複製装置は極めて柔軟な対応をとることが知られている。

その対応とは、もう一方の鋳型であるラギング鎖で新しく合成された岡崎フラグメントを、「臨時の鋳型」として用いるというものである。DNAの二本鎖はお互いに相補的だから、リーディング鎖で

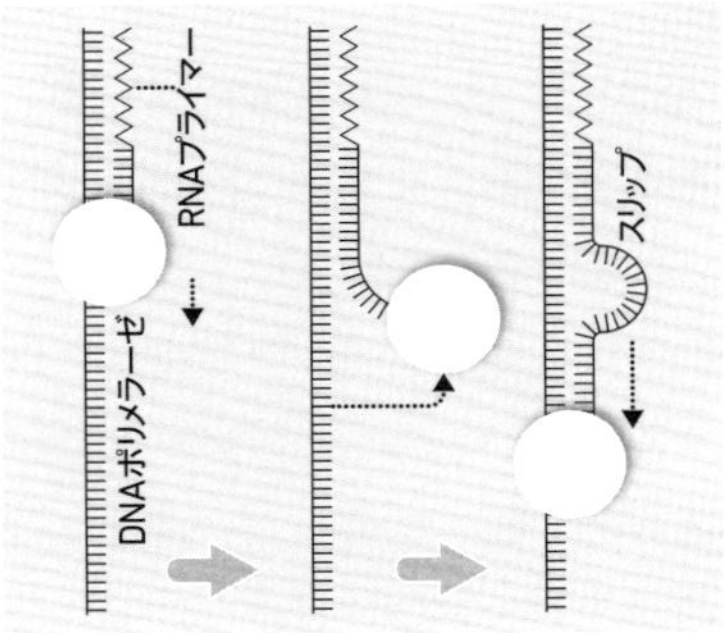

図089●複製スリップ。
複製装置が〝滑る〟ことで、
新たにできる複製産物たるDNAの長さが変化する。

244●実際、真核生物のDNAポリメラーゼα《アルファ》が、ある塩基配列のところで止まりやすいという報告がなされている。いったん止まってしまうと、鋳型DNAからの解離を起こしやすくなる。Suzuki M et al. (1992) DNA polymerase α overcomes an error-prone pause site in the presence of replication protein-A. *J. Biol. Chem.* 269,10225-10228.

合成されつつあるＤＮＡ鎖と相補的に二本鎖を形成することができるのは、リーディング鎖の鋳型だけではなく、ラギング鎖で合成されつつあるＤＮＡ鎖、すなわち岡崎フラグメントだ。それを臨時に鋳型とすることで、リーディング鎖の鋳型に存在する傷を無視することができ、複製反応を続行することができるのである。

ただし、このような危機回避反応は、リーディング鎖の鋳型で傷が見つかった場合に限定されるものであって、ラギング鎖の鋳型で傷が見つかった場合にはちょいと難しい。

隣にソウメンを食べている友人がいるとする。ちょっと食べてみたいので、友人がテレビに見とれている間に短いソウメンを「失敬」するのは簡単だが、友人の箸にすでに絡みついている長いソウメンを失敬するのは難しい。これと同じで、岡崎フラグメントは短いＤＮＡ断片だから、リーディング鎖の鋳型に傷が見つかったときに、臨時の鋳型として代用することができるが、よしんばラギング鎖の鋳型上に複製続行が不可能な何らかの傷が見つかったとしても、それを回避するためにリーディング鎖の新生ＤＮＡを無理矢理――まさに無理矢理である――ひっぺがして鋳型として用いることは難しい。この点でも、ラギング鎖は比較的不利なのである。

複製スリップも鋳型スイッチも、本来のメカニズムがそうなっている以上、これらを起点としてリーディング鎖とラギング鎖に可能性《ポテンシャル》としての変異の起こる確率の違いが最初から存在する、そう思わざるを得ない事実なのだ。

少しずつ変化していく――複製エラー

このように、ＤＮＡ複製に潜む「不公平さ」とは、二本あるＤＮＡ鎖（すなわち鋳型ＤＮＡ）の複製のされ方が異なることからくる、メカニズム上の不公平さが原因であると思われるが、そのメカニズム上の不公平さが、さらに複製後にもたらされる塩基配列の変化の度合いに関しても、わずかながら不公平さを生むのである。

DNAは、「自己複製分子」などと呼ばれる場合もあるが、自発的に複製されるわけではない（少なくとも現在のDNAにおいては）。これまで述べてきたように、現在の生物におけるDNAの複製は、DNAポリメラーゼという複製装置の存在なくしてはほぼなし得ないところにまで到達している。*245 この複製装置は極めて正確にDNAを複製していくことができる。

この場合の正確さとは、DNAの塩基配列を、必ずAとT、GとCのペアになるようにしつらえていく、その正確さのことであり、これを専門用語で「複製忠実度」という。

DNAポリメラーゼはまるで、塩基配列という楽譜を奏で、遺伝情報という曲を作り上げるピアニストだ。ピアニストたちは、作曲家が作ったオリジナルとしての楽曲を、そしてそれを暗号化して紙面上に「複製」した楽曲を、自らが複製装置となって奏で、多くの観客の心に「複製」していく。

しかしどんなに天才的なピアニストといえども、たまに「ミスタッチ」をする。とりわけコンサートなどの生演奏では、ときどき起こる。

ピアノ曲におけるミスタッチは、意図的であるかどうかはともかく、「人為的な」ものである。あるピアノ協奏曲で、指揮者の持つ指揮棒が何かの拍子に飛んできて鍵盤にあたってしまう。あるいは、天井からつりさげられていた照明器具が不意に落っこちてきて鍵盤を叩く。そうしたことが実際に起こったという話はほとんど聞かないが、可能性としては起こりうるのである。

まして、二ナノメートル幅の紐を二メートルにわたって複製するなどという途方もない行為に対して、「ミスタッチ」を全くすることもなく、そのすべてをやり終えるなどという芸当が果たしてできるものであろうか。

245● DNAが最初に誕生した頃は、DNAポリメラーゼなどの複製装置はなかったかもしれないが、現在の生物体の生化学的過程において、DNAポリメラーゼなしに複製されるDNAは見つかっていないし、原理的にそのような状態はありそうもない。

私たちヒトの細胞一個あたりの核に含まれるDNAの複製は、もしも細胞の核をバスケットボールくらいに拡大すると、〇・二ミリメートル幅の紐を、二〇〇キロメートル（東京～静岡あたりか）にわたって複製するという状況になぞらえられるほどの大プロジェクトなのだ。

たとえ数万個ものDNAポリメラーゼが同時に機能するとはいえ、その仕事量はやはり膨大だ。たった一つの「ミスタッチ」もなく、すべてのDNAの複製を完璧になし遂げるのは至難の技であろう。十数分のピアノ曲など比べるべくもない。事実、DNAポリメラーゼはかなりの「間違い」を犯している。その間違いを、私たちは「複製エラー」と呼ぶのである（図090）。

DNAポリメラーゼが間違いを犯す確率は非常に低く、一万回に一回、一〇万回に一回、もしくはそれよりも低い頻度で、「ミスタッチ」を犯すだけだと考えられている。

一〇万回に一回の複製エラーとはすなわち、一〇万塩基分を複製したら、九九九九九塩基は正確で、たった一塩基だけエラーを犯してしまうということである。そしてそのエラーというのは、たとえば鋳型がTであるとき、Aを置くところを間違ってGを置いてしまった、といった程度（！）のものである。

その程度のものだがしかし、もしこのエラーがそのまま「野放し」にされるとなると、私たちのDNAには、複製のたびに六万個もの突然変異が生じることになり、おそらく細胞は生き残れまい。

かつて筆者は、DNA複製の特徴を「正確さといい加減さの共存」と表現したことがある。[*246] その理由は、DNAポリメラーゼが触媒する化学反応は、ヌクレオチド同士の横の結合であるホスホジエステル結合の形成であって、鋳型の塩基に相補的な塩基を水素結合で置いていくという、正確性を最重要課題としなければならない〝縦の〟反応ではないので、複製エラーが比較的高頻度に生じやすいと考え

246◉武村政春著『DNA複製の謎に迫る』（講談社ブルーバックス、2005）。

たからである。いずれにせよ、DNAポリメラーゼの「いい加減さ」によって生じた複製エラーは、同じく複製装置に存在する、このいい加減さをカバーする「サポーター」としての「消しゴム」機能によって、ある程度は修復される。*247 さらにダメ押しのように、DNAポリメラーゼ以外の修復メカニズム*248によってそのほとんどは修復されてしまうので、最終的にDNAが複製され、細胞が分裂する頃には、複製エラーはほとんど後に残らない。

しかしながら、「ほとんど後に残らない」ということは、見方を変えると「少しは残る」ということでもある。

実際、私たちの細胞一個に含まれるDNAは、一回複製されるたびに、そのどこかにエラーが最低

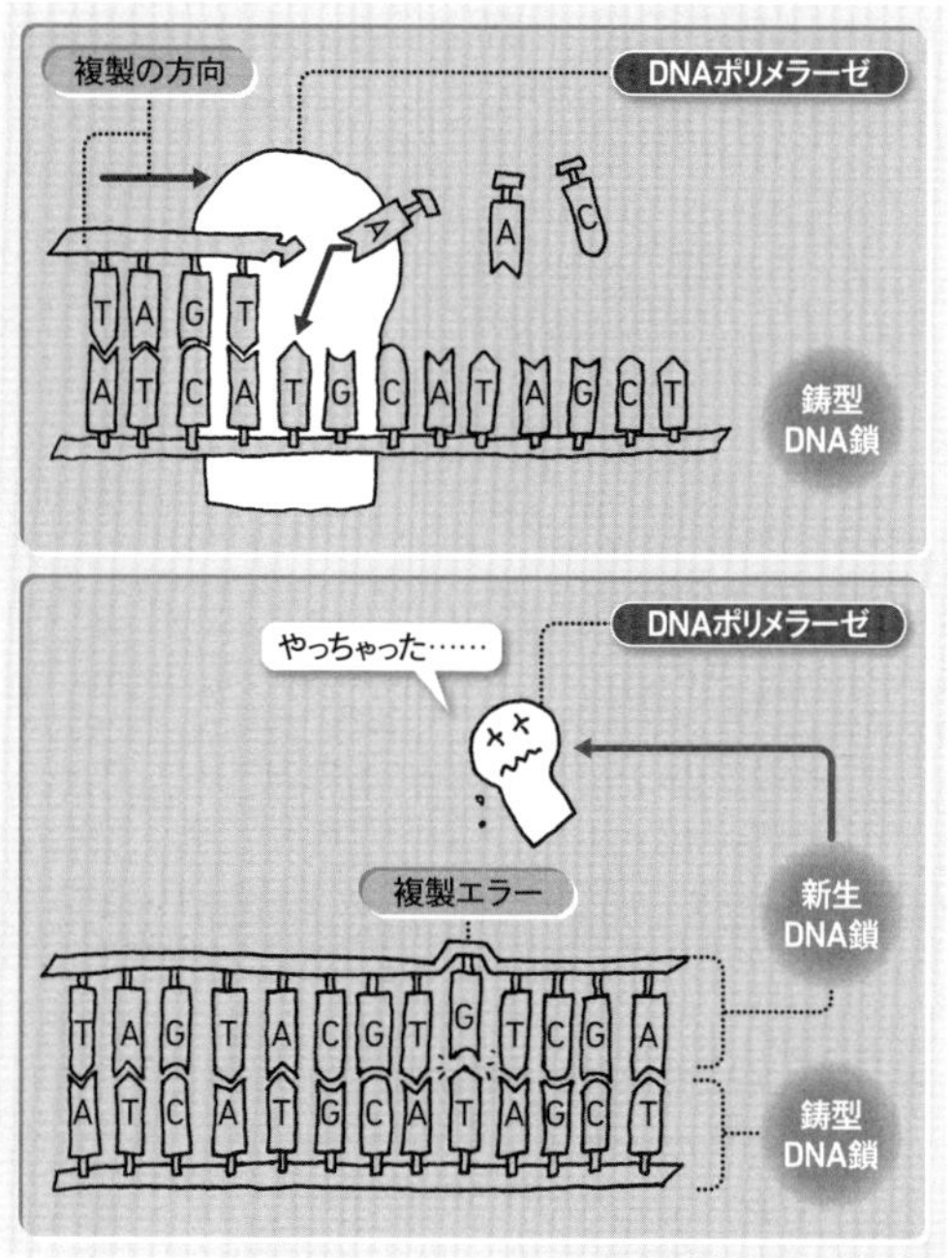

図090●複製エラー。
DNAポリメラーゼの種類によって異なるが、一〇〇万塩基、一〇〇〇万塩基に一個程度の割合で、DNAポリメラーゼはミスを犯す。
図のミスは、鋳型DNAの塩基がTであれば本来Aを置かなければならないところ、Gを置いてしまったというミスである。

247●この消しゴム機能（校正機能）を果たすのは、正しくは「3'→5'エキソヌクレアーゼ」と呼ばれる酵素である。この酵素は、DNAポリメラーゼ自らが、あたかもお尻に消しゴムをくっつけた鉛筆のように保持している酵素だ。この酵素に関しては、後でもまた出てくる。

248●ミスマッチ修復（mis-match repair）と呼ばれる修復方法によって、複製後に残った「おかしな塩基対」が除去される。

数個は残ってしまうと考えられている――ただし、おそらく誰も真剣に数えたことはない――。これが、修復されないまま次のDNA複製を迎えてしまうと、突然変異として固定されてしまうのである。

ところで、複製エラーとよく似た現象に、本の印刷における修正されなかった誤植が、元からあった正しい言葉であるかのように振る舞い始めるという事例がある。

つげ義春[249]の短編漫画に「ねじ式」という、ファンの間では有名な話がある。ある夏の日、ある海辺に泳ぎにきて「メメクラゲ」に左腕を噛まれた少年（僕）が、噛まれて噴き出す血を懸命に抑えながら医者（イシャ）を探し、幻想的な寒村の中を歩き回る話だ（図091）。

ここで、物語の冒頭に名前だけが登場するメメクラゲ。聞いたこともないクラゲである。一体どんなクラゲかと不思議に思って図鑑で調べてみても、どの図鑑にも掲載されていない。掲載されていないのは当たり前で、実はこの「メメ」という言葉は、もともとは原作者のつげが原稿にクラゲの種類を特定せずに「××」と書いたものだったからである。これが印刷の過程で、誰が「複製装置」となったのかはわからないが、「××」が「メメ」へと「複製エラー」を起こしてしまったのだ。

この「複製エラー」は修復されることなく、つげが創作した〝クラゲの種類〟として振る舞い始め、いまや「メメクラゲ」は、「ねじ式」になくてはならない「キャラクター」の一つとして、ファンの間で確立されてしまったのである[250]。

DNA複製は、その名からイメージされるように、全く同じ（塩基配列を持った）DNAが複製産物として作り出されることだと考える人は多いが、実際はそうではない。ほんの少しだけ、どこかが違ったDNAを作り出す、そんな行為なのだと考えた方がよい。

249●つげ義春。漫画家、随筆家。『ガロ』を舞台に活躍した寡作な作家として知られる。1937-。「李さん一家」「紅い花」など。

250●メメクラゲは、作品中に図象が登場しないにもかかわらず、存在が、その作品にとって最も重要な地位の一つを占めるに至った稀有な例であろう。もしこれが「エチゼンクラゲに刺されてしまった」では、幻想的雰囲気も台なしである。

本来、DNAをめぐるシステムは、酵素としては「いい加減な」つくりをしたDNAポリメラーゼがあり、それがDNAの塩基が持つ相補的な結合能力と、DNAの構造に裏打ちされた様々な環境の助けを借りて、極めて正確な複製を可能にしてきたのだ。

その意味において、DNAの複製の特徴は、「正確さといい加減さの共存」というよりもむしろ、「正確さと不正確さのせめぎ合い」と表現した方がその本質を捉えているのかもしれない。

そうしたバックグラウンドがあるからこそ生物は、その生殖細胞系列のDNAが何回も、何千回も、何億回も、そして何京回も複製を繰り返すことにより、そのたびごとに少しずつ姿を変え、長い年月を経て多様な存在へと進化することができたのである。

DNAポリメラーゼαの謎

細菌に代表される原核生物にはDNAポリメラーゼI、II、III、IV、Vという五種類のDNAポリメラーゼがあり、私たち真核生物にはDNAポリメラーゼα、β、γ、δ、ε、ζ、η、ι、κ、λ、

図091●つげ義春「ねじ式」の一シーン。
この一ページをフルに使った幻想的なコマから、話はスタートする。
「メメ」クラゲはこのコマにしか登場しない"希少種"だ。
ちなみに、これが「××」の誤植であったことは、
つげ自らが「あとがき」の中で告白している。
（出典：つげ義春『ねじ式』小学館文庫、1976）

μ、ν、θ、そしてRev1という一四種類ものDNAポリメラーゼがあることが知られている。[*251]

真核生物のDNAポリメラーゼのうち、DNA複製の主たる反応に携わるのはDNAポリメラーゼα、δ、εの三種類である。

このうち最初に発見された「DNAポリメラーゼα」には、筆者のような研究者の目を惹きつけて止まない不思議な魅力、謎がいくつかある。

DNAポリメラーゼは、DNA合成反応を開始するのにRNAでできた「プライマー」という足場を必要とするが(図088参照)、それを作るのがプライマーゼという、RNAポリメラーゼの仲間の酵素である。真核生物の場合、プライマーゼはこのDNAポリメラーゼαに寄り添っており、プライマーゼが足場を合成した後、DNAポリメラーゼαがほんの少しだけ、その先にDNAを合成する。[*252]

すなわち、DNAポリメラーゼαが「担当」するのは、複製されるDNAの全体からすれば、極めて短く、残りのほとんどすべてのDNAは、他の二つのDNAポリメラーゼ(δもしくはε)がやってくれる。DNAポリメラーゼαが短いDNA合成の役割を終えた後、リーディング鎖ではDNAポリメラーゼεに、ラギング鎖ではDNAポリメラーゼδに、それぞれ「バトンタッチ」されるのである[*253](図092)。

一体なぜ、わざわざほんの少しだけのDNAを合成させるためだけに、DNAポリメラーゼαが用意されたのだろうか? これだけから考えると、もしかすると私たちにはまだ明らかになっていない、何か重要な〝使命〟があるのかもしれないと思ったりする。

面白いことにDNAポリメラーゼαは、校正機能(3'→5'エキソヌクレアーゼ活性)を失ってしまっている。

校正機能は、DNAポリメラーゼが起こす複製エラーの修復にはなくてはならないものだった。DNAポリメラーゼは、DNAの合成途上において思いのほか多くの複製エラーを起こしてしまうが、鉛筆のお尻の消しゴムよろしく、DNAポリメラーゼに付随する校正機能が、生じた複製エラーを即座

251● これにターミナルデオキシヌクレオチジルトランスフェラーゼ(TdT)を加え、一五種類とみなす研究者が多い。詳しくは以下の文献も参照されたい。Takemura M (2011) Function of DNA polymerase α in a replication fork and its putative roles in genomic stability and eukaryotic evolution. In Fundamental Aspects of DNA Replication, Edited by Kušić-Tišma J, InTech-Open Access Publisher, pp.187-204.

252● いくつかのタンパク質が集まって、一つの機能体として役割を発揮する場合、このそれぞれのタンパク質を「サブユニット(subunit)」という。プライマーゼは、四つのサブユニットから成るDNAポリメラーゼα―プライマーゼ複合体の中の、一つのサブユニットである。

図092● 複製フォークにおけるDNAポリメラーゼの役割分担。
いったい、ここまでしてDNAを複製するメリットはどこにあるのか。
なぜ、三種類ものDNAポリメラーゼが必要だったのか、
生物学的にはいまだ解明されていない。ただし、複製論的に考えれば、
その答えはおそらく、本文に述べた通りであろう。

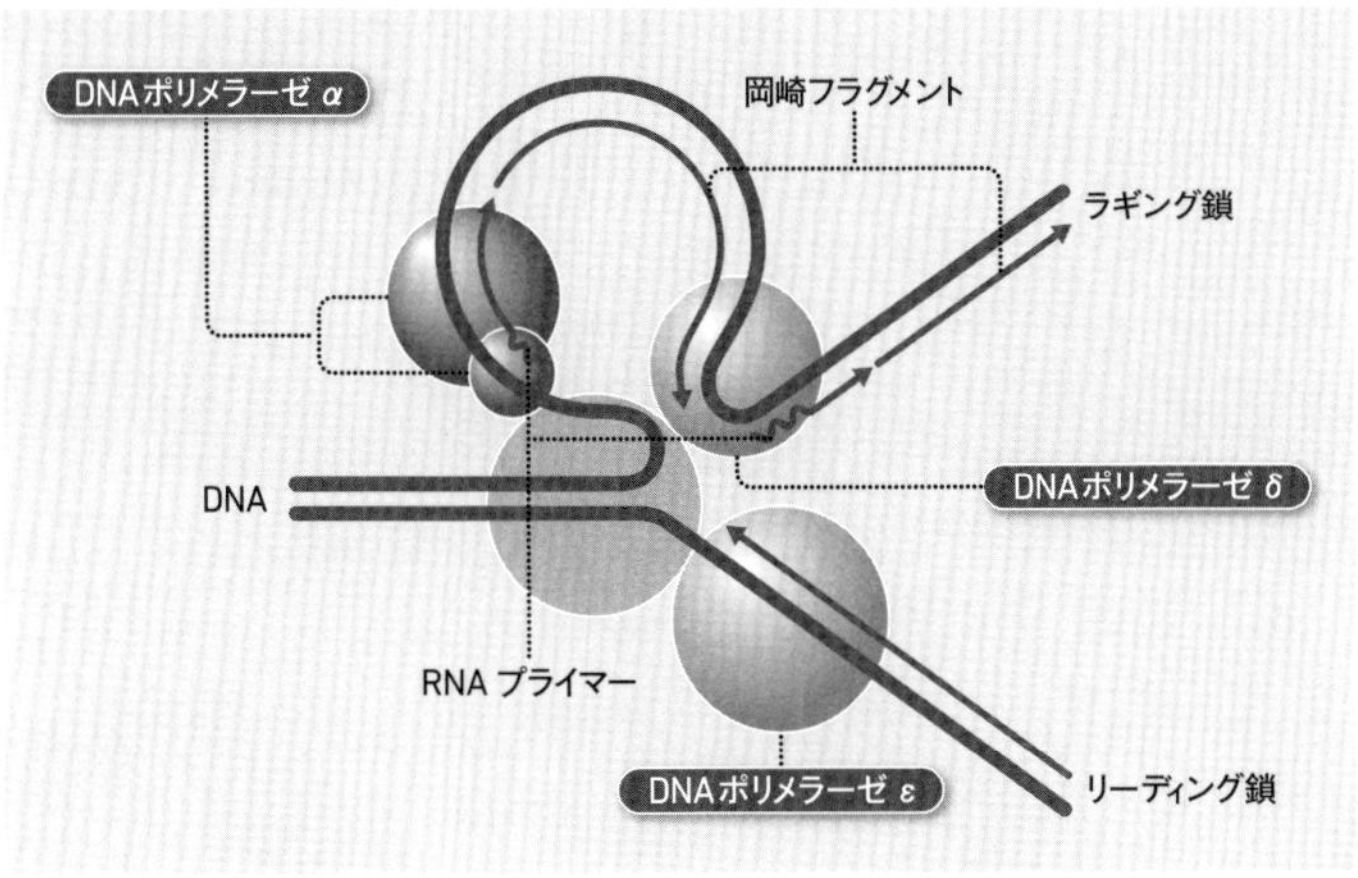

に修復してくれることにより、DNAポリメラーゼの最終的な複製忠実度は非常に高くキープされる。

他のDNAポリメラーゼ、δとεにはこの校正機能がきちんと存在しているため、複製エラーがそのまま残る頻度はDNAポリメラーゼαよりも一オーダー以上低い。

なぜ、一体どのように、そしてどのような事情があって、DNAポリメラーゼαはその校正機能を失ってしまったのだろうか?

それで生物が生き残ってきたということは、DNAポリメラーゼαには校正機能を失っても差しつかえのない、何か特別な仕事が与えられているとでも言うのだろうか? それとも、最初に少しだけしかDNAを合成しないというのであれば、たとえそのわずかなDNAの部分で複製エラーが残ったとしても、生物にとってそれほど重大な結果にはならなかったということなのだろうか?

科学は「いかにして」を問い、「なぜ」を問う学問ではないが、それがまた、逆にDNAポリメラーゼαの魅力を引き出していると言っても過言ではない。

お気づきだと思うが、「失った」と述べているのであって、決して「ない」とは言っていない。すなわち、校正機能はもともとDNAポリメラーゼαにはなかったのではなく、かつてはちゃんとあったということだ。

DNAポリメラーゼαの〝その部分〟を、DNAポリメラーゼδならびにεのその部分（エキソヌクレアーゼ活性を持つ部分[254]）とを比較してみると、アミノ酸配列は非常によく似ているが、大切なアミノ酸が他のものに置換[255]しているおかげで、エキソヌクレアーゼ活性を持てなくなっていることがわかっているのである。

たとえRNAプライマーに引き続いて合成するDNAが短かかったとしても、やはりゲノム全体で見れば、DNAポリメラーゼαが合成する塩基の長さはかなりのものになる。特にラギング鎖の場合、岡崎フラグメントが合成されるたびに、DNAポリメラーゼαに役割が回ってくるわけだからなおさらであろう。

ただ、DNAポリメラーゼαがその合成に関与した部分は、最後にはとり除かれるとする興味深いモデルがある。このモデルは、当人（DNAポリメラーゼα）にとっては強烈な一撃だ。後に残らないんだったら、校正機能が失われても差し支えなかったとも考えられるからである。

校正機能としてのエキソヌクレアーゼ活性は、本来ヌクレオチドを重合することに重きを置いてきたDNAポリメラーゼ[256]に、それでもやはり正確性は大事だということで、進化の過程で新たにつけ加えられた酵素活性だと考えられるが、そんな大切な酵素活性が失われても大丈夫だったのなら、そもそもなぜ最初から、DNAポリメラーゼαという酵素が存在していたのだろうかという疑問も湧いて出てくる。

面白いことに、DNAポリメラーゼαの校正機能が失われていない生物もいるらしく、たとえば酵母では、DNAポリメラーゼαにもきちんとしたエキソヌクレアーゼ活性があるとする報告がある。[257]生物の種によって、DNAポリメラーゼαの役割の重要度が異なるのだろうか？

DNAポリメラーゼが生物進化においてどのような役割を果たしてきたかについては、これまでま

253●ただ、筆者が修士課程大学院生だった一九九〇年代前半は、まだDNAポリメラーゼαがラギング鎖全体を複製するという考え方も残っていた。

254●酵素活性の中心になるこうしたタンパク質の部分のことを活性中心（activity center）という。

255●あるアミノ酸や塩基が、別の種類のアミノ酸や塩基に置き換わることを「置換（substitution）」という。塩基置換（base substitution）は、いわゆる突然変異の一種である。

256●DNAポリメラーゼ（DNA polymerase）とは、「DNAを重合《ポリメライズ》する酵素」という意味である。重合されるのは当然のことながら、DNAの材料であるデオキシリボヌクレオチドだ。

るっきり「謎」のままである。エキソヌクレアーゼの進化をひも解いていけばその生物学的意義が明らかになるのではないかと思われるわけで、DNAポリメラーゼαはそのためにうってつけの研究テーマなのである。[*258]

さらに興味深い事実がある。私たち哺乳類——有胎盤類——では、DNAポリメラーゼαの遺伝子[*259]が「X染色体」上にあるということである(図093)。

X染色体とは、性染色体の一種であり、メスは二本持つが、オスは一本しか持たない。一本しか持たないかわりに、オスはもう一つ別の性染色体である「Y染色体」を持つ。

一方、哺乳類の他のグループたる有袋類のDNAポリメラーゼα遺伝子は常染色体にある。筆者は、有胎盤類DNAポリメラーゼαの遺伝子がX染色体にある(有袋類との分岐直後に転座)ことが、有胎盤類のその後の適応放散にかかわったとする仮説を提唱したが、詳細はまだまだ不明のままだ。[*260]

一体なぜX染色体なのか? 常染色体ではなく、X染色体にある、いやなければならない理由が、あるとでも言うのだろうか?

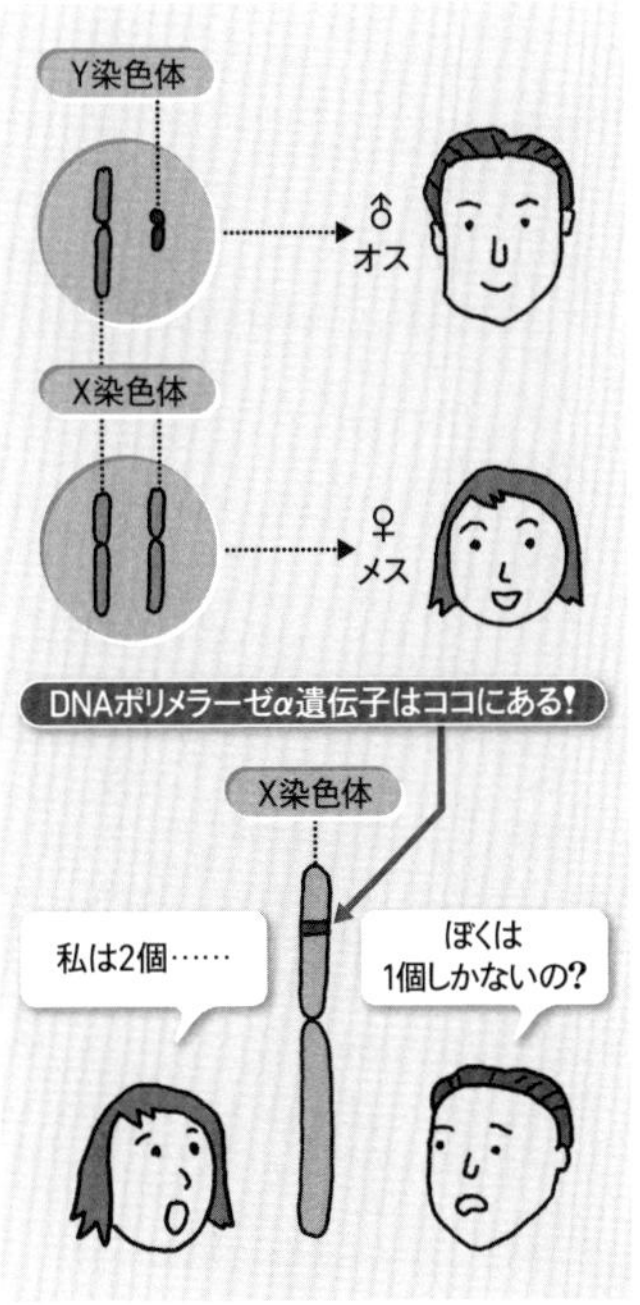

図093●DNAポリメラーゼα遺伝子の場所。哺乳類のうち、胎盤である程度育ってから子を生み出すグループ「有胎盤類」では、最も重要そうなDNAポリメラーゼであるαの遺伝子が、性染色体の一種X染色体にある。したがって、オスには一本しかない。問題にならないのか、それとも進化的な何らかの戦略が隠されているのか。

257●Cotterill SM et al.(1987) A cryptic proofreading 3'→5' exonuclease associated with the polymerase subunit of the DNA polymerase-primase from *Drosophila melanogaster*, *Proc. Natl. Acad. Sci. USA*, 84, 5635-5639. ほか。

258●ただし、世界的に見てもDNAポリメラーゼα研究者は減少しつつある。日本でこれをメインに研究している研究者も、筆者のグループも含めて数えるほどしかいない。

259●ヒトでは*POLA1*遺伝子という。DNAポリメラーゼαのサブユニットのうち、最も大きく、ポリメラーゼ活性のあるメインのサブユニット(触媒サブユニット)の遺伝子である。

DNAポリメラーゼαという酵素は、どこまでも興味が尽きないのである。だから筆者はいまでも、DNAポリメラーゼαから足を洗えないでいる。

さて、ここで重要なのは、ラギング鎖では岡崎フラグメントが繰り返し断続的に合成されるため、〝足場〟となるRNA／DNAプライマー（以下、プライマー）がその都度、DNAポリメラーゼα（ならびに付随するプライマーゼ）の手によって合成されるということだ。

すなわちリーディング鎖とラギング鎖では、DNAポリメラーゼαが関与する頻度が大きく異なるということである。リーディング鎖では、DNAポリメラーゼαは最初のプライマー合成だけにかかわるのに対し、ラギング鎖では常に、岡崎フラグメントが合成されるたびに、その最初のプライマー合成にかかわる必要があるということである。

多くのDNAポリメラーゼαには「校正機能」としての役割を持つはずの「エキソヌクレアーゼ活性」が、退化してしまって存在しない。このことは、ラギング鎖に運命づけられたとも言える「不公平さ」と、大きくリンクしていると言わざるを得ない。

先の、DNAポリメラーゼαが合成したDNA部分は最後にはとり除かれるとするモデル（二七八ページ）は、現段階ではあくまでもモデルである。

もし、DNAポリメラーゼαによって合成されたプライマーのうち、RNA部分は完全にとり除かれるはずだからいいとして、わずかにその先に存在するDNAの部分がとり除かれなかった場合、普通に考えれば、私たちのDNAが複製された後、エキソヌクレアーゼが欠失していることで、リーディング鎖よりもラギング鎖の方が、より複製エラーが残ってしまうと考えられるわけである。

260● Takemura M (2008) Eutherian intrinsically run a higher risk of replication deficiency. *BioSystems* 92, 117-121.; Takemura M (2011) Function of DNA polymerase α in a replication fork and its putative roles in genomic stability and eukaryotic evolution. In *Fundamental Aspects of DNA Replication*/ Edited by Kušić-Tišma J, InTech-Open Access Publisher, pp.187-204.

いずれにせよ、リーディング鎖とラギング鎖には、DNAが合成される方向が全く逆になるという構造的な違い以外にも、これまで述べてきたような、様々に「不公平な」違いが存在するのは確かである。

細胞が分裂するに際し、そのDNAは複製し、生じる二個の娘細胞（仮にA、Bとしよう）へと受け継がれる。このとき、娘細胞A、Bに受け継がれるDNAは、それぞれリーディング鎖として複製されたDNAと、ラギング鎖として複製されたDNAのモザイクだ。しかも、娘細胞Aに受け継がれたリーディング鎖として複製されたDNAは、もう一つの娘細胞Bではラギング鎖として複製されたDNAになっている。娘細胞Aに受け継がれたラギング鎖として複製されたDNAは、もう一つの娘細胞Bではリーディング鎖として複製されたDNAだ。

果たして、実際の塩基配列においてどれだけの違いが、この「不公平な」複製によってもたらされるのかはわからないが、本書の立場においては、複製装置の違いは際めて重要なポイントであって、そこではおそらく必ずと言っていいほど、何らかの変化が生じ、何らかの違いが生じている。

これが、DNAの複製の、本当の姿なのである。

DNA複製の不均衡さと進化

複製される方法が異なる二本のDNA鎖は、その名前は違っても物質としての性質は全く同じである。複製装置がどちらの方向に走っていくか、それだけが異なるために、その後の運命をも左右されることになった二本の鎖の「リーディング鎖」「ラギング鎖」という名称は、複製装置によって複製される直前になって立ち現れ、複製された時点で消滅する、二つの「カテゴリー」であるとも考えることができる。

古澤満[*261]は、この二つの鎖の異なる複製のされ方に着目し、「不均衡《ディスパリティ》進化説」という興味深い進化仮説

261●古澤満。発生生物学者。1932-。第一製薬分子生物研究室長などを歴任。ネオ・モルガン研究所を設立し、現在その顧問。著書に『DNA's Exquisite Evolutionary Strategy』『不均衡進化論』。

を提唱した。古澤はこう考えたのだった。

もしもスムーズに複製されるリーディング鎖の変異率が、岡崎フラグメントのような「断片」が断続的に複雑に合成されるラギング鎖の変異率よりも低かったらどうなるかと、まず仮定する。

そう仮定すると、複製されてできる二本のDNA——ただし、一つの複製装置（複製複合体）が複製した分のみに着目する——の間には、オリジナルであった複製前のDNAの塩基配列と比較すると、その変異率に差異が見られるはずだ。

オリジナルとの比較という観点からすると、変異率の少ない方が「オリジナル」と同じか、あるいはオリジナルにより近い「原型」として存在し続け、変異率のより高い方が次々に変化を起こして複製され続けていく。実はこのメカニズムによって、私たち生物は知らず知らずのうちに「進化の実験」を行ってきたのではないか、というのである[*262]（図094）。

もしそのような「進化実験」が試されてきたとするならば、オリジナル非依存的な複製であるはずのDNAの複製は、進化史的なスケールで見れば、実はオリジナル依存的な複製だったのであって、それにより生物多様性が生み出されてきたのではないだろうか。

古澤は、実際に次のようなシミュレーション実験を試みた。ある一つのDNAがあったとして、このDNAを、ラギング鎖として複製された場合と、リーディング鎖として複製された場合とで比較したのである。

このDNAがラギング鎖として複製される際の変異率が、リーディング鎖として複製される際の変異率よりも格段に高いと仮定すると、子孫のDNAに残る突然変異の分布が実のところ正規分布から著しくずれ、かえって元の先祖型——すなわちオリジナル——がいつまでも残っていくことを見出したのだ[*263]。

262● Furusawa M and Doi H (1992) Promotion of evolution: disparity in the frequency of strand-specific misreading between the lagging and leading strands enhances disproportionate accumulation of mutations. *J. Theor. Biol.* 157, 127-133.; 古澤満著『不均衡進化論』（筑摩選書、2010）。

263● Furusawa M and Doi H (1998) Asymmetrical DNA replication promotes evolution: disparity theory of evolution. *Genetica* 102/103, 333-347.

264● Aoki K and Furusawa M (2001) Promotion of evolution by intracellular coexistence of mutator and normal DNA polymerases. *J. Theor. Biol.* 209, 213-222.

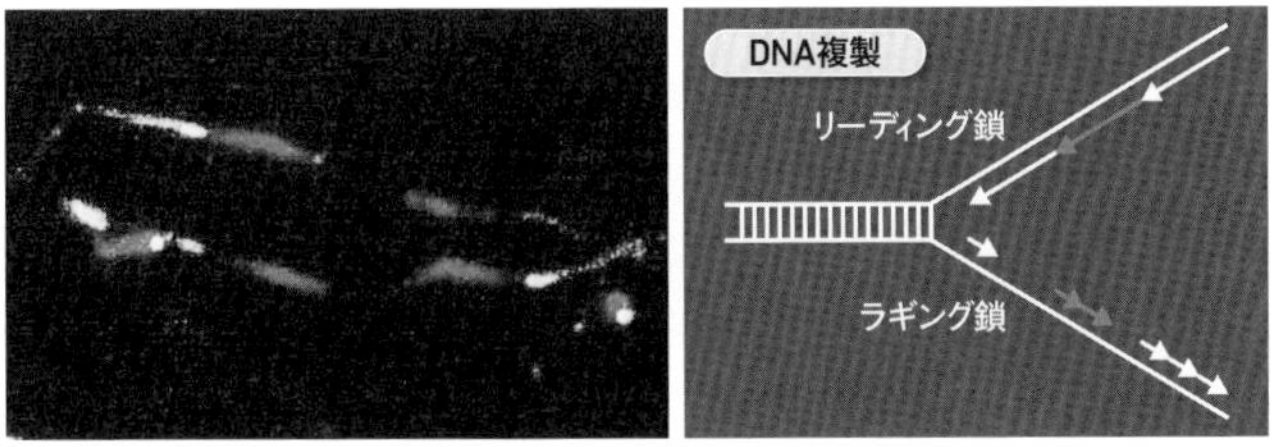

図094●
不公平なDNA複製は「進化の大実験」だったのか。
[**右**]リーディング鎖とラギング鎖。
[**左**]複製されたDNAを蛍光標識し、蛍光顕微鏡で見たもの。

これがもし本当に起こるならば、DNAの複製は極めて〝不均衡に〟起こっていることが示唆される。リーディング鎖とラギング鎖という複製メカニズムは、複製フォークの進行方向とDNAポリメラーゼによるDNAの合成方向を合わせるためなどという経済的理由からではなく、わざと不均衡なやり方をすることで、できる二本のDNAにわざと異なる変異を入れるためという実質的な理由から生まれた可能性が出てくるのではないだろうか。

古澤らはまた、複製忠実度が高いDNAポリメラーゼと、複製忠実度が低いDNAポリメラーゼが混在する大腸菌の系をシミュレートし、DNA複製を基本とした遺伝的アルゴリズム解析を行った結果、このような不均衡モデルにおいては、そうでない均衡モデルに比べて遺伝的多様性が増大することも明らかにした。[*264]

繰り返しになるが、古澤の仮説が成り立つためには、リーディング鎖とラギング鎖で、変異率に差が生じることが重要となる。

確かにリーディング鎖とラギング鎖というこの二本のDNAの鋳型は、トロンボーンモデルで表現されるように、お互いに異質な複製のされ方をするが、それはあくまでも〝形〟としての異質さである。両鎖を複製するDNAポリメラーゼが同じなのか、違うのか、それすらも決着がついていない段階で、本当に変異率に差があると断言することはできないが、昨今の研究成果により、リーディング鎖はDNAポリメラーゼεが、ラギング鎖はDNAポリメラーゼδが、それぞれ担当することはほぼ確からしいことが明らかとなってきたという事実は、古澤の仮説には追い風となるだろう。[*265] DNAポリメラーゼδとDNAポリメラーゼεが、仲良く手をつないでいつまでも一緒に遊ぼうねとばかりに協調するのは構わないが、彼らが持っているDNAポリメラーゼ固有の性質としての複製忠実度まで、両者で全く同じになる保証はどこにもないからである。

複製が開始される場所（複製開始点）は、一本のDNA上には何千箇所と存在し、それぞれの複製開始点からは、両方向に向かって複製が行われていく。したがって、先ほども「モザイク」という言葉で述べたように、一個の染色体を構成するDNAは、そのうちの一本のDNA鎖の中で、リーディング鎖として複製される部分と、ラギング鎖として複製される部分が混在した状態になる。先の古澤らの実験データは、この「モザイク」理論をきちんと考慮に入れた上で、変異率に差が生じることを予測している。

古澤は、こうした不均衡進化の根本的原理を「元本保証された多様性拡大」と呼んだ。保証された元本とはすなわちオリジナルのことであって、このオリジナルを複製の連鎖のどこかに保持しつつ、複製に伴って変異を様々に導入していくことで、生物は多様性を創出してきたという。まさに「オリジナル依存的な複製」にほかならない（図095）。

しかしながら、そういうこととなると、少なくともDNAに関して、オリジナル依存的とか、オリジナル非依存的とかいった複製の分け方を当てはめることに、果たして意味があるのだろうかという疑問が湧いてくる。

それは言い換えれば、オリジナルとしてのアイデンティティは、果たしてどの程度まで「変化」を許容されるのかという疑問でもある。

もしシステムとして、複製産物である二本のDNAのうち、一方のDNAは必ずオリジナルと同じになるような、すなわち一切、変化は起こらないことが保証されているようなものであるならば[266]、オリジナル依存的であるとみなせるが、実際の生命システムは、複製エラーをある程度〝許容〟している。複製エラーを許容し、変化することを許容している。

オリジナルは変化するのである。変化した上で、それが新たなオリジナルとなっていく。そうして

265● Pavlov YI et al. (2006) Roles of DNA polymerases in replication, repair, and recombination in eukaryotes. *International Reviews of Cytology* 255, 41-132.; Pavlov YI et al. (2006) Evidence that errors made by DNA polymerase α are corrected by DNA polymerase δ. *Current Biology* 16, 202-207.; Pursell ZF et al. (2007) Yeast DNA polymerase ε participates in leading-strand DNA replication. *Science* 317, 127-130.

266● 複製エラーも一切、起こらない。ここでは、変化が起こることはあり得ない、何らかのシステムを想定する。

親から子へ、子から孫へと、生命は世代をつないできた。変化を起こしたDNAは、すでに親のそれ、すなわちオリジナルとは同一ではないのである。

古澤の不均衡進化理論は、そうした部分に鋭くメスを入れたとも言える。言うなれば、オリジナルが消滅し、新たなオリジナルが生じるDNAの複製の様相にも、変化の度合いにおいては違いが見られることを示したのである。

ある複製産物では、オリジナルのそれとほとんど違いはないが、別の複製産物では違いが大きくなる。複製を繰り返していくと、その違いが徐々に大きくなっていくものがあり、その違いの度合いも、やはりそれぞれの場合で異なる。オリジナルとの違いの大きさは同じだが、その中身――どう

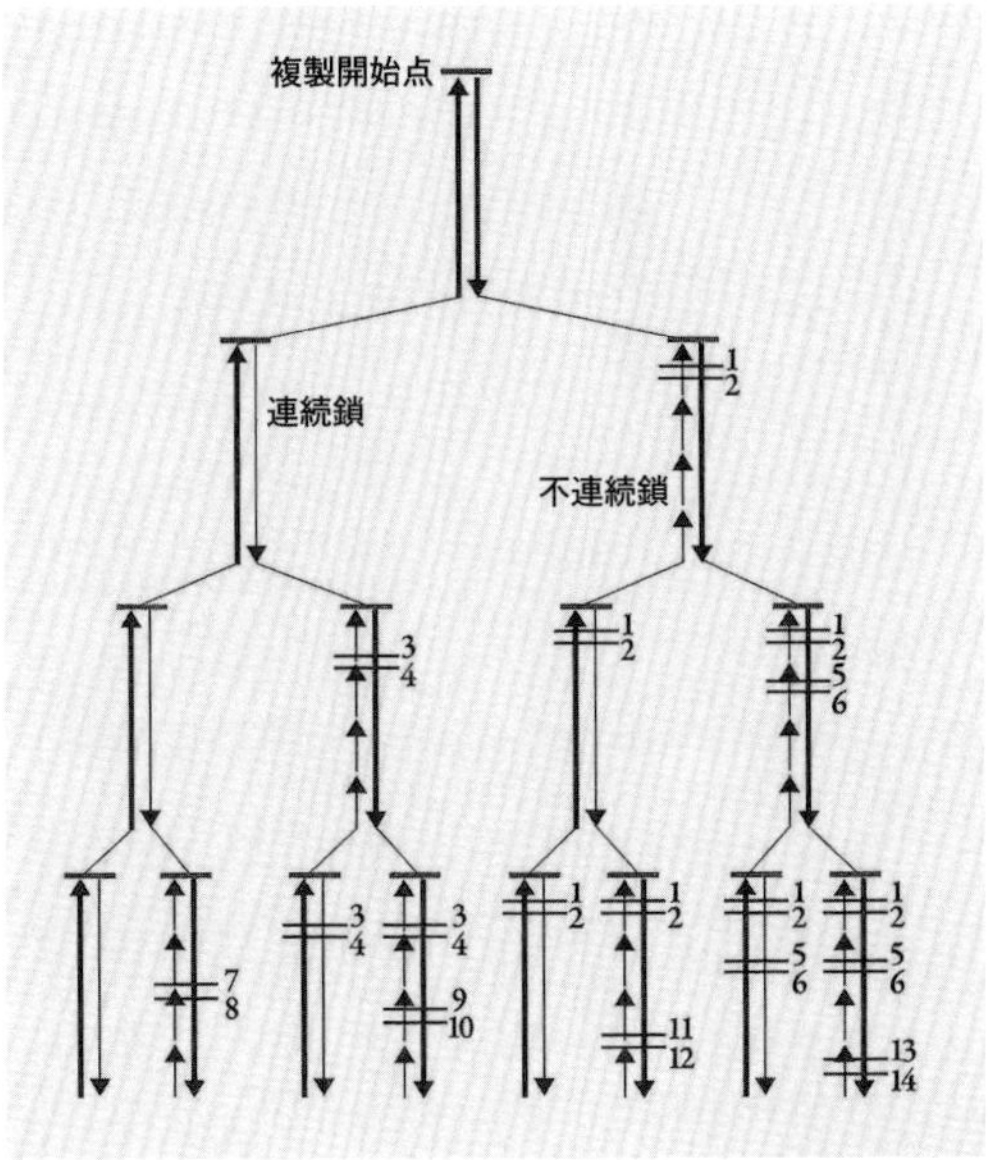

図095● 古澤満の不均衡進化論。
リーディング鎖（連続鎖）とラギング鎖（不連続鎖）で変異率が異なる場合、図のように、元本保証がなされたDNA（一番左）と、それ以外の多様化した変異パターンを持つDNAに分かれる。
（出典：古澤満『不均衡進化論』筑摩選書、2010）

いう変異がどの程度、そしてどこに生じたか――が違っているという場合もある。

複製の一つひとつにおいては、オリジナルは新たなオリジナルを作っていく。だが複製全体のプロファイルを俯瞰すると、あたかもオリジナルはどこかに一本、筋をつけたように残って〝元本保証〟されており、それ以外に様々な変化が様々なレベルで生じることにより、〝多様性が拡大〟している（図095）。

DNAの複製は、ある視点に立てばオリジナル依存的であり、別の視点に立てばオリジナル非依存的であるということなのである。

9―3　複製の歴史

遺伝子の本体であること、そして親から子へ、子から孫へと代々受け継がれていくことから、DNAの社会的認知度はそれ相応に高いわけであるが、それではDNAと同じ核酸というカテゴリーで括られる、DNAと並んで重要な生体物質であるはずのRNAはどうだろうか。

DNAではなく、RNAを遺伝子として持っているウイルス――RNAウイルス――は別として、おしなべてRNAは、DNAの陰に追いやられている。なぜならRNAは、こうしたウイルスにおいては遺伝子の本体として認められているが、それ以外の生物[*267]においては遺伝子としてはみなされないからである。

しかもRNAは「複製」しない。そのかわり、「DNAとタンパク質の橋渡し」をするのである、と。

確かに現在のRNAは、遺伝子としてのDNAと、実際に生物のはたらきを支えるタンパク質との間の〝橋渡し〟をする重要な役割を、私たちの細胞の中で担っている。

RNAは、遺伝子の本体であるDNAの塩基配列を、自らの塩基配列として写しとり、それをタン

267●ウイルスは、自立した代謝、複製ができないため（感染した宿主細胞の中でしかできない）、生物とはみなされない。

268●DNAを鋳型としてRNAが合成されるこの反応を「転写（transcription）」という。

269●一つ目のRNAをmRNA（messenger RNA）、二つ目のRNAをtRNA（transfer RNA）、そしてリボソームを構成するRNAをrRNA（ribosomal RNA）という。RNAの塩基配列をもとに、リボソームでタンパク質が合成される反応を「翻訳（translation）」という。

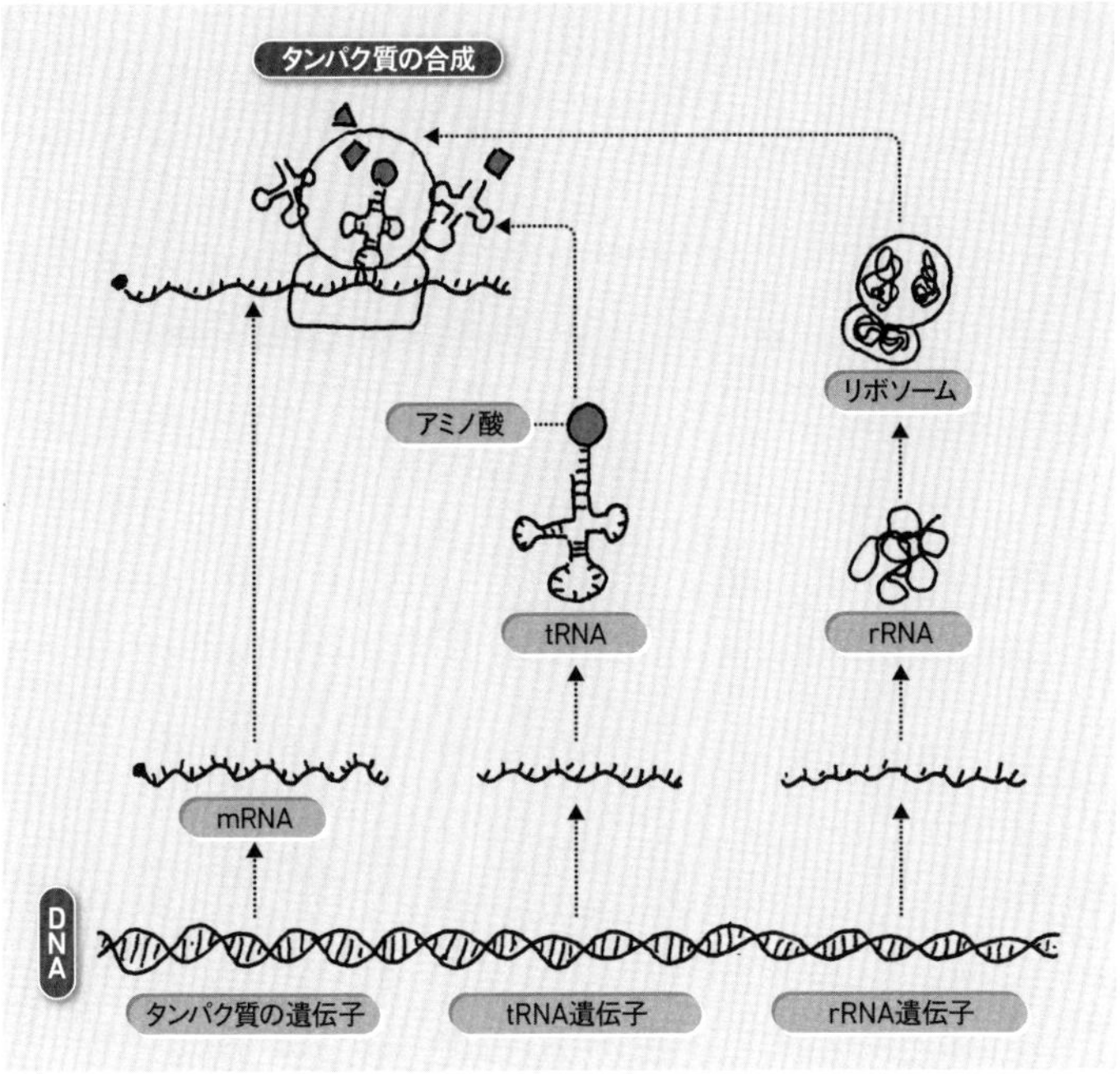

図096●RNAの役割。タンパク質の遺伝子からはmRNAが転写される。アミノ酸を運ぶtRNAは、tRNA遺伝子から転写され、アミノ酸がくっつけられる。リボソームの重要な成分であるrRNAは、これもやはりrRNA遺伝子から転写され、「核小体」というところでリボソームに組み立てられる。これらが一緒になってはたらき、タンパク質が合成されるのである。

パク質合成装置リボソームにまで運ぶ。[*268] また別のRNAが、タンパク質の材料であるアミノ酸をリボソームにまで持ってくる。リボソームは巨大なRNAでできており、そのRNAが、アミノ酸とアミノ酸をつなぎ、タンパク質を合成していく[*269]（図096）。

すなわちRNAという核酸は、姉妹分子であるDNAが指定する暗号に則って、タンパク質を合成するための実働部隊として機能しているのである。

遺伝のことは忘れて、ある一つの細胞の中で起こっている出来事のみに焦点を当てるならば、タンパク質の設計図を保管するだけのDNAよりも、RNAの方がはるかに重要な役割を果たしているとさえ言えるのに、世間のRNAに対する〝風当たりは強い〟——と言ってもDNAほど知られていないだけだが。

もちろん、どちらが重要かなどという問いかけは無意味である。重要でない生体物質などはどこにもない。またその重要さにも上下関係などはない。あるのはただ、巧妙な役割分担だけであるからだ。

とは言え、ここではあえて、DNAはRNAに対し、私たちがサルに対して抱くのと同じ「敬意」を抱く必要があると断言しておきたいのである。

なぜならRNAは、DNAの「祖先」でもあるのだから。

ここで読者諸賢ご自身の経験を思い出していただきたい。何か大仕事をするとき、一人でやるよりも複数で分担した方がよい。ラクだし、効率的だ。この考えは、その大仕事が一人でやるにはあまりにも大変であるという経験的判断に基づいている。そうした経験があるがゆえに、役割分担が検討され、そして実際に行われるのだ。

その経験的判断が、生命の原初においてもなされたかどうかは定かではないが、DNAが最初から、「複製」と「遺伝」を担っていたわけではないということは多くの研究者が認めていることである。端的に言えば、DNAは最初の自己複製分子ではなく、RNAこそが最初の自己複製分子だったということだ。「DNAよりも前に何があったのか」「何が自己複製分子だったのか」と問われると、多くの学者が「それはRNAだ」と答えるのである。[*270]

RNAとDNAの決定的な違いは、その材料となるヌクレオチド[*271]の構造の一部（2'位の炭素）に、水酸基（OH基）を持つか持たないかである。この2'-OH基を持っているのはRNAで、持っていないのがDNAである。

この部分にOH基を持っていないがゆえに、DNAは極めて安定なのであって、そのためにDNAは（あるいはそうなるように仕組まれたのかもしれない）複製し、遺伝するという、物質的な安定さを極めて強く要求されるメカニズムを担わされたと考えることができよう。[*272] 事実、現在の生物体内で生じている生化学的過程《プロセス》を見てみると、DNAの材料であるヌクレオチドは、RNAの材料であるヌクレオチドを基にして作られることがわかっている。RNAの材料からOH基がとり去られ、還元されることで、DNAの材料が作られるのである。したがって、時間的な流れから言っても、DNAよりも前にまずRNAの時代があって、その頃にはRNAが「複製」を行っていたというのが、考えられる仮説の第一なのである（図097）。

270● RNAよりも前に、別の物質がさらなる祖先として存在していたとする説もある。註177参照のこと。

271● DNAの材料はデオキシリボヌクレオチド（deoxyribonucleotide）、RNAの材料はリボヌクレオチド（ribonucleotide）である。ヌクレオチドは、リン酸、糖、塩基の三つの部分から成るが、問題の2'位の炭素というのは糖の一部にある。

272● 無論、この言い方は正確ではない。進化に目的はなく、ただ偶然そのような状態になったものが選択されて生き残ってきたのである。この場合、たまたまDNAというものが「開発」され、たまたまそれを開発した生物が生き残ってきた、と表現した方が的を射ている。

本節冒頭で述べたように、ＤＮＡではなくＲＮＡを遺伝子として持っている生命体がいるという事実もまた大きな傍証の一つだろう。ＲＮＡウイルスは、ＤＮＡが誕生する以前の世界で、ＲＮＡが自己複製を行っていた痕跡であると、考えることができるからである。[*273]

ただし、現在にいたるまで自立して自己複製するＲＮＡは自然界において発見されておらず、かつまた人工的に合成されてもいないので、ＲＮＡが自己複製を行っていたことを「科学的に」証明することは困難だ。

一九六〇年代には、米国の研究者が、ＲＮＡポリメラーゼを利用したＲＮＡの自律的な複製を試験管内で再現した。彼ら――ＲＮＡ――は確かに「自己」複製し、わずかな複製エラーを蓄積して、数百世代にわたる「自己」複製の末、進化していった。[*274] しかしながら、このＲＮＡの複製はやはり「自己」複製などではなかった。なぜなら複製に利用したＲＮＡポリメラーゼはＲＮＡではなく、タンパク質だったからである。

この研究者は、ＲＮＡポリメラーゼを外から加えていたわけだが、大阪大学教授四方哲也[*275]は、この

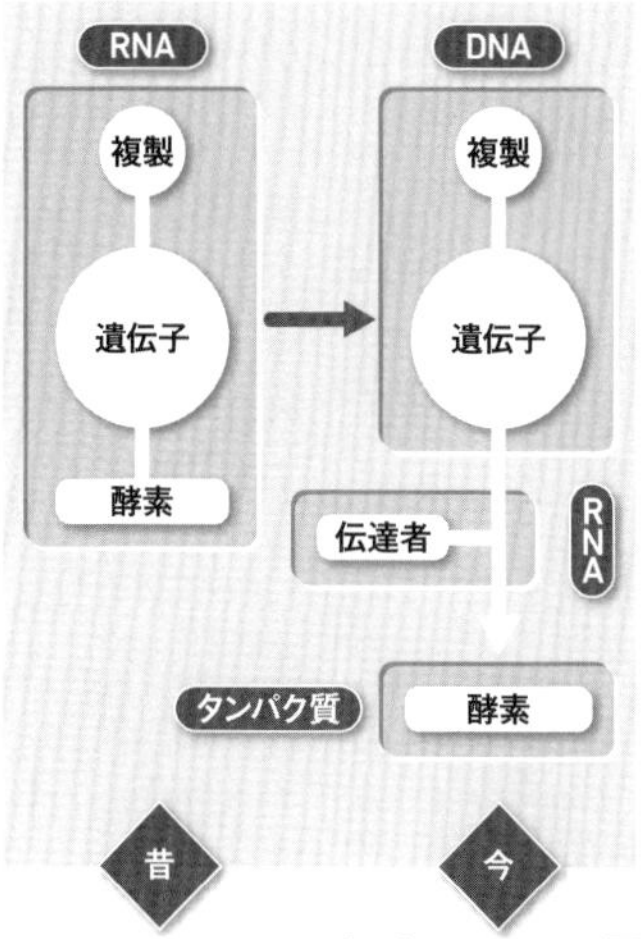

図097●ＲＮＡワールドからＤＮＡワールドへ。ＲＮＡワールドの昔は、ＲＮＡが何役もこなしていたが、現在ではＤＮＡが「複製」と遺伝子の本体としての役割を、ＲＮＡが遺伝情報の伝達者とタンパク質合成の役割を、そしてタンパク質が酵素をはじめとする生体機能の役割を、それぞれ果たすようになったのだろう。

273●このような生命世界をＲＮＡワールド（RNA world）という。

274●ただしこの進化は、むしろＲＮＡ自身を小さくしてしまうものであって、現実の生物学的進化とはとうてい思えないようなものであった。Mills DR et al.（1967）An extracellular Darwinian experiment with a self-duplicating nucleic acid molecule. *Proc. Natl. Acad. Sci.* USA 58, 217-224.

275●四方哲也。1963-。実験進化学における気鋭の研究者。著書に『眠れる遺伝子進化論』がある。

実験をより発展させ、RNA自らがRNAポリメラーゼをコードし、そうして作られたRNAポリメラーゼがRNAを複製するような系――無細胞翻訳系を用いた系――を構築した。その結果、やはりRNAを複数世代にわたって複製することに成功したが、やはり生物学的な進化を彷彿とさせる、理想的なRNAの複製に成功しているとは言えまい。*276 しかも、自らがコードするとは言え、RNAポリメラーゼを複製装置として用いている以上、やはりこれもRNAの「自己」複製であると言うことはできない。

真の意味での自己複製とは、RNA自らが複製酵素――リボザイム――となり、自らを複製するというシステムでなければならない。そのあたりの議論は次の第10展示室で行うとしても、現段階においては、かつてのRNAワールドを形成していたRNAといえども、「自己」複製は難しかったに違いないということは言えるだろう。

とは言え、真の意味での自己複製ではないが、別のRNA分子が複製装置としてのリボザイムとなってRNAを複製していたか、同時期に存在していたもしれないタンパク質性の複製装置がRNAを複製していたと考えることに、格別不合理な点はない。

いずれにせよ、RNAを包み込んだ祖先型の細胞――RNA細胞――がやがて誕生し、RNAの比較的正確な複製メカニズムに則って分裂を繰り返すようになった。その中で偶然、RNAよりも極めて安定なDNAを開発することができた――あるいは獲得することができた――細胞が、その安定性のゆえに地球上で生き残り、現在の多様性に富んだ生物の世界を生み出してきた(図098)。

あくまでも仮説であり、実証されているわけではないが、安定した複製を行い、ほぼ同じ遺伝情報を共有する「世代の系譜」あるいは「種」というものが、地球上で連続性を保ちつつ、少しずつ変化しながら存在することができているのは、こうした分子レベルにおける「複製」への保証――安定な遺伝

276● Kita H et al. (2008) Replication of genetic information with self-encoded replicase in liposomes. *ChemBioChem* 9, 2403-2410. ; 市橋伯一「進化する自己複製システムの構築にむけて」『生物物理 50』(2010) pp.128-129。

可能性という保証——がなされたからであることは、誰もが認めるところであろう。

その上で生物は、その安定さの中で少しずつ変化をもたらす仕組みをとり入れることを、忘れはしなかったのである。

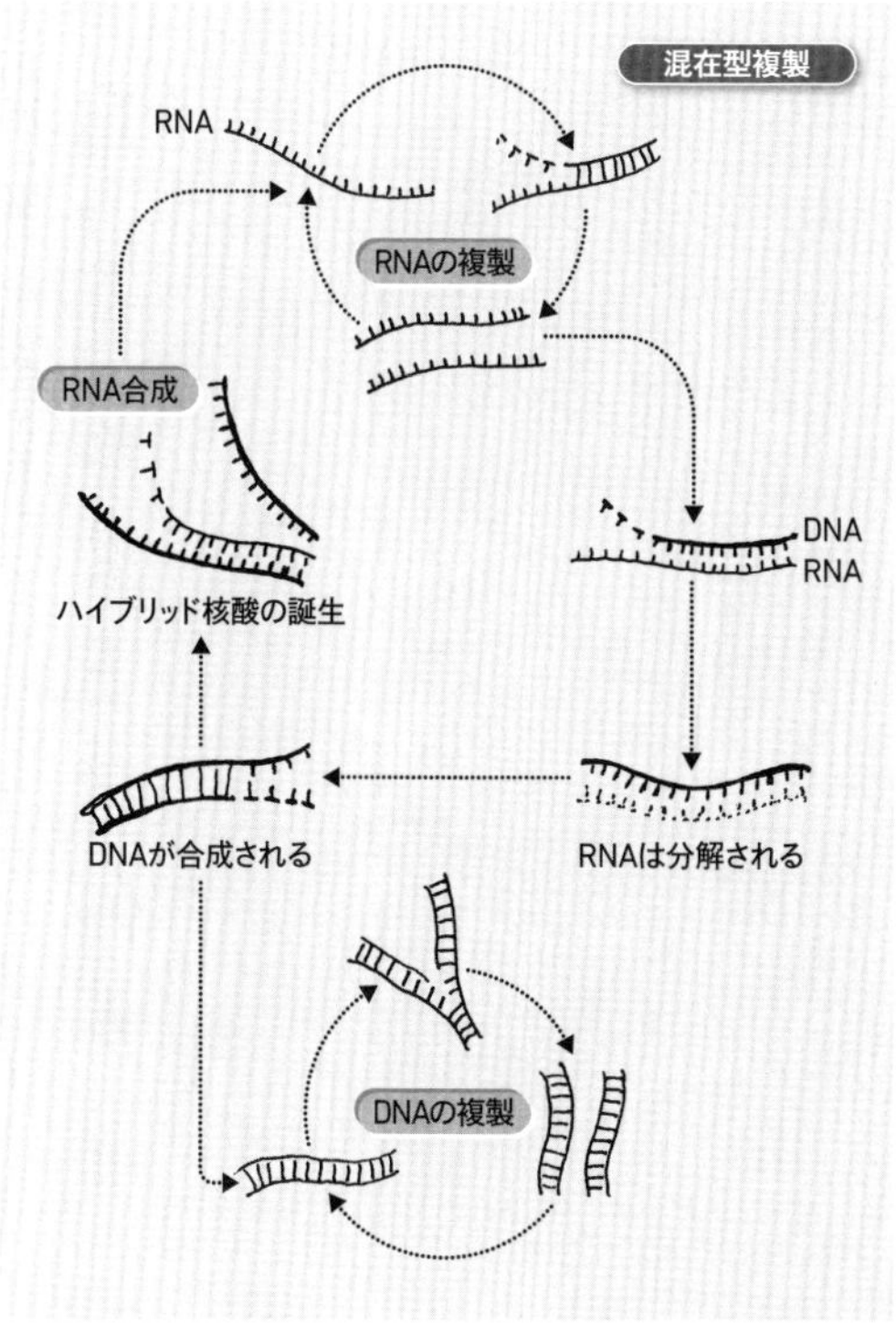

図090● 複製の変遷仮説。
RNAワールドではRNAが複製を行っていた。
やがてDNAを介した
混在型複製が行われるようになり、
最後にはDNA複製のみが
行われるようになってきたのではないだろうか。

第10展示室｜The tenth cabinet
「自己」複製とは何か

これまで本書でもたびたび記してきたように、DNAに関しては「自己複製」という言葉を聞くことが多い。しかし、そもそも「自己複製」とは一体何だろうか。

この場合、「自己」をどう捉えるかによって、おそらくその回答は様々なものとなろう。「DNAは自己複製する」といった文章で言い表される場合の「自己」とは、ある一個の複製されるDNA分子を指すというよりもむしろ、一般名詞としてのDNAを指すと考えた方がよさそうである。DNAはDNAポリメラーゼというタンパク質でできた分子を複製装置として利用してのみ、複製することができるが、そのDNAポリメラーゼはDNA自身がコードしているので、全体的様相を概観すると、DNAの複製は「自己複製である」とみなすに吝《やぶさ》かでないと考えられるからである。

これに対して哲学的な自己——本書ではむしろ、こちらの定義を重視したい——を持ち込むとするならば、あくまでも自己とは自分自身であり、自己複製とは、自分自身が自分自身を複製する——直接という言葉が前提として入るような——行為であると言える。[277] 情報処理や数理学において「自己複製システム」、あるいは「自己複製ダイナミクス[278]」という言葉を聞くこともあり、また、細胞の

277●化学進化におけるDNA、RNAの「複製」に関して言えば、たとえばRNA自身がリボザイムとなってRNA自身を複製する場合（タイプ1）も、RNA自身がRNAポリメラーゼをコードしつつ、それを用いてRNA自身の複製が行われる場合（タイプ2）も、そして外部のRNAポリメラーゼによってRNAが複製する場合（タイプ3）も、ともに「自己複製（self-replication）」と呼ぶことは一般的である（Ichihashi N et al. (2010) Constructing partial models of cells. *Cold Spring Harb. Perspect. Biol.* 2: a004945.）。繰り返すようだが、本書においては、厳密な意味での自己複製——右記のタイプ1——のみを「自己」複製としてとり扱うべきであるとのスタンスをとっている。

自己複製システムを数理学的に分析することによって、自己複製する分子機械等の応用に役立てようとする研究も行われているが[*279]、これらの場合における「自己複製」も、どちらかと言えば後者の意味を持つか、あるいはそれに近いと言えるだろう。

　この考えに依拠して、DNAが自己複製しないのだとすれば、生物も自己複製しないのだろうか? それとも、生物は自己複製するのだろうか? 本展示室ではこの「自己複製」という、非常に微妙なニュアンスで語られる事柄について、少々紙面を割いて考えてみることにしたい。

DNAは自己複製しない

ワトソンとクリックが「copying mechanism」と表現したように[*280]、一本のDNA分子の塩基配列——すなわちそれこそが遺伝情報——が、もう一本のDNA分子に何らかのメカニズムによって「コピー」されるということが、一九五三年に世界で初めて明らかにされたわけだが、本書における「複製」の定義上、または現在の知見に照らして、この「copying mechanism」という言い方にはいささか違和感があるのは禁じえない[*281]。

　先ほどから述べているように、本当の意味での「自己」複製とは、「自分自身を、自分自身の手によって複製すること」を指す。DNAの自己複製の場合、DNA分子が、自分自身を、自分自身が持つ酵素活性によって複製しなければ、真の意味での自己複製とは言えないのである。言い換えれば、複製されるべき「オリジナル」自らが複製装置となり、複製が行われることを「自己」複製と言うべきなのである。

　DNAやRNAをオリジナルや複製産物とみなすのであれば、少なくとも現在の「彼ら」は、DNAポリメラーゼもしくはRNAポリメラーゼというタンパク質、言ってみれば「別の物質」が複製装置となった場合にのみ複製することができるので、これを「自己」複製とは呼ぶべきではない。

278●たとえば、栄伸一郎「自己複製ダイナミクスの数理（散逸系の数理：パターンを表現する漸近解の構成）」『数理解析研究所講究録 1680』(2010) pp. 27-48。

279●ジョン・フォン・ノイマン John von Neumann (1903-1957) による自己複製機械に関する考察が有名であるが、こうした仮想的もしくはインシリコ（コンピューター上）の自己複製モデルを包含する細胞的二次元平面単位、あるいは三次元空間単位を数理生物学的に「セル・オートマトン」という。たとえば、石田武志「情報を複製できる細胞型の自己複製セルオートマトンモデルの構築」『情報処理学会研究報告 2010-BIO-20, No.11』(2010)。

280●ジェームズ・D・ワトソンJames D. Watson,(1928-)はアメリカの生物学者。フランシス・クリックFrancis H. C. Crick,(1916-2004)はイギリスの生物物理学者。DNAの二重らせん構造の発見者。その論文(Watson JD & Crick FHC(1953)Molecular structure of nucleic acids. *Nature*, 171, 737)の中で、彼らはDNAの複製の仕組みをこう表現した。

281●すなわち、それは本当に「copy(複写)」と言ってしまっていいのかという問題である。「オリジナル」と「コピー」との対比の存在を前提として、コピーを字面通りに解釈し、あるいはイメージするならば、DNAの複製は断じて「コピー」ではない。

したがって、少なくとも現在の生命世界において、DNAやRNAは「自己」複製することはできない——する機会がない、と言った方がよいかもしれない——のだが、では細胞の複製はどうだろうか。細胞の複製、すなわち細胞分裂の様子を見てみると、細胞自身が複製装置となって細胞自身の複製が行われるとみなしても別段不合理なところはないように見える。オリジナルとしての細胞自身が複製装置となり、自らを複製するわけだから。

すなわち、細胞レベルでは「自己」複製が行われていると言ってもよいようである。

では、多細胞生物の個体レベルの話ではどうか。果たして私たち人間は「自己」複製をしているのだろうか?

生物の持つ二つの生殖法——無性生殖と有性生殖——を例に挙げ、その複製のありようを検討した上で、結論を導いていくべきであろう。

無性生殖的な複製

性という仕組みは、異なる細胞同士が接合することにより、含有する一セットの遺伝子——遺伝情報、あるいはゲノムとみなしてもよい——を混ぜ合わせ、親細胞とは異なる遺伝子セットを持った細胞を作り出すシステムである(註198も参照)。

興味深いことに、私たちの細胞の「自己」複製の様相は、性の仕組みを獲得する前と後で、もしくは性という仕組みを持っていない生物と持っている生物とで、かなりの部分において特徴的な違いが見られるのである。

まずは、無性生殖的に複製していくものについてみていこう。

DNAとRNAは、先ほども述べたように、現在の生命世界においては「自己」複製することはでき

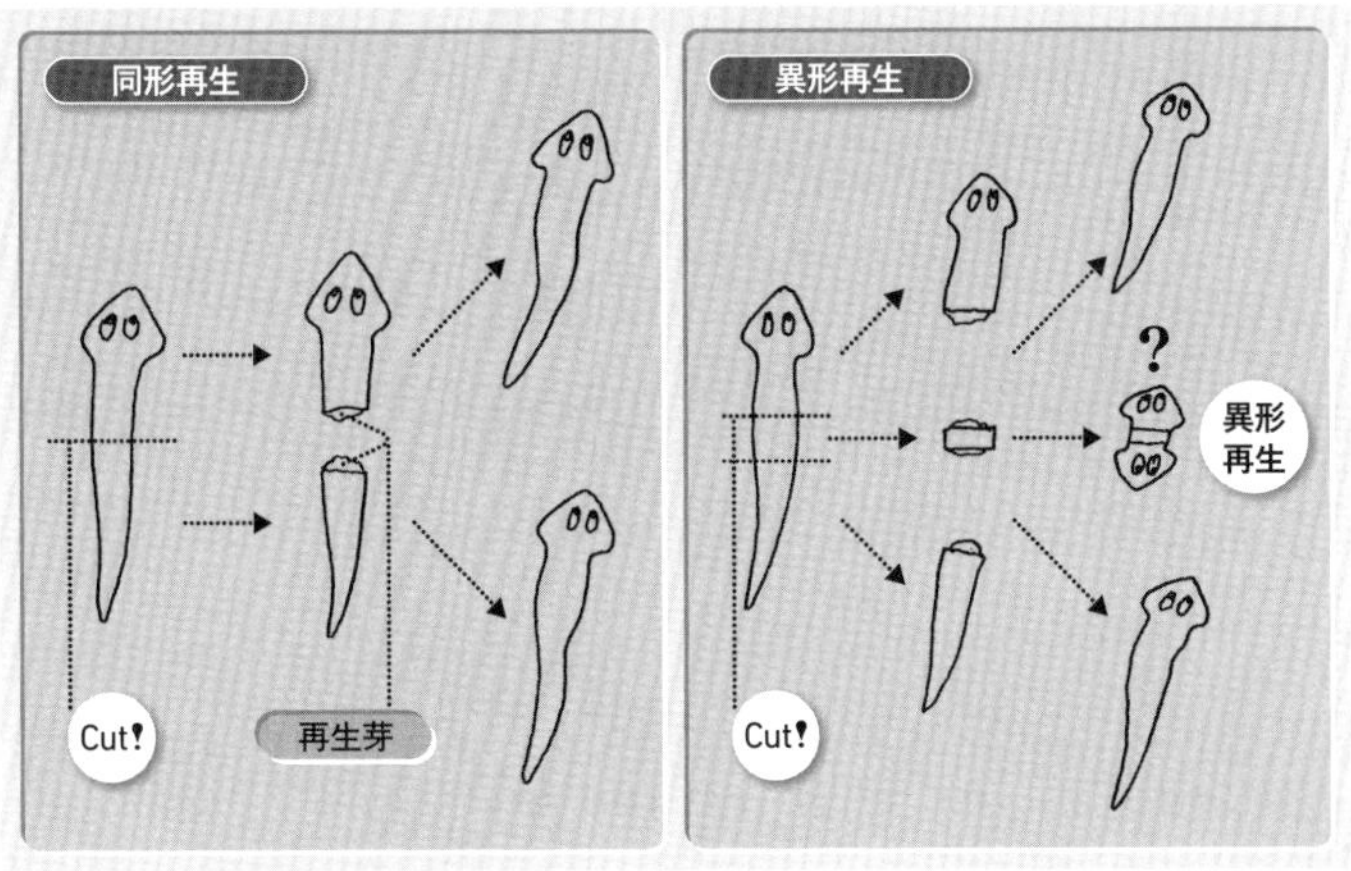

図099●多細胞生物の無性生殖。プラナリアの「複製」の様子。
半分に切ると、それぞれの断片から完全なプラナリアが再生される（同形再生）。
一方、下のように、小さな断片にしてやると、
プラナリアの細胞たちが「あれ？　どっちが頭だったっけ？　尻尾だったっけ？」と
混乱してしまい、頭が両方できてしまうということも起きる（異形再生）。

ず、むしろそもそも自己複製する機会が与えられていない、とみなした方がよい。彼らが「自己」複製するのを待っていては、日が暮れ、年が明け、年をとり、死に、そしてもしかすると、人類は絶滅してしまうだろう。というのも、本来は「自己」複製できるにもかかわらず、タンパク質でできた酵素（すなわち複製装置）を触媒にすることで、効率よく複製されてしまうからである。[*282]

繰り返すが、オリジナル自身が、複製装置となって複製されることこそが「自己」複製なのである。RNAの場合、自分自身で酵素活性を持てるという強みがある。化学反応の触媒としての機能を発揮する可能性という点で、RNAは明らかに、DNAとは異なる。[*283]　RNA自身「ポリメラーゼ」になり得るのである。

現在の生命体でも、RNA複製という現象はある。たとえばRNAウイルスが宿主細胞の中で行うRNA複製はその典型だが、植物細胞などでもRNAポリメラーゼによってRNAが複製されることが知られている。ただ、こうした現在の事例はいずれも、RNAポリメラーゼという「タンパク質」が複製装置としてはたらく。

リボザイムが発見されてからしばらくの間は、リボザイムと言えば、核酸を切断したり繋げたりする酵素活性を持つものばかりだったが、二一世紀になったあたりから、RNAを複製するリボザイム（すなわちRNA）を人工的に作り出すことに、徐々に成功し始めるよ

うになる。

　とはいえ、成功しているのはまだ〳〵短いRNAの複製のみである。当然のことながら、自分自身を複製するリボザイムの合成にはまだ誰も成功していない。

　さて、化学進化の次の段階にある細胞は、分裂という方法によって複製することができるのであり、その複製の仕方は、細胞という単位を主体とするならば、明らかに「自己」複製であると言える。

　したがって、単細胞生物では「細胞＝個体」であるから、まさにその個体は「自己」複製していると言ってもいいだろうが、多細胞生物ではどうだろうか。

　あまり知られていないが、多細胞生物でも、ときとして無性生殖的に増殖することがある（図099）。有名な例が扁形動物の一種プラナリアであろう。プラナリアは、システムとしては有性生殖を行うことができるが、緊急避難的に無性的な分裂により増えることもある。有名な生徒実験にもなっているからあえて解説するまでもないだろうが、プラナリアをカッターナイフなどで切断してしばらく置いておくと、それぞれの断片が再生し、一匹ずつのプラナリアになるのである。このような状況では、プラナリアは明らかに「自己」複製している――もちろんこの生徒実験の場合、切断という行為は第三者であるヒトの手で行われるわけだが――と言うことができよう。また第七展示室でも紹介したように、刺胞動物であるイソギンチャクやヒドラも、分裂によって増える事例が知られている（図075参照）。

　よく「ネズミ算式に」などという言い方をすることがある。この「ネズミ算」は、もとは和算の一つで、その名の通り、哺乳類の仲間である「ネズミ」の増え方が前提になったものである。栄養となる食物が豊富に存在する条件下で、あたかもネズミが爆発的に繁殖するがごとく、数が指数的に増加する場合を指すのが一般的である。

282●すなわち、酵素による触媒作用は、あくまでも反応のエネルギーを低く抑え、それにより進行を容易にするということであって、酵素がなければ「原理的に」反応が不可能になるという類のものではない。

283●酵素活性を持つRNAをリボザイム（ribozyme）という。一九八〇年代初頭に世界で初めてリボザイムを発見した米国の生化学者トーマス・チェックThomas Cech（1947-）とシドニー・アルトマンSydney Altman（1939-）は、後にノーベル化学賞を受賞した。最近では、DNAにも酵素活性を持つ潜在的能力があるとする驚くべき報告もある。

ここで指数的とは、二倍、四倍、八倍、一六倍、という具合に「倍々」になるように増えていく様を形容している。

無性生殖における生物の複製はまさに、二倍、四倍、八倍、一六倍という具合に複製産物が増えていく仕方である。この複製のそれぞれを一回の生殖であるとみなすと、たった一回の「生殖」においてさえ、その数は二倍に増える。これが実は、無性生殖的な複製の最大のポイントである。

この基本的にして典型的な複製単位が何回も繰り返されていくことで、指数的にその数が増えてゆき、最終的に多くの複製産物が生じるのである。

有性生殖的な複製

ネズミは哺乳類であり、私たちと同じく「オス」と「メス」がいるので、有性生殖を行う動物であるということは多くの人が知っている。したがって複製の様式が、大腸菌やゾウリムシなどのように分裂という方法で無性生殖的に複製する生物とは、大きく異なることも自明の理である。

有性生殖を行うから、単細胞生物のような言わば「身軽な」生物たちのように、簡単に「ネズミ算式に」増えるわけではないが、実はネズミは、r戦略と呼ばれる生殖戦略によって、あたかも分裂によって増える単細胞生物であるかのように、その個体数を劇的に増大させることができる。

r戦略者とは、少数の子を産んで大切に育てるのではなく、多数の子を生み、ある程度育ったら〝放逐〟し、その中でうまく環境に適応したものを生き残らせるような生存戦略を選択した動物である。*284 r戦略者の「r」とは「reproductivity」の「r」である。実際、ネズミが一回の出産で生む子の数は、私たち霊長類の比ではない。

r戦略者は、二つの個体がお互いに番《つが》いとなるにはなるが、決してその二倍の四匹の子を産めばま

284● これに対して、少数の子を大切に育てる方法を選択した動物たちをK戦略者という。Kとは、生態的環境収容密度を表す個体群生態学で用いられる値で、ある環境において動物の密度が増加していくと、やがては資源量の限界に達し、密度は頭打ちになる、その最大値のことである。高槻成紀『哺乳類の生物学5生態』(東京大学出版会、1998)より。

あいいやなどと悠長なことは考えていないのであって、とにかくたくさんの子を「複製」するのである。とはいえ、一つのものが二つになるという複製の基本的スタンスから逸脱したやり方で、個体を複製させているわけではない。

ヒト、とりわけ「少子化」が社会問題となっている私たち日本人の有性生殖のありようを眺めてみると、ある夫婦で生涯にもうける子どもの数の平均が、このところ二人を下回っている。個体数という観点から言えば、日本という地域に生息しているホモ・サピエンスの個体数を現状のまま維持するためには、オスとメスが乱婚的ではないとするならば二人の親から少なくとも二人の子が誕生しなければならない。二人以下では、ホモ・サピエンスの個体数はやがて減少していくということになる。

何を言いたいのかと言うと、有性生殖には、個体数の減少というリスクが、無性生殖の場合よりもついてまわりやすい、ということである。

先ほども述べたように、有性生殖の基本となる「性」とは、二つの細胞が接合し、その遺伝子をお互いに混ぜ合わせることで、異なる遺伝子タイプの細胞を作り出すメカニズムである。

そうした混ぜ合わせによる「遺伝的多様性の創出」により、性の仕組みを編み出した生物たちは、環境の不安定化に伴う遺伝的適応力の低下を補い、より多くの個体が生き残るための遺伝的バックグラウンドを広げてきた。これが、有性生殖の最大のメリットであると考えられている(図100)。

そのかわりデメリットとして、性の異なる個体と出会わなければならないことからくる生殖機会の減少と、指数的な数の増大を望めないが故の、個体数の減少が起きやすいという特徴も兼ね備えなければならなくなった。

そうしたデメリットを克服するためには、うまく生殖の機会にめぐり会えた個体が二人以上の子を産む以外にはない。言うなれば、有性生殖という行為を、何度も繰り返して行うのである。その結果、私たちの複製産物であるはずの「子」は、指数的にとは言わずとも、比例的には増えていくことになるのだ。

有性生殖における生物の複製は、必ずしも二倍、四倍、八倍、一六倍という具合に、指数的に増えていくような仕方ではない。しかしながら、たった一回の「生殖」で何万個もの卵を産む魚もいれば――もっとも、そのうち何個が成長し、生殖可能な成体にまで成長するかは別問題だが――、複数匹の子を産むネズミのような *r* 戦略者もいる。中にはホモ・サピエンスのように一回の「生殖」では基本的に一個体しか産めない種もあり、その様相は千差万別だ。

そしてこれが、有性生殖的な複製の最も重要なポイントなのである。

繰り返しの強調

有性生殖の場合は、生物種によって状況が様々に異なるので、平均的なことを一言で言うわけにはいかないが、本書のような「複製」という現象そのものに焦点を当てる視点においては、有性生殖という

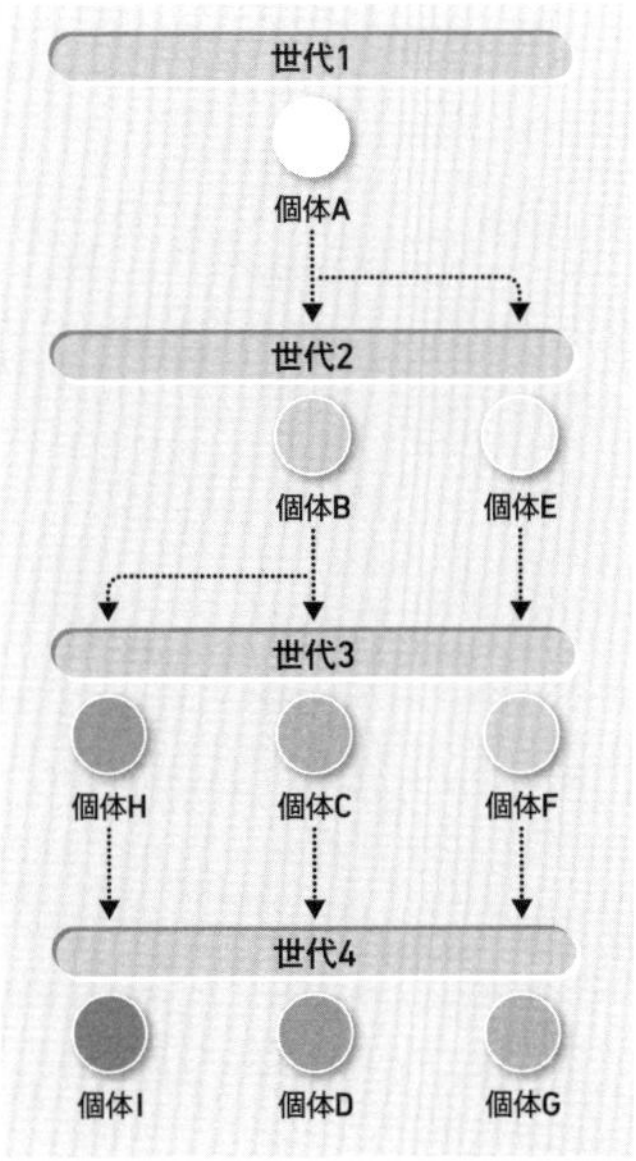

図100● 有性生殖における複製と変化。
遺伝子の組換えが生じる有性生殖では、世代ごとに少しずつ遺伝情報が異なっていく。「複製」と「変化」が密接に結びついた好例であろう。

システムが、複製というもののまさに根源的な意義を示していることは、特筆すべきであると言えるだろう。

有性生殖では、自分の半分の(ゲノムを持つ)配偶子とパートナーの半分の(ゲノムを持つ)配偶子を合わせて一個の接合子――もっとも有名な接合子は受精卵――が作られる。こうした仕組みの都合上、たとえばヒトでは、二個体の親から子が一個体しかできないことがある。魚のように、一度に大量の卵を産み、大量の精子と合体させて一度に大量の接合子を作り出すことができる場合もあるが、これとても、卵一つひとつを見てみると、その基本形は、親が二に対して子が一である。すなわち、一個の卵と一個の精子が合一して一個の接合子ができるということを有性生殖における「一回」とするならば、無性生殖とは異なり、有性生殖では逆に、一回の生殖において、複製産物の数が「減る」という極めて特異な状況をもたらしていることがわかるであろう。

この状況を克服し、複製産物の数を増やすために有性生殖生物がなすべきことは、有性生殖を「何度も行うこと」である。本書における表現で言い直すならば、有性生殖を「何度も繰り返すこと」である。それによって初めて、その生物の個体数を維持し、場合によっては増やしていくことが可能となるのである。

どのように繰り返すかは、生物により様々で、たとえば先ほどから挙げている魚類の場合、一度に何千個、何万個もの卵を産み、一度に大量に受精させるという方式を採用しているが、これは有性生殖をほぼ同時に何千回、何万回も繰り返したのと同じことであるとみなすことができよう。

多くの哺乳類のメスは、一度に何個体もの子を産むが、これとても、有性生殖をほぼ同時に、その個体数分だけ繰り返したことを意味している。

本書における「繰り返し」は、必ずしも時間を追って一つずつ順ぐりに行われるべきものではなく、同じ複製であれば、同時におこっても問題はない。いやむしろ、「繰り返し」の定義はそのようになされるべきだろう（図101）。

最も「繰り返しらしい繰り返し」によって、複製産物の数を増やしているのは、私たちヒトである。なぜなら私たちヒトは、構造的に有性生殖を同時に繰り返しにくく、一人の子を産んだら次の機会を待ち、次の一人を産むということを「繰り返し」ていかなければならないからである。

それでは、「多胎」、すなわち「ふたご（双生児）」とか「三つ子」と呼ばれる場合はどうだろうか。双生児には一卵性と二卵性があり、結果としては二人の完全なヒトが生じるので問題はないが、複製論的に考えると、一卵性か二卵性かの間には、仕組みとしての相違が認められると見てよいだろ

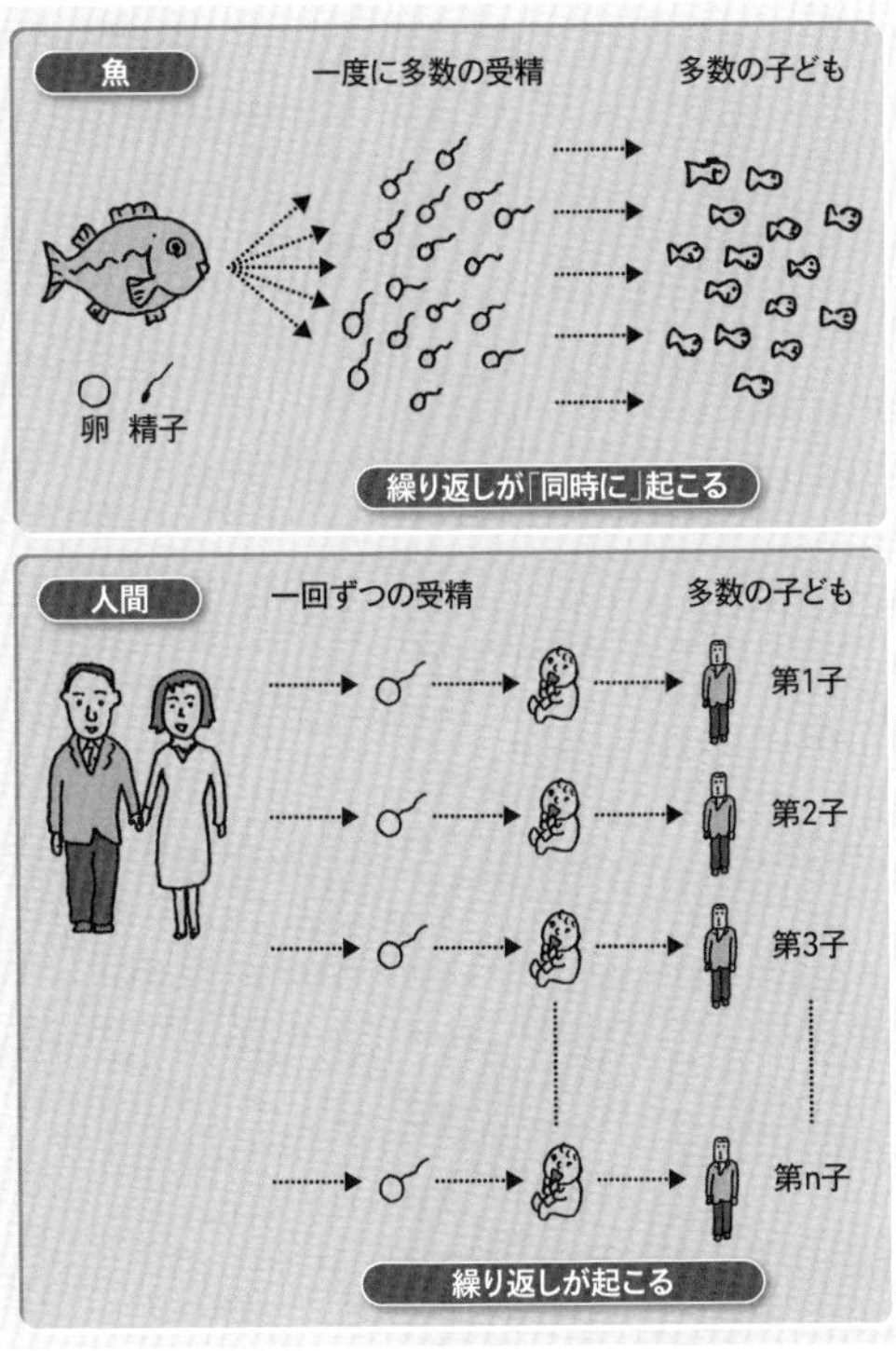

図101●「繰り返し」と有性生殖。
魚の世代交代は、「受精の繰り返し」が同時に起こると考える。
これに対して人間の世代交代は、「受精の繰り返し」が順当に起こると考える。
ただしここまで来ると、「繰り返し」という言葉が持つ意味を、これまで以上に広くとらなければならなくなるというジレンマもまた、抱え込むことになるだろう。

う。二卵性双生児の場合、もともと受精卵は二個存在していたので、受精という有性生殖の最大イベントが二回、同時に繰り返され、生じたものであると見ることができようが、一卵性双生児の場合はそうではない。

　一卵性双生児は、発生初期の段階で、何らかのきっかけによって胚が二つに分裂し、そのそれぞれから個体が発生したもので、厳密な意味において、卵と精子が合一することを有性生殖の一回とカウントするのであれば、一卵性双生児は有性生殖が「繰り返されて」生じたものではないことは明らかである。ただ、その後の各個体の生涯や、その途上における最新の分子生物学的知見[*285]を勘案すると、繰り返されているいないにかかわらず、生じた二つの個体は明らかに同等な複製産物であることは明白なので、ここでは「繰り返されて生じた」結果としての血をわけた兄弟姉妹とみなすことに格別、問題はない。

　有性生殖的な複製では、「繰り返し」というものが、無性生殖的な複製に比べて、顕著に強調されていると言える。とはいえ、強調されなければならなかったという言い方は決して的を射ておらず、むしろ強調するだけで済んだからこそ、異性個体と出会わなければ生殖できないというデメリットをそれほど苦にすることなく[*286]、遺伝的多様性創出のメリットを最大限に活かし、多くの生物種を地球上に作り上げることに成功したのだとも言える。

　無性生殖だって「繰り返し」分裂しているじゃないかと思われるかもしれないが、あくまでも一つの世代交代の中での話である。

「自己」複製する機械

人工物——ここではいわゆる「ロボット」と表現する——が、人間からの所有的支配から自らを脱却し、独立した「生物」として生き始めると仮定しよう。

285●DNAの塩基配列に生じるエピジェネティックな変化が、一卵性双生児のその後の生涯、とりわけ生物学的な特徴に様々な影響を与えていることが明らかとなりつつある。たとえば、DNAのメチル化のパターンが異なることにより、遺伝子の発現パターン（どの遺伝子がどの程度発現するか）が異なり、その帰結として、年をとるにしたがって一卵性双生児の外見的、性格的特徴に差異が認められるようになる、と考えられるようになっている。

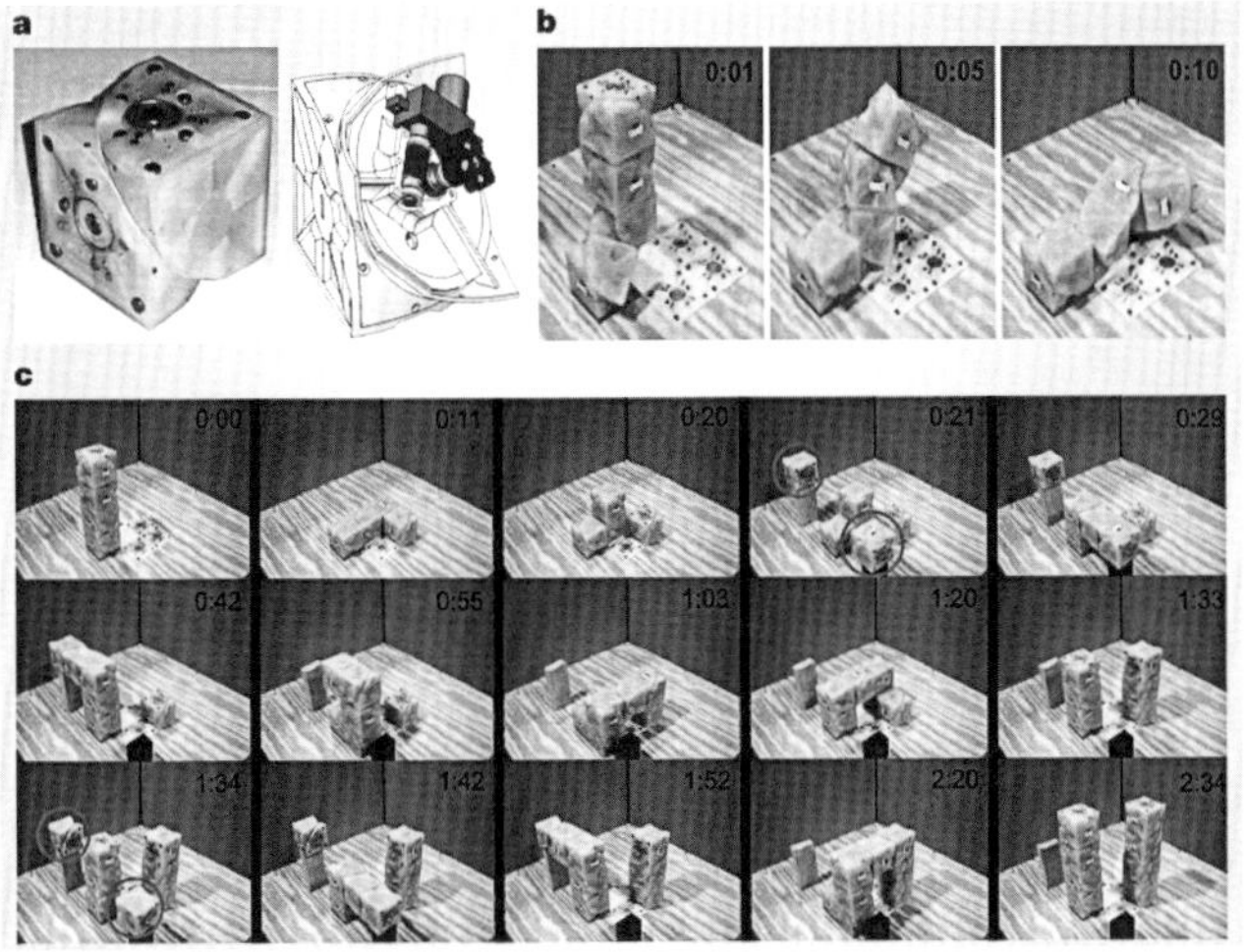

図102●「自己複製」するロボット。
四角っぽい形をした一個ずつの「キューブ」が積み重なったロボット自らが、同じ材料であるキューブを用いて、その隣に自らと同じロボットを作り上げる様子が撮影されている。
（出典：Zykov V et al.（2005）Self-reproducing machines: a set of modular robot cubes accomplish a feat fundamental to biological system. *Nature* 435, 163-164.）

そうした仮定においては、かならず「自己」複製の概念が成立していなくてはなるまい。なぜなら、そうした仮定が存在しようがしまいが、それが独立した「生物」であるためには、何らかの構造によって外界から明確に区別されたまとまりがあり、自立して代謝活動を行って自らを維持し、活動し、そして自立して子孫を残すことができなくてはならないからである。無論、新たに「生物」の概念を作りなおすというのであれば、この限りではない。

そのロボットが何らかの材料でできており、何らかの形を保っているのだとしたら——すなわち映画「ターミネーター」に登場する液体金属のようなロボットでなければ——おそらくは第一の条件はクリアできる。

難しいのは第二、第三の条件である。さらにまた、第二の条件である自らの体をエネルギーを作り出しながら自立して維持することと、第三の条件である自己複製を行って自らと同じロボットを作り出すことでは、その複雑さにおいて月とスッポンほどの差が存在する。なぜなら、生殖は代謝を包含するメカニズムであり、より複雑で高次の現象だからにほかならない。

二〇〇五年、科学誌『ネーチャー』に、「自己複製する機械」と称した短い論文が掲載された。[*287]

その自己複製とは、四角いブロックのような器械が、まるで芋虫の体節であるかのようにふるまいながら、一つずつ新たなブロックを隣に積み上げていく様子を表現したものだった。論文の著者たちは、「世界で初めて自己複製する機械を作った!」と大喜びしていたように見えたが、もちろんその自己複製の有様は、機械工学的にはすばらしい成果であったにせよ、私たち生物のそれとは比べるべくもない、何とも「不器用」なものであった（図102）。

これまで述べてきたように、現在の生命システムにおいては「自己」複製はできないとはいえ、DNAやRNAには潜在的に自己複製できる特徴が備わっている。そして、その先にある細胞、単細胞生物、多細胞生物と、そのいずれもが、分裂（無性生殖）、有性生殖等の仕組みの違いはあるにせよ、きちんと自らの力で自らの複製産物を作り上げている。

自己複製をするためには、果たしてどのような壁を乗り越えなければならないのだろう。自己複製、すなわち「自分と同じものを自分の手で作る」ことの難しさを慮《おもんぱか》ればよい。複製をするためには、まずは複製しようとするもの、すなわちオリジナルとしての自分自身のすべてを、完璧に分析し尽くさなければならないことが思い起こされる（4—3節参照）。

自分と同じものを作るためには、それが「同じもの」であるために必要な情報、私たち生物でいう遺伝情報のようなものが、最低限必要である。ロボットの場合、それは別段DNAでなくてもよいし、RNAでなくてもよい。単なるソフトウェアであればよいとも思われるが（ロボットには詳しくないから、このような表現となる）、要は、自己複製をするためにはロボット自身が、自分自身を形づくっているそのソフトウェアの存在を知った上で、そのソフトウェアを何とか複製し、しかもその複製したソフトウェアを、これから作る「同じもの」に植えつけなければならない。さらに、その「遺伝情報」を読みとって実際にその「同じもの」を作るための材料が、そのロボット自身によって作り出され、構築されていかなければならない。

286●そうしたことを苦とする生物、たとえば個体数が少なかったり、個体密度が低かったりすることから異性個体と出会う機会が極端に低い生物では、窮余の一策（かどうかは知らないが）として雌雄同体システムを採用したものもいる。こうした生物は、たとえばメスがいて、せっかく出会った個体がこれまたメスでも「がっかりする」必要は全くなく、必ず交尾をすることができるのである。

287●Zykov V et al. (2005) Self-reproducing machines: a set of modular robot cubes accomplish a feat fundamental to biological systems. *Nature* 435, 163-164.

先ほどから述べているように、このような自己複製は、本当にできるかどうかと念を押されて、「はい、できます！」と自信を持って答えるのは難しいのである。なぜならば、「自己複製分子」などとおだてられている核酸分子においてさえ、化学的特徴から考えるとおそらくできるとは思われるが、本当にできるのかどうかと念を押されると、現在の生命世界における振舞いからすると「はい、できます！」と自信を持って断じることが難しいからだ。

自己複製の〝元祖〟ですらそのような状況であるということは、真の意味で「自己複製」するロボットは、いずれはできるだろうと人々は言うが、自らのすべてを完璧に分析し、統合し尽くしきれていない現在の私たち人間には、まだ到底無理な話であろう。

ロボットの難しさは、翻《ひるがえ》って見てみると、私たち生物が「自己」複製していることを改めて認識させる、貴重な難しさでもある。その間を埋める技術が果たしてどのくらい先の世界で実現するのかは、まだ誰にもわからない。

第11展示室 | The eleventh cabinet

進化に見える様々な複製――進化複製論

ＤＮＡの不均衡な複製様式が「元本保証の多様性拡大」をもたらしたとする古澤満（註261参照）の説は、リーディング鎖とラギング鎖との間に横たわる本質的な複製のされ方の違いが生物進化に一役も二役もかっていたことを示唆するものであり、確かに非常に興味深いものであった。

しかし、進化をもたらす複製の相は、必ずしもＤＮＡ複製の際にのみその姿を現わすとは限らない。本展示室では、いくつかの生物学的段階における「複製」が生物の行動や進化とどうかかわっているかを考察し、生物の仕組みと複製とのさらなる関係を探っていきたいと思う。

異所的種分化の様相

ＤＮＡの不均衡な複製と、それによりもたらされるＤＮＡレベルでの多様性の拡大が、果たしてどう、現実の種の多様性へとつながっていくのか。その解明は、現代生物学に課せられた最大の課題と言っていいだろう。

なにしろ、途方もなく長い時間がかかる種の多様性創出の仕組みは、科学的手法を用いた実験室で

288●進化は、大きく大進化（macroevolution）と小進化（microevolution）に分けられる。このうち、我々が通常、「進化」という言葉からイメージするのは大進化、すなわち、種分化を伴う新しい種の誕生と、それ以上のレベルの進化のことである。これに対し、小進化は種分化を伴わない、種内での変化を指す。

289●前出の四方哲也（註275）による研究が著名である。詳しくは四方哲也『眠れる遺伝子進化論』（講談社、1997）、武村政春『ＤＮＡの複製と変容』（新思索社、2006）、古澤満『不均衡進化論』（筑摩選書、2010）等を参照のこと。

の「再現」が、ほぼ不可能だからである。そうした不可能性をいかにして克服し、純然たる科学的手法の傘下にその解明を委《ゆだ》ねるか、研究者の試行錯誤は続いている。

種内レベルの進化――小進化[*288]――を実験室で再現することは可能である。可能であるとはいえ、そうした進化を実験室で再現するとすれば、世代交代がきわめて早いモデル生物を用いるほかはないという制約は、どこにいてもついて回る。

大腸菌（*Escherichia coli*）という細菌は、古くから分子遺伝学、分子生物学の研究に不可欠な実験生物であり続けてきたが、その最大の理由は世代交代の速さであり、私たちと同じ好気的な条件で、簡単に培養できることであろう。そうした利点が存在するがゆえに、何らかの条件を与えてやれば実験室で実際に「進化」するところを私たちに見せてくれる。[*289]

米国・ミシガン州立大学のレンスキーの研究グループは、実験室で四万世代にもわたって大腸菌を培養し続け、そのゲノムの塩基配列を調べるという驚異的で根気のいる仕事をなし遂げた。もちろん実際には、四万の各世代それぞれで塩基配列を調べたというわけではなく、二千、五千、一万、一万五千、二万、そして四万世代にあたる大腸菌のゲノムを調べたのである。[*290] ゲノムの塩基配列を調べれば、どの部分にどのような突然変異が起こったかを知ることができ、どのくらいの速度で塩基配列が変化するかが解析できる。

その結果、二万世代まではそのゲノムの進化速度――塩基配列が変化する速度――はほぼ一定であったが、興味深いことに、それ以降に変化の兆しが見えた。二万六千五百世代後にそれまでとは異なる変異のスピードをもたらす突然変異体が出現して中立的な変異[*291]が生じる率が高まり、進化速度が高まったことがわかったのである。

進化速度が高まるとはいえ、このような小進化を実験室内で見せてくれる大腸菌といえども、大腸

290● Barrick JE et al. (2009) Genome evolution and adaptation in a long-term experiment with Escherichia coli. *Nature* 461, 1243-1247.

291● 突然変異により塩基配列に変化が生じても、それがアミノ酸の置換には結びつかず、機能上は有利でも不利でもないような突然変異を「中立変異」という。我が国を代表する遺伝学者木村資生（文化勲章受章者、ダーウィンメダル受賞者、1924-1994）は、分子レベルの変異の多くは中立であり、そうした変異が遺伝的浮動により偶然、集団中に固定されることが、進化をもたらしたとする中立進化説の提唱者として世界的に著名。

菌が大腸菌でなくなってしまう、すなわち新しい種が大腸菌から生み出されるという劇的な変化（種分化）を容易に私たちに見せてくれるほど〝大胆〟ではない。

ある種から新しい種が生まれる「種分化」は、そう簡単に起こるものではなく、まずはそうなるきっかけが必要である。

様々な「きっかけ」の主なものの一つが、「異所的」種分化である。

異所的種分化は、生息環境の隔離によって、もともと一つの集団だったものが二つの集団に分断されることにより引き起こされる種分化である。異所的という言葉は、生息する「所」が「異」なってしまうことがきっかけとなって起こるという意味だ。

たとえば、ある大きな池に魚Aという種が大きな個体群を作って生息していたとする（図103）。あるとき、人間の仕業か湖底隆起などの天変地異によるものか、この大きな池が、二つの独立した池に分断されてしまったとする。そうしてできた二つの池の間には、どこにも魚が行き来できるような水路はない。

これが「地理的隔離」という現象である。ここでは鳥が飛来し、一方の池で魚をとり、嘴でくわえて飛び立ったところ、もう一方の池に誤って生きたまま落としてしまうなどという都合のいい事態や、実はAは、これまで発見されていなかった「淡水に適応したトビウオ」であって、簡単に一方の池から他方の池に空を飛んで移動できるといった都合のいい事態は、一切起こらないものとする。

その結果として、もともとは魚Aという大きな個体群だったものが、二つの個体群――魚A1ならびに魚A2――に分断され、遺伝子流動[*292]が妨げられるという事態が起こる。これは言うなれば、お互いに有性生殖のための行動を起こすことが不可能になるということであり、A1ならびにA2はお互いに全く「我、一切関せず」の状態となる。

292●遺伝子流動とは、ある生物種の集団（個体群）における自由交配に基づく、ある遺伝子の集団内への広がりを示す言葉である。たとえば、集団内のある個体の生殖系列に生じたある遺伝子の突然変異のうち、生存に有利なもの、ならびに中立的なものは、自由交配によってやがては集団全体に広まる。

やがてときは過ぎ、数えきれないほどの世代交代が行われた。その間も、鳥が魚を生きたまま運ぶといったことは起こらなかった。

そしてその間に、A1とA2、それぞれの個体群で生じたそれぞれに特有の突然変異は、それぞれの集団内に蓄積していき、遺伝情報は徐々に変化していった。

分断から何千年、何万年、何十万年が過ぎたであろう。ある研究者——とり急ぎ、未来の「人間」としておこう——がこの地を訪れた。

各地の池に生息する生物の調査を行っていたこの研究者は、わずかな土地に隔てられたこの二つの池のそれぞれに、お互いに形態学的、生態学的特徴が非常によく似た魚——A1とA2——が生息し

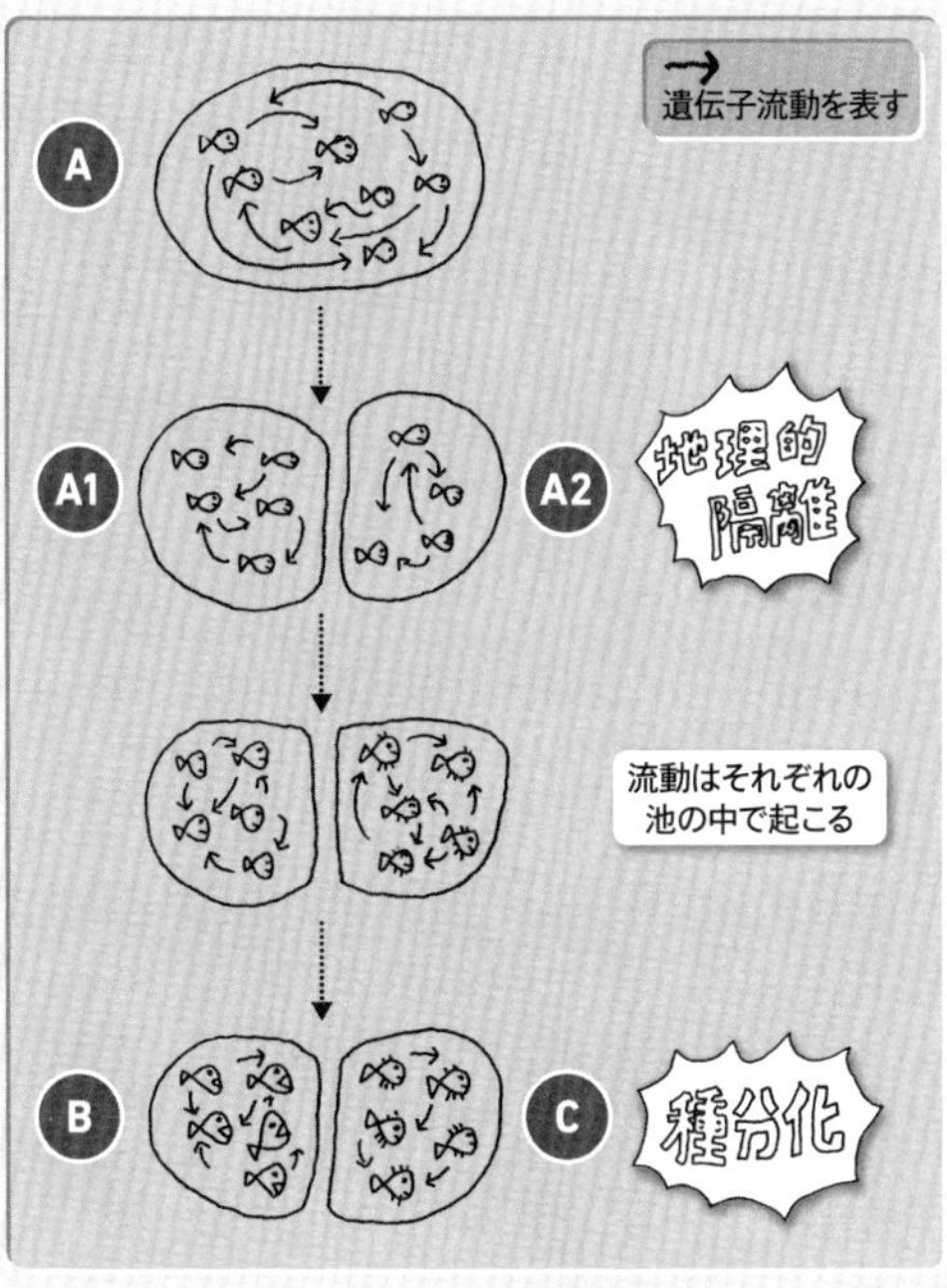

図103● 地理的隔離による異所的種分化。
Aという種がB、Cという種に分化するまでの道筋は、おおまかこんなところである。
もちろん、一つの例に過ぎない。むしろ、Aという種がB、Cという種に分化するという場合だけでなく、たとえばAという種が、一方はAのままで、もう一方はBに種分化するという場合もある。

293●ゲノムあたり染色体が何本あるか、どのような染色体から構成されているかを「染色体組成」という。ヒトの場合は、一番から二二番までの常染色体を一本ずつと、X染色体もしくはY染色体という性染色体を持つ。

ていることを発見した。

これらの種が同種か別種かを調べようと、両種それぞれの個体一匹ずつから細胞を採取してその染色体組成[*293]を調べたところ、お互いに全く異なっていることがわかった。

外見は非常によく似ているが、よく見ると体の模様も違う。形も若干違っている。そして何より染色体組成が異なるということが決定的となり、その当然の帰結として研究者がもたらした結論は、両種は別種であり、魚B、魚Cと名づけるのがふさわしいということであった。

生物が進化する上で、分子レベルの〝お墨つき〟を与えているのが、DNAの塩基配列上に生じる永続的な変化としての突然変異であり、これはあくまでも連続的な時間に乗って徐々に蓄積していくものである。

ここに、魚Aという「オリジナル」種と、地理的隔離が生じて分断されてから長い年月が流れ過ぎた後に、かの研究者が同定した魚B、魚Cという「複製産物」種との間に横たわる「連続性」と「同一性」の問題が存在する。

オリジナルである魚Aという個体群——集団——が、あるときいきなり「複製」し、魚Bと魚Cという二つの異なる個体群へと「変化」したというのは、ここでは当たらない。

魚Aの集団が、地理的隔離によって二つの異なる集団A1とA2に「分裂」したのは確かである。分裂したことにより、魚Aが、地理的に分断された二つの集団のそれぞれにおいて、将来二つの別々の種に分化するであろうという「可能性」がもたらされた。やや科学的ではないニュアンスも含まれるが、わかりやすく「運命」と言ってもよいだろう。

その「運命」が具現化したものが、魚Bと魚Cという新たな種をもたらした「種分化」である。すなわち地理的隔離は、「魚Aの集団」が二つの集団に「複製」されるきっかけを作るものだったのだ。
ではこの「複製」を司ったであろう複製装置は何かと言えば、その集団の「分裂」を引き起こした地理的隔離そのものであるとも言えるし、二つの集団間の「遺伝子流動が喪失した状態が長く続いたこと」であったとも言える。

魚Aの集団が二つの全く異なる「運命」を担わされた、お互いに平等な関係にある――オリジナルとコピーといった関係にはない――二つの集団に「複製」され、複製産物である二つの魚の集団A1とA2は、やがてB、Cという種へとそれぞれ進化を遂げる。その時点で初めて、この複製が「オリジナル非依存的な」複製であったことがわかるのである。

この場合、連続性という意味において、AとBとの関係とAとCとの関係が全く等しいものであるのか、あるいはそうでないのかについては問題ではない。

AとBは連続し、かつAとCも連続しているというのは確かにそうで、生物の進化、いや種分化というレベルにおいてさえも、それは途切れのない連続性を持つ変化でもあるからこそ、オリジナルは、複製後にまで未練を残して居座っていることはない。もちろんこうした場合であっても、一般的には、祖先の性質をかなり引きずっているわけだから、生物学的に言えば、「オリジナル非依存的」という表現にはやや〝言い過ぎ〟感もあろうが。

種分化とはまさに、「一つのものが複数になる」典型的な事例であるが、この「複製」におけるもっとも基本的とも言えるパターンは、実に生物多様性の創出においても重要な位置づけにある。しかもそれは、国鉄が分割民営化されて誕生したJR各社のような、「単なる巨大なものの、より小さきものへの分割」に留まるものではない。現実的かどうかはさておき、JR各社が日本という国土が持つ環境収容力を大きく超えて、それぞれ独立した鉄道会社として世界を席巻していくことが想定できるのと同じく、分割によるオリジナル性の獲得を契機として、よりそのオリジナルなるものを「複製」し、変化させ、多様性を増す方向へと、生物の世界を誘ってきたのが種分化というものではなかったか。

よく知られた例ではあるが、ガラパゴス諸島[*294]に生息するフィンチの類には、何をエサとするかにより、嘴《くちばし》に様々な変化が生み出された進化の好例を見ることができる。またアフリカ・ヴィクトリア湖に生息するシクリッドという魚の仲間は、同所的[*295]でありながら劇的な進化——種分化——を短期間で遂げたことで有名である。

この多様化した鳥や魚たちにとって、かつてガラパゴス諸島やヴィクトリア湖に居たであろう祖先型のオリジナルの存在は、すでに必要はない。オリジナルと彼らとは、もはやオリジナルと複製産物という関係ではなく、彼ら自身がすでにして、新たなオリジナルとなっているからである。

遺伝子の多様性と「複製」

種の多様性をもたらしてきたのは、「一つのものが二つになる」あるいは「一つのものが複数の異なるものになる」という複製の大前提だ。

ただし、それは種分化というレベルでのみ立ち現れるものではなく、したがって生物の多様性（diversity）という言葉に隠された、遺伝的多様性、種多様性、生態系多様性といった様々な多様性のあり方に、考えを及ばせる必要が出てくる。

前項でも述べてきたように、異所的種分化のきっかけを作るのは主に地理的隔離であるが、たとえ地理的隔離が生じたとしても、その後、各グループのＤＮＡに突然変異が生じ、蓄積し、やがてお互いに有性生殖を行うことが不可能な状態にまで染色体組成が変化していかなければ、種分化は起こらない。

ここではＤＮＡの突然変異を、本来の定義（ＤＮＡの塩基配列上に生じる永続的な変化）よりも広い意味を

294●イギリスの博物学者チャールズ・ダーウィン Charles Darwin（1809-1882）が自身の進化論の着想を得たことで知られる。

295●異所的種分化が、地理的隔離などによる生息域の分断によって引き起こされるのに対し、同所的種分化とは、そうした隔離などもなく、同じ生息域に生息するにもかかわらず、遺伝的変異などによって引き起こされる種分化である。シクリッドは、他の生物に比較しても極めて短期間に多くの種が誕生していることから、生物進化の研究に大きな材料を提供してくれている。

持ち、結果としての新規遺伝子の獲得と、さらに現在でもあまり解明されていない様々な遺伝子調節機構の変容、そして染色体レベルでの大規模再編と、これらをすべて包含する概念であるとみなすべきだろう。

DNAに生じる様々な変化があって初めて、生物の体は変化し、機能が変化し、やがて生殖的隔離*296がもたらされるほどの違いを種間で生み出す。言い換えると、生物の多様性における種の多様性の根本には、そうして生じる遺伝子の多様性*297が存在するということである。

深い沼の底に棲む得体の知れないもののように、遺伝子の多様性は謎に満ちた存在であるが、その最大の謎は、いかにしてそのような多様性がもたらされたかということに尽きる。そもそも生物に種が存在するということは、初めから、その種に独自に存在する遺伝子があるということを意味し*298、その種類——塩基配列の違いがもたらす構造の違い、機能の違いを含む——が多様であるということを意味している。

そして、ある生物の種が絶滅によって失われるということは、その種の持っていた特有の「かけがえのない」遺伝子も失われてしまうことを意味するのである。

いささかうんざりして来ようと言うものだが、遺伝子の多様性が一体どのようにしてもたらされたのかと言えば、その答えもまた「複製」にある。

遺伝子の複製？　何だDNAの複製のことじゃないか、何度も聞かされて飽き飽きしたぞと、そう思って食傷気味になりそうな方は、しかしどうぞご安心いただきたい。

その「複製」とは、これまで多くの紙面を割いてとり上げてきた、細胞分裂の際に起こる、DNAポリメラーゼを複製装置とし、その触媒作用によって生じる化学反応としての「DNA複製」のことではな

296●アメリカの生物学者エルンスト・マイアErnst Mayr（1904-2005）の生物学的種概念の骨子である、お互いに交雑して繁殖力のある子孫を残すことのできない個体間に存在する障壁のこと。

297●あるいは遺伝的多様性（genetic diversity）。様々な機能を持った遺伝子が様々な生物の中に存在する、その豊富さのことである。

298●もちろん、近縁の生物間には機能も塩基配列もほぼ同一な遺伝子はあるし、遠く離れた生物間でも、祖先型を同じくするそうした遺伝子（オルソログ）はある。「特有の」とは、〝塩基配列上の違いとしての特有の〟という程度の意味である。

299●進化生物学者大野乾（1928-2000）によって提唱された進化理論の一つ。

300●染色体の重複は、染色体が余計に複製されるというよりもむしろ、複製後におこる細胞分裂時の染色体の分配が異常であるために生じることが多い。二一番染色体の分配異常により生じるトリソミー（通常二本ある染色体が三本あるような異常）が、ダウン症の原因であることはつとに有名である。

301●ゲノム内の、もともとあった部分に存在するのが「オリジナル」で、それまではなかったどこか別の場所に存在するようになったのが「複製産物」である。

く、生物進化の過程で、ある遺伝子の「複製産物《コピー》」が、DNA上の別の場所に生じる現象を指すからである。

この現象は、DNA複製という言い方と混同しないよう、「遺伝子重複」と呼ばれる。*299 文字通り、本来一つのゲノム中には一個しかないはずの遺伝子が「重複」してしまうのである。あたかも、ある書籍において、三九ページの内容の文章が、読み進めていくうちに再び五六ページの次に登場してしまう。読んだ本人は「デジャ・ヴュ」だろうと思っていたのが、実は本当に「重複していた」のだと知って驚くのと同様、同じゲノムの中で、ある遺伝子がコピーされて二つ、もしくはそれ以上に増えてしまっていることがわかり、「あっ」と驚くのである。

遺伝子が「重複」するそのメカニズムについては様々な説があるが、おそらく最も重要なものの一つは、ゲノム全体の「倍化」、すなわちすべての遺伝子のセットが「倍化する」というものであろう。この場合、遺伝子重複とは言わず、むしろ「ゲノム重複」と言われる。すべての遺伝子の「複製産物《コピー》」ができてしまうのだ。

ゲノム全体ではなく、染色体一本一本のレベルで倍化が起こることもあり（染色体重複）、そうした場合、その染色体に含まれる遺伝子だけが「重複」することになる。*300

余計にコピーされた遺伝子はしかし、コピーされたその時点ではおそらく、「オリジナル」であるもとの遺伝子と同一の塩基配列を持った、機能的にも同一のものであると思われる。ただし、遺伝子発現をコントロールする部分を持たなければ発現は起こらず、タンパク質は作られないし、もしかするとおかしな部分にコピーされることによって、発現がかえって亢進してしまうかもしれない。

いずれにせよ、オリジナルと全く同じものが、ゲノム内で新たにもう一つできるというのは概念上、明らかに「複製」であり、「複製」されたその時点においては、原理的にどちらがオリジナルであったかの判別はつく。*301

ところが、種分化における魚の個体群A1とA2と同様、その後の「運命」が両遺伝子で全く異なってくるであろうことは想像に難くない。DNA上にランダムに生じる突然変異の蓄積により、オリジナルであった遺伝子と、複製産物《コピー》であるはずの重複した遺伝子は、それぞれ全く異なる分子進化[*302]の過程を経て、それぞれ異なる遺伝子へと進化していく可能性を持つからだ。

すでに述べたように、私たち真核生物のDNAポリメラーゼは一四種類も存在する（註251参照）。このDNAポリメラーゼの多様化もまた、遺伝子重複の繰り返しによって生じてきたことが示唆されているが、ここでは、教科書にも掲載されている、よく知られた遺伝子重複の例を挙げておこう。赤血球の「赤色」をもたらすヘモグロビンを構成する「グロビン」タンパク質の遺伝子の例である。

現在のヒトのヘモグロビンを構成するのはα、βという二種類のグロビンタンパク質であるが、実は遺伝子で見ると、α、βのそれぞれのグロビン以外にも、「偽遺伝子」と呼ばれる、昔ははたらいていたと考えられるが現在では〝廃墟〟となっているグロビン遺伝子がいくつか存在していることが明らかになっている。

グロビン遺伝子の祖先型は一種類だったと考えられており、その祖先型グロビン遺伝子が、進化の過程で生じる遺伝子重複によって徐々にその複製産物《コピー》数を増し、そのそれぞれの複製産物が多様化することで、現在の「グロビン遺伝子ファミリー」が形成されたらしい。その中で、偶然に突然変異が起こり機能を失ったグロビン遺伝子が「偽遺伝子」となったのである（図104）。

遺伝子の多様性は、遺伝子重複という名の「複製」がその引き金となることが多く、その後の異なる突然変異の蓄積によって、それぞれの複製産物は異なる遺伝子へと変化していく。結局のところ、種の多様性をもたらす種分化のメカニズムも、そして遺伝子の多様性をもたらす重複のメカニズムも、そ

302●生物の進化の分子メカニズムとして存在すると考えられる、遺伝子の塩基配列の変化、もしくはそれに伴うタンパク質のアミノ酸配列の変化のこと。もしくは遺伝子やタンパク質の進化そのもの。

の基本的スタンス——すなわち複製とその後の運命の差異によって多様性が生まれるというスタンス——は、何ら変わることはないのである。

擬態のはなし

生物も嘘をつく[*303]。

そんな言い方をされる、動物の持つ本能的かつ自分の意思では到底不可避な行動に、「擬態」と呼ばれるものがある。

擬態とは、ある生物が、別の種類の生物などに「擬する」態度をとるように見える一連の行動もしくは形態のことであり、たとえば次のような事例がある。

チョウの一種ナガサキアゲハ（*Papilio memnon*）は、同程度のサイズを持ち、かつ捕食者である鳥にとってすこぶる不味《まず》い味がする他属のホソバジャコウアゲハ（*Atrophamura coon*）の羽の模様に似せる行動をとる。その行動はおそらく、そういう形質を身につけるよう進化してきた帰結である。

筆者のような素人[*304]が見ると、こうしたチョウはときと場合によっては本当に、ほぼ見分けがつかない状態にまで他の種のチョウにその模様を似せることができている。不味い別種のチョウに羽の模様を似せることにより、チョウは天敵（捕食者）である鳥から、その身を守る。一度不味いチョウを食べた個体は、同じような模様を持つチョウを二度と食べようとはしないだろう。このような擬態を、発見者の名前をとって「ベイツ（型）擬態[*305]」という（図105）。

ベイツ擬態の他の例としては——むしろこちらの方が多くの生物学の教科書（ただし大学用）に実例として挙げられているようであるが——、ある種のスズメガの幼虫が、危険が迫ると、あたかも毒ヘビの頭部のように見える模様のついた頭部を持ち上げ、捕食者から身を守るという例もある。

303●ヴィックラー『擬態 自然も嘘をつく』羽田節子訳（平凡社、1993）。

304●言い訳ではないけれども、非常に広い分野なので、同じ生物学に含まれていても内容が違う分野だと素人同然になる、というのが〝現代の〟生物学者の特徴の一つ。私の専門は分子生物学で、昆虫学とか動物行動学には疎いのである。

305●英国の昆虫学者ヘンリー・ベイツ Henry Walter Bates（1825-1892）によって報告された擬態の一種。

306●ドイツの博物学者フリッツ・ミュラー Fritz Müller（1821-1897）によって報告された擬態の一種。

307●一体誰が気がついたのか？　それは自然のみぞ知るところであろう。

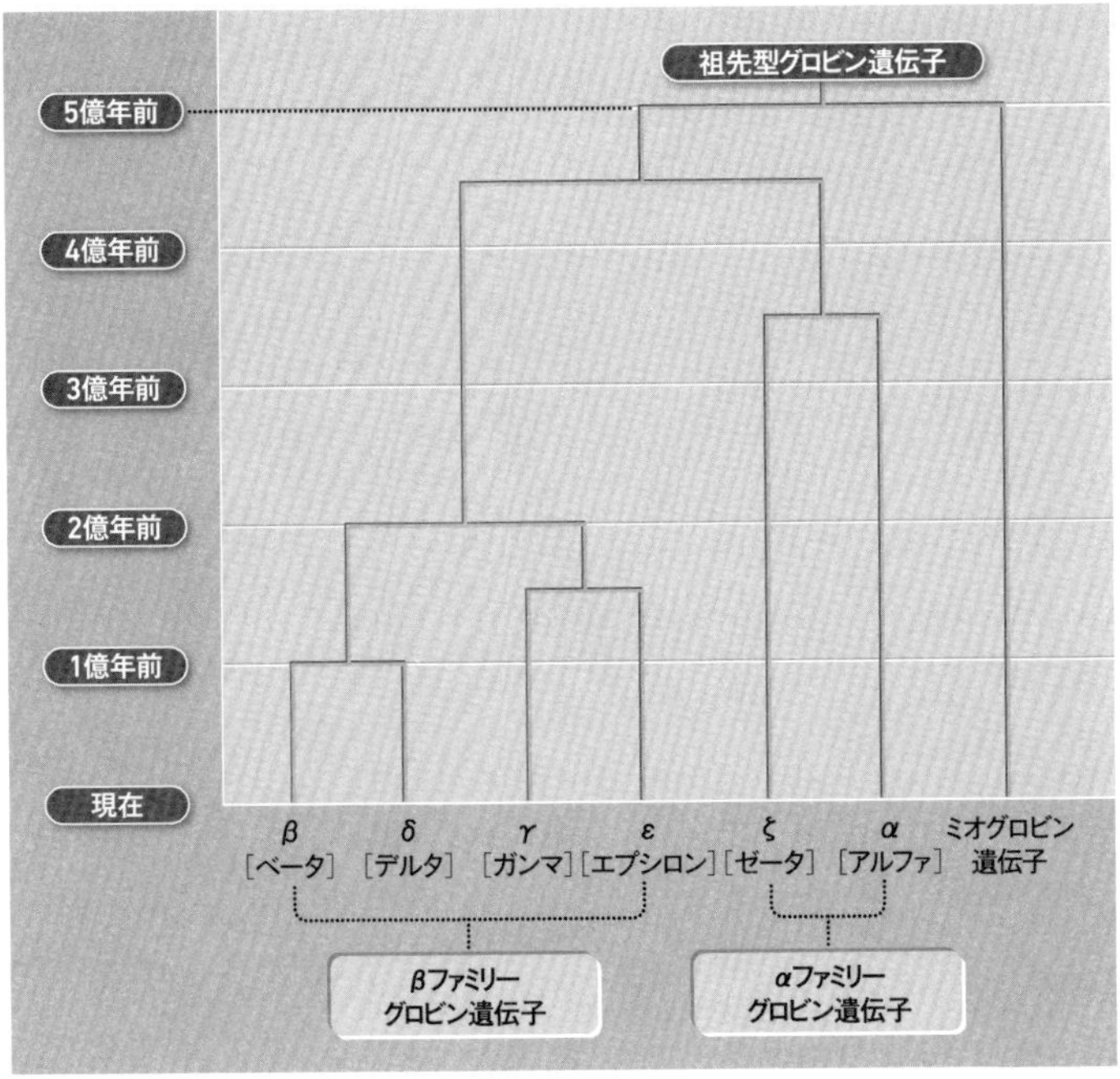

図104● 遺伝子の重複という名の「複製」。
グロビン遺伝子の進化は、「複製」の積み重ねでもあったようである。数億年をかけて「複製」を数回繰り返し、いくつかの遺伝子へと進化したのだろう。

天敵から身を守るには、自らの体に棘を生やしたり、自らの体を環境の中に溶け込ませるような色彩を身に纏ったりといった様々な方法がある。模倣というと、第I期でも散々述べてきたように、芸術品の贋作など、あまり褒められない人間的行為としてまずはイメージされることが多いが、無論、そのような行為など及びもつかぬ方法で、生物は、生物間相互作用の究極的な形として、〝誰かのマネをする〟という「複製」の方法を身につけてきたのである。

ベイツ型擬態と並んでよく知られる擬態として、複数の種が、同じような模様を身に纏って捕食者から身を守ろうとする収斂的な擬態である「ミュラー（型）擬態[*306]」がある。

たとえば、これもまたある不味いチョウの話だが、そうした種が複数いたとする。「鳥に食べられないようにする」という〝共通の目的〟があるにもかかわらず、それぞれが独自の模様をしていると効率が悪いと、誰かが気がついた[*307]。お互いにその模様を模倣し合おうではないか、と。

小さいイワシたちが大群を作って捕食者から身を守ろうとするのと同じように、そうすることによって、不味い個体同士が連携し、捕食者に対する〝威嚇的〟効果を、より向上させることができたのであろう。その結果として、捕食者はその模様の生物を食べないようになっていく。

異なる種、仕組みの異なる生物種が同様の環境に置かれると、その帰結としてよく似た構造をとるようになる。これは「収斂」あるいは「収斂進化」と呼ばれる現象であるが、ミュラー型擬態のチョウたちも、実にそうした進化を経由して誕生してきたのであろう。

ここで「複製」の立場に立つと、こうした擬態、とりわけベイツ型に見られる擬態は、擬態される生物の情報を、擬態する生物が「複製」し、自らの身で表現したものとみなすことができる。

しかしながらこの立場は、擬態の進化に関する生物学的な説明にはなっていないということは明白である。なぜかといえば、擬態する生物が、あえて「複製すること（すなわちマネすること）」を目的として進化してきたわけではないからである。

長い進化の時間をかけて、偶然、不味いチョウの模様とよく似た模様を身につけたチョウが、そうでないチョウよりも捕食者により食べられにくくなり、生き残ることができたその帰結として、私たちが「ベイツ型擬態」と呼ぶ現象が存在していると思われる。おそらく彼らは、「俺たちゃ擬態してるんだヨ」などとは、露ほどにも思っていないことだろう。

そうしてまた、長い進化の時間をかけて、たまたまお互いによく似た模様になり、その模様が不味いチョウに似ていたことから、結果的に他のチョウに比べて鳥に食べられにくくなり、生き残ってきた。その様態に対して、私たち人間は、いわば勝手に「ミュラー型擬態」などと呼ぶようになったにすぎない。

いうなれば、すべては結果である。結果を見て、その結果について何らかの言語的表現をするのであれば、生物界に存在するのは他生物の表現型の「模倣」であるとみなすのは、決して穿《うが》った見方ではない。模倣というのはすなわち、意図しようが意図しまいが、何かを結果として「複製」したことになっていて、それを自らの行動としてとり入れているということにすぎないからである。

一方、近縁種のマネをするこうした擬態以外にも、「隠蔽型擬態」と呼ばれるものが狭義において「模倣」と同義であるとされる。その擬態生物の生きざまは、まさに忍者の隠れ術の如くである。よく知られた例が、シャクトリムシの、枯れ木の枝に極めてよく似せた行動であろう。コノハムシの体があたかも広葉樹の葉のごとく、しっとりとその場にいれば決してそこにいると思われないほどの造形に構築されている様も、まさに〝雲隠れ〟という名称がふさわしい。よく知られた言葉で表現するならば、「カモフラージュ」である。

カモフラージュとは、真実の自分ではないが、しかし近くに実在する何か別のものをその身に「複製」し、纏うことである。この世にない、全く自分のみが用いるために自分ひとりで創造したような「オリジナル」を身にまとっても、全く意味がない。必ず、よく知られたもの——特に自らの天敵がよく知っているもの——をその身に「複製」しなければ、目的を達することは困難である。

第5展示室でも述べたように、オリジナルであるということは「孤独」でもあるということだ。孤独

図105●ベイツ擬態をするアゲハチョウ。正中線の左半分がホソバジャコウアゲハ、右半分がそれを擬態しているナガサキアゲハである。その翅の模様が瓜二つであることに気付いた人は、すでに彼らの〝擬態の罠〟に陥っている。（出典：ヴィックラー『擬態 自然も嘘をつく』羽田節子訳、平凡社、1993）

であるということは、もしそれが他と比べられる状況に立てば、一転して「目立つ」ということでもある。目立ってしまっては、天敵から我が身を守る意味がない。

隠れるのではなく、逆に積極的になり、相手を威嚇するために種々の模様を体表面に浮立たせた生物たちもいる。

威嚇にうってつけの模様の一つが眼状紋（いわゆる目玉模様）だ。

ある種のヤママユガにおいて、その翅を広げたときに現れる眼状紋は、ときとして捕食者に対して、単に威嚇にはとどまらない効果的ダメージを与えているかもしれない。

眼状紋という、本来あるはずのないところに「複製」された目について、カイヨワ[*308]は、「ここでまたもや、一つの虚構化を介して、さらにはまたよく知られたかずかずの対比によって、昆虫の行動が人間の神話を説明してくれるのである」[*309]として、その目がもたらす種々の生物学的作用を、メドゥーサの、見る者をことごとく石に変化させる力を持つ眼の隠喩として表現した。[*310]

カイヨワは、ペルセウスによって胴体から切り離されたメドゥーサの首、すなわちその二個の兇眼を擁する顔、そしてアテナの楯にはめ込まれたその顔が、防御的なものであると同時に攻撃的なものでもある「仮面」以外の何ものでもないと言う。

> 昆虫は、例によって、それらのものを種からもらい受け、生体に織りこんで、消し去ることのできないものとして身におびている。人間は武器や船、戦車や家などにそれらのものをつけている。そうすることによって無器用ながら立場を逆転させようとしているのだ。……（中略）……またもやここで、昆虫における眼状紋と人間におけるゴルゴーンの眼差し、さらには毛虫だと

308●ロジェ・カイヨワ Roger Caillois 。フランスの思想家、哲学者。1913-1978。著作は『夢の現象学』『遊びと人間』など多数。

309●カイヨワ『メドゥーサと仲間たち』中原良文訳（思索社、1988）pp.131-132。

310●メドゥーサとは、ギリシャ神話における怪物ゴルゴーン三姉妹の末の妹の名前である。無数のヘビと化した髪の毛を持ち、その醜悪な顔を見た者は、即座に石になってしまう。神話によると、かつては美しい少女だったが、その美しい髪を自慢したために知恵と戦いの女神アテナの怒りをかい、醜悪な姿に変えられてしまったという。ペルセウスにより首をとられ、その切り口から溢れ出た血潮から、かつてポセイドンと交わってできた天馬ペーガソス（ペガサス）が生まれたという。

311●カイヨワ『メドゥーサと仲間たち』pp.138-139。

図106●ヤママユガの眼状紋とメドゥーサの眼力。
どちらも威嚇的効果を持つが、それはまるで、
思わぬところに眼の存在を見つけた観察者が、
驚きのあまり身動きが取れなくなる様を想起させる。
眼の本来あるべきところではない場所への「複製」が、
その原因となるのではないだろうか。
(ヤママユガ出典：荒俣宏『世界大博物図鑑①蟲類』平凡社、1991、
メドゥーサ出典：ルーベンス「メドゥーサの首」1617年頃、
油彩、ウィーン美術史美術館蔵)

> か蝶の痙攣と妖術師の失神状態との対応関係が繰りかえし見られるのである。だが今度は、明らかに、その対応は驚くほど明確である。そのうえ、望むと望まないとにかかわらず、この対応が思考を必然的に仮面の問題へと向けさせるのである。[*311]

すなわちカイヨワは、昆虫が擬態としてその体表上に表現した眼状紋を、原始社会における「仮面」の着用に喩えているのであるが、筆者は、あたかも4―1節で紹介した目目連のごとく、目があるはずもない部分――障子のマス目――に「複製」されたという事実こそ、そうすべき相手に対する最大の威嚇的効果なのであって、これこそが、防御的であると同時に攻撃的でもあるという性質の、概念的な背景なのではないかと考える(図106)。

これも4―1節で述べたように、複製は、本来あるべき複製、本来あるべき複製産物こそ美しく、正常《ノーマル》なのであって、そうでない複製は、ただ恐怖の対象でしかない。

言うなれば、「仮面」そのものも、我と我が身に「複製」した他人としての役割を持つわけだが、それを体現しているかのようにも見える、近年発見された興味深い軟体動物の一種に「ミミックオクトパス(模倣するタコ)」と命名されたタコがいる。[*312]

この軟体動物は、「軟体」という体の特徴を大いに活用し、まさに

312●ミミックオクトパスは、二〇〇〇年にインドネシアで発見されたタコで、学名は*Thaumoctopus mimicus*。これが最も有名なものだが、現在では他にも*Macrotritopus defilippi*など、数種の「擬態するタコ」が知られている。

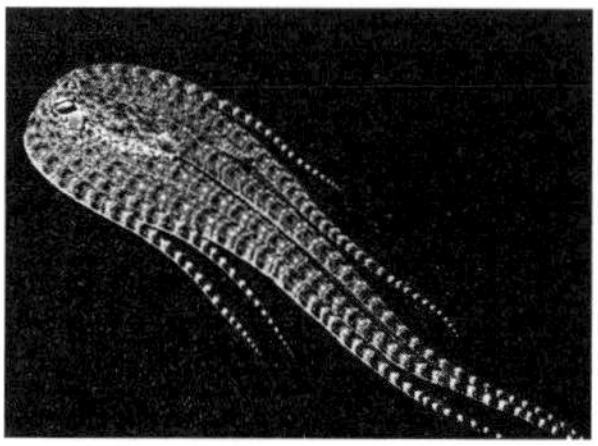

313●二〇一〇年のサッカーW杯南アフリカ大会において、勝敗を見事に予想したとして全世界的に話題になった、ドイツのある水族館に暮らしていたタコの名前。国旗が大きく描かれた二個の水槽に沈めた餌のうちどちらを選ぶかによって、勝敗を〝予言〟したとされるが、実は単に、

縦横無尽の活躍をする。白と黒の横断歩道のような体色は、もしかするとパウル君[313]のような黄土色をしたタコと比べると、より模倣を行いやすい事情があったのかもしれない。このタコは、あるときは体を直線状に伸ばしてウミヘビとなり、あるときは腕足を威嚇するように広げてミノカサゴとなり、あるときは腕足を器用に一部分だけ折り曲げてタラバガニとなる。ミミックオクトパスは、人間がもし常時近くに生息しているような環境で生きていたなら、服を着て「蛸の八ちゃん[314]」になった可能性だってあったろう。

このタコの生態に関しては、なにしろ発見されたのが最近であるがゆえに謎に包まれたままであり、どのような〝きっかけ〟が彼をして様々な動物たちの「模倣技術」を開発させるに至ったのかについてはわかっていない。私たちの眼前にある現実としての擬態、言い換えればこうした「体色の複製」、「行為の複製」、そして「形態の複製」たちは、そのこれまでの工程表を私たちの前には全く明らかにしていないのである。

擬態が、あるとき突然、その種のある個体が「マネした方がいいじゃん」と言って無理矢理獲得したものではない以上、生物間相互作用と擬態の進化との関係を単純化するようなモデルは、なかなか出てきにくかろう。

もしその工程表が明らかになったとき、私たちは生物の世界を構成する「複製」の真の意味を理解することができるかもしれない。

キンカチョウの歌文化

鳥の囀《さえず》りには様々な意味があるという。それは、私たちで言うところの一種の言語でもある。

囀りの音は種によって、あるいは個体によって独特なパターンを示す。そしてその成り立ちは、遺伝的なものから社会的なものまで、様々である。

鳥が発する音（声）には、上記の「囀り」と、もう一つ「地鳴き」と呼ばれるものがある。囀りは、主にオスがメスを呼ぶために発したり、なわばりを主張したりする際に発するものである一方で、地鳴きはオス・メス問わず、警戒のために発したり、相手を威嚇したり、お互いに挨拶したりする際に発するものである。[*315]

このことがすべての囀る鳥に当てはまるのかどうかは定かではないものの、ある種の鳥の囀りが、社会的な要素と遺伝的な要素が絡み合って生じる複合的なものであることが知られている。そうした鳥たちの持つ囀りの社会的様式は、「歌文化（song culture）」と表現することができ、種に独特であると考えられている。

種独特の「歌文化」の中で、二〇〇九年に科学誌『ネーチャー』に発表された、キンカチョウ[*316]と呼ばれる鳥の歌文化に関する論文は、生物の社会的学習の複製的表象としての具体的な例を提供してくれたと言えるだろう。[*317]

これもまた、囀る鳥一般の普遍的現象であるとは断言できないものの、キンカチョウの「歌文化」では、その囀り方が、教師役（tutor）の個体から生徒役（pupil）の個体へと、社会的学習によって伝達される。

ニューヨーク市立大学の研究者らは、ある一羽の「生徒」を、そうした「教師」によって囀り方を「教えられる」前に集団から隔離することで、それまでキンカチョウにおいて受け継がれてきた「歌文化」を学ぶ機会を、その「生徒」から奪い去った。そしてその「生徒」が、長じて今度は自らが「教師」となったとき、次世代の「生徒」にどのように囀り方を「教える」ものか、そしてその囀り方が、さらにその次の世代の「生徒」にどのように教えられていくか、数世代にわたって調べ、その音声分析を行った。

このときばかりは経験から推測してもらって結構なのだが、最初に隔離された個体――すなわち

国旗の模様がタコの判断に影響を与えただけであったと考えた方が、〝予言〟などというオカルティックなものよりも遥かに合理的であろう。もしその水槽に国旗ではなく、アルファベットで国名が書いてあるだけであって、それでも勝敗の予想が的中したのであれば、筆者だって〝心動かされた〟かもしれないが。

314●『のらくろ』で知られる漫画家田河水泡（1899-1989）が生み出した漫画のキャラクターの一人。人間の生活にあこがれた一匹のタコ「八ちゃん」が、人間の服を着て人間界で生活するコメディ漫画の主人公である。

315●この「お互いに挨拶をしたり」する際に発する地鳴きは「コンタクト・コール」と呼ばれる。群れ生活をする種では、警戒のために発する「アラート・コール」と同様に、つがいの形成や維持など繁殖行動と関係あると考えられており、重要である。

この「生徒」は、新しい集団の「創始者」と目される——の囀り方が、野生型のキンカチョウの囀り方とはひどく異なるということは容易に想像される。なにしろこの「生徒」は、誰からもキンカチョウの「歌文化」本来の囀り方を教えられていないのだから当然である。今回の実験結果もまさにそうなった（註317）。

　ところが興味深いことに、この隔離された創始者から伝えられた囀り方は、その「世代」が下っていくに連れて、徐々に野生型の囀り方と、その構成される音節が似てくることがわかった。図107に音節の変化の様子を示したように、隔離された当初の音節が、世代を経るにしたがって野生型の音節へと近づいていることがわかる——専門家でないとなかなかそう感じることは難しいとは思うが、実際そうなのだと言う——。

　このことは、キンカチョウが持つ「歌文化」としての「囀り方」と、「教師」から「生徒」への伝達の過程が、純粋な文化的にして〝エピジェネティックな〟後天的影響だけではなく、遺伝的な影響も加味されて成立していることを意味している。

　私たちヒトが言葉の使い方を親から教えられ、まずは親の〝模倣〟から始まって徐々にそれを会得していくのと同じように、キンカチョウもその囀り方を「教師」から教えられ、模倣し、そして自分自身の技術として獲得していく[*318]。

　しかしその、「教育と学習」という〝エピジェネティックな〟文化の複製プロセスにも、その内面に純粋な、DNA複製によって伝達されるべき〝ジェネティックな〟一面が内包されていたのである。

　いま筆者は「学習」という言葉を用いたが、動物行動における学習には「社会的学習」とそうでない学習があり、こうした歌文化に代表される動物の社会的学習が「模倣」とは一線を画すものだという学者の言葉にも、注意を向ける必要があるだろう。

316●キンカチョウ（zebra finch）は、愛鳥家にはペットとしても人気の高い鳥である。スズメ目カエデチョウ科に分類される。真っ赤な嘴と、白黒模様（zebraの名はこれに由来する）を形態的特徴とする。

317●Fehér O et al. (2009) De novo establishment of wild-type song culture in the zebra finch. *Nature* 459, 564-568.

318●「生徒」は「教師」から教わった歌を、「鋳型となる音声記憶」として蓄え、これを「鋳型」として何度も自らの耳で聴きながらフィードバックして練習するのである。

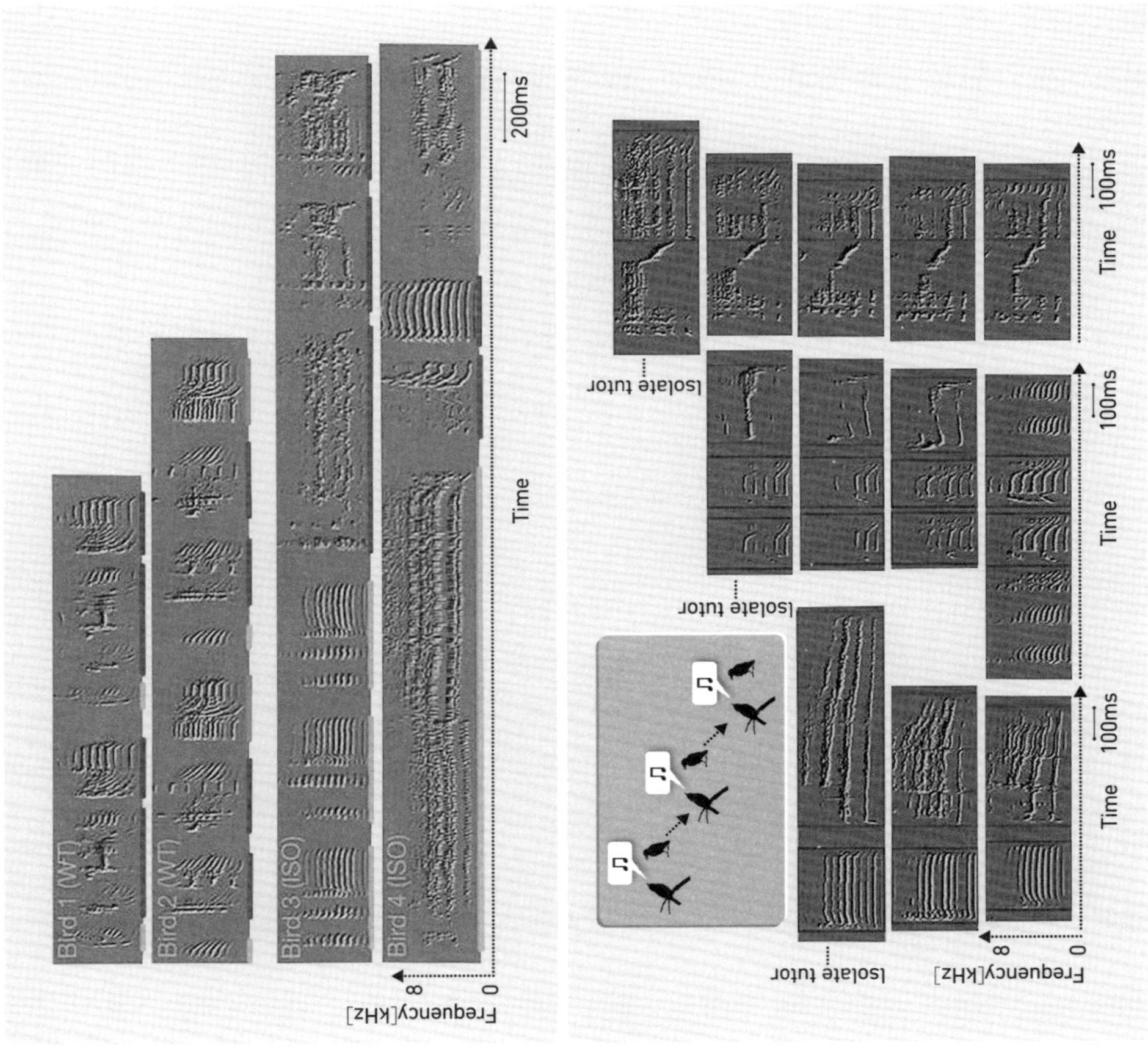

図107●キンカチョウの歌文化継承に用いられる音節の変化。
［**上**］WTは野生型、ISOは「創始者」。
音節の変化が容易に見てとれよう。
［**下**］創始者の三つの音節が、上から下へと、
それぞれ野生型のそれに近づいていく様子。
（出典：Fehér O et al.（2009）De novo establishment of wild-type song culture in the zebra finch. *Nature* 459, 564-568.）

レイランドとオドリン＝スミー[319]は次のように言う。

> 社会的学習が生じるのは、動物が別の動物を観察して接触をもった結果、動作パターンを学習したり、ある好みを獲得したりするときである。「社会的学習」とは、一般的に、社会的影響を受けた学習をさす用語であり、非社会的な学習と対比をなす。非社会的学習では行動学習は他の個体との接触による影響をうけない。この「社会的学習」を「模倣」と混同してはならない。「模倣」とは、結果的に社会的学習に通じる可能性をもつ1つの心理的過程を漠然と説明した語である。この用語が用いられるのは、ある動物が、別の個体によるある行為を観察したことによって、まったく同じ運動パターンを再現できる場合である。[320]

すなわち注意すべき点とは、動物行動における「模倣」は、あくまでも社会的学習の一部の過程をなす「心理的過程」であって、学習そのものを特徴づけるもっとも大きな基礎的要因というわけではないという点である。とはいえ本書において、「複製」のありようを模倣をその一つとしてより大きく捉えようとしていることから考えると、たとえば幼児が、親の様々な仕草、言説をそのまま動作したり、口にしたりするのは社会的学習というよりもむしろ模倣であると言えるだろうから、少なくとも私たちヒトの場合、あくまでもそれ——すなわち模倣——は社会的学習のきっかけであって、それそのものが複製の特徴を捉えているとみなすことはできる。

平たく言えば、こうした対比を「複製」の視点から改めて配置し直すと、結局のところ、模倣も社会的学習も、基本的には同じ土俵の上に立っているということである。

模倣が、そっくりそのまま同じ運動パターンとして再現されるような複製であるのであれば——

319●ケヴィン・レイランド Kevin N. Laland とジョン・オドリン＝スミー John Odling-Smee は、ともに英国の動物行動学者。

320●アンジェ編『ダーウィン文化論』佐倉統ほか訳（産業図書、2004）pp.144-145。

とはいえ、4―4節で述べたように、本来「模倣」にはオリジナルと全く同一でないものを作るものであるという側面もある――、社会的学習とは、再現はするけれども決して「そのまま同じもの」を永久にその特徴として保有しているというようなものではなく、それによって学んだ個体――すなわちこれらが複製装置となる――が作り上げるところの、「教師」とは異なる一つの個性が形成されていく、そんな複製のありようなのである。

節足動物の体における複製のメリット

カブトムシの成虫しか知らない子どもが、その幼虫の姿を見たとしても、一瞬でそれを「カブトムシの幼虫である」と認識することはないだろう。カブトムシの幼虫は、まるでカフカの小説「変身」において主人公グレゴールが変身したかのような虫――まさに蟲《むし》という字がふさわしい――であり、白く、プリプリした身で土中を蠢《うごめ》くその姿を、もし知らない子どもが見れば、どこから見ても全く別の生きものだと思うだろう。

この話は特段、カブトムシだけにとどまるものではない。クワガタムシも、カミキリムシ、いや、あの〝清楚な〟モンシロチョウにだってあてはまる。*321 あの小さくて白いチョウの姿しか知らない子が、キャベツ畑に群がる小さくモゾモゾ動くアオムシを見ても、両者の関係はおそらくわかるまい。

そもそも、あの幼虫たちをなぜ、私たちはイモムシ（芋虫）と呼ぶのだろうか？　見た目が「イモ（芋）」に似ているからだろうか？　もしそうなら、イモとは、サツマイモやジャガイモをイメージするよりもむしろ、ぼこぼことコブがつながったようなヤマイモ、掘ったばかりのイモたちの地下茎でつながった様をイメージするほうがふさわしい。*322

ともあれ、ここでの本題は「イモムシ」にあるのではなく、イモムシの外観――すなわちぼこぼことコ

321●なぜモンシロチョウが「清楚」なのかはわからない。別に清楚だと思っているわけでもないが、カミキリムシやゴキブリを見た後にモンシロチョウを見たときに直観的に感じることを、ただそう表現したにすぎない。これもまた、感情の「複製」であろう。

322●本当は、ガの幼虫のうち、その名の語源になった種の幼虫が、主にイモの葉についたことから「イモムシ」と言うようになったらしい。それが転じて、チョウやガの幼虫を指す一般名称になったという。だから、カブトムシの幼虫は「イモムシ」とは言わないが、本書では便宜上、ああいう形をした幼虫をすべて「イモムシ」と表現する。

ブのような単位がつながったムカデのようなそれ——に代表される、昆虫の体の形にある。
昆虫は、節足動物[323]の中の最も大きなグループである。実はこの節足動物の体の成り立ちこそ、複製の利点が発揮された好例なのだ。

「節足」動物という名前がそのまま表しているように、この動物群の基本的な構造は、「体節」と「付属肢」であり、それぞれの体節に左右一対の足(肢)がついている(図108)。第8展示室ですでに、私たち脊椎動物における「体節」の重要性について書いたが、節足動物の体節は、私たちのそれとは中身も役割も、またその意味するところも異なる。

この体節が縦に長く連なって作られるのが、節足動物の基本体制であり、わかりやすい例で言えば「ムカデ」の体制こそ、節足動物の典型的なそれである。

余談だが、ムカデという言葉は、筆者をして、両親がゆるやかな山肌の山林の中に家を建てて住んでいた頃、まだ二歳くらいだった息子を連れて遊びにいったある夜の「事件」(というほどのこともないが)を思い出させる。風呂上がりにみんなでくつろいでいた居間で、無邪気に遊んでいた息子の後ろの半開きのドアから、巨大な二匹のムカデがその数多《あまた》ある足——何ともおぞましい[324]、まさに「肢」という表現がふさわしいアレ——を波打たせながら、こちらに向かってゆっくりと近づいてきた光景。もしこれがホラーマンガなら、あのムンクの「叫び」のような、あるいは楳図かずお的な絶叫シーンが入るに違いない。

あのムカデのおぞましい姿は、節足動物の体に垣間見える「複製」の様態を理解するには都合がよい事例でもある。その意味では、彼らは明らかに「益虫」の部類だろう。

繰り返しになるが、ムカデのあの、それぞれの体節に肢が付属している、それが縦に長く連なって一つの体ができあがっているあの体制こそが、昆虫類の幼虫に見られる、見る人によっては「気持ち

323● ここでは「節足動物(Arthropods)」とは、甲殻動物門、鋏角動物門、単肢動物門の三つの動物門に属する動物を指す。

324● この表現もまた、モンシロチョウを「清楚」と表現するのと同様に主観的であり、感情的であって、決して科学的ではない。ムカデがおぞましいと感じるのはおそらく人間だけであり、ムカデを食べる鳥たちは決してそうは思ってはいまい。

325● すべての昆虫類がそのような変態を遂げるわけではない。いわゆる「蛹《さなぎ》」の時期を経由して、幼虫と成虫とで完全に体の形が変わるような変態を「完全変態」といい、蛹の時期がなく、幼虫がそのまま成虫になるような変態を「不完全変態」という。前者にはチョウやカブトムシなど、後者にはセミやバッタなどの仲間が分類される。

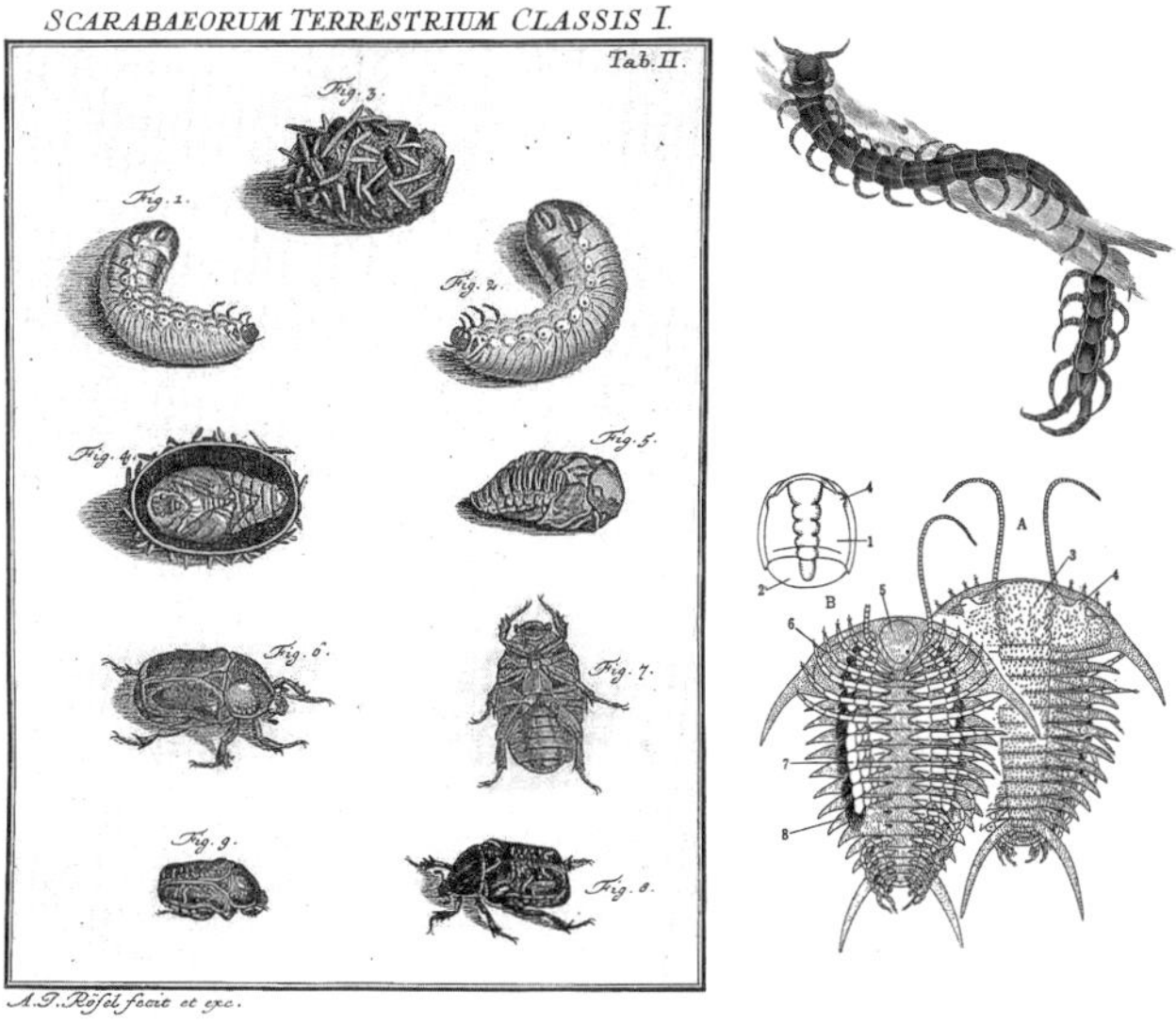

図108● 節足動物の体制。
[左]イモムシ様の幼虫から成虫へと変態を遂げる甲虫の一種。
（出典：荒俣宏『世界大博物図鑑①蟲類』平凡社、1991）
[右上]節足動物の体節構造をそのまま残したムカデの類。
（出典：荒俣宏『世界大博物図鑑①蟲類』平凡社、1991）
[右下]太古の節足動物の一種、三葉虫の体制。細く区切られた体節構造が見てとれる。
（出典：内田亨監修『動物系統分類学7（上）』中山書店、1964）

悪い」イモムシ的な体制そのものなのだ。言わば、「複製された体節」である。

イモムシの、胴長短足の一見「単純な」体の成り立ちが成虫へと完全変態を遂げるとき[*325]、そして、複製された複製産物としての体節の集合が、子孫を残すために動き出すとき、複製産物たちにある変化が起こる。

ある典型的な昆虫では、多くの体節のうち最も前部にある体節が「頭部」になり、次に続く三つの体節が一つに融合して「胸部」を作る。その結果、三対の肢がこの「胸部」から出ているという体制ができ、残りのすべての体節が融合して「腹部」となる。セミをつかまえて、裏返してそのお腹を見てみると、横筋が目立った節構造を呈している。セミは、イモムシのような幼虫の時期を過ごすわけではないが、節足動物の進化の歴史が、あの腹の体節に刻み込まれているということは言えるだろう。

どうして節足動物が、このような体節構造を採用してきたのかというと、それはおそらく、ムカデの構造が体現しているように、そしてあたかもそれがDNAであるかのように、ある種の単位が（すなわちDNAの場合はヌクレオチドが、節足動物の場合は体節が）長くつながって一つの構造を作り上げるとき、そうして長くつながった各単位に対して、それぞれ異なる変化をつけていくことで、それこそ無限とさえ思えるほどの組み合わせを持った、多様性の豊かな構造を作り上げることができるからであろう。各体節を独立に用いるのもよし。昆虫類に代表されるように、胸のあたりの体節を融合させて、無理のないからだを作り上げるのもよし。どのような体節の使い方をするかは、節足動物たちの自由であったのだろう。

体節の集合によって作り上げられている節足動物の体は、それゆえに典型的で、最もわかりやすい「複製産物」の集合体であるとみなすことができる。外骨格によっておおわれた体と、気管システムを用いた呼吸の様式は、体の大きさの制限という一定のリスクを昆虫たちにもたらしたが、あたかもそのリスクを別のメリットで埋め合わせるかのように、自然は彼らに、全生物中で最も多様性を創造できる可能性をもたらしたのかもしれない。彼らは、その体節構造をうまく使い、強靭な肢を作り、空を飛ぶための翅を作り、様々な食物に対応できる口を作り出してきたではないか。これほど精緻にして複雑、そして何よりも「贅沢な」生物のグループは、まずほかにはいないことは断言できる。

生物の体に見出すことのできる「複製」は、その生物の、その生物たる特徴を表現するための一つの見方でもある。そしてその表現によって縛られる現象は、私たち人間の体においても十分発見することができるのであった（第8展示室も参照されたい）。

第12展示室｜The twelventh cabinet

生命複製論

生命——生物ではなく、あえて生命という言葉を使う*326——が、非生命と異なる点は種々あれども、そのうち、自律的に複製を行い子孫を残すことができるという点は、とりわけ強調されるべきものである。

　生命の特徴をそのまま言い表しているとさえ言える「複製」が、あるときにはその寿命を言い当てる手札となる。そしてあるときには、生命の多様性を生み、人々の興味と関心を惹きつける。一体「複製」とは何者か。そして、それらは一体、私たち生命に何を訴えかけているのか。

　この最終展示室では、生命における複製の、おそらくは生命共通の様相を概観した上で、Ⅰ期、Ⅱ期を通じて考察してきた複製のありようをカテゴライズして、試論としての複製論の、とりあえずの完結を目指したいと考えている。

テロメア——「回数券」としての「複製券」

テロメアとは、染色体の末端部分の領域のことであるが、そこに存在するDNA（テロメアDNA）には、

326●少なくとも一個以上の細胞から成るものが生物である。ここでは、細胞より小さな段階としての自己複製分子（DNA、RNA）、そしてウイルスなどの存在も念頭に置いているがゆえに、生物ではなく「生命」と表記するのであるが、両者の明確な区別については、特に決まったものはない。

「複製」に絡む、ある興味深い特徴がある。

二〇〇九年度のノーベル生理学・医学賞が、グライダー、ブラックバーン、ショスタックという三人の米国人テロメア研究者に授与されたのはまだ記憶に新しいが、[*327] 染色体の「端っこ」という、その言葉尻だけを追いかければいかにもつましいイメージが想起される存在であるにもかかわらず、ノーベル賞の対象となるほど重要な「テロメア」とは、一体何者なのだろうか。

テロメアは染色体の「端っこ」の領域のことだから、その本体もやはりDNA――テロメアDNA――である。[*328]

またぞろややこしい話になって恐縮だが、第9展示室で述べたDNAの複製メカニズムを、ここでもう一度思い出していただこう。DNAの複製が、構造上どうしてもメカニズムが違ってこざるを得ない、リーディング鎖とラギング鎖という二つのDNA鎖に分かれて行われるという事実についてである。

リーディング鎖であろうとラギング鎖であろうと、DNAの端っこに至るまで継続して複製され、最後にはすべてのDNAが複製し終わるはずであるが、その「終わり方」についてもまた、リーディング鎖とラギング鎖では大きな違いが生じるのだ（図109）。

リーディング鎖は、複製フォークの進行に伴い、その方向と同じ方向に複製されていくDNA鎖である。そのため、テロメアDNAの末端（すなわちDNA最末端の部分）においても、そのまま支障なく、最後まで複製されるから問題はない。

ところがラギング鎖の方が、これまで散々、ラギング鎖の持って生まれた不公平さについて書いてきたが、やはりここでも問題になる。

複製フォークの進行とは逆向きに複製されていくラギング鎖であっても、複製フォークはテロメア

327●エリザベス・ブラックバーンE. H. Blackburn(1948-)、キャロル・グライダーCarol W. Greider(1961-)、ジャック・ショスタックJack W. Szostak(1952-)の三人の分子生物学者に、「テロメアによる染色体防御機構ならびにテロメラーゼの発見」の業績により授与された。

328●DNAとヒストンからなるクロマチン構造をとっていることは他の領域と変わりないが、テロメアの本当の末端部分は「テロメアループ」と呼ばれる特殊な構造をしており、DNAの末端を保護している。

329●先に筆者は、9―2節「DNAポリメラーゼαの謎」の中で、DNAポリメラーゼαがその合成に関与した部分は、最後にはとり除かれることをご紹介した。まさにこのRNAプライマーとともに押しのけられる形で、DNAポリメラーゼαが合成したDNAも一緒に、押しのけられてしまう可能性があるのだ。

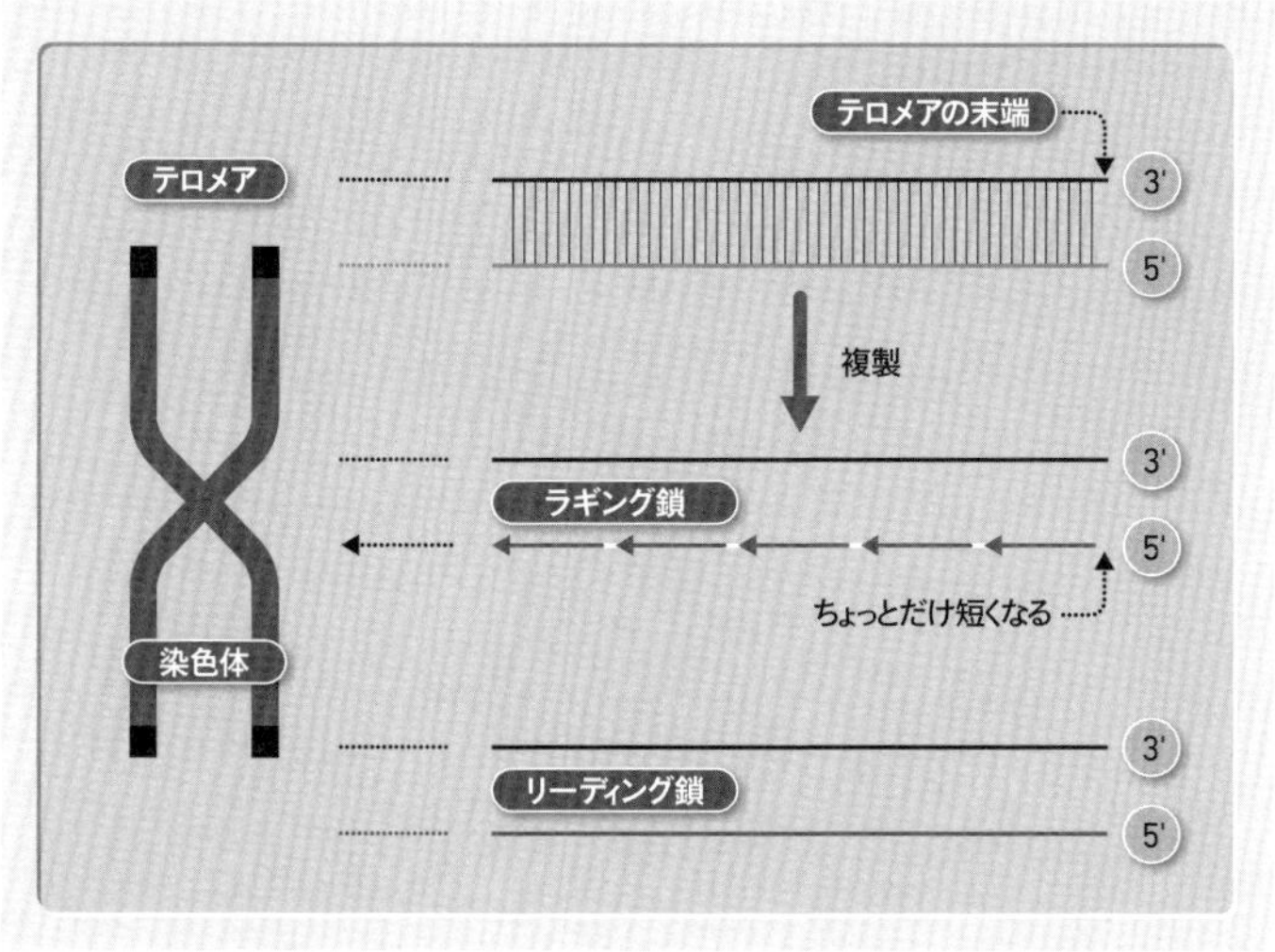

図109●回数券としてのテロメア。
ラギング鎖の末端は、逆向きにDNAが合成される都合上、どうしても頭の部分だけ残ってしまう。生物にとっては本当に問題であり、この「ちょっとだけ短くなる」その「ちょっと」の部分が積み重なると、やがて細胞は老化する。だから、テロメアは「死への回数券」などと呼ばれるわけだ。

DNAの最末端に向かって突き進んでいく。もちろん、ラギング鎖における岡崎フラグメントの合成は、複製フォークの進行方向とは逆向きに進むから、複製フォークが突き進むテロメアDNAの最末端の方を頭にして、複製フォークから見れば向こう側からこちら側に、岡崎フラグメントは合成されることになる。ここで問題が生じる。

たとえラギング鎖が、最後にきっちりとDNAの最先端を頭にして岡崎フラグメントを合成できたとしても、やはり一つの問題に直面する。それは、リーディング鎖であろうとラギング鎖の岡崎フラグメントであろうと、DNA合成の最初は、まず「プライマー」としてRNAが合成されるということである。DNAポリメラーゼが何らかの「足場」がないとDNA合成を開始できないためだが、当然のことながらこのRNAは、DNA複製が軌道に乗れば、最後にはとり除く必要がある。

岡崎フラグメントの場合、岡崎フラグメント同士は最後には連結される。後から合成されてきた岡崎フラグメントが、そのまま前にある岡崎フラグメントのRNAプライマーを押しのける形で、DNAの先端を突っ込ませるからである。[*329] そうしておいて、RNAが除去された後の岡崎フラグメント同士、すなわち正真正銘のDNA同士が連結されるのだ。[*330]

ところが、テロメアDNAの「端っこ」で合成される、最後の岡崎フラグメントだけは別である。なぜなら、この最後の岡崎フラグメントだけは……そう。自分のRNAを押しのけてくれる岡崎フラグメントが、隣からやってくることが永遠にないからである。

そのため、RNAを最終的にとり除くのに、RNA分解酵素の手助けが必要となるのだが、RNA分解酵素は、単にRNAをとり除くだけで、その後をDNAで埋めてくれるだけのアフターケアーをしてくれるわけではない。

したがって、複製が終わった後でよくよく見ると、気の毒なことにラギング鎖側のテロメアDNA末端は、リーディング鎖側のテロメアDNAに比べ、やや短くなってしまうのである。

しかもこれは、最後の岡崎フラグメントの頭（RNAプライマーの5'末端）が、うまくDNAの末端にぴったり合うように合成された場合の話であって、まだマシな方だろう。

実際にはそううまくいくわけはなく、最後の岡崎フラグメントが、往々にして末端からかなり内側に入り込んだ部分から合成されることも、当然推測されるわけである。

その帰結として、最終的なラギング鎖側のテロメアDNA末端は、かなり長く一本鎖のままで残った格好となる。

この一本鎖部分（3'突出末端）が、ぐるっとループを描くように環状に巻かれ、テロメアループを形成し、テロメア末端を「保護」している。*[331]

これが、私たちの染色体の末端、テロメアの複製的性質であり、その構造だ。

まとめると、テロメアDNAの末端は、複製されるたびに徐々に短くなっていくという、原理的な運命を自ら背負っている。*[332]

なぜ、複製のたびに短くならなきゃいけないのか！　とんでもない話だ！　複製されていくうち

330●この連結を行うのはDNAリガーゼ（DNA ligase）という酵素である。

331●テロメアの末端がこのようなループ構造を呈しているのは、一本鎖突出末端がそのまま露出している状態では極めて不安定であるからであり、ループ構造を呈することでテロメアの末端を保護しているからであると考えられている。図は、武村政春『DNA複製の謎に迫る』（講談社ブルーバックス、2005）より。

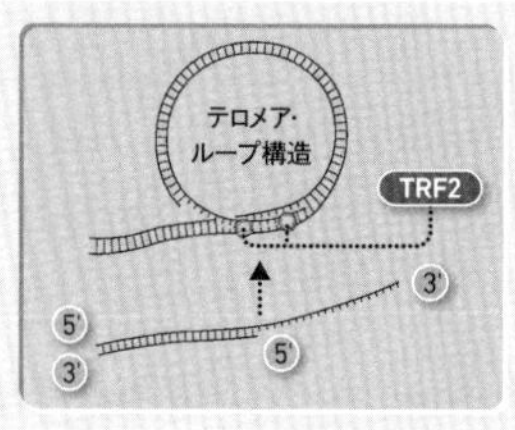

に、染色体全体がなくなってしまうじゃないか！　そう思いたくなるのも人情というものであるが、まずはそこまで心配することはない。

というのも、短くなるのはテロメアDNAに限られるのであり、それにより細胞は老化し、それ以上DNAを複製し、細胞を分裂させることができなくなり、染色体全体がなくなる心配をする時間的余裕を与えてくれることもなく、細胞は死んでしまうからである。

正確にいえば、テロメアがある一定の限度にまで短くなると、染色体は細胞の核内で正常な形を維持することができなくなり、やがて細胞は分裂できなくなる（分裂限界に達する）のである[*333]。

私たちの体の中で常に分裂している細胞といえば、幹細胞と呼ばれる各組織細胞の「オリジナル」としての役割を果たしている細胞たちであり、また、幾多のリンパ球たちである。こうした細胞がテロメアの短縮により分裂できなくなるということは、私たち個体の「死」をも意味するのである。

多くの研究者による比喩的表現として使われてきたものだが、テロメアDNAは、言ってみれば「死への回数券」であると言える。その「券」はDNA複製を行うたびに回収され、なくなっていき、券がなくなるときが、死ぬときである。

染色体の「端っこ」には、おそらく五〇回とか一〇〇回とか、そのくらい分の「回数券」がついている。私たちヒトの場合、テロメアDNAの特徴は、「TTAGGG」という六塩基の繰り返し配列でできているので、すぐそれと知れる[*334]。

複製のたびに切り離される回数券があるお蔭で、私たちの体の細胞には寿命があり、私たちは老化して、やがて死ぬ。そのかわり、生殖細胞のテロメアには、複製されても短くならないような特殊なメカニズムがあり、したがって分裂が起こっても短くならない。すなわち生物の種としては、生殖細

332●これを「テロメア問題」もしくは「末端複製問題」という。

333●そのような分裂限界を持つのは体細胞（somatic cells）のみであり、生殖細胞（germ cells）にはない。体細胞の持つこうした分裂限界を「ヘイフリック限界（Hayflick limit）」といい、米国の細胞生物学者レオナード・ヘイフリック Leonard Hayflick (1928-) により発見された。

胞が次の世代を作っておくことにより、親の個体そのものが死を迎えても大丈夫なようになっている。

むしろ多細胞生物の新世代にとって、古くなった個体は邪魔なのだ。地球には、有限の環境収容力しかない。だからこそ私たちのDNAには、複製のたびに切り離される回数券が、生まれながらにして用意されているのであろう。

そう考えると、生命現象における「複製」の重要さが、より際立ってわかるというものであろうが、穿った見方をすればそのために、ほぼ確実に「変化」がついて回る複製の性質が利用できるがゆえに、私たちの体は「複製」によって発生し、構築されているとも考えられよう。*335

タンパク質複製論

本書第Ⅱ期ではこれまで、「複製」にかかわるオーソドックスな事例として、DNAやRNA、細胞、そして生殖や進化について考えてきた。これらの主題は、どれも確かに「複製」を根幹として成り立っているものであり、呼び方や捉え方はある程度異なるが、そのいずれも教科書的にすでに確立している考え方、学説に則って議論をしてきたつもりである。

確かにDNAは生命の設計図であって、「複製」の物質的支柱でもある。DNAの姉妹分子たるRNAも含めて、核酸の構造はまさに「複製」にふさわしい。細胞は、分裂という方法によって複製する。有性生殖はその延長上にある複雑なシステムによる複製であり、そして進化における複製は、生物多様性創出の根源的メカニズムである。

しかし、ここで忘れてはならないものがある。それは、生物が持つ様々な生命現象をその手に担い、実際に細胞の内外ではたらいている「タンパク質」のことである。

私たちヒトの体内には十万種類とも言われるタンパク質が存在し、それぞれ様々な、生物の体を維

334●ただし、この六塩基が「回数券」の単位なのではない。実際の「回数券」の単位は六塩基よりも長く、岡崎フラグメント一本分（二〇〇〜三〇〇塩基）くらいの長さほどあるのではないかと思われるが、定かではない。繰り返し配列でできているということが、実はテロメアが短くならないようにするために生殖細胞系列に備わっているメカニズム——生殖細胞系列の細胞までテロメアが短くなり、老化してしまうわけにはいかないから——がきちんとはたらく上で重要であり、また先に述べたテロメアループを作る際にも重要になるが、紙面の関係上詳細については拙著『DNA複製の謎に迫る』（講談社ブルーバックス、2005）等を参照のこと。

持するのに重要な反応を担い、生物の体を作り上げる材料になり、外敵から身を守ったりしていることを忘れてはならない。これまで登場してきた様々な酵素もまた、DNAポリメラーゼしかり、DNAリガーゼしかり、RNA分解酵素しかり、これ皆タンパク質である。

すなわちここで、タンパク質の作られ方に関する「複製」のありようについて、考えてみることにしたいのである。と言うのも通常、分子生物学ではタンパク質が「複製する」という表現は一切用いられず、そのように理解することすら許されないからである。それはひとえに、分子生物学における「複製」が、DNAの「複製」に代表される半保存的にしてオリジナル非依存的な複製を前提として語られるからにほかならない。ここでタンパク質も「複製」するなどと言うと、分子生物学者からはこっぴどい批判を受けるだろう。しかしながら本書のように様々な事象を複製という観点から眺める立場に立てば間違いではないし、むしろどこから見ても、タンパク質が作られるその様子は「複製」そのものなのである。

結論から言ってしまえば、タンパク質の作られ方は、一個の遺伝情報をもとにして、多数のタンパク質分子が「繰り返し」合成されるという方法である。この方法では時間と比例して、合成されるタンパク質の数は増えていく。本書における複製の定義の一つが「単に同じ複数のものを作り出す行為」であることに鑑《かんが》みれば、タンパク質の作られ方を「複製」とみなすのに、特別な理由は必要ない。

知られている限りにおいて地球上のすべての生物は、同じメカニズムでタンパク質を合成すると考えられている。このすべての生物に普遍的な遺伝情報の扱われ方、すなわち遺伝情報――わかりやすく言うと遺伝子――をもとにタンパク質が作られるその仕組みのことを、「セントラルドグマ――日本語では中心定理とか中心教義などと訳される――」という。*336

DNA → RNA → タンパク質。

335●～のためにという言い方は、そもそも生物学において、とりわけそこに包含される進化学においては忌避されるべき言い方であるが、本書では、複製の哲学的意味を考えるという視点から、あえて用いている。

336●セントラルドグマは、左図のように表されることが多い。

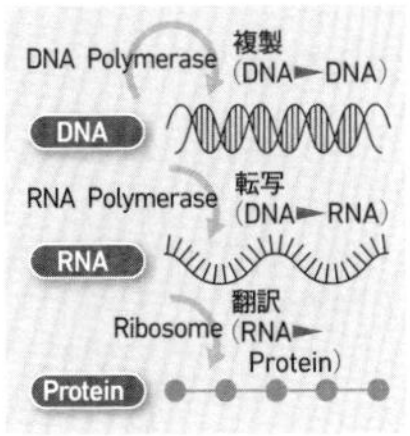

すべての生物は、この流れに沿って、タンパク質の設計図としての遺伝子からその情報をとり出し、タンパク質を作るのである。

●転写

DNAは遺伝子の本体であり、遺伝子は、DNAの塩基配列そのものであると言える。そしてその塩基配列とは、平たく言えば、タンパク質のアミノ酸配列を暗号化したものである。この暗号を解読し、翻訳するために、RNAがその間を仲介する。それがセントラルドグマの神髄だ。*337

DNAの、アミノ酸配列の暗号となっている塩基配列は、まず初めにRNAの塩基配列として「転写」される。その方法は、暗号たる塩基配列と相補的に結合しているもう一方の塩基配列を鋳型として、相補的なRNAをRNAポリメラーゼが合成する、というものである。*338

こうして合成されるRNAを「mRNA（メッセンジャーRNA）」というが、実はこのmRNAはたった一本だけではなく、おそらくすべての場合において、複数合成される。複数といっても、五本や六本などというレベルではなく、むしろ「多数」と言った方が的を射ていよう。

転写されるのはmRNAだけではなく、rRNAやtRNAも転写される（図096参照）。図110は、ある遺伝子からrRNAが合成されている現場を捉えた電子顕微鏡写真である。まるで、一本の樹木の幹からたくさんの枝が突き出るかのように、一本のDNAから多数のrRNAが合成されている様子を観察することができる。

このことから、RNAはまさに、遺伝子の塩基配列を「オリジナル」とする「複製産物」だということが言える。そしてその複製産物の、複製装置として機能するのは上記のRNAポリメラーゼであり、「転写装置」である。

337●セントラルドグマの詳細なメカニズムを知りたい方は、少々古い本ではあるが拙著『生命のセントラルドグマ』（講談社ブルーバックス、2007）を参照のこと。

338●ただし、DNAの塩基配列のうち「T」（チミン）は、RNAでは「U」（ウラシル）となっている。

339●設計図というのは遺伝子に対する比喩的な表現として用いられることが多く、遺伝子というのはDNAが本体だから、この場合mRNAを「設計図」とするのは無理があるかもしれない。したがって、私はこういうとき、DNAを「設計図」、mRNAを「指示書」という具合にたとえることにしている。武村政春『脱DNA宣言』（新潮新書、2007）を参照のこと。

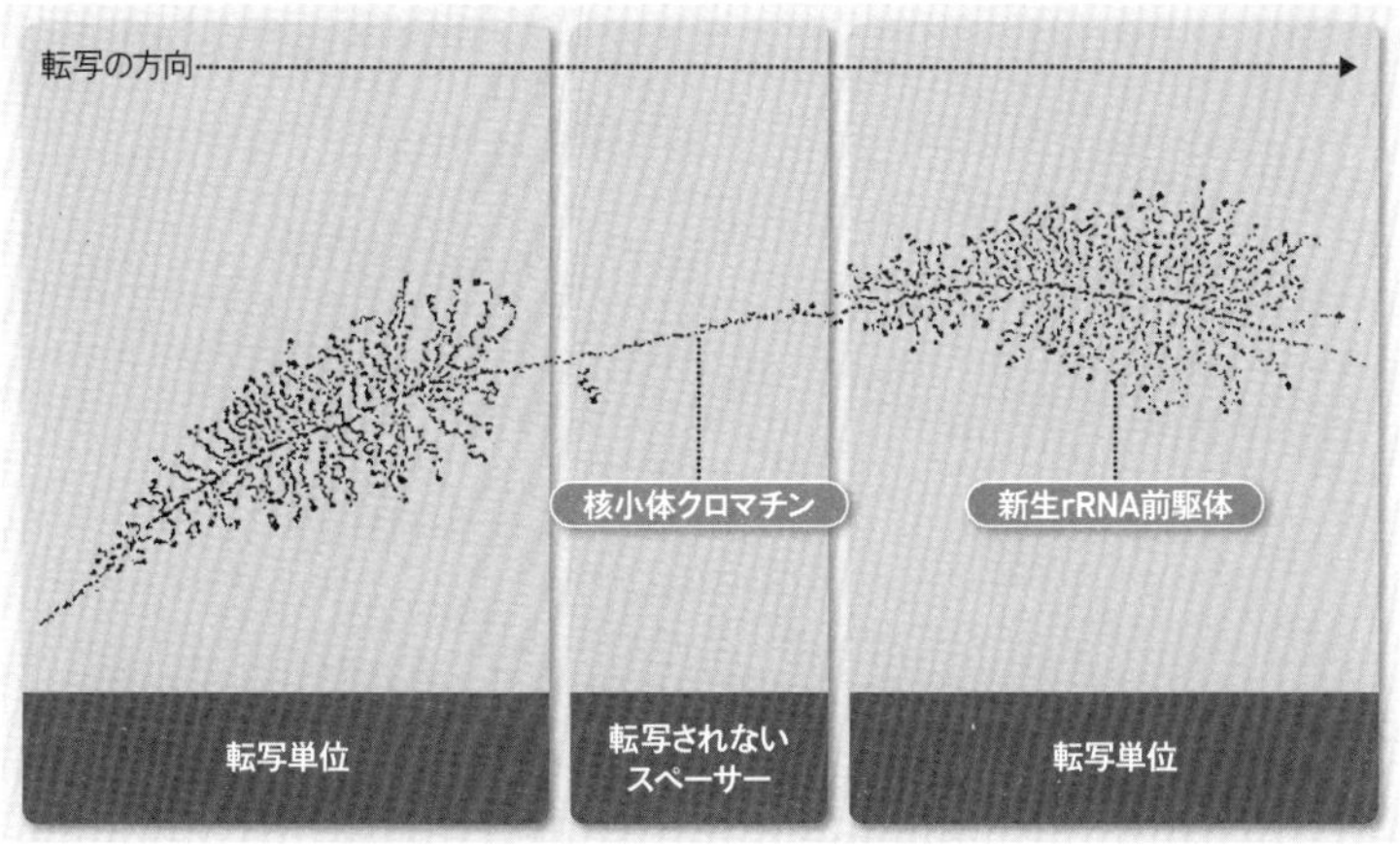

図110● 転写は繰り返し起こる。
（出典：ロディッシュ他『分子細胞生物学 第六版』石浦章一他訳、東京化学同人、2010、p.330）

ＲＮＡが作られるセントラルドグマの第一反応たる「転写」は、ＤＮＡたる遺伝子の塩基配列をオリジナルとして多数の複製産物（とりわけｍＲＮＡ）が作られる、常にオリジナルが存在し続ける「オリジナル依存的」な「複製」なのである。

●翻訳

「転写という名の複製」の複製産物であるｍＲＮＡの塩基配列が、細胞質に多数存在するリボソームにおいてアミノ酸配列へと「翻訳」される過程を経て、タンパク質は合成される。

一個の遺伝子の塩基配列から作られる複製産物（ｍＲＮＡ）が一本ではないのと同様、一本のｍＲＮＡの情報をもとに合成されるタンパク質もまた、一個ではない。

細胞質に流れ出てきたｍＲＮＡには、その直後から複数のリボソームがほぼ同時にとりつき、とりついたすぐそばからｍＲＮＡの塩基配列を読みとり、アミノ酸配列へと翻訳する作業が次々に開始される。一本のｍＲＮＡから、これまた多数のタンパク質が、わずかな時間差で合成されていくのである。

この翻訳メカニズムは、私たちの身のまわりにある商品が、工場において大量に作られる過程と同じ様相を呈していると言えるだろう。ｍＲＮＡという設計図[*339]から、リボソームという工場においてタ

340● ヒトでこれに該当する病気がクロイツフェルト・ヤコブ病（CJD）である。

ンパク質という「商品」がたくさん作られるわけだから、まさにタンパク質は、リボソームという「複製装置」によって作られる「複製産物」であるとみなすことができようというものである。そしてこちらの複製様式もまた、mRNAの塩基配列というオリジナルがあって、常にそのオリジナルに忠実なアミノ酸配列の製造が行われるという仕組みをそのままあてはめると、「オリジナル依存的」であると言うことができる。

まとめてみると、DNAの複製を除けば、セントラルドグマの化学的過程の中には、都合二回の複製過程が存在すると言える。一回目はmRNAの合成であり、二回目はタンパク質の合成である。そして、そのそれぞれの複製は、どちらもオリジナル依存的であるということもわかる（図111）。

興味深いのは、この二回の複製を総合して眺めてみると、一回目の「複製産物」、すなわちmRNAの塩基配列が、二回目の複製においては転じて「オリジナル」になっていることが見てとれる。したがってこの構図においては、セントラルドグマ全体として、あたかもオリジナル非依存的な複製の様相を呈しているようにも見える。

さらに、それぞれの複製が微妙な変化を内包していることにより、作られるmRNAやタンパク質などの「複製産物」にも、わずかながら変化が生じることが徐々に知られるようになってきたことは特筆に値する。

たとえば、RNA編集は、mRNAが作られた段階で、そのオリジナルとなったDNAの塩基配列とわずかに異なる塩基配列を後から作り出すメカニズムである。また翻訳においても、「わざと間違った翻訳」をすることで、作られるタンパク質をわざと変えるメカニズムも知られている。どうもこれらのメカニズムが、タンパク質の多様性を作り出す一翼を担っているようだ。

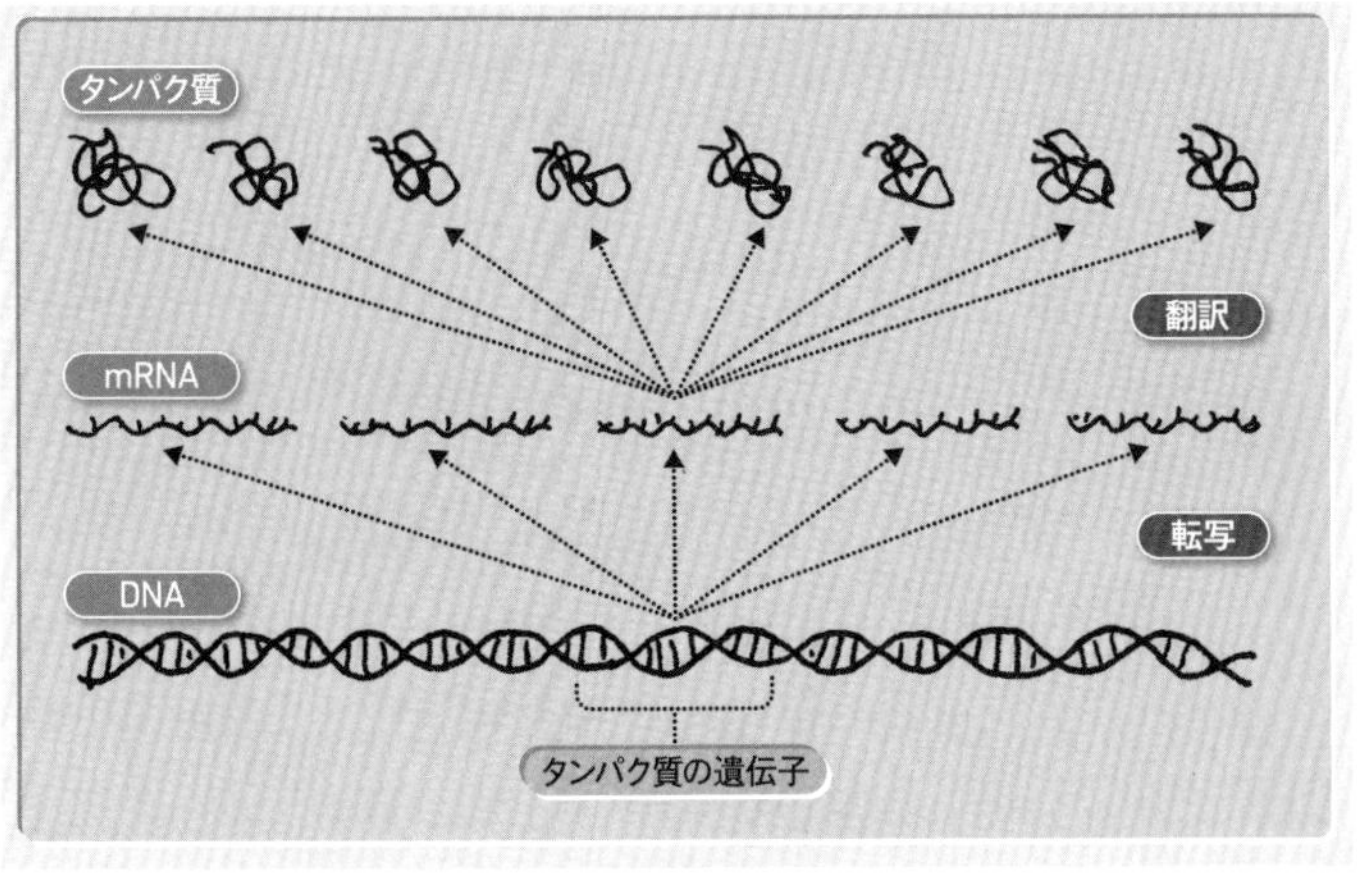

図111● オリジナル依存的な二回の複製。
「転写」は、遺伝子を鋳型（オリジナル）としてmRNAがたくさん合成されるオリジナル依存的な複製。
「翻訳」は、mRNAを鋳型（オリジナル）としてタンパク質がたくさん合成されるオリジナル依存的な複製であると言える。

こうした言わば「複製の連携プレー」は、生物体内で最も成功した「複製」の事例であると言えるだろう。

　セントラルドグマに見られるのは、どうやらオリジナル依存的な複製と、オリジナル非依存的な複製の見事なコラボレーションなのであり、この協調によって、古澤満がいう「元本保証の多様性拡大」と同様の論理において、分子レベルにおける多様性創出に一役買っているとみなすことができる。そこに、生命の本質的な複製的特徴が色濃く反映されているのである。


一時期「複製するタンパク質」として物議をかもしたものに「プリオン」と呼ばれるタンパク質があった。

　プリオンは、狂牛病の病原体であると考えられているタンパク質だが、私たちの神経細胞にも普通に存在し、正常な役割をきちんと担っている。ところが、このタンパク質が異常になると神経細胞が壊死し、脳がスカスカのスポンジ状になる。その名の通り、「ウシ海綿状脳症」というのが狂牛病の正式な名称である[*340]。

　当初、プリオンの異常タンパク質が、神経細胞の中で徐々に増えていくという現象が見つかり、その様子があたかも、異常プリオンが「自己複製」しているように見えたことから、「複製するタンパク質」という誤解が生まれたのであった。すなわちプリオンの「複製」

は、ＤＮＡの複製と同様のイメージでもって語られたものだったのだが、何のことはない。

いったん異常なプリオンができてしまうと、この異常プリオンは、あたかもミイラ獲りをミイラにしてしまうが如く、周囲の正常なプリオンと接触することで、これら正常プリオンをどんどん異常型に変化させていってしまうというだけのことだったようだ。*341 その結果、第三者の目から見ると、異常プリオンの〝個体数〟が増え、あたかも複製しているかのように見えただけだったという。これこそまさに、「幽霊の　正体見たり　枯れ尾花」である。

とは言いつつも、どのような方法であれ同じ何かの数が増えていくことを「複製」と捉える本書の定義に則って見れば、異常プリオンもやはり、神経細胞の中で「複製」すると考えるに吝《やぶさ》かでない。*342

クローン化社会

クローンという言葉には様々な意味がある。

まず、「誰それのクローン」という具合に、ある特定の人物の性格、記憶、外見がそのまま再現されて人工的に作られた「もう一人の誰それ（あるいはもう一人の自分）」に対してこの言葉を用いるのが最も人口に膾炙した用法だろう。本書でも手塚治虫の『ドン・ドラキュラ』の例を4—5節でとり上げた。

生物学でいう「クローン」とは、遺伝的に同一のものの集合、もしくはその集合を構成する個々の遺伝子、細胞、生物個体のことを言い、一個のオリジナルから、指数的もしくは比例的に増幅、増殖したものを言う。

たとえば、たった一個の細菌が増殖し、寒天培地上で一個のコロニーを形成したものは、もとの一個の細菌のクローンの集合であると言える。

また、私たちのこの体を構成する細胞たちはすべてもとは一個の受精卵だったものだから、それぞ

341●通常、タンパク質の異常型への変化はアミノ酸配列の変化が原因となるが、プリオンの場合、正常型と異常型との間にアミノ酸配列の変化は見られない。単に形が変わるだけなのだ。だからこそ、こうしたなし崩し的な異常型の〝増殖〟が可能になる。このような理由から、この異常型プリオンは通常「伝播型」と言われ、ウイルスか何かのように忌み嫌われるのであった。

342●プリオンの発見とそのメカニズムに関する研究で、米国のスタンレー・プルジナー Stanley Prusiner（1942-）は一九九七年のノーベル生理学・医学賞を受賞した。

343●エピジェネティクスに関しては第8展示室もしくは拙著『DNAを操る分子たち』（技術評論社、2012）を参照のこと。

れの細胞は受精卵のクローンであるとも言える。ただこの場合は事情が複雑で、私たちの体の細胞は、お互いに遺伝的には同一であっても、エピジェネティクスの観点ではすでにして多様な状態になっているから、結果として見た場合、クローンであるとは言い難い状況になっているとも言える。[*343]

ここでは、二〇世紀末から進展してきた生殖技術等に関する「クローン技術」に焦点を当てたい。遺伝子や細胞レベルではなく、個体レベルの「クローン」を作り出すことに関する話題である。

ほとんどの多細胞生物では、子は親の生殖細胞から作られる。すでに第10展示室で述べたような、有性生殖による個体の再生産、個体の「複製」が行われるのが私たちの世代交代のありようであることは、すでに多くの人が知っている。

有性生殖で生まれる子は、父親の精子と母親の卵が合体して受精卵となり、その受精卵が「オリジナル」となって、[*344]連続的な細胞の複製が行われた結果、作られる。とりもなおさず子の遺伝情報は、父親と母親の遺伝情報のミクスチャーとなるはずだ。

さらに言えば、両親の生殖細胞——卵と精子——が作られる時点で、祖父母由来の遺伝子がさらに混ぜ合わされ、効率のよいことに、その混ぜ合わされ方は作られる生殖細胞一個一個で異なるので、同じ両親由来の子どもであっても、兄弟姉妹の遺伝情報はほぼ一〇〇パーセントの確率で、決してお互い同じにはならない。この遺伝的多様性こそ、「有性生殖」最大の恵みであったことは、すでに第10展示室でも述べてきた通りである。

この、有性生殖によってもたらされたその恵みを真っ向から否定するかのような技術、もしくはそれによってもたらされる生物学的状態が、体細胞クローンである。[*345]最も有名にしてその嚆矢となった体細胞クローンは、一九九七年に科学誌『ネイチャー』に発表された、クローン羊「ドリー」であろう。[*346]

344● 有性生殖というシステムそのものを見れば、第10展示室の有性生殖的な複製におけるオリジナルは「親」であると言えるが、細胞の遺伝的プロファイルが重要な観点となるクローンの定義においては、その対比としての受精卵を「オリジナル」とみなした方がよいのである。

345● これに対し「受精卵クローン」と呼ばれるクローンもある。

346● クローンを作ることが目的ではなく、動物発生メカニズムの研究の一環として、英国の生物学者イアン・ウィルムット Ian Wilmut（1944-）により作られた。

体細胞クローンとは、平たく言えば親の生殖細胞から生じた受精卵ではなく、体細胞が「オリジナル」となって作り出された「子」である。この、生殖細胞ではなく、体細胞から作られるというところが、最も重要なポイントだ。

ドリーは、その親の体細胞の一種である乳腺細胞、正確に言えば、乳腺細胞の「核」を利用して作られたクローンである。

まず親の乳腺細胞から、一セットの遺伝情報（すなわちゲノム）が含まれる細胞核をとり出す。次にこの核を、別の羊からとり出されて核を除去された未受精卵に「移植」する。こうして、親の体細胞たる乳腺細胞の遺伝情報をそのまま持った「クローン細胞」が作られる。そして、この「クローン細胞」を仮親の子宮内に入れ、そこで発生させて作られたのがドリーである。

実際にクローン羊を作るのに使われたのは体細胞そのものではなく、体細胞の核なのだが、その細胞の性質を決めるのが核の中に存在するＤＮＡであることに鑑みれば、結局のところ「体細胞が使われた」とみなしても差し支えあるまい。

体細胞という細胞は、受精卵を「オリジナル」としてそこから発生して以降、生殖細胞が必ず経験する「減数分裂」を経験しないため、これから「子」を作る場合、違う体細胞同士を混ぜ合わせる必要はない。生殖細胞は、二つの細胞が合体する目的があるがために減数分裂を行わなければならないが、体細胞の場合はハナから混ぜ合わせなくてもＤＮＡの総量はかわらないのである。[*347] そのかわり、減数分裂時に生じるはずの乗換えもなく、受精による両親由来のＤＮＡの混ぜ合わせもない。したがって作られる子の遺伝情報は、その体細胞をとり出した「親」の遺伝情報と全く同じになる。

親と全く同じ遺伝情報を持つ「子」。すなわちクローンである。「体細胞」クローンとは、このようにして作られるクローンなのである。

347●減数分裂において何の数が減るのかと言えば、ＤＮＡの総量、言い換えるとゲノムのセットの数が減るのである。私たちの体細胞と、生殖細胞の元になる細胞は、両親由来のゲノムが両方存在する「二倍体」となっている。生殖細胞を作るにあたってこれを半分に減らしておかないと、受精して次の世代が作れない。だから生殖細胞は、減数分裂を経験していなければならないのである。

348●両親由来の遺伝情報が混ぜ合わせられること。あたかもカードをシャッフルするように、という意味でこう表現した。

本書は、体細胞クローンというものが、いかに生物本来のメカニズムからかけ離れたものであるかを詳《つまび》らかにして、体細胞クローンが応用されるべき生殖医療や再生医療に水を指そうというわけではない。ただ、無批判な生命科学の発展に対し、潜在的な危険性をあえて無視するか、あるいは「見て見ぬふりをするか」して、縦に横に受け流すというのは決して利口な傍観者であるとは言えまい。そういうのはむしろ「愚か」と言うべきであろう。

繰り返しになるが、体細胞クローンが生殖メカニズムと大きく異なる点は、まず減数分裂を経験せず、遺伝的シャッフリング*348をも〝否定〟して作られるという点であり、親の遺伝情報と寸分違わぬ遺伝情報を持って生まれてくる点である。

ここで考えてみたいのは、体細胞クローンにおける「オリジナル」と「複製産物」との関係であって、その点における通常の有性生殖との相違である。

まずは、本書でもたびたびとり上げてきた複製の分類における「オリジナル依存的」「オリジナル非依存的」について考えてみたい。体細胞クローンが作られる過程は、果たしてオリジナル依存的な複製なのか、それともオリジナル非依存的な複製なのか。

もう一度整理しておくと、性の仕組みが介在しない体細胞クローンの作り方の過程では、オリジナルである「親」の遺伝子の組み合わせが一切変化しない。変化せず、そのまま複製産物である「子」へと伝わるため、遺伝的には「子」は「親」の完全なコピーである。

有性生殖が介在する場合、子は親と遺伝的に異なるがゆえに、複製産物たる子はオリジナルたる親とは離れ、新たなオリジナルとして生きていくことができた。しかし体細胞クローンの場合、複製産物である「子」は、果たしてオリジナルである「親」と全く異なる、新たな「オリジナル」とみなすことができるか否かという点が、複製の観点からは極めて重要なポイントであり、かつ大きな問題でもある。そもそも何をもって「オリジナル」と言うのかという、その存在の前提にもかかわる問題が絡んでくるからである。

有性生殖の大前提である遺伝子の組み合わせの変化は、子に対して、親とは違う遺伝的背景を持つ、親というオリジナルとは異なる新たなオリジナルであることを認定する。世代交代とは、親というオリジナルが消滅し、子という新たなオリジナルを作り出す過程である。だからこそこの複製は、オリジナル「非依存的」でなければならない。

無論、これは無性生殖にも当てはまることであって、遺伝的差異という点では、分裂後に生じる二つの細胞（もしくは分裂をする多細胞個体）の間に、違いはほぼ存在しないと言ってよい。むしろ分裂が行われた後の二つの細胞（個体）を比べてみて、どちらがもとのオリジナルだったかを同定することができないため、そもそもオリジナルという存在は、細胞が分裂したその時点で消え失せ、二つの新たなオリジナルが誕生するのであった。

ところが、この原理的な流れが、体細胞クローンとして作られた「子」と、そのオリジナルとなった「親」との間には、全くと言っていいほど存在しない。

もしある二つの個体が遺伝的に全く同一であるという状況があった場合、先ほどの無性生殖的分裂の例を認めるならば、その二つの個体の間で、どちらがオリジナルだったかが、後からでは判別できないという状態となることが、それをもたらした複製がオリジナル非依存的であると認定するための前提であった。

ところが体細胞クローンの場合、この前提は成り立たないように思われる。〝複製〟後も、たとえどのような生殖作用が行われたにせよ、オリジナルとしての親は厳然として存在するのであって、複製産物としての子との間で、どちらがオリジナルであるかは常に判別できるはずである。親はあくまでもオリジナルとしての親である。体細胞クローン技術で誕生した子は、あくまでも「複製産物」としての子なのである。

もちろんクローンであろうとなかろうと、子は親に対して、生物学的には完全に独立した存在である。その後のエピジェネティックな変化ならびにユニークな突然変異[349]の蓄積により、親、すなわちオリジナルとはまた異なる生物学的運命を辿っていくのは間違いない。

哲学者吉田夏彦が言う「複製のひとりだち」という概念[350]に則《のっと》ると、体細胞クローン自身、一つの独立した生物個体である以上、新たなオリジナルとなっていくとみなすこともできる。そうなると体細胞クローンの作出も、とどのつまりはオリジナル非依存的な複製であるとも言える。

しかしながら、その保有する遺伝情報の由来（ある親と全く同一であるということ）に鑑《かんが》みると、体細胞クローンはあくまでもオリジナル依存的であるという意見に対して、否と言えるだけの強力な証拠が揃っていないことも確かだろう。しかも体細胞クローンにおいては、作出に用いられた「親」の体細胞

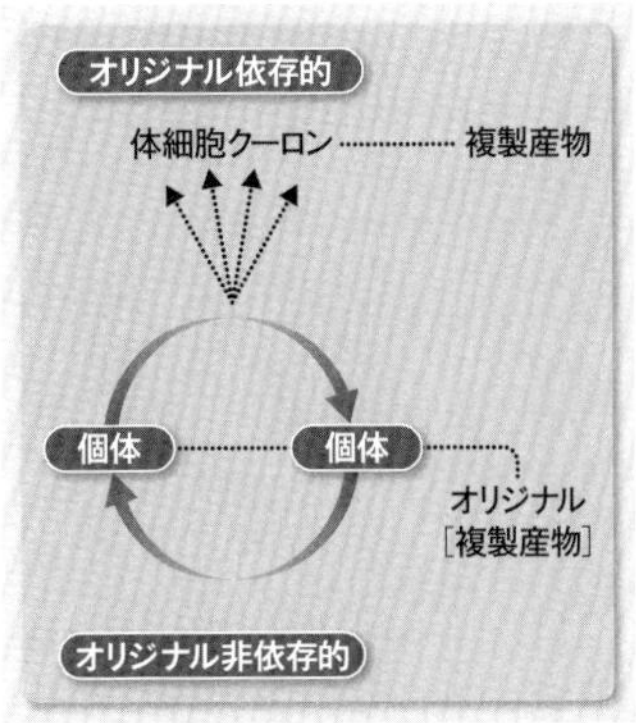

図112●体細胞クローンの「複製」。
クローンはあくまでも親のクローンであるから、遺伝的にはオリジナル依存的であると言えるが、クローンと言えども一個の独立した生物個体とみなせるといった場合には、たとえ親がいなくなっても生きていくことができるだろうから、オリジナル非依存的であるとも言える。
しかし、通常の生殖で生まれた子と親、もしくは子同士の関係を「オリジナル非依存的」と断じることができるほどの確信をもって、そう断じることは難しい。

349●こういった場合のユニーク（unique）という言葉は、その個体に特有の、といった意味で用いられる。

350●吉田夏彦『複製の哲学』p.57-72。

の、その時点において蓄積していた突然変異が、そのまま「子」に受け継がれるのである。[*351]

ただ、先ほども述べたように、何をもって「オリジナル」とみなすかによって、状況は変わってくることも確かである。遺伝情報が親のコピーであったとしても、生物としての一生はそのクローン個体自身のものであって、生物学的にオリジナルの親から独立しているということをもって「オリジナルとなり得る」と判断するのであれば、当然のことながらそのありようは「オリジナル非依存的」である。

一方において、有性生殖的な複製を重要視して、その最大意義である遺伝的多様性創出のための仕組みを踏襲していることを前提として「オリジナル」と規定するならば、体細胞クローンのありようは「オリジナル依存的」である（図112）。

少なくとも後者におけるオリジナルの定義を採用するならば、体細胞クローンとは、オリジナル非依存的な複製の、網目のように複雑になった世代交代の中に、突如としてオリジナル依存的な複製による世代交代が出現したものと考えることができる。こうしたことは、それまでの個体の再生産——複製——では存在しなかったことであり、体細胞クローンの特殊性であると言えよう[*352]（図113）。

最近つとに話題となっているiPS細胞、俗に言う「万能細胞」も、体細胞から作られるものの一つである。その意味では、iPS細胞もまた「体細胞から生じたクローン細胞」である。

組織から体細胞をとり出して培養した後、そこにある処理を施すと、どんな細胞にもなれる「万能細胞」へと変化するわけだが[*353]、特定の遺伝子を導入した帰結として万能化するのであれば、厳密に言えば「親」の遺伝情報と全く同一であるとは言えない。

しかし、現在の全世界的なiPS細胞研究の潮流からは、外部から新たな遺伝子を加えなくても、あるエピジェネティックな処理を人工的に加えることで、少なくともこれまでよりは容易にiPS細胞を

351●通常、親から子へと突然変異が受け継がれるのは、生殖細胞に生じた突然変異のみであり、体細胞に生じたものは通常の生殖においては決して受け継がれることはない。

352●もちろん、多細胞生物の中にも特殊なものがいる。砂漠に生息するある種のトカゲには、オスの個体がいない。メスが単為生殖的に子を作るがゆえに、それはクローンなのである。が、人間はそうではない。生物学的基盤は、有性生殖による新規オリジナルの創出が基本となっている。だから、体細胞クローンは「特殊」と言ったのだ。

353●iPS細胞については第8展示室を参照のこと。

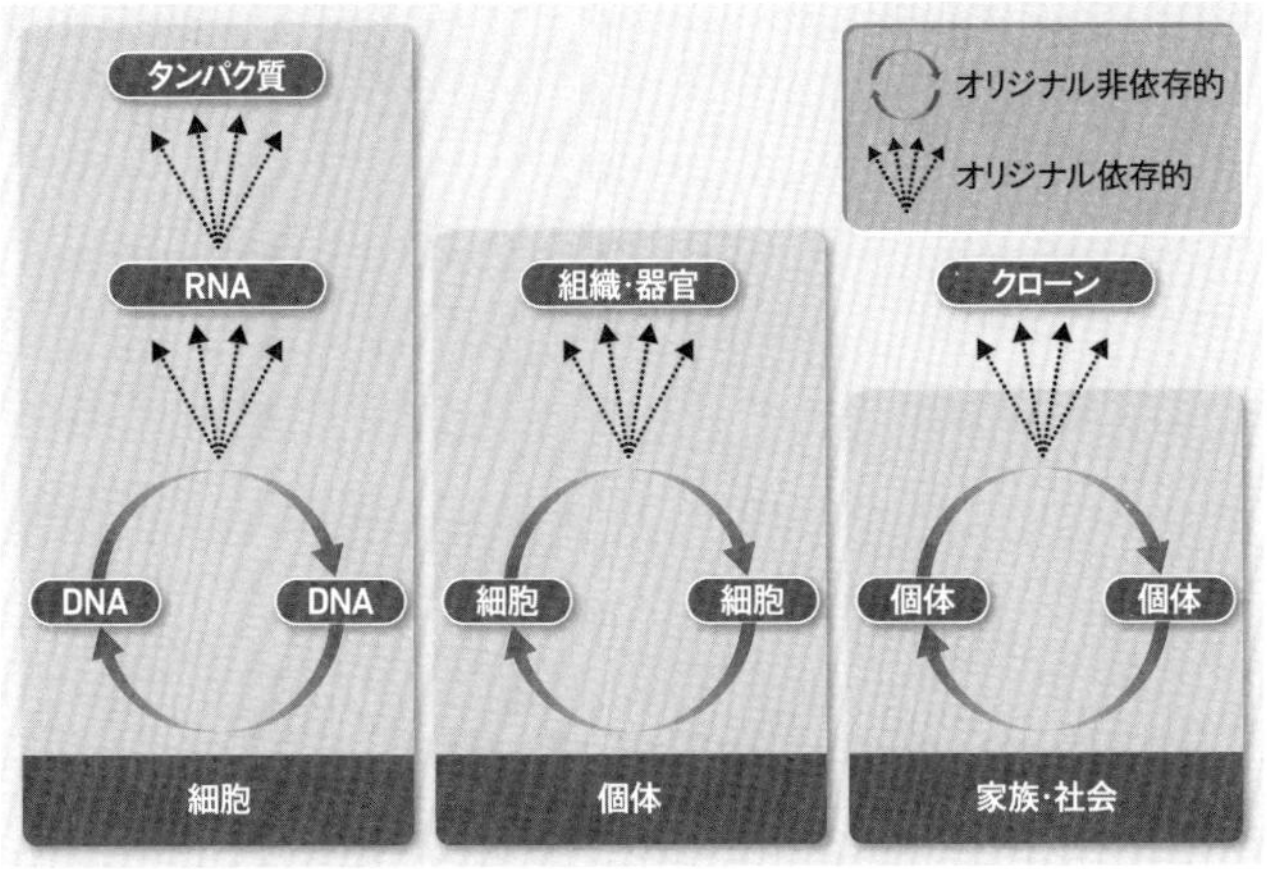

図113● 生物におけるオリジナル依存性。
細胞レベルでは、オリジナル非依存的なＤＮＡの複製をベースとして、ＲＮＡ、タンパク質がそれぞれオリジナル依存的に作られる。
個体レベルでは、オリジナル非依存的な細胞の増殖と細胞数の増大をベースにして、オリジナル依存的な幹細胞の複製によって組織、器官が作られ、そして維持される。これに対して、家族・社会レベルでは、図112と同じ議論が求められると言えよう。

作ることができるくらいにまで研究が進んでいる。

そういうことになれば、iPS細胞とその母体となった体細胞は、お互いに遺伝的に同一であるとみなせる。言うなればiPS細胞は、体細胞クローンの変則的な形であるとみなすことができるのである。

ただ、昨今の分子生物学上の進展は、エピジェネティクスという現象をジェネティクスの一部とみなすかのような方法を提案しているといっても過言ではなく、もしかしたら遺伝的に——すなわちＤＮＡの塩基配列上は——同一であっても、エピジェネティックな状態——ＤＮＡのメチル化など塩基配列以外の差異要因——が同一でなければ、それはもはや「クローン」とは呼ばないということになる可能性もある。

そうした議論が沸騰するような可能性を秘めているということ自体、すでにして「クローン化社会」が到来している一つの証拠とみなすことはできる。それがいいことか悪いことかは、後の世の人類が評価を与えることになるだろう。

ただ筆者に言えることは、体細胞には生殖細胞に比べてより多くの突然変異が蓄積されている可能性が高いということであり、その細胞を用いることに対する十二分な検討は必要であろうということであり、そして複製という観点でこうした世相を見、その特徴をあぶり出すことである。体細胞遺伝学に関する基礎的検討がなされることなく応用のみに目を向けるようなことがあれば、重大な事態をも引き起こしかねないことは是非とも警告しておかなければならない。杞憂に終わればそれに越したことはないが。

複製学の対語としての博物学

ここで、第5展示室でもとり上げた「孤独」の話を蒸し返そうと思う。孤独と複製産物との関係をもう一度洗い直しておきたいと考えているからである――予定としては、そろそろ本書も仕上げにかからねばならない――。

グレゴール・ザムザが味わった孤独。[*354] 冬山で、猛烈な吹雪のカーテンに閉ざされた状況で味わう孤独。学校で、友達がみんなゲームの話で盛り上がっているのに、自分だけが持っていないために話の輪に入っていくことのできない孤独。自分だけがなぜか「浮いている」、そんな状況で味わう孤独。筆者などは雑談が苦手で、宴会などに参加した際、何度そうした孤独を味わってきたかわからないほどだ。

すでに第5展示室でも述べたように、孤独という状況は、「複製産物」という状況とは正反対に位置すると言ってよく、「複製」によりもたらされる複製産物の「集合」、あるいは北山が言う複製産物の「共有」[*355]とは対極にある。言い換えれば、複製という行為が生じる以前において、「オリジナル」となるべき可能性を持つものが、いっさいの複製を拒絶して、厳然とオリジナルのまま、唯一無二の存在としてそこにあり続けるという状況であるとも言える。

それにしても、真の孤独とは一体何であろう。

もし自分一人が特別ユニークな存在で、その他大勢がすべて、「完璧な複製産物」だった場合、確かにそれは「孤独」であろう。ときと場合によっては「孤高」ですらある。

しかし、これまで見てきたように、複製という行為には「変化」が伴うものである。その他大勢がす

354●フランツ・カフカの小説『変身』の主人公。ある朝目覚めると、自分が一匹の巨大な毒虫に変身していたという、強烈な描写から始まる。第5展示室を参照のこと。

355●北山修著『人形遊び』。

べて「完璧な複製産物」であるという場合は、むしろ少ないだろう。ほとんどの場合、複製産物の集合という状態は、それぞれが少しずつ異なる、いわば個性的なものの集まりでもある。私たち人間の集団を思い描いてみると、それは必ずそうである。

してみると複製産物のそれぞれも、「孤独」という状況に障子紙一枚で接している、いやむしろ、すでにして彼らはそれぞれ、実は「孤独」であるとみなすこともできるのである。

複製産物たちは、そうなったその時点で皆「オリジナル」となる権利を得る——たとえオリジナル依存的複製によって作られた場合でも——。これは、「孤高」という名称が指し示す状況と、何ら変わらない。

こうした「孤独な」オリジナル[*356]が寄せ集めのように集合し、多種多様な「孤独たち」という集合体を形成したとする。その名が指し示している通り、こうした「孤独たち」にはどれ一つとして同じものがない。すなわち一見して、「複製」されてできた「複製産物」であると思えるようなペアは、どれ一つとして存在しない。しかし、その孤独たちのどれもが、いまはオリジナルとして独立して存在してはいても、その由来はそもそもある一つのオリジナルが複製されてできた複製産物だ。ただ、複製産物同士の間に存在するわずかな違いが、ときを経るにつれ、あるいは複製が繰り返されていくにつれて拡大していき、現在の状態にまで広がっただけである。

ここに、一見すると「複製」ならびに「複製産物」という概念あるいは状況とあたかも相反するかのように位置づけられるある概念あるいは状況が生まれ、かつそれをとり扱う学問が生じる。

その学問——方法論と言ってもよい——は古来、生物学の基本を形づくってきた古典的なものであり、古くはアリストテレス[*357]から、新しくは荒俣宏[*358]に至る数多《あまた》の研究者の好奇心を惹きたてずには置かなかったものだ。それが「博物学」である。

356●すでに書いたように、オリジナルという概念は、複製されることを前提として存在する概念であるから、ここで書いたような言葉の使い方は一貫性がないと批判されても仕方がないことである。ここでは文脈上、使うことをお許しいただきたい。

357●アリストテレス Aristoteles。古代ギリシャの哲学者。科学の父とも称される。前384-前322。

358●荒俣宏。博物学者、作家。1947-。著書に『帝都物語』『世界大博物図鑑』など多数。

359●博物学は、英語における natural history の訳語として作られた日本語であるが、この英語の自然な訳はむしろ「自然史」であろう。
360●網干善教ほか編『博物館学概説』(全国大学博物館学講座協議会関西部会、1985) p.29。

そもそも博物学は[*359]、その昔の人間たちによる、身のまわりにある様々な動物、植物、鉱物などの天然自然物を蒐集し、分類し、名前をつけ、記載するという態度が基本となり、成立してきたとされる。
学問が細分化、専門化した現在、研究分野としての博物学はすでにその形を失っているとも言われるが、総合的な学問としての位置づけは無視すべきではない。むしろ、一般市民に対する生涯教育的な位置づけにおいては、他の自然科学系学問を圧倒していると言っても過言ではないだろう。なぜなら、複製論的には極めて重要なこの学問を身近に感じることのできる場所が、日本全国、世界各地にきちんと用意されているからである。すなわち「博物館」だ(図114)。
昭和二七年(1952)に施行された「博物館法」第二条には、博物館が何を目的とする機関であるかがきちんと明示されている。

この法律において「博物館」とは歴史、芸術、民族、産業、自然科学等に関する資料を収集し、保管(育成を含む)し、展示して教育的配慮の下に一般公衆の利用に供し、その教養、調査研究、レクリエーション等に資するために必要な事業を行い、あわせてこれらの資料に関する調査研究をすることを目的とする[*360](以下、省略)。

博物館のあり方に関する四原則というものがあり、それは資料の「収集」、「保存」、「展示」、「調査研究」の四つである。この四つが揃って初めて、近現代の価値ある博物館であると言えるのであり、収集され、保存され、展示され、そして調査研究されつつ私たち市民の前に並べられる「博物」たちは、それぞれがそれぞれに「オリジナル」性を持つがゆえに、私たちは「へえ〜いろんなものがあるんだな

図114● 東京・上野の博物館。多様化した複製産物のあり様を展示する施設としての博物館の重要性は、近年増大している。
[右] 東京国立博物館。
[左] 国立科学博物館。

あ」と感じることができるのである。

こうした、それぞれがオリジナル性を持ち、他と比べられるオリジナルな特徴を持つ多様なものたちとはすなわち、「孤独」なものたちの集まりにほかならない。多種多様な「孤独たち」の集合体——実のところ、すでに「複製」という状態を経由した後の、すでに多様化した後の孤独たち——に目をつけ、その分類を始めたところに、博物学は根を下ろす。とりわけ動植物に関する博物学的展示は、まさに生物という複製産物の多様化したオリジナル性を、私たちに思う存分見せてくれているのである。

博物学の成り立ちとその扱っている対象である天然物の多様性を理解すると、複製という行為が、「孤独」という状況がたった一つだけぽつねんと存在する状況と、様々な「孤独」が多数集まった「博物」的状況との間をつなぐ行為なのだということがわかってくる。

第5展示室において、「どのような場合であれ、実はそうした「孤独」も、ある特定の意味を持ちつつ「複製」される可能性を持っている」と述べたのは、実にそういうことなのである。

もちろん当の「博物」たちにしてみれば、「複製」による多様化というのは、すでに〝今は昔〟の世界なのかもしれない。いま、目の前にある多様性に目をつけ、その美しさを楽しみつつ、学問としての好奇心を満たすというのが博物学の一つの楽しみ方なのであって、そこに別段、「複製」の影を発見する必要は全くない。

とはいえ、博物学の本当の面白さというのは、その多様さを一つの土俵の上で表現することによって、翻《ひるがえ》ってそこに至る過程——複製とそれに伴う変化、そしてその帰結としての多様性の創出——に人々の目を吸いつけることにあると筆者などは思っている。「複製」とはそれほど魅力的にして、飛躍性の豊かな行為なのである。

ある一つのものから始まったものが、「複製」を繰り返しながら多様化していくというその道筋は、単純化すれば「単純→複雑」という生物特有の経時変化に還元することもできる。複雑なものがいきなりドボンとそこに登場すると考えるのは難しい。生物のような複雑なシステムを持つ有機体ではなおさらだ。いつも最初は、単純なものから始まる。いや、おそらくそうして始まらなければならなかったのである。

単純な生物が自己複製を繰り返していく。何十億年たってから蓋をあけてみると、そこには現在の多様性に満ちた生物の世界が広がっている。複製と、その繰り返し。この二つが一緒になってもたらされる驚きべき世界を見せられたとき、おそらく私たちは、まるでポーカーゲームにおける「ロイヤル・ストレート・フラッシュ」の成立を目の前で見せられたかのような衝撃を受けるだろう。複製には繰り返しがツキモノであって、繰り返されなければ、複製はその命脈を保つことなどできようはずもなく、おそらくそうした強力な条件が整ったことによって、生物はより単純なものからより複雑なものへと「変化」し、多様性豊かな「博物」ワールドが、富士山の頂上から見える広大な雲海のように広がってきたのであろう。

そうして、多くの「孤独たち」が成立しきったその先に、博物学が誕生したのである。

複製の分類学 ❶――オリジナルに依存するか、依存しないか

長く「複製」について書き連ねてきたが、結局のところ、この世の成り立ちを「複製」という概念を中心に理解するという大目的には到底達することなく――当然、複製「論」などというほどの学問的議論がなされたとは思えず――、世の様々な「複製」現象を、思いつくままに書き連ねた印象を拭いきれないまま、とうとうここまで来てしまった。

最後に、これまで書き連ねてきた様々な「複製」を、いくつかのカテゴリーに分類するという試みを行って、生物の一種である私たち人間と、その社会に存在する「複製世界」の形を作り、本書を締めくくっていくとしよう。

まずは、これまで何度となくとり上げてきた、「オリジナル」と「複製産物」との関係に焦点を当てた分類である。これによると、複製は大きく「オリジナル非依存的な複製」と「オリジナル依存的な複製」に分けることができる。

先学による多くの複製文化論でも明らかなように、オリジナルとコピーの関係をさらけ出す「オリジナル＝コピー論」は、時代の変遷と複製技術の発展、政治、文化の様相の変容とともに、オリジナルとコピーの関係そのものに対して新たな概念を提唱してきた。言うなればオリジナルと、それに対するコピーという構図は、ある部分においては多くの意味を喪失させてきたと言える。*361

しかしながら、オリジナルとコピーとの関係は、その複製を司る「複製装置」の観点の重要性を増大させることで、より複雑で興味深い様相を呈するようになっていく。

オリジナリティーという言葉が、「創造性」などと訳されることが多いことからもわかるように、オリジナルという言葉の裏には「それまでにない全く新しいアイディア、もしくは全く新しく作られたもの」という意味がある。そこには、あたかもコピーされることを極度に忌み嫌う態度が見え隠れしていたように思われる。それではオリジナルとはそもそも何か。そして、複製されるものとしてのオリジナルとは、どのようなものか。

オリジナルあっての複製、ということをこれまで頻繁に書いてきたが、いま思うに、それとは反対に、複製あってのオリジナルとは必ずしも言えないという意味も、その言葉の中には存在していたようにも思う。しかしながら多かれ少なかれ、オリジナルには「複製される際」がどうしても存在するの

361●吉田光邦ほか『グラフィケーション別冊・複製時代の思想』（富士ゼロックス、1971）、津村喬ほか『グラフィケーション別冊・続・複製時代の思想』（富士ゼロックス、1973）、江藤文夫ほか『想像と創造 複製文化論』（研究社、1973）、吉田夏彦著『複製の哲学』、多田道太郎『多田道太郎著作集II 複製のある社会』（筑摩書房、1994）など。

であって、本書におけるオリジナルという存在はやはり、「複製あってこそ」の存在なのである。

●オリジナル非依存的な複製

オリジナル非依存的な複製という言い方は、言葉尻だけから判断すると、あたかも創造性とは無縁の、何かそこらへんの道端に散らばり、変化流転を繰り返す木の葉のように、勝手気ままに振る舞う身勝手な複製現象であるか、はたまたオリジナルがそこにあるにもかかわらず、まるで無視して振る舞う何か別の現象であるかのように思えてしまうが、実際はそうではない。

「複製」である以上、あるオリジナルから複製産物が作られるのは確かなことである。ただ、そうして作られた複製産物が、単なる〝コピー〟であるというのではなく、それ自身も創造性に富んだ、より広い可能性を保有するようになる複製こそが、「オリジナル非依存的な」という言葉の意味なのである。

この複製は、複製されるべき同一の、そして不変の「オリジナル」は永続的には存在せず、複製された後にその都度「消滅する」という特徴を持つ。あるいは、複製によって生じた多くの「複製産物」の中で、「ああこれだ、これが最初のオリジナルだったやつだ」という具合に、他と区別して認識できるものが存在しなくなるような複製様式こそが、オリジナル非依存的な複製なのである。

アメーバやゾウリムシ、細菌など単細胞生物の増殖は、その典型的な事例である。

あるゾウリムシの個体が二分裂によって二匹のゾウリムシに分かれた結果、もともとの「オリジナル」としてのゾウリムシはどうなったかを考えれば一目瞭然である。二匹のゾウリムシのうちの一匹が、もともとの「オリジナル」だったゾウリムシそのものなのか否かと問われれば、誰であれ「否」と答えるしかない。なぜなら、二分裂によって、もともとのゾウリムシの実体――すなわちそれを構成するタンパク質、脂質、糖質、ＤＮＡ、ＲＮＡ、そしてその他の機能的分子を含む物質の集まり――

は、ほぼ均等に二つに「分裂した」からである。

分裂したということは、「オリジナル」だったもとのゾウリムシは、もはやそのままの形ではどこにも存在しないということだ。分裂の結果生じた二匹のゾウリムシは、そのどちらもオリジナルではなく、当のオリジナルは、分裂後に完全に消え去ってしまっているのである。

そのかわり、複製産物たる二匹のゾウリムシはまた新たな「オリジナル」となって、再び二つずつのゾウリムシへと分裂していくのであるから、オリジナルは新たなオリジナルを生み、それぞれがさらに複製することによって、別の新たなオリジナルを生んでいく、言葉としては、オリジナル非依存的というよりもむしろ、オリジナルがその都度入れ替わる、「オリジナル交替型」複製と言った方がいいのかもしれない。

一連の複製過程が、最初の「オリジナル」の存在に縛られているものではないという意味で、「オリジナル非依存的」なのである。そうして複製産物たちは、その都度新しい「オリジナル」となり、さらに次の複製産物を生み出していく。

オリジナル非依存的な複製の特徴をまとめると、次のようになる(図115)。

❶オリジナルが複製され、できた二つ(あるいは複数)の複製産物は、そのどちらがオリジナルだったかを区別することはできない。したがって、複製産物のどちらが(あるいはどれが)もとのオリジナルと同等であるものなのかを問うことはできない。

❷複製産物は、元のオリジナルとは異なる、次の複製のための新たなオリジナルとなる。

❸何代にもわたって繰り返し行われる複製において、常に同一性を保つオリジナルはどこにも存在しない。

生命世界では、ゾウリムシやバクテリアの分裂だけが「オリジナル非依存的な複製」ではなく、自己複製の典型としてのDNAの複製こそ、この「オリジナル非依存的な複製」の嚆矢とみなすことに異存のある人はいまい。

DNAの場合、複製によって一本の二本鎖DNAから二本の二本鎖DNAが生じるが、この二本の二本鎖DNAのうちどちらが「オリジナルか」といった問いはナンセンスだ。なぜならば、生じた二本の二本鎖DNAにはそのどちらにも、元あった「オリジナル」の二本鎖DNAの、そのうちの半分の塩基配列だけが、半保存的に残っているからである（第9展示室を参照）。

この「複製産物」たる二本の二本鎖DNAのどちらも、甲乙をつけることのできない「平等な関係」にあり、決して、「こちらがオリジナルでこちらが複製産物《コピー》」というレッテルを貼ることはできない。

単細胞生物の増殖は、いわゆる「無性生殖」である場合が多く*362、先に述べたゾウリムシのそれは、まさに無性生殖の典型的なパターンであるが、私たち多細胞生物の「増殖」すなわち有性生殖による個体の複製も、進化的に見ると無性生殖とつながっているわけだから、やはり「オリジナル非依存的な」複製であるとみなすことができる。

たとえば、二人の親から生まれた二人の子は、部分部分だけを比較すると、どちらかの親のどこかと似ていることが多いが、総体としては、二人の親と二人の子は異なるものであり、二人の親のどちらかが「オリジナル」だとしても、二人の子にその「オリジナル性」は伝わってはいない。

なぜなら、子は決して親と同一のものとはならないからである。いやその前に、子という存在は、たとえ親がオリジナルとして存在していたとしても、生物学的には独立した個体であり、生物であるから、少なくとも親の手から離れた時点ではすでに、一個の新たなオリジナルとなる存在である

362● 有性生殖的なことが行われる場合もある。たとえば「接合」だ。

——ただし、すでに述べたように、クローンの場合その様相は複雑である——。

一方において、非生命世界におけるオリジナル非依存的な複製の場合、たとえば第4展示室の冒頭でも言及した新型インフルエンザ騒動における「マスク姿の複製」は、果たしてオリジナル依存的か、それとも非依存的かということを考えてみるが、こうした場合、何をもって「オリジナル」とするかが重要な判断材料になる。

「一番最初にマスクをかけた人」がオリジナルではないことは確かだ。なぜなら、こうした社会現象は、誰か一人の「オリジナル」がマスクをかけたことが契機となって「右にならえ」的に複製が起こり、大量の複製産物たる「マスク姿」ができるわけではないからである。すなわち「オリジナル」は、どこにもいないのである。

「風邪の予防のためにマスクをかける」という行動が、すでにして社会的慣習として多くの人間たちの間で確立していた場合、そうした習慣そのものがオリジナルとなり、潜在的だったそうした行動が

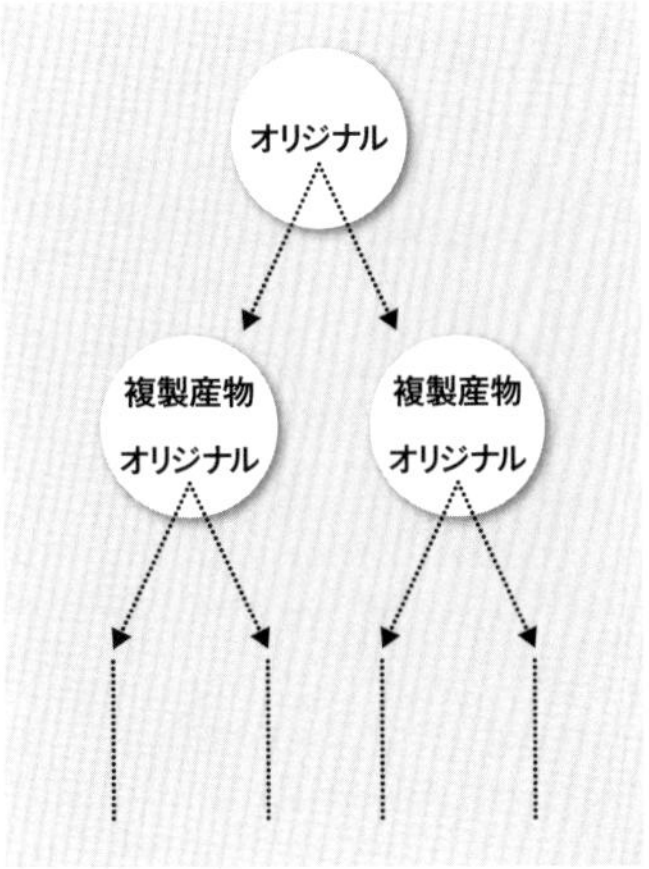

図115●オリジナル非依存的複製の特徴。
複製産物そのものがオリジナルとなり、次の複製が始まってゆく。

次々に、テレビジョンなどで映し出されるマスク姿の人間たちの姿がきっかけとなって、連鎖的に人々の間に広まる「複製」現象によって発現したと考えるならば、これはオリジナル依存的であると言えなくもない。しかしながら、個別の複製で見てみると、たとえばあなたが、誰かがマスクをしているのを気にして自分もするようになったからと言って、自分がその誰かのマネ――模倣――をしているとは思わないだろう。慣習としての行動の伝播には、きっかけは存在するにしても、いわゆる「オリジナル」はどこにも存在しないという意味において、これは極めて特異な「オリジナル非依存的複製」であるとみなすことができるのである。

これに対して、うわさの広がり、怪談話の伝承など、人間自身、あるいはその震える心が「複製装置」となってうわさ話や口承文芸が「複製」されていくという場合、オリジナルの話が種々変遷し、変容しながら伝わっていくという意味において、オリジナルの話に常に依存した状況が続くというよりもむしろ、常に新しい話が「創造」されていくというふうに捉えると、こうした「伝承」もまた、オリジナル非依存的であると言うに吝《やぶさ》かでない。

しかしながら、いかに変容して伝わっていくとは言え、オリジナルの話の骨組そのものは変化しない。たとえば4―3節で紹介した白雪姫の話は、いくら変容したとしても、その大枠のストーリーは変化しない。七人の小人が登場しなくなり、そのかわりに一〇一匹ワンちゃんが登場したり、最後に王子様と結婚せず、七夕の話のように離れ離れになったまま終劇を迎えたりするようなことは、その話が「白雪姫」である限りはおそらく決してないだろう。

その意味では、「オリジナル非依存的」であるというよりもむしろ、こうした現象はおしなべて「オリジナル依存的」であるとも言えるのである。

●オリジナル依存的な複製

では、その「オリジナル依存的な複製」とはどのような複製であるのかと言えば、こちらの複製の特徴は前者とは異なり、最初の「オリジナル」を、複製が続く限り常にどこかに特定することができるということであり、その「オリジナル」がずっと「オリジナル」としての「地位」をキープし続けるということである。言ってみれば「オリジナルが常にどこかに存在する」複製だ。あるいは、複製が行われた後にオリジナルが消滅すると、「複製」そのものが成り立たなくなってしまうというような複製が、オリジナル依存的な複製であるとみなせる。

オフィスで文書を複製《コピー》するという行為は、まさにオリジナル依存的な複製の、代表的かつ典型的な行為であろう。

オリジナルの文書を複製《コピー》し、同一の情報を別の用紙に「写しとった」ものを大量に作成する。そそっかしい人が「複製装置」となった場合*363、そのオリジナルがコピー機のガラスの上に忘れられているとか、紛失してしまうようなこともあるが、たいていの場合、その大切なオリジナルの文書は、どこかにきちんと「保存」されている。

複製産物《コピー》はあくまでも複製産物《コピー》であって、決してオリジナルではない。むしろ、オリジナルになっては困る。オリジナルは常に一定の時間どこかにいて、オリジナルであり続けなければならない。そういった複製が、この複製様式の範疇に入るのである。複製産物《コピー》はあくまでも複製産物《コピー》でなければ、とりわけ契約など重要な場面《シーン》では様々な支障をきたすこととなるであろう。

先ほどと同様、「オリジナル依存的な複製」の特徴もまとめておこう（図116）。

❶オリジナルが複製され、できた二つ（あるいは複数）の複製産物のうち、どれか一つをオリジナ

363●ただし、この場合の複製装置が「人」なのか、それとも「コピー機」なのかについては議論の余地がある。

ルとして同定できる。したがって、複製産物のどちらが（あるいはどれが）もとのオリジナルと同等であるものなのかを判別することが可能である。

❷オリジナルが常に存在し、複製産物との対比は常に一定である。

❸何代にもわたり繰り返し行われる複製において、常に同一性を保つオリジナルが存在する。

ピカソが描いた「ゲルニカ」の原画は、ただスペイン・マドリードのソフィア王妃芸術センターにしか存在しない。本来ならば（もし現代が「非」複製的社会であったなら）、「ゲルニカ」の絵がどういう構図のどのような絵であるかを知るためには、わざわざマドリードにまで足を運び、そこで実物を見なければならないはずだ。ところが、現実にはそのような労力を使わなくても「ゲルニカ」を拝めることは、いまやほとんどの人が知っている。その原画――オリジナル――を直接目にしたことがない人でも、およそ多くの人たちは、その絵をどこかで見たことがある。飛行機嫌いにして出不精な筆者はスペインなどには行ったこともないが、「ゲルニカ」――ただし、原画ではない――は見たことがある。なぜかと言えば、その「複製産物」が、様々な形で市民の目に触れるところに「印刷」されているからだ。筆者が見たのは、確か中学校か高等学校の美術あるいは芸術の教科書か何かだったように記憶している。

すなわちこれが、オリジナルである原画と、その複製産物であるところの、様々に印刷された紙面上での「ゲルニカ」との関係である。

この「オリジナル」は、DNA複製におけるオリジナルとは異なり、決して「オリジナル」の地位から転落したりはしないし、複製産物であるはずの絵はがきの「ゲルニカ」が、「オリジナル」の価値を手に入れることもない。もちろん「ゲルニカ」に限らず、ゴッホしかり、ルーベンスしかり、いわゆる絵画――オリジナルにこそ最高の価値を付与するようなオリジナル芸術――における複製行為は、すべてこの「オリジナル依存的な複製」に包含される。

三面鏡は、オリジナル依存的な複製によって、鏡のこちらの世界を、鏡の向こうの世界に複製する。こちらの世界という「オリジナル」なくして、鏡の向こうの複製産物は存在し得ない。

商品は、おそらくそのほとんどにおいて、オリジナル依存的な複製により生産されると見るべきだろう。オリジナルとは言うなれば設計図であり、雛型である。

生命世界においては、三四〇ページで紹介したような、解釈が難しい事例としてのセントラルドグマの様態がある。ＤＮＡ（の塩基配列）をオリジナルとする「ＲＮＡ」の合成、そして、ＲＮＡ（の塩基配列）をオリジナルとする「タンパク質」の合成は、オリジナルと複製産物とが同じ物質ではないことから、それが本当に「複製」の範疇に入れてよいものかどうか、判断がつきかねるということもある。しかしながら、遺伝情報という場合の「情報」を、複製されるべきオリジナル、もしくは複製されてできる複製産物の本体であるとして考えると、前者は、ＤＮＡの情報をオリジナルとして、ＲＮＡにその情報が複製されるとみなすことができ、後者は、そうしてできたＲＮＡの情報をオリジナルとして、タン

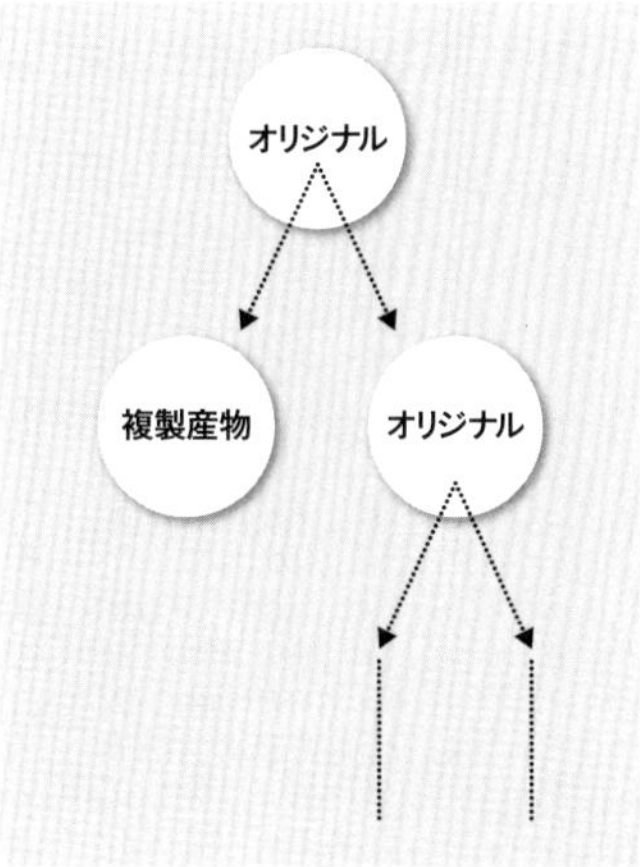

図116●オリジナル依存的複製の特徴。
複製産物のうち、少なくとも一つはオリジナルであり続ける。
複製産物は、あくまでも「オリジナルの複製産物」であり、
それ自身がオリジナルにはならない。
（オリジナルになる場合は、オリジナル非依存的複製との混在型であると見なせる）。

パク質としてその情報が複製されると考えることができる。ＤＮＡの情報がオリジナルとして存在しなければ、複製産物としてのＲＮＡの合成は行われないし、そのＲＮＡの情報がオリジナルとしてそこになければ、複製産物たるタンパク質は合成されようもない。常にオリジナルをもとに複製産物ができる。複製産物はあくまでも複製産物であり、それが新たなオリジナルとなることはない。*364

　これらのほかにも、生命世界における「オリジナル依存的な」複製としては、体細胞クローンや擬態など、様々な事例が散見されるのは、これまで述べてきた通りである。

　このように、多くの複製はオリジナル非依存的かオリジナル依存的かを明確に決定することができるのだが、先ほどの「伝承」の例にもあるように、ある見方に立てば「オリジナル非依存的」であると思われたものが、別の見方では「オリジナル依存的」とみなされる場合がある。

　文書のコピーの場合、オリジナルの文書がまずあって、そのコピーが大量に作られる。このコピーはあくまでも複製産物《コピー》であり、オリジナルにとって代わって新たなオリジナルとなるようなことはまずないと思われるが、一方において、吉田光邦が「複製技術のあゆみ――言語系と物質系のはざまに」の中で、次のような示唆的な発言をしているので引用しておこう。

　ゼロックスによってとられた無数のコピーは、利用されたのち多くはほどなく廃棄されてゆくものである。このコピーはコピーとしての独立価値をもつものではない。しかしそのコピーが速度と量というふたつの要素を自由な変数として働いてゆき、その働き自身がたえず新しい価値をつくりだすのだ。*365

364●すでに述べたように、転写反応における複製産物であるＲＮＡは、翻訳反応におけるオリジナルとなるが、あくまでも仕組みとしては転写と翻訳は別であることから、この例には当たらないとみなすことができよう。ただし、セントラルドグマ全体を概観すると、オリジナル依存的複製とオリジナル非依存的複製は、段階は違えども協調的に存在しているのである（三四〇ページ参照のこと）。

365●註009と同じ（吉田光邦「複製技術のあゆみ」）。

366● 註152と同じ（吉田夏彦『複製の哲学』）。

吉田が意図していることを正確に把握しているかどうかは自信はないが、平たく言えば次のようなことであろう。すなわち、複製産物であるところのオリジナル文書の「コピー」にはコピーとしての価値しかないが、たとえば、ある芸能人から「私たち離婚します」という、お決まりのファックスがあるマスコミに送られてきたとして、その——芸能マスコミにとって——タイムリーな情報を、いかに速く、そしていかに多くの関係者に配信するかが、芸能マスコミとしての存在意義の示威にとって重要なのだといった場合、その「オリジナル」であるファックスの複製産物、すなわちコピーの数と、そのコピーがどれだけ迅速に行われたかという二つの要素が、極めて重要な意味を持つのである。

この場合の複製を、端的に「オリジナル非依存的」と言っていいかどうかは定かではないが、少なくとも「複製産物」が単なるファックスのレイアウトではなく、そこに含まれている「私たち離婚します」という情報そのものだとしたら、そしてその情報が特に汚い字で、上手な文章として書かれていてもいなくても本質的には関係ないようなものであったとしたら（往々にして私たちからすればどうでもよいことだが）、その後の情報の錯綜は、生物のように変化自在に世の中を動き回るものとみなすことができるので、もはや「オリジナル依存的」な複製であるとは言えない可能性も出てくるのである。

いずれにせよ、オリジナル依存的、オリジナル非依存的という分類は、それが厳密に当てはまるものであれ、当てはまらないものであれ、複製の全体像を把握し、その根源的な意味を見出す上では、極めて有効な分類方法であると考えられよう。

複製の分類学 ❷——目的による分類

哲学者吉田夏彦は、複製の性質そのものの視点から、世の中の「複製」を四つのカテゴリーに分けたのであったが[*366]、筆者はここで、複製の性質というよりもむしろ、何のためにその複製がなされるのか、

367●吉田光邦「複製技術のあゆみ—言語系と物質系のはざまに—」(註009)より。この後、仏教の拡大と変質に応じて、経典はしだいに量が必要とされ、印刷を主とする複製技術も多用され始めたという。本書では宗教と複製との関係については論じなかったが、興味深い視点である。

その「目的」の視点から分けてみたいと考える——もちろん目的も性質の一つだが——。

その四つとは、「増えること」、「伝えること」、「認識すること」、そして「多様化すること」である。

●「増える」複製

増える複製とは、「増えるための」複製であるとも言える。

何が増えるのかと言えば、結局のところ「オリジナル」と同じものが増える、ということではあるが、リアルタイムで増えているのはそのオリジナルをもとにして複製される「複製産物」である。

この複製には、①「結果として増える」複製、②「積極的に増える(増やす)」複製、そして③「増える(増やす)ことによって減っていく分を補う」複製を含めることができる。

生命世界において、たとえば単細胞生物の増殖は、典型的な「増える」複製である。それは結果として増える複製でもあり、積極的に増える複製でもある。環境収容力の小さな生態系において、単細胞生物は常時、捕食者に食べられるなどして数を減らしているがゆえに、増えることによって減っていく分を補う複製を、身をもって表現しているとも言える。

非生命世界においては、たとえば人間社会における商品の大量生産などは典型的な「増える」複製であると断じてよい。メーカーは商品を増やし、これをたくさん売ることで利益を得ようとする。そして複製産物たる商品は、ときに消耗品として消費者によって消費されていく(減っていく)分を補うように、大量に複製される。

コピー機で文書を大量コピーするという場合も、おそらくこれに当たる。たとえば、一〇〇人の学生に配布する講義資料を作るために、オリジナルの文書をワープロで作成した後、これをコピー機で大量に複製《コピー》する。オリジナルの文書に書かれた内容と全く同じ内容のものが書かれた紙を、複製産物

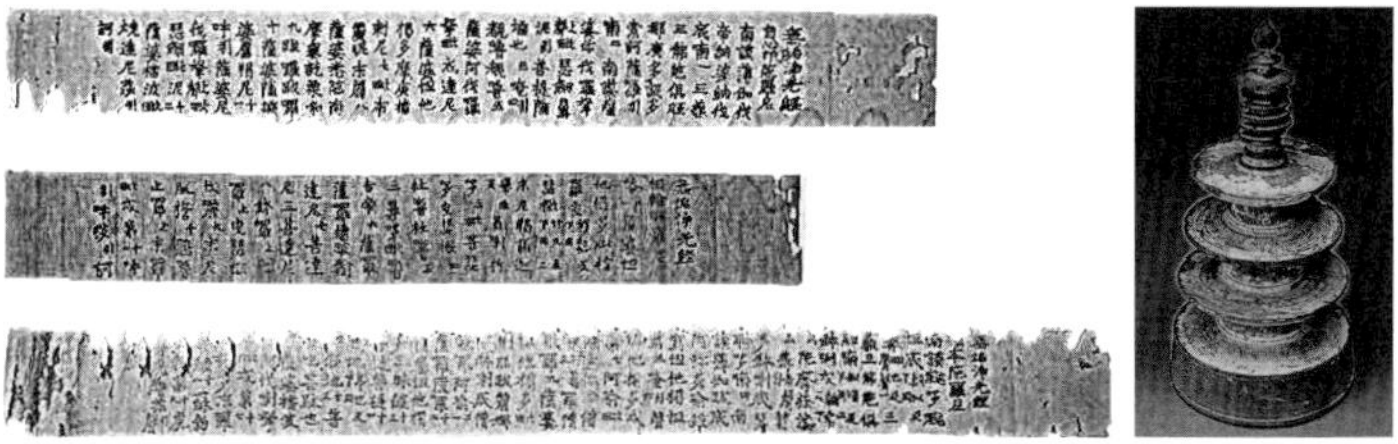

図117●「百万塔陀羅尼」。
[右]陀羅尼が納められた小塔。
[左]陀羅尼。
（国立国会図書館蔵、国立国会図書館ホームページより転載）

として「増やす」のである。この事例は、次の「伝える」複製に含めるべき事例でもあるが、それについては後述しよう。

日本で最も古い印刷物は、天平宝字七年（764）、称徳天皇の御世に刷られた「百万塔陀羅尼」であるとされる（図117）。この経文の一種は日本はおろか、世界でも最古の印刷物であるといわれる。小型の三重の塔を百万個作らせ、その一つひとつに納めるために大量の陀羅尼*367を必要としたが、本来は書写でやるべきところ、あまりにも多すぎたために（あまりにも大量部数が必要となったために）、印刷が行われたと考えられている。まさに、純粋な「増やすための複製」が行われたと見てよい。

増える複製は、生命世界においては、単細胞生物の複製、個体の複製（再生産）に代表される、いわゆる「生殖」において行われる複製の特徴であると言えるだろう。多細胞生物における細胞の複製は、ヒトの場合二〇歳くらいまでのいわゆる「成長期」には、体の細胞の数を増やすために行われ、大人になって以降は古くなって捨てられる細胞を補充するために、幹細胞などの複製が行われるから、これまた増える複製に含まれる。

一方非生命世界においては、大消費社会のありようそのものが「増える複製」で満ち溢れた社会であると言ってよい。「少しでも多くの人に」という目的・考え方に立脚した複製はすべて――すなわち「百万塔陀羅尼」も含めて――、増える複製であると位置づけることができる。

たとえばテーマパークの場合、テーマパークを作るという複製そのものはおそらく一度切りであって、それによってたとえばスペインという国の文化がそこにもう一つできた（増えた）のかと言うと、必ずしもそうではなく、むしろそれを作ることによって少しでも多くの人にスペイン文化を知ってもらうことができるというのが、テーマパークの目的であると思われる。いうなれば「スペイン文化に触れた人」を増やすことが目的、ということである。

●「伝える」複製

伝える複製とは、「伝えるための」複製でもある。

　これに含まれる複製とは、「何かを伝えるために行われる」複製であるが、一方において「結果として何かが伝わる」ような複製であると言うこともできよう。

　何を伝えるのか（何が伝わるのか）と言えば、その「オリジナル」であるというのが一般的な考えだろうが、むしろこの場合、そのオリジナルが保有している何らかの「情報」であって、それが複製によって複製産物が保有する「情報」になる、すなわち「伝わる」というのが、この複製の特徴であろう。言い換えれば、オリジナル（の内容、もしくは情報）が複製されて、相手側に「複製産物」として伝わるといったものである。

　DNAの複製は、まさにこの「伝える」複製の典型であるといえよう。DNAは遺伝子の本体である。「遺伝」子とは、細胞から細胞へ、親から子へと伝わるタンパク質を含めた生体物質の「設計図」であり、その「実行プログラム」であるからだ。

　もちろんDNAは、単細胞生物を始め生物が「増える」ためには必要不可欠な化学的実体であることから、DNAの複製は「増える」複製に分類されるべきであると考えることもできる。ドーキンスがDNAを「自己複製子」と位置づけ、細胞をその「乗り物《ヴィークル》」であるとみなしたときから、DNAの複製が「DNAが増えるため」のものだというイメージが流布していることも無視できまい。

　しかしながら、遺伝情報物質としてのDNAの、純粋な化学的性質に則《のっと》って考えると、DNAの複製は遺伝情報を次世代へ「伝える」ためのものであることは確かであり、DNAは決して自分自身を増やそうとして複製しているのではないだろう――結果的にそう振る舞っているように見えるのは、これまた確かであるが――。

そうした意味では、増える複製の一つとして先ほどもとり上げたコピー機による文書のコピーも、目的に鑑《かんが》みれば「増える」複製というよりもむしろ、その文書の内容を学生諸君へ「伝える」ために行われる複製であるとみなした方がしっくりくる。大量にコピーすることで、多くの学生に、教師の言いたいことを瞬時に「伝える」ことができるからである。

ただ、伝えるにしてもやはり効率性の問題というものはどこにでもついて回るのであって、一対一で伝えるだけでなく、一対多として伝える必要性が存在する場合（ある授業における教師から生徒への伝達など）においては、伝達するにしても、もし文書によってするつもりならば、まず「増やして」おいてからでないと伝達することはできない。

つまりはケース・バイ・ケースなのだが、増える複製と伝える複製は、ときには同じであり、協調して行われるものであると言うことはできる。

先ほどもとり上げたように、テーマパークというものも、スペイン文化を日本国民に「伝える」ことを目的として作られたとするならば、その複製はまさに「伝えるための」複製である。スペイン文化に接し、それを十分理解した「知西派」を「増やす」という目的もあり、また多くの日本人にスペイン文化を「伝える」という目的もあるのだとすれば、これはまさに両者の協調の好例であろう。

吉田夏彦が述べたごとく、言語表現が複製であるとみなすことができるのは、その目的として「伝える」という意識がはっきりとそこに存在するからにほかならない。*368 DNAの複製は、遺伝情報を娘細胞や次世代に伝えるものであり、セントラルドグマにおけるmRNA（メッセンジャーRNA）の位置づけも、それに近いものがある。すなわち、DNAの塩基配列の形で存在する遺伝情報を、タンパク質

368● 吉田夏彦『複製の哲学』。

合成装置であるリボソームにまで「伝える」ために、オリジナルとしてのDNAを鋳型として作られる――複製される――からである。

まとめると、非生命世界において「伝える複製」は、テーマパークなどの「複製空間」、教育、そして言語表現などの文化的活動に多く見られ、生命世界においては、DNA複製を始めとする「遺伝情報の伝達」にかかわる活動に多く見られるわけだが、何はともあれ、複製によって「伝わる」何かが同定できるようであれば、それは「伝える複製」であるとみなしてよいだろう。

●「認識する」複製

認識する複製は、表現の仕方が最もややこしい部類の複製である。その意味は、「認識によって」複製が起こるのではなく、複製そのものが認識という行為と同義であるということだからである。だから「認識する複製」という言い方はあまり的を射た表現ではなく、むしろ「認識としての複製」や「認識という複製」などの表現の方がよいだろう。

さらにこの場合の難しいところは、主語が「オリジナル」にあるのではなく、「複製産物」の方にあるということだ。この複製では、オリジナルが積極的に複製されようとするのではなく、複製産物（となるであろうモノ）の方が、オリジナルを積極的に複製するからである。

認識する主体の代表的なものは、私たちの脳である。してみると「複製産物」は脳なのかと言えば、それは「ノー（No）」ということになる。ここがややこしい。

オリジナルは「認識される」対象物であり、認識する主体である脳は、「複製産物」をその内に手に入れるのである。

ミーム論などでも議論されてきたことだが、認識というその言葉が意味する通り、私たちが何かを

369●篠田真由美。作家。1953-。著書に『建築探偵桜井京介の事件簿』シリーズほか多数。

370●エイブラハム・ストーカー Abraham Stoker。英国（現・アイルランド）の作家。ブラム・ストーカーの名で知られる。1847-1912。「ドラキュラ」の生みの親としてあまりにも有名。

371●篠田真由美著『ドラキュラ公　ヴラド・ツェペシュの肖像』（講談社文庫、1997）より。

図118●何が何を認識するのか。
目の前に置かれたコーヒーカップとバーガー。その向こうをたくさんの車が行き来する。これらの風景をそうしたものであると認識するのは私たちの脳であるから、結局のところ、これらの風景が私たちの脳に「複製」されたものであると考えることができる。

「認識する」ということはすなわち、その「何か」を脳の中に複製することを意味する。認識するのは脳であるが、だからといって複製産物が脳なのではなく、いささかややこしい言い方だが、複製産物はあくまでも、その脳が認識する「何か」なのであって、かつその「何か」が脳の神経回路として投影されたものが複製産物である、ということになる。

たとえば、目の前にあるコップを「コップである」と認識することを例にとる。脳は、視覚情報と記憶情報を総動員することにより、そこに置いてあるガラスでできた透明の器を「コップである」と判断する(図118)。

このとき、脳の中に生じるイメージそのものは、おそらく現実にそこに存在する「コップ」の写し《コピー》、すなわち複製産物になっているはずだ。なぜなら、たとえオリジナルであるコップが机の上からふとした拍子に床に滑り落ち、粉々に割れてしまったとしても、目を閉じて直前の記憶を呼び覚ませば、明らかに机の上にあったときの姿そのままに、脳の中でそのコップをイメージすることが可能だからである。これが「記憶」の一つであることは誰の目から見ても明らかだ。

ただし、これもまたケース・バイ・ケースであって、中には次のような事例もある。

篠田真由美[*369]の小説『ドラキュラ公』の登場人物であり、吸血鬼ドラキュラのイメージを世界に定着させた作家ブラム・ストーカー[*370]は、ある夜、突然訪れた青白く陰気な青年の口から湧き出た興味あふれる話に聴き入り、そのすべてを記憶した。たとえメモが打ち破られ、暖炉の火に投げ込まれたとしても、すでにして彼の脳には青年から立ち聞いた話の筋が完璧に「複製」されていた。[*371]

これは、考えようによっては「伝える」複製でもある。青年は、その話をすべて、ストーカーに「伝えた」からである。逆にストーカーからすれば、耳と、若干青年の醸し出す視覚的雰囲気も加味されたであろう目でもって、青年の話を十分に「認識した」はずであった。

すなわち、「伝える複製」と「認識する複製」は、言わば「表裏」の関係にあるとも言える。現代は「視覚の時代」であると言われる。複製芸術としての映画もさることながら、テレビジョンやインターネットのかくも見事なる繁栄はその象徴であろう。

鈴木均は「現代色彩論」において、色はすべての人にとってオリジナルたらざるを得ないと言い、そして、たとえば「モネの絵を見る」という行為において、「モネの色は、複製者のイメージするモネの色であり、複製者の想像の中のモネの数ほどコピーのオリジナルが存在することとな」ると述べた。[*372]

鈴木の言う「複製者」とは、本論で言うところの複製装置にほかならないわけだが、平たく言えば鈴木は、複製装置である「モネの絵を見る人々」の数だけ、それぞれ異なる複製が行われると言っているのである。あるいは同一のオリジナルを前にしても、見る場所、見るシチュエーション、光の加減などに左右されて、異なる複製が行われるのであろう。色というのは、そうした要因によって様々に、複製装置の中で変化する。これは、ゴッホが広重の絵を模写して描いた「オリジナル」の場合も同様である。広重の絵をゴッホが模写するのか、素人である筆者が模写するのか、あるいは「おさるのジョージ」が模写するのかによって、できる複製産物は全く異なってくるが、その複製という行為はまた、こうした複製装置たちがオリジナルの広重の絵をまず認識する、すなわち自らの脳の中に「複製する」ことから始まるのであって、[*373] その認識に違いがあれば当然のことながら、その帰結としての複製産物の様態は様々なものになるであろう。

さらに鈴木は、「したがって色においてはコピーがそもそもオリジナルであり、コピーのオリジナルがまた、それぞれの受けてのイマジネーションの世界において、それぞれ異ったオリジナルを持つこととなる」と述べ、「見る」という行為においては、あるオリジナルが複製されて生じた複製産物その

372●鈴木均「現代色彩論」『グラフィケーション別冊・続・複製時代の思想』(富士ゼロックス、1973)pp. 70-81。
373●この過程に、4—3節で述べた「分析」が含まれる。

ものが、新たなオリジナルになり、さらにその複製産物がまた、別の新たなオリジナルになる「オリジナル非依存的」な様相を呈することを示唆するのである。

かつてメルロ=ポンティ[374]は、「見る」ということは「離れて持つ」ことであると述べた[375]が、その意味するところもまた、「認識すること=脳の中に複製すること」と障子一枚隔てたところにある。

何はともあれ、複製装置としてはまず、複製されるべきオリジナルの詳細な分析を施さなくてはならず、そのための「認識」は最低限、必要な行為である。してみると、複製という過程そのものの中に、まるで入れ子のように、さらに小さな複製過程が存在していると見るべきなのかもしれない。

●「多様化する」複製

多様化する複製とは、「結果として複製産物が多様化する」複製、あるいは「多様化そのものを目的として」行われる複製であると言える。

代表的なものは、DNAの複製の「不公平な」メカニズムに則った、古澤満により提唱された「元本保証の多様性拡大」であろう。復習すると、DNAが複製されるたびに、リーディング鎖、ラギング鎖のそれぞれで、徐々に、異なる起こり方で突然変異が生じ、塩基配列が変化していくことで、その帰結として多様なDNAを生み、多様な生物種を創出する「不均衡進化」が起こったというものである。伝える複製であるはずのDNAの複製も、より長いスパンで捉えると、結果として複製産物が多様化するものであり、「多様化する複製」の一つとみなすことができる。

ゲノム重複などの進化上のイベントもそうしたものの一つであり、種分化という生物学的現象も「多様化する」複製であって、その結果として、現在の多様化した生命世界を作り上げてきたと言える。

多くの種分化では、地理的隔離という地質学上の大事件が契機となるわけで、複製装置は地理的隔

374●モーリス・メルロ=ポンティ Maurice Merleau-Ponty。フランスの哲学者。1908-1961。著書に『行動の構造』『知覚の現象学』など。

375●メルロ=ポンティ著『眼と精神』滝浦静雄・木田元訳（みすず書房、1966）。

離そのものか、もしくはそうしてできた地理的な障壁物（湖と湖を分けた隆起など）か、これもまた様々に考えられるわけだが、いずれにせよ地理的隔離によってもたらされた遺伝子流動の喪失は、二つに〝分かれた〟オリジナルの運命を、これまた大きく二つに分ける。同じではない二つのものが生じるということは、遺伝子流動が喪失した時点で半ば決まっていたのであって、その結果、複製産物たるそれぞれの生物種は、より不明瞭な運命を甘受しながら、さらにまた多様化していくのである。

ポテトチップスにもいろいろある。いろいろなメーカーが、いろいろな味のポテトチップスを作る（図119）。カップラーメンにもいろいろある。いろいろなメーカーが、いろいろな種類のカップラーメンを作る。ハンバーガーにもいろいろある。いろいろなハンバーガーショップが、それぞれ独自の趣向を凝らし、独自性を出しながらいろいろなハンバーガーを作っている。

多様化は、オリジナルが複製され、その複製産物が新たなオリジナルとなっていく連鎖の中で、独自性を生み出す過程のすべてを包含する。複製され、晴れてオリジナルとなった新たな複製産物たちが、この社会にいかに多いことか。

ポテトチップスを最初に発明したのは米国人シェフのジョージ・クラムだと言われるが[*376]、それがいまや、かくも多様化したポテトチップス社会を形成するに至っているという事実は、その一つの表れであろう。

かくも多様な複製産物を作り出した複製装置とは、一体何なのだろうか？　メーカーだろうか？　私たちのこの社会全体だろうか？　それとも、私たち消費者自身だろうか？

筆者としては、複製装置として機能したのは、嗜好する消費者の、「こんなポテトチップスを食べたい！」という欲求ではないかと考える。ただ、それも絶対的な意見ではない。おそらくメーカー、消

376●これも、一次資料をあたったわけではなく、筆者としてはインターネット上の情報をここに参照しているにすぎないことを告白しておく（真実か否かは置いておいて）。それによると、一八五三年に、フライドポテトの厚さに対する客のクレームに怒ったクラムが、半ば〝あてつけ〟のように、逆にポテトを薄く切って揚げて出したところ、かえってその客を喜ばせてしまったという。

図119●複製されたポテトチップス。かくも多様な味をもつポテトチップスは、どのような過程を経て誕生したのか。「複製」と「多様化」という視点で見ると、また違った「味わい」をもって私たちの舌を楽しませてくれるに違いない。

費者、そして社会全体の、そのどれであるとも言えるだろうし、そのすべてが複製装置としてはたらいたとも言えるだろう。

たとえば、ありきたりの「複製産物」の中に埋もれ、それに飽きた消費者が、珍しくも複製的社会に抗うように「もっとオリジナルなポテトチップスを食べたい！」と思い始め、それを目ざとく察知したメーカーが「オリジナル・ポテトチップス」を開発する、といった場合がこれに該当する。

複製される運命にあるオリジナルと複製装置、そして生じた複製産物。多様化をもたらす材料は、この三つのものと、複製が生じる条件が整ったときに、すでにして用意されていたのであった。その条件の中に、「もっと新しいものを！」と希求する消費者の欲望があったとすれば、複製には「複製に抗う心」も必要だということにもなるわけである。

ま

や

ら·わ

た

な

は

か

さ

事項索引

あ

書名作品名索引

ハッチオン『パロディの理論』辻麻子訳　未来社、1993
フィンク『ラカン派精神分析入門 理論と技法』中西之信他訳　誠信書房、2008
福原泰平『ラカン 鏡像段階』講談社、2005
古澤満『不均衡進化論』筑摩選書、2010
ブルデュー『資本主義のハビトゥス』原山哲訳　藤原書店、1993
ブルデュー『住宅市場の社会経済学』山田鋭夫他訳　藤原書店　2006年
ブルデュー他『再生産』宮島喬訳　藤原書店、1991
ベンヤミン『ベンヤミン・コレクションI』浅井健二郎編訳　久保哲司訳　ちくま学芸文庫、1995
ベンヤミン『複製技術時代の芸術』佐々木基一編　晶文社、1999
ホンブルク『ゴッホ　オリジナルとは何か?』野々川房子訳　美術出版社、2001
松本賢『複製空間』ナダール書林、2006年
水月昭道『高学歴ワーキングプア』光文社新書、2007
ムーア『人体発生学　原著第8版』瀬口春道他訳　医歯薬出版、2011
メルロ＝ポンティ『眼と精神』滝浦静雄・木田元訳　みすず書房、1966
湯浅博雄『反復論序説』未来社、1996
吉田富三『癌の実験的研究と細胞病理学』形成社、1981
吉田夏彦『複製の哲学』ＴＢＳブリタニカ、1980
吉見俊哉『メディア文化論』有斐閣アルマ、2004
四方哲也『眠れる遺伝子進化論』講談社、1997
リベット編『モナ・リザ100の微笑』三浦篤監修　日本経済新聞社、2000
ロディッシュ他『分子細胞生物学 第六版』石浦章一他訳　東京化学同人、2010

主要人名索引

✣索引はいずれも、本文中の語句を中心とした(一部註、図版キャプションを含む)。

武村泰男（1986）存在と意味『三重大学教育学部研究紀要第三七巻　人文・社会科学』, 161-170.
武村泰男（1996）魂と‘自我の同一性’『魂の探究―東西の〈魂〉をたずねて―』（松井良和編、三重学術出版会）, 77-95.
武村泰男（1998）同一性とは『同一性の探求』（伊東祐之編、三重学術出版会）, 2-17.
Torres-Padilla ME et al.（2007）Histone arginine methylation regulates pluripotency in the early mouse embryo. Nature 445, 214-218.
津村喬（1973）政治と芸術における複製『グラフィケーション別冊・続・複製時代の思想』（富士ゼロックス）, 6-39.
Watson JD & Crick FHC（1953）Molecular structure of nucleic acids. Nature, 171, 737.
山本明（1971）大衆文化とコピー『 グラフィケーション別冊・複製時代の思想』（富士ゼロックス）, 83-112.
安永寿延（1971）人間と複製『 グラフィケーション別冊・複製時代の思想』（富士ゼロックス）, 53-82.
吉田光邦（1971）複製技術のあゆみ～言語系と物質系のはざまに～『グラフィケーション別冊・複製時代の思想』（富士ゼロックス）, 7-52.
Zykov V et al.（2005）Self-reproducing machines: a set of modular robot cubes accomplish a feat fundamental to biological system. Nature 435, 163-164.
Zykov V et al.（2007）Evolved and designed self-reproducing modular robotics. IEEE Transaction on Robotics 23, 308-319.

【書籍】

網干善教他編『博物館学概説』全国大学博物館学講座協議会関西部会、1985
アイゲン他『自然と遊戯―偶然を支配する自然法則―』寺本英他訳　東京化学同人、1981
アンジェ編『ダーウィン文化論』佐倉統他訳　産業図書、2004
荒俣宏『世界大博物図鑑①蟲類』平凡社　1991
石黒浩『アンドロイドサイエンス』毎日コミュニケーションズ、2007
ヴィックラー『擬態 自然も嘘をつく』羽田節子訳　平凡社、1993
内田亨監修『動物系統分類学7（上）』中山書店、1964
江藤文夫他『想像と創造 複製文化論』研究社、1973
遠藤薫『メタ複製技術時代の文化と政治』勁草書房、2009
大崎直太『擬態の進化』海游舎、2009
大林太良他『世界の神話をどう読むか』青土社、1998
小野忠重『版画の歴史』東峰書房、1954
音楽之友社編『作曲家別名曲解説ライブラリー⑪ラヴェル』音楽之友社、1993
カイヨワ『メドゥーサと仲間たち』中原好文訳　思索社、1988
カフカ『変身』中井正文訳　角川書店、1968
北山修『人形遊び 複製人形論序説』中公文庫、1981
木下長宏『思想史としてのゴッホ　複製受容と想像力』學藝書林、1992
キャンベル『生物学』小林興監訳　丸善、2007
グリム『初版 グリム童話集②』吉原高志・吉原素子訳　白水社、1997
グールド『個体発生と系統発生』仁木帝都他訳　工作舎、1987
小林忠監修『浮世絵の歴史』美術出版社、1998
佐々木裕之『エピジェネティクス入門』岩波科学ライブラリー、2005
篠田真由美『ドラキュラ公 ヴラド・ツェペシュの肖像』講談社文庫、1997
新宮一成『ラカンの精神分析』講談社現代新書、1995
鈴木司郎『繰り返しと循環』近代文藝社、1993
高階秀爾『ピカソ 剽窃の論理』美術公論社、1983
高槻成紀『哺乳類の生物学5 生態』東京大学出版会、1998
竹峰義和『アドルノ、複製技術へのまなざし』青弓社、2007
武村政春『ろくろ首考』文芸社、2002
武村政春『DNA複製の謎に迫る』講談社ブルーバックス、2005
武村政春『ろくろ首の首はなぜ伸びるのか』新潮新書、2005
武村政春『DNAの複製と変容』新思索社、2006
武村政春『生命のセントラルドグマ』講談社ブルーバックス、2007
武村政春『脱DNA宣言』新潮新書、2007
武村政春『おへそはなぜ一生消えないか』新潮新書、2010
武村政春『DNAを操る分子たち エピジェネティクスという不思議な世界』技術評論社、2012
多田克己編『妖怪図巻』国書刊行会、2000
多田道太郎『複製のある社会』筑摩書房、1994
谷貞志『〈無常〉の哲学　ダルマキールティと刹那滅』春秋社、1996
常光徹『学校の怪談　口承文芸の展開と諸相』ミネルヴァ書房、1993
ドーキンス『利己的な遺伝子』日高敏隆他訳　紀伊國屋書店、1991
鳥山石燕『画図百鬼夜行』高田衛監修　稲田篤信・田中直日編　国書刊行会、1992
永井均『〈私〉の存在の比類なさ』講談社学術文庫、2010
中野京子『怖い絵3』朝日出版社、2009
仲正昌樹『ヴァルター・ベンヤミン　「危機」の時代の思想家を読む』作品社、2011
西澤保彦『複製症候群』講談社文庫、2002
ニーチェ『この人を見よ』手塚富雄訳、岩波文庫　1969
ニーチェ『ニーチェ全集8 悦ばしき知識』信太正三訳　ちくま学芸文庫、1993
ネルキン他『DNA伝説』工藤政司訳　紀伊國屋書店、1997
長谷川如是閑『長谷川如是閑集 第六巻』岩波書店、1990

参考・引用文献一覧

❖筆者が本書を書くにあたって参考にした論文・書籍、そして直接本文で引用させていただいた書籍の一覧をここに挙げておく。

❖なお、筆者のもともとの専門である生物学関係の書籍に関しては、重要なもののみを挙げておいた。すべて挙げると、本がパンクしてしまうであろうから。

❖また、ニーチェやブルデューの書籍についてはすべてを通読したわけではなく、一部の記述を参照したに過ぎないということも、ここで正直に白状しておくことにしよう。理由は簡単で、難しいからである。

【論文】

Aoki K and Furusawa M (2001) Promotion of evolution by intracellular coexistence of mutator and normal DNA polymerases. *J. Theor. Biol.* 209, 213-222.

Barrick JE et al. (2009) Genome evolution and adaptation in a long-term experiment with Escherichia coli. *Nature* 461, 1243-1247.

Cotterill SM et al. (1987) A cryptic proofreading 3'→5' exonuclease associated with the polymerase subunit of the DNA polymerase-primase from Drosophila melanogaster, *Proc. Natl. Acad. Sci. USA*, 84, 5635-5639.

Fehér O et al. (2009) De novo establishment of wild-type song culture in the zebra finch. *Nature* 459, 564-568.

Furusawa M and Doi H (1992) Promotion of evolution: disparity in the frequency of strand-specific misreading between the lagging and leading strands enhances disproportionate accumulation of mutations. *J. Theor. Biol.* 157, 127-133.

Furusawa M and Doi H (1998) Asymmetrical DNA replication promotes evolution: disparity theory of evolution. *Genetica* 102/103, 333-347.

長谷川如是閑 (1935) 原形芸術と複製芸術『文芸』3巻8号

市橋伯一 (2010) 進化する自己複製システムの構築にむけて『生物物理』50, 128-129.

Ichihashi N et al. (2010) Constructing partial models of cells. Cold Spring Harb. *Perspect. Biol.* 2, a004945.

石田武志 (2010) 情報を複製できる細胞型の自己複製セルオートマトンモデルの構築『情報処理学会研究報告』2010-BIO-20, No.11.

Kita H et al. (2008) Replication of genetic information with self-encoded replicase in liposomes. *ChemBioChem* 9, 2403-2412.

Kurihara K et al. (2011) Self-reproduction of supramolecular giant vesicles combined with the amplification of encapsulated DNA. *Nature Chemistry* 3, 775-781.

Mills DR et al. (1967) An extracellular Darwinian experiment with a self-duplicating nucleic acid molecule. *Proc. Natl. Acad. Sci. USA* 58, 217-224.

三浦篤 (2000) かくも永き戯れ―《モナ・リザ》神話の変容―『モナ・リザ100の微笑』展覧会カタログ (美術出版デザインセンター制作、日本経済新聞社発行), 16-27.

森秀人 (1973) 複製としての性『グラフィケーション別冊・続・複製時代の思想』(富士ゼロックス), 82-91.

奥田宏志 (2008) 理科教育と情報教育の融合による新しい生物教育:実験手順をHPで確認～安全な実験のために～『生物の科学　遺伝』62, 89-93.

Pavlov YI et al. (2006). Roles of DNA polymerases in replication, repair, and recombination in eukaryotes. *International Reviews of Cytology* 255, 41-132.

Pavlov YI et al. (2006). Evidence that errors made by DNA polymerase α are corrected by DNA polymerase δ. *Current Biology* 16, 202-207.

Pursell ZF et al. (2007) Yeast DNA polymerase ε participates in leading-strand DNA replication. Science 317, 127-130.

栄伸一郎 (2010) 自己複製ダイナミクスの数理 (散逸系の数理:パターンを表現する漸近解の構成)『数理解析研究所講究録』1680, 27-48.

鈴木均 (1973) 現代色彩論『グラフィケーション別冊・続・複製時代の思想』(富士ゼロックス), 70-81.

Suzuki M et al. (1992) DNA polymerase α overcomes an error-prone pause site in the presence of replication protein-A. *J. Biol. Chem.* 269, 10225-10228.

多田道太郎 (1971) 複製芸術とは何か『グラフィケーション別冊・複製時代の思想』(富士ゼロックス), 113-144.

多木浩二 (1973) 複製時代の都市像『グラフィケーション別冊・複製時代の思想』(富士ゼロックス), 40-53.

Takahashi K et al. (2007) Induction of pluripotent stem cells from adult human fibroblasts by defined factors. Cell 131, 861-872.

Takemura M (2008) Eutherians intrinsically run a higher risk of replication deficiency. BioSystems 92, 117-121.

Takemura M (2011) Function of DNA polymerase α in a replication fork and its putative roles in genomic stability and eukaryotic evolution. In Fundamental Aspects of DNA Replication, Edited by J. Kusic-Tisma, pp. 187-204, *InTech – Open Access Publisher,* 2011.

武村政春 (2005) 眼・三態の生命観『ユリイカ』9, 108-118.

武村政春 (2011) 生命世界における「複製」の諸相―吉田夏彦の分類に則って―『東京理科大学紀要 (教養篇)』43, 35-50.

エピローグ

長谷川町子原作の四コマ漫画「サザエさん」にこんな場面《シーン》がある。

ある柄の洋服を仕立てたサザエさんが、食堂でたまたま相席となった婦人が全く同じ柄の洋服を着ていて「ハッ」となる。注文した食事もこれまた同じ釜めしで、釜からご飯をよそう同じ仕草に、お互いバツの悪そうな顔をするという場面《シーン》だ。

果たして、この四コマ漫画のどこが可笑しいのか。子どもの頃に初めてこのマンガを読んだときの可笑しさは、大人となった筆者がいま読んでも、改めて可笑しいと思う。それは一体何故なのだろう？

最初から最後まで、飽くことなく「複製」について書いてきた。

生物がシステムとして持っているDNAや細胞を始めとする「複製」から、人間社会、人間文化を構築する要素としての様々な「複製」について書いてきた。

その結果として、本書のタイトルにあるように、飽くなき複製への欲求が、あたかも「複製の博物館」の様相を呈するがごとく具現化してきた。本書のタイトルである「レプリカ」という言葉は、そういう「複製」たち、いや「複製産物たち」の、依って立つ複製のありようを綜合的に表現しているという意味で、本書の内容に最もふさわしいと考えたものである。

とはいえ、実はずっと自問自答していたのである。すなわち筆者が、最初から最後まで「複製」というペンキで塗り固めたような本書を著した、その「意味」について。これはまた、読者諸賢と共有――すなわち筆者の頭の中と読者諸賢の頭の中が、複製に関して言えば複製産物同士であるような状況を構築――できるような問いかけでなければ意味もないという、葛藤の一局面を常に抱えながらの自問自答であったと言える。

そうした中で、本書において筆者がある程度目的を達したと感じているのは、本文でも言及したように、これまで先学によってなされてきた複製文化論において常に注目されてきた「オリジナル」と「コピー」との関係のみならず、これまであまり顧みられてこなかった「複製装置」というものに新たに光を当ててみようと試みて、その試みがある程度、満足いくものになったということであろう。

筆者は現在も、この世に存在する「複製」と、それによって生じた「複製産物」の蒐集を継続している。現段階でここに集められたもの以外にも、多くの複製産物たちが、まだまだこの世には犇《ひし》めきあっているはずである。自己複製といえば、数理学やコンピューター科学の徒であればすぐさまノイマンの自己複製機械を思い起こすだろうが、それについては今回、筆者の勉強不足もあってそれほど積極的に本書にとり入れることはしなかったし、また前著『DNAの複製と変容』ではとり上げたものの、本博物館には収蔵しなかったものもある。[*377] 今後も、こうした「複製」の蒐集とその分析は、続けていかなければなるまい。

長谷川如是閑、ヴァルター・ベンヤミン、そして多田道太郎らを始めとして、これまで多くの先学たちが「複製」を論じ、社会を論じ、文化を論じてきた。現代社会を複製技術の時代とし、その時代に

377●一例を挙げれば、生命システムにおいてマンフレート・アイゲン Manfred Eigen (1927-)が提唱したハイパーサイクル理論などが挙げられる。詳細は拙著『DNAの複製と変容』(新思索社、2006)を参照のこと。

特徴的な文化について総合的に論じる「複製文化論」も、これまで多くの論客によってなされてきた。本書の役割は、そうした数々の複製論に対し、新しい風を吹き込むとか、批判的に再構築するとかいった大仰なことではなく、改めて生命世界を含めたこの世のすべての「複製」を洗いざらい紙面上にぶちまけ、その博物学的ありようをじっくりと観察し、今後の思索の原点を作り出したということに尽きると考えている。

まずもって、哲学や文化論にありがちな、むつかしい言葉をむつかしく使って読者を混乱させるような構成をする必要はない。たしかに、わかりやすい言葉をわかりやすく使う文化が定着し、読む側が一切思考をしなくなるというのはよろしくない。「わかりやすさ」は両刃の剣だが、しかし書く方が、自分で書いていることを理解できないようでは話にならない。単なる言葉遊びの類を並べているだけで、本当に書き手が理解しながら書いているのかと疑いたくなるような本を真似てまで、「複製」というわかりやすい現象を、あえてわかりにくくする必要などはないのである。

古今の「複製文化論」に対して、生物学的複製を研究テーマとしてきた筆者が何らかの貢献をすることができるとすれば、それは複製に関する思索を行うための「場所」を構築すること、そして、生物学的な複製の視点の導入によりある程度の新しい見方を提供することであり、さらに欲を言えば、そこから社会的・文化的複製から生物学的複製までを網羅する、複製の根源にまで到達するための礎《いしずえ》を作る、ということだろう。

DNAに代表される生物学的複製と、その変化の様相、もしくはそのメカニズムを対比的に社会的、文化的複製の中にとり込むという試みは、残念ながらこれまでなされてはいない。さらにこれまでの複製文化論では、得てしてオリジナルとコピーの関係に焦点が向きがちであり、すでに述べたように、複製を主体的に起こす「複製装置」のありようと重要性に関しては、それほど強調されてはこなかったように思われる。

複製装置の捉え方いかんによって、複製と、それによりもたらされる変容や多様化の全体的な意義づけを正確につかみとることが可能となるし、また同じ一つの複製現象をとり上げてみても、複製装置としての視点をどこに設定するかによって、どのような複製が行われたか、その理解ががらりと変わってくる。

そうした意味において、本書を上梓する意義は、それなりに存在すると筆者はそう思っている。

ただ、結局のところ筆者が「複製」の問題に立ち入ろうとした最大の理由を改めて考えなおしてみると、大学院生の頃からDNAの複製における複製装置——すなわちDNAポリメラーゼ——に関する生化学的研究を行ってきたからという理由も、もちろんその一部なのであるが、もっと根本的で、自分自身の一生に対する責任を負うものとしてのより重大な理由が、哲学者である父をもった筆者の中に存在していたことに気づくのである。

それはやはり、「私」——永井均のいう〈私〉——とは何者かという、人類共通の根源的な問いかけに対する答えを、是非とも生きているうちに見つけたいという思いである。いや「欲求」と言った方がいいだろう。「私」というものが唯一無二の存在であるならば、複製されることはあり得ない。しかし理論的に考えれば、自分の最も親しい人間が、その瞬間から「他人」となって——永井のいう〈私〉が誰かと入れ替わって——もし目の前に現れたとしても、「私」はその人物を「他人」とは思わずにそれまでと同じ「最も親しい友人」だと思い、そう接するだろう。

これに対して、自分自身のクローンができたという場合、明らかにその複製された「クローン」と称する、「私」と全く同じに見える人間が、私自身ではないことは「私」自身がよく知っている。この差は、一体どこからくるのだろう？

完全な主観的存在としての「私」が複製され、同時刻に別の部屋にいるということが自分では考えられないのと同様、「私」が生まれる前と、「私」が死んだ後の世界を考えることができないのは、一体なぜなのだろう？

複製という現象を紐解いていくことで、何らかの回答を得ようとしたのだが、残念ながら、いまだ果たせていない。

本書を上梓するにあたってまず第一に感謝すべきは、東京理科大学理学部第一部（神楽坂キャンパス）における筆者の開講科目「教養ゼミC１」（前期）ならびに「教養ゼミC２」（後期）を受講してくれた学生諸君であろう。これらの科目は教養の一般科目だから、必修ではなく選択である。理系科目の専門性とはあまり相入れない「複製ゼミ」の様相を呈しているが、受講してくれた学生諸君（とりわけ前期の教養ゼミC1は、入学したての一年生がほとんど）は皆一様に熱心に自己学習し、慣れないパワーポイントを操作して、それぞれ「オリジナル性」のある、複製に関する興味深い発表を行ってくれる。そして、筆者に対して多くの話題を提供し、多くの示唆を与えてくれたことは、本書を書きあげる上での大きな原動力となった。事実、彼らの発表のいくつかは本書でもとり上げ、議論している――たとえば「不気味の谷」、「白雪姫」、「剽窃」などがそれに当たる――。

また、東京理科大学武村研究室の大学院生諸君を始めとする研究室員には、二か月に一度まわってくる武村研ゼミでの研究発表において、「複製」と、筆者のまだまだ未熟な考えに関して様々なコメントや批判をいただき、それを材料とさせていただくことで、本書の上梓にまでこぎつけることができたと思っている。特に大学院生の風間智子さんには哺乳類の可愛らしいイラストを描いていただき、同じく大学院生の倉林真理緒さんには鳥の歌文化に関するコメントをいただいた。また客員研究員の山野井貴浩さんには進化に関するコメントをいただいた。

プロカメラマンの岩田えりさんには、お忙しい中、また寒風吹きすさぶ中、筆者の我がままなシチュエーションでの写真撮影を引き受けていただいた。彼女は筆者の小学校、中学校時代の同級生で、現在は舞台写真など多くの作品を手がけ、活躍している。

なお、写真類のうち特に明示していないものは、筆者もしくは大学院生の小堀紗矢香さんの撮影による。

これらの皆さんに、この場を借りて厚く御礼申し上げる次第である。

また、口裂け女ならびに噂をする小学生のモデルになっていただいた皆さん、写真をご提供いただき、本書での掲載を快諾いただいた東京理科大学教授小林宏さん、北里大学教授村雲芳樹さん、そして筆者の小中時代の同級生山本玲子さんご夫妻にも、深く感謝したい。

また、妻・泉と、哲学者である三重大学名誉教授の父・泰男ならびに母・洋子には全原稿を読んでもらい、得難いコメントと教えをもらったし、本来はドイツ文学の出身だが現在の専門は何だかよくわからない――身内の気安さから、失礼！――姉・知子（一橋大学大学院言語社会研究科）にも、筆者の思いもつかないようなコメントと考え方を提示してもらったことに、深く感謝したい。

そして、本書出版にお骨折をいただいた工作舎編集長の米澤敬さんと、本書を手におとりいただいた読者諸賢に深く感謝の意を表し、ここに筆を擱く。

平成二四年　晩夏

東京・神楽坂にて

武村　政春

●著者紹介

武村政春［たけむら　まさはる］

一九六九年三重県生まれ。一九九八年名古屋大学大学院医学研究科博士課程修了。DNAポリメラーゼαの活性制御機構に関する研究により博士（医学）の学位を取得。名古屋大学医学部助手、三重大学生命科学研究支援センター助手等を経て、現在、東京理科大学大学院科学教育研究科准教授。専門は、生物教育学・分子生物学・複製論。

著書に『DNAの複製と変容』（新思索社）、『たんぱく質入門』『生命のセントラルドグマ』『DNA複製の謎に迫る』（以上、講談社ブルーバックス）、『おへそはなぜ一生消えないか』『脱DNA宣言』『ろくろ首の首はなぜ伸びるのか』（以上、新潮新書）、『人間のための一般生物学』（裳華房）、『マンガでわかる生化学』（オーム社）、『DNA誕生の謎に迫る！』（サイエンスアイ新書）、『これだけはおさえたい生命科学』（実教出版）など。

レプリカ——文化と進化の複製博物館

発行日——二〇二二年二月二〇日
著者——武村政春
カバー・本文イラストレーション——川村易
編集——米澤敬
エディトリアル・デザイン——宮城安総＋小倉佐知子
印刷・製本——株式会社精興社
発行者——十川治江
発行——工作舎　editorial corporation for human becoming
〒169-0072　東京都新宿区大久保2-4-12　新宿ラムダックスビル12F
phone : 03-5155-8940　fax : 03-5155-8941
URL : http://www.kousakusha.co.jp
e-mail : saturn@kousakusha.co.jp
ISBN978-4-87502-448-4